4.2.2 时间轴视图
所在页码：75页

4.2.3 混音器视图
所在页码：76页

4.3.1 显示网格线
所在页码：77页

6.4.1 对象模版
所在页码：163页

6.4.2 边框模版
所在页码：164页

6.4.6 色彩模版
所在页码：169页

9.1.1 通过命令添加视频
所在页码：214页

9.1.2 通过按钮添加
所在页码：215页

9.1.3 通过时间轴添加视频
所在页码：216页

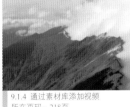

9.1.4 通过素材库添加视频
所在页码：218页

9.3.2 Flash动画位置的调整
所在页码：225页

9.3.3 Flash动画大小的调整
所在页码：227页

9.3.4 Flash动画素材的删除
所在页码：228页

9.4.1 加载外部对象样式
所在页码：230页

9.4.2 加载外部边框样式
所在页码：232页

9.5.1 png图像文件
所在页码：234页

12.1.4 视频素材的替换
所在页码：305页

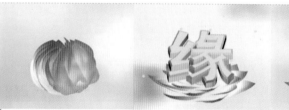

12.2.1 视频素材的反转
所在页码：315页

12.2.3 多段视频的分割
所在页码：318页

12.2.6 视频的区间
所在页码：322页

12.4.2 添加路径特效
所在页码：333页

12.4.3 套用追踪路径
所在页码：334页

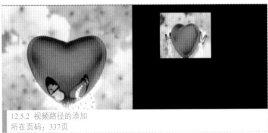

12.5.2 视频路径的添加
所在页码：337页

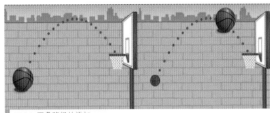

12.5.3 覆叠路径的添加
所在页码：338页

12.5.4 自定路径效果
所在页码：340页

12.6.3 自定义摇动和缩放效果
所在页码：346页

13.1.1 视频色调
所在页码：350页

13.1.2 视频色调的自动调整
所在页码：351页

13.1.3 视频饱和度
所在页码：353页

13.1.4 视频亮度
所在页码：355页

13.1.5 视频对比度
所在页码：356页

13.2.1 钨光效果
所在页码：359页

13.2.3 日光效果
所在页码：362页

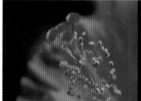
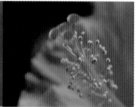

13.2.5 阴影效果
所在页码：363页

13.3.3 用修整标记剪辑视频
所在页码：369页

13.2.6 阴暗效果
所在页码：364页

13.5.6 标记片段
所在页码：383页

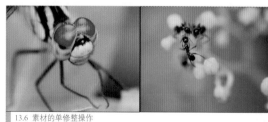

13.6 素材的单修整操作
所在页码：385页

14.1.5 "闪电"属性
所在页码：393页

14.1.6 "视频平移和缩放"属性
所在页码：395页

14.2.1 滤镜效果的添加
所在页码：396页

14.2.2 多个滤镜效果的添加
所在页码：397页

14.2.4 滤镜效果的替换
所在页码：400页

14.3.1 预设模式
所在页码：402页

14.3.2 自定义滤镜
所在页码：403页

14.4.1 "剪裁"滤镜
所在页码：405页

14.4.2 "翻转"滤镜
所在页码：406页

14.4.3 "涟漪"滤镜
所在页码：407页

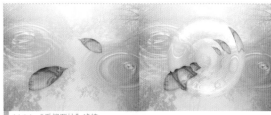

14.4.4 "丢掷石块"滤镜
所在页码：409页

14.4.5 "水流"滤镜
所在页码：411页

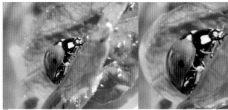

14.5.1 "鱼眼镜头"滤镜
所在页码：413页

14.5.2 "往内挤压"滤镜
所在页码：414页

14.5.3 "往外扩张"滤镜
所在页码：415页

14.6.1 "进阶消除杂讯"滤镜
所在页码：416页

14.6.2 "视频平移和缩放"滤镜
所在页码：417页

14.7.2 "光晕效果"滤镜
所在页码：421页

14.7.1 "双色套印"滤镜
所在页码：418页

14.7.3 "万花筒"滤镜
所在页码：422页

14.7.5 "单色"滤镜
所在页码：424页

14.7.4 "镜射"滤镜
所在页码：423页

14.7.6 "马赛克"滤镜
所在页码：424页

14.7.7 "旧底片"滤镜
所在页码：426页

14.7.8 "镜头光晕"滤镜
所在页码：427页

14.7.9 "放大镜动作"滤镜
所在页码：428页

14.8.1 "FX马赛克"滤镜
所在页码：429页

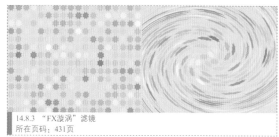

14.8.3 "FX漩涡"滤镜
所在页码：431页

14.8.2 "FX往外扩张"滤镜
所在页码：430页

14.9.1 "自动曝光"滤镜
所在页码：432页

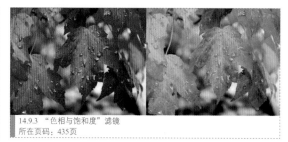

14.9.3 "色相与饱和度"滤镜
所在页码：435页

14.9.4 "反相"滤镜
所在页码：436页

14.9.5 "光线"滤镜
所在页码：437页

14.9.6 "肖像相框"滤镜
所在页码：438页

14.10.3 "锐利化"滤镜
所在页码：441页

14.11.1 "自动素描"滤镜
所在页码：442页

14.11.2 "彩色笔"滤镜
所在页码：443页

14.12.1 "主动式相机"滤镜
所在页码：444页

14.13.1 "泡泡"滤镜
所在页码：448页

14.12.2 "喷刷"滤镜
所在页码：445页

14.13.2 "云雾"滤镜
所在页码：449页

14.13.3 "残影效果"滤镜
所在页码：450页

14.13.4 "闪电"滤镜
所在页码：451页

14.13.5 "雨滴"滤镜
所在页码：453页

15.2.3 随机转场
所在页码：462页

15.3.3 转场效果的替换
所在页码：466页

15.4.1 转场的边框
所在页码：471页

15.4.2 边框的颜色
所在页码：472页

15.4.3 转场的方向
所在页码：474页

15.5.1 "神奇波纹"转场
所在页码：476页

15.5.3 "神奇大理石"转场
所在页码：479页

15.5.2 "神奇多彩"转场
所在页码：478页

15.6.1 "飞行方块"转场
所在页码：481页

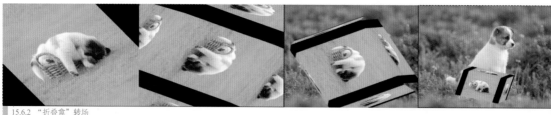

15.6.2 "折叠盒"转场
所在页码：482页

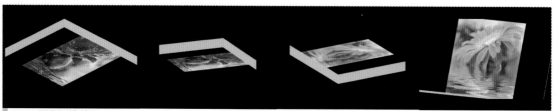

15.6.3 "飞行翻转"转场
所在页码：483页

15.6.4 "开门"转场
所在页码：485页

15.6.5 "旋转门"转场
所在页码：486页

15.6.6 "漩涡"转场
所在页码：487页

15.7.1 "棋盘"转场
所在页码：489页

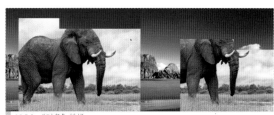

15.7.2 "对角"转场
所在页码：490页

15.7.3 "螺旋"转场
所在页码：491页

15.7.4 "狂风"转场
所在页码：493页

15.7.5 "墙"转场
所在页码：494页

15.8.2 "分割"转场
所在页码：497页

15.8.1 "中央"转场
所在页码：496页

15.8.4 "扭曲"转场
所在页码：500页

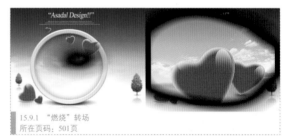

15.9.1 "燃烧"转场
所在页码：501页

15.9.2 "菱形"转场
所在页码：503页

15.9.4 "打碎"转场
所在页码：505页

15.10.1 "对开门"转场
所在页码：507页

15.10.2 "分半"转场
所在页码：508页

15.10.4 "拉链"转场
所在页码：510页

15.11.1 "十字"转场
所在页码：512页

15.11.2 "拍打A"转场
所在页码：513页

15.12.1 "百叶窗"转场
所在页码：516页

15.12.2 "网孔"转场
所在页码：517页

15.12.3 "星形"转场
所在页码：518页

15.13 制作"遮罩"转场效果
所在页码：521页

16.2.2 覆叠图像的删除
所在页码：531页

16.3.1　进入动画
所在页码：532页

16.3.2　退出动画
所在页码：534页

16.3.3　淡入淡出效果
所在页码：535页

16.4.2　覆叠边框
所在页码：540页

16.4.1　覆叠透明度
所在页码：538页

16.4.3　边框颜色
所在页码：541页

16.5.2　覆叠的高度
所在页码：544页

16.5.3　覆叠的宽度
所在页码：545页

16.6.1　椭圆遮罩特效
所在页码：547页

16.6.3 花瓣遮罩特效
所在页码：549页

16.7.2 精美相框特效
所在页码：556页

16.7.3 覆叠转场效果
所在页码：557页

16.7.5 装饰图案效果
所在页码：563页

16.7.4 画中画效果
所在页码：559页

16.7.7 覆叠滤镜效果
所在页码：566页

17.2.1 单个标题的添加
所在页码：575页

17.2.2 多个标题的添加
所在页码：577页

17.2.3 模版标题的添加
所在页码：579页

17.3.2 视频中插入字幕
所在页码：582页

17.4.1 多个标题转换为单个标题
所在页码：587页

17.5.1 行间距
所在页码：589页

17.5.3 标题字体
所在页码：592页

17.5.5 字体颜色
所在页码：594页

17.5.7 文本背景色
所在页码：596页

17.6.2 描边字幕特效
所在页码：599页

17.6.3 突起字幕特效
所在页码：601页

17.6.5 下垂字幕特效
所在页码：604页

17.7.2 弹出动画特效
所在页码：607页

17.7.3　翻转动画特效

所在页码：609页

17.7.4　飞行动画特效

所在页码：610页

17.7.6　下降动画特效

所在页码：613页

17.7.7　摇摆动画特效

所在页码：614页

17.7.8　移动路径特效

所在页码：615页

18.6.8 混响滤镜
所在页码: 646页

18.6.10 自动静音滤镜
所在页码: 648页

第21章 专题拍摄《菊花浪漫》
所在页码: 721页

第22章 视觉享受《璀璨之夜》
所在页码: 749页

第23章 生活记录《美食回味》
所在页码: 775页

第24章 旅游记录《最美云南》
所在页码: 806页

第25章 婚纱摄影《永恒的爱》
所在页码: 836页

会声会影X8技术大全

本书部分精彩实例展示

超值素材赠送1：80款片头片尾模版
关于片头片尾视频的载入，请参阅"9.1 添加视频素材"

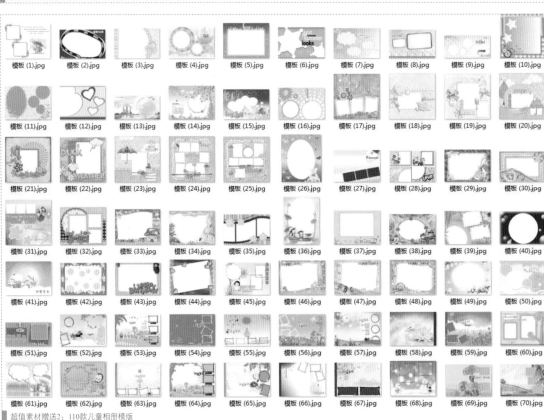

超值素材赠送2：110款儿童相册模版
关于儿童相册的载入，请参阅"9.2 添加图像素材"

超值素材赠送3：160款字幕广告特效
关于字幕广告特效的载入，请参阅"9.2 添加图像素材"，运用"视频布局"功能可以制作字幕动态效果

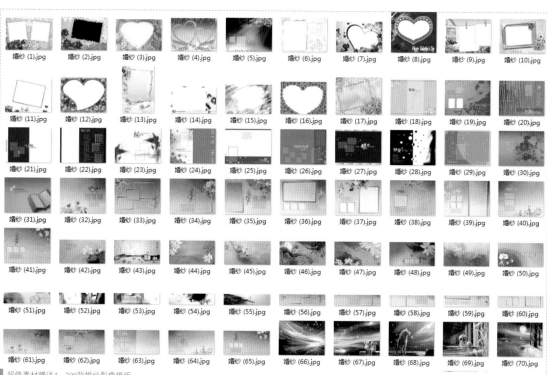

超值素材赠送4：200款婚纱影像模版
关于婚纱模版的载入，请参阅"9.2 添加图像素材"，婚纱模版的应用可参阅"25 婚纱摄影《永恒的爱》"

会声会影X8技术大全

本书部分精彩实例展示

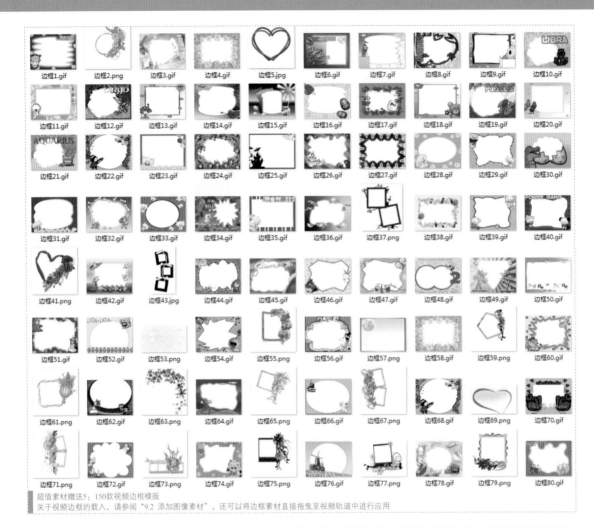

边框1.gif 边框2.png 边框3.gif 边框4.gif 边框5.jpg 边框6.gif 边框7.gif 边框8.gif 边框9.gif 边框10.gif

边框11.gif 边框12.gif 边框13.gif 边框14.gif 边框15.gif 边框16.gif 边框17.gif 边框18.gif 边框19.gif 边框20.gif

边框21.gif 边框22.gif 边框23.gif 边框24.gif 边框25.gif 边框26.gif 边框27.gif 边框28.gif 边框29.gif 边框30.gif

边框31.gif 边框32.gif 边框33.gif 边框34.gif 边框35.gif 边框36.gif 边框37.png 边框38.gif 边框39.gif 边框40.gif

边框41.png 边框42.gif 边框43.jpg 边框44.gif 边框45.gif 边框46.gif 边框47.gif 边框48.gif 边框49.gif 边框50.gif

边框51.gif 边框52.gif 边框53.png 边框54.gif 边框55.png 边框56.png 边框57.png 边框58.gif 边框59.png 边框60.gif

边框61.png 边框62.gif 边框63.png 边框64.gif 边框65.png 边框66.gif 边框67.png 边框68.gif 边框69.png 边框70.gif

边框71.png 边框72.gif 边框73.png 边框74.gif 边框75.png 边框76.gif 边框77.png 边框78.gif 边框79.png 边框80.gif

超值素材赠送5：150款视频边框模版
关于视频边框的载入，请参阅"9.2 添加图像素材"，还可以将边框素材直接拖曳至视频轨道中进行应用

001.bmp	028.bmp	055.bmp	082.bmp	109.bmp	136.bmp	163.bmp	190.bmp	217.bmp	244.bmp	271.bmp	298.bmp
002.bmp	029.bmp	056.bmp	083.bmp	110.bmp	137.bmp	164.bmp	191.bmp	218.bmp	245.bmp	272.bmp	299.bmp
003.bmp	030.bmp	057.bmp	084.bmp	111.bmp	138.bmp	165.bmp	192.bmp	219.bmp	246.bmp	273.bmp	300.bmp
004.bmp	031.bmp	058.bmp	085.bmp	112.bmp	139.bmp	166.bmp	193.bmp	220.bmp	247.bmp	274.bmp	301.bmp
005.bmp	032.bmp	059.bmp	086.bmp	113.bmp	140.bmp	167.bmp	194.bmp	221.bmp	248.bmp	275.bmp	302.bmp
006.bmp	033.bmp	060.bmp	087.bmp	114.bmp	141.bmp	168.bmp	195.bmp	222.bmp	249.bmp	276.bmp	303.bmp
007.bmp	034.bmp	061.bmp	088.bmp	115.bmp	142.bmp	169.bmp	196.bmp	223.bmp	250.bmp	277.bmp	304.bmp
008.bmp	035.bmp	062.bmp	089.bmp	116.bmp	143.bmp	170.bmp	197.bmp	224.bmp	251.bmp	278.bmp	305.bmp
009.bmp	036.bmp	063.bmp	090.bmp	117.bmp	144.bmp	171.bmp	198.bmp	225.bmp	252.bmp	279.bmp	306.bmp
010.bmp	037.bmp	064.bmp	091.bmp	118.bmp	145.bmp	172.bmp	199.bmp	226.bmp	253.bmp	280.bmp	307.bmp
011.bmp	038.bmp	065.bmp	092.bmp	119.bmp	146.bmp	173.bmp	200.bmp	227.bmp	254.bmp	281.bmp	308.bmp
012.bmp	039.bmp	066.bmp	093.bmp	120.bmp	147.bmp	174.bmp	201.bmp	228.bmp	255.bmp	282.bmp	309.bmp
013.bmp	040.bmp	067.bmp	094.bmp	121.bmp	149.bmp	175.bmp	202.bmp	229.bmp	256.bmp	283.bmp	310.bmp
014.bmp	041.bmp	068.bmp	095.bmp	122.bmp	149.bmp	176.bmp	203.bmp	230.bmp	257.bmp	284.bmp	311.bmp
015.bmp	042.bmp	069.bmp	096.bmp	123.bmp	150.bmp	177.bmp	204.bmp	231.bmp	258.bmp	285.bmp	312.bmp
016.bmp	043.bmp	070.bmp	097.bmp	124.bmp	151.bmp	178.bmp	205.bmp	232.bmp	259.bmp	286.bmp	313.bmp
017.bmp	044.bmp	071.bmp	098.bmp	125.bmp	152.bmp	179.bmp	206.bmp	233.bmp	260.bmp	287.bmp	314.bmp
018.bmp	045.bmp	072.bmp	099.bmp	126.bmp	153.bmp	180.bmp	207.bmp	234.bmp	261.bmp	288.bmp	315.bmp
019.bmp	046.bmp	073.bmp	100.bmp	127.bmp	154.bmp	181.bmp	208.bmp	235.bmp	262.bmp	289.bmp	316.bmp
020.bmp	047.bmp	074.bmp	101.bmp	128.bmp	155.bmp	182.bmp	209.bmp	236.bmp	263.bmp	290.bmp	317.bmp
021.bmp	048.bmp	075.bmp	102.bmp	129.bmp	156.bmp	183.bmp	210.bmp	237.bmp	264.bmp	291.bmp	318.bmp
022.bmp	049.bmp	076.bmp	103.bmp	130.bmp	157.bmp	184.bmp	211.bmp	238.bmp	265.bmp	292.bmp	319.bmp
023.bmp	050.bmp	077.bmp	104.bmp	131.bmp	158.bmp	185.bmp	212.bmp	239.bmp	266.bmp	293.bmp	320.bmp
024.bmp	051.bmp	078.bmp	105.bmp	132.bmp	159.bmp	186.bmp	213.bmp	240.bmp	267.bmp	294.bmp	321.bmp
025.bmp	052.bmp	079.bmp	106.bmp	133.bmp	160.bmp	187.bmp	214.bmp	241.bmp	268.bmp	295.bmp	322.bmp
026.bmp	053.bmp	080.bmp	107.bmp	134.bmp	161.bmp	188.bmp	215.bmp	242.bmp	269.bmp	296.bmp	323.bmp

超值素材赠送6：350款 视频遮罩图像
关于视频遮罩图像的载入，请参阅"15 转场特效的制作"，还可以将遮罩素材直接拖曳至视频轨道中进行应用

Corel

会声会影X8
技术大全

华天印象 编著

人民邮电出版社
北京

图书在版编目（CIP）数据

会声会影X8技术大全 / 华天印象编著. -- 北京：
人民邮电出版社，2016.8
ISBN 978-7-115-42259-0

Ⅰ. ①会… Ⅱ. ①华… Ⅲ. ①多媒体软件－视频编辑
软件 Ⅳ. ①TN94②TP317

中国版本图书馆CIP数据核字(2016)第118182号

内 容 提 要

本书全面介绍了会声会影 X8 的基本功能和实际运用。全书共分为 7 篇，包括软件入门篇、界面管理篇、素材采集篇、剪辑精修篇、特效制作篇、输出分享篇和案例制作篇。主要内容包括视频素材编辑常识、认识会声会影 X8、会声会影 X8 工作界面、管理软件界面布局、会声会影基本操作、自带模版素材、捕获视频准备工作、捕获视频素材、添加与制作影视素材、设置与编辑影视素材、制作视频文件、编辑与修整视频素材、视频素材的剪辑与调色、滤镜特效的制作、转场特效的制作、覆叠特效的制作、字幕特效的制作、背景音乐特效的制作、视频文件的输出与刻录、将视频分享至手机与网络、专题拍摄《菊花浪漫》、视觉享受《璀璨之夜》、生活记录《美食回味》、旅游记录《最美云南》和婚纱摄影《永恒的爱》等。读者学习后可以融会贯通、举一反三，制作出更多更加精彩、漂亮的视频效果。

本书附赠教学资源，内容包括所有实例的素材文件、效果文件以及视频教学录像。同时，赠送大量会声会影 X8 素材，其中包括 80 款片头片尾模版、110 款儿童相册模版、150 款视频边框模板、160 款字幕广告特效、200 款婚纱影像模版和 350 款视频遮罩图像。

本书结构清晰，语言简洁，适合会声会影的初、中级读者阅读。既适合作为从事影视广告设计和影视后期制作的广大从业人员的必备工具书，又可以作为高等院校动画影视相关专业的辅导教材。

◆ 编　著　华天印象
　　责任编辑　张丹阳
　　责任印制　陈　犇
◆ 人民邮电出版社出版发行　　北京市丰台区成寿寺路 11 号
　　邮编　100164　电子邮件　315@ptpress.com.cn
　　网址　http://www.ptpress.com.cn
　　北京隆昌伟业印刷有限公司印刷
◆ 开本：787×1092　1/16
　　印张：53.75　　　　　　　　彩插：12
　　字数：1368 千字　　　　　　2016 年 8 月第 1 版
　　印数：1 - 2 500 册　　　　　2016 年 8 月北京第 1 次印刷
定价：99.00 元

读者服务热线：(010)81055410　印装质量热线：(010)81055316
反盗版热线：(010)81055315
广告经营许可证：京东工商广字第 8052 号

会声会影X8是一款非常优秀的非线性编辑软件，它拥有完善的基于文件的工作流程，提供了实时、多轨道、多格式混编、合成、色键、字幕以及时间线输出等功能。会声会影X8因其迅捷、易用和可靠的稳定性，为广大专业制作者和电视人所广泛使用，是混合格式编辑的绝佳选择。该非线性编辑软件专为广播和后期制作环境而设计，特别针对新闻记者、无带化视频制播和存储。

本书是初学者自学会声会影X8的经典畅销图书。全书从实用角度出发，全面、系统地讲解了中文版会声会影X8的所有应用功能，基本上涵盖了中文版会声会影X8的全部工具、面板、对话框和菜单命令。书中在介绍软件功能的同时，还精心安排了数百个具有针对性的练习案例，帮助读者轻松掌握软件使用技巧和具体应用，做到学用结合。

图书结构与内容

全书共有25章，从基础的会声会影应用领域开始讲起，先介绍软件支持的各种格式、软件界面的操作方法，接下来讲解软件的功能，包含管理软件界面布局、会声会影基本操作、自带模版素材、捕获视频准备工作、视频素材捕获、添加与制作影视素材、设置与编辑影视素材、制作视频文件、编辑与修整视频素材、视频素材的剪辑与调色、滤镜特效的制作、转场特效的制作、覆叠特效的制作、字幕特效的制作、背景音乐特效的制作等，然后讲解会声会影插件的应用、后期输出视频文件、将视频刻录成光盘以及将视频分享至手机与网络等，最后通过5大综合案例，分别为专题拍摄、视觉享受、生活记录、旅游记录、婚纱摄影等，让读者更好地掌握会声会影软件的应用。

本书内容非常全面，涉及各种视频/音频采集、视频后期编辑、剪辑分割视频片段、合成视频片段、视频画面色彩校正、影视后期特效制作、节目剪辑制作、婚庆视频制作、音频特效处理等众多领域。

附赠资源

本书附赠教学资源，扫描封底"资源下载"二维码即可获得下载方法。资源内容包括本书所有案例的素材文件、效果文件和操作演示视频，同时我们还准备了80款片头片尾模版、110款儿童相册模版、160款字幕广告特效、210款婚纱影像模版、240款视频边框特效、350款视频遮罩图像等素材赠送给读者。读者在学完本书内容以后，可以调用这些资源进行深入练习。

图书售后服务

本书由华天印象编著，特别感谢张心等人的认真编写与辛勤付出。在学习技术的过程中会碰到一些难题，我们衷心地希望能够为广大读者提供力所能及的服务，尽可能地帮大家解决一些实际问题。如果大家在学习过程中需要我们的支持，请随时与我们联系，可发电子邮件至itsir@qq.com，我们将尽力解答。

特别提醒

本书内容基于会声会影X8软件编写，请用户尽量使用同版本软件。打开资源中的效果时，会弹出重新链接素材的提示，如音频、视频、图像素材，甚至提示丢失信息等，这是因为每个用户安装的会声会影X8及素材与效果文件的路径不一致，这属于正常现象，用户只需要将这些素材重新链接素材文件夹中的相应文件，即可链接成功。

编者

目录

素材采集篇

第6章　自带模版素材................126

第7章　捕获视频准备工作................176

剪辑精修篇

第12章 编辑与修整视频素材 302

输出分享篇

第19章　视频文件的输出与刻录....655

第20章　将视频分享至手机与网络...703

案例制作篇

第21章　专题拍摄《菊花浪漫》....721

视频素材编辑常识

本章导读

　　会声会影是一款优秀的视频编辑软件，现在已升级到X8版，新版本的会声会影X8功能更全面，设计更具人性化，操作也更加简单方便。本章主要介绍视频编辑的基本常识，包括视频技术常用术语、视频编辑常用术语、支持的图像格式、支持的视频格式以及支持的音频格式等内容，希望读者仔细阅读与学习。

1.1 视频基本概念

数字视频是通过视频捕捉设备进行采集，然后将视频信号转换为帧信息，并以每秒约30帧的速度播放的运动画面。本节将对数字视频的相关基础知识进行讲解。

1.1.1 数字视频的概念

随着数字技术的迅猛发展，数字视频开始取代模拟视频，并逐渐成为新一代的视频应用标准，现在已广泛应用于商业和网络的传播中。

数字视频是以数字形式记录的视频，是与模拟视频相对应的。数字视频有不同的产生方式、存储方式和播出方式，主要用摄像机之类的视频捕捉设备，将外界影像的颜色和亮度信息转变为电信号，再记录到储存介质（如录像带）上。

1.1.2 数字视频的发展历程

数字视频的发展与计算机的处理能力密切相关。

自20世纪40年代计算机诞生以来，计算机大约经历了计算机阶段、数据处理阶段以及多媒体阶段3个发展阶段，下面将对这个3个发展阶段进行介绍。

- ❖ 计算机阶段：计算机刚刚问世不久，主要用于科学与工程技术中。因此，在20世纪40年代的计算机仅能处理数值数据。
- ❖ 数据处理阶段：随着字符发生器的诞生，计算机不但能处理简单的数值，还可以表示和处理字幕及各类符号。从此，计算机的应用领域得到了进一步扩展。
- ❖ 多媒体阶段：随着各种图形、图像和语音设备的问世，计算机逐渐步入了突破性的多媒体时代。在这一阶段中，计算机可以直接、生动地传达相关媒体信息，因此多媒体时代是推动数字视频的重要时期。

1.1.3 画面运动的基本原理

人们所看到的视频本身是一些静止的图像，当这些静止的图片在人们眼中快速、连续地播放时，人们便会出现视觉停留的现象。

物体影像会在人的视网膜上停留0.1 ~ 0.4秒，而导致视觉停留时间不同的原因在于物体的运动速度和每个人之间的个体差异，如图1-1所示。

图1-1　画面运动原理

1.1.4　数字视频的分辨率

像素是组成画面的最小单位，通常一个像素点中由"红""绿""蓝"3个颜色点组成。分辨率是指屏幕上像素的数量。

像素和分辨率都是影响画面清晰程度的重要因素。因此，分辨率越大、像素数量越多，视频画面的清晰度就越高，如图1-2所示。

图1-2　分辨率高的照片与分辨率低的视频画面

提示

每个像素内不同颜色点之间的强弱比例，可以控制画面最终的颜色。通过对红、绿、蓝3个不同颜色因子的控制，像素点可以在显示设备中显示出任何颜色。

1.1.5　数字视频的颜色深度

颜色深度是指最多支持的颜色种类，一般用"位"来描述。

不同格式的图像呈现出的颜色种类会有所不同，如GIF格式图片所支持的是256种颜色，则需要使用256个不同的数值来表示不同的颜色，即从0到255。

颜色深度越小，色彩的鲜艳度就相对较低，如图1-3所示；反之，颜色的深度越大，图片占用的空间也会越大，色彩的鲜艳度也会越高，如图1-4所示。

图1-3　颜色深度低的图像　　　　　图1-4　颜色深度高的图像

提示

数字视频是对模拟视频信号进行数字化后的产物，是基于数字技术记录视频信息的。

1.1.6 视频压缩标准

由于数字视频原有的形式占用空间十分庞大，因此为了方便传送和视频播放的便捷，人们开始压缩数字视频。

数字视频的压缩技术采用了特殊的记录方式保存数字视频信号，使用最多的数字视频压缩标准是MPEG标准。

MPEG标准是由国际标准化组织（ISO）所制定并发布的视频、音频以及数据压缩技术，为存储高清晰度的视频数据奠定了坚实的基础。

----- 提示 -----

目前，使用较多的数字视频压缩技术除了MPEG外，还有一种H.26X的压缩技术，这种技术可以让用户获得更为清晰的高质量视频画面。

1.1.7 音频压缩标准

音频信号是多媒体信息的重要组成部分。音频压缩标准主要是指将占用空间容量较大的音频文件相应的压缩标准进行压缩操作，以节省空间。

数字音频压缩技术标准分为电话语音压缩、调幅广播语音压缩和调频广播及CD音质的宽带音频压缩3种。

电话（200Hz～3.4kHz）语音压缩标准主要有ITU的g.722（64kbit/s）、g.721（32kbit/s）、g.728（16kbit/s）和g.729（8kbit/s）等建议，用于数字电话通信。

调幅广播（50Hz～7kHz）语音压缩标准主要采用ITU的g.722（64kbit/s）建议，用于优质语音、音乐、音频会议和视频会议等。

调频广播（20Hz～15kHz）及CD音质（20Hz～20kHz）的宽带音频压缩标准主要采用MPPEG-1或MPEG-2双杜比AC-3等建议，用于CD、MD、MPC、VCD、DVD、HDTV和电影配音。

1.2 视频编辑术语

在进行视频编辑之前，首先需要了解清楚视频的相关编辑术语，如帧、剪辑、分辨率以及编辑解码器等。本节对视频编辑术语的相关知识进行详细介绍。

1.2.1 渲染

渲染是为要输出的文件应用了转场及其他特效后，将源文件信息组合成单个文件的过程。

1.2.2 帧与场

帧是视频技术常用的最小单位，一帧是由两次扫描获得的一幅完整图像的模拟信号。视频信号的每次扫描称为场。

视频信号扫描的过程从图像左上角开始，水平向右到达图像右边后迅速返回左边，并另起一行重新扫描。这种从一行到另一行的返回过程称为水平消隐。每一帧扫描结束后，扫描点从图像的右下角返回左上角，再开始新一帧的扫描。从右下角返回左上角的时间间隔称为垂直消隐。一般行频表示每秒扫描多少行，场频表示每秒扫描多少场，帧频表示每秒扫描多少帧。

1.2.3　分辨率

分辨率即帧的大小（Frame Size），表示单位区域内垂直和水平的像素数值，一般单位区域中像素数值越大，图像显示越清晰，分辨率也越高。不同电视制式的不同分辨率，用途也会有所不同，如表1-1所示。

表1-1　　　　　　　　　　　不同电视制式分辨率的用途

制　式	行　帧	用　途
NTSC	352×240	VDC
	720×480、704×480	DVD
	480×480	SVCD
	720×480	DV
	640×480、704×480	AVI视频格式
PAL	352×288	VCD
	720×576、704×576	DVD
	480×576	SVCD
	720×576	DV
	640×576、704×576	AVI视频格式

1.2.4　编辑解码器

编辑解码器的主要作用是对视频信号进行压缩和解压缩。一般分辨率为640×480的视频信息，以每秒30帧的速度播放，在无压缩的情况下每秒传输的容量高达27MB。因此，只有对视频信息进行压缩处理，才能在有限的空间中存储更多的视频信息，这个对视频压缩解压的硬件就是"编辑解码器"。

1.2.5　剪辑

剪辑可以说是视频编辑中最常提到的专业术语，一部完整的好电影通常都需要经过无数的剪辑操作。

视频剪辑技术在发展过程中也经历了几次变革，最初的传统的影像剪辑采用的是机械剪辑和电子剪辑两种方式，下面将对其分别进行介绍。

❖ 机械剪辑是指直接对胶卷或者录像带进行物理剪辑，并将其重新连接起来。因此，这种剪辑相对比较简单也容易理解。随着磁性录像带的问世，这种剪辑方式逐渐显现出缺陷，因为剪辑录像带上的磁性信息除了需要确定和区分视频轨道的位置外，还需要精确切割两帧视频之间的信息，这就增加了剪辑操作的难度。

❖ 电子剪辑的问世，让这一难题得到了解决。电子剪辑也称为线性录像带电子剪辑，它按照新的顺序重新录制信息。数据处理阶段，随着字符发生器的诞生，计算机不但能处理简单的数值，还可以表示和处理字幕及各类符号。从此，计算机的应用领域得到了进一步扩展。

——— 提示 ———

剪辑工作的基本流程如下。

❖ 准备工作：1.熟悉素材并修改拍摄提纲。2.准备设备。3.与有关人员进行协商。4.整理素材。

❖ 剪辑阶段：1.纸上剪辑（编辑设想）。2.初剪。3.精剪。

❖ 检查阶段：1.检查意义表达。2.检查画面。3.检查声音。

1.2.6 "数字/模拟"转换器

"数字/模拟"转换器是一种将数字信号转换成模拟信号的装置。"数字/模拟"转换器的位数越高，信号失真越小，图像也更清晰。

1.2.7 电视制式

电视信号的标准简称制式，可以简单地理解为是用来实现电视图像信号和伴音信号，或其他信号传输的方法和电视图像的显示格式，以及这种方法和电视图像显示格式所采用的技术标准。各国的电视制式不尽相同，制式的区分主要在于其帧频（场频）的不同、分解率的不同、信号带宽以及载频的不同、色彩空间的转换关系不同等。

世界上主要使用的电视广播制式有PAL、NTSC、SECAM三种，中国大部分地区使用PAL制式，日本、韩国及东南亚地区与美国等欧美国家使用NTSC制式，俄罗斯则使用SECAM制式。中国国内市场上买到的正式进口的DV产品都是PAL制式。

1.2.8 复合视频信号

复合视频信号包括亮度和色度的单路模拟信号，即从全电视信号中分离出伴音后的视频信号，色度信号间插在亮度信号的高端。这种信号一般可通过电缆输入或输出至视频播放设备上。

复合视频信号也称为基带视频信号或RCA视频信号，它使用NTSC电视信号传送图像数据。复合视频信号包含色度（色彩和饱和度）和亮度信息，并与声画同步信息、消隐信号脉冲一起组成单信号。在快速扫描NTSC电视中，高频（VHF）和超高频（UHF）载波通过复合视频信号进行振幅调制，这会产生一个6MHz带宽的信号，某些闭路电视系统在短距同轴电缆中传输复合视频信号。

有些DVD播放器和盒式磁带录像机（VCR），通过屏蔽电缆插座，即RCA连接器，调节复合视频信号的输入和输出。在复合视频信号中，色度和亮度之间的信号干扰是不可避免的，信号越弱干扰越严重。在用录像带、VCD机等与监视器连接时，只使用一个视频信号（video），这个信号就是复合信号。复合信号就是由分量信号YUV进一步转换得到的。

1.2.9 时:分:秒:帧

Hours：Minutes：Seconds：Frames（时:分:秒:帧）是SMPTE（电影与电视工程师协会）规定的，用来描述剪辑持续时间的时间代码标准。在EDIUS 7中，用户可以很直观地在"时间线"面板中查看到持续时间，如图1-5所示。

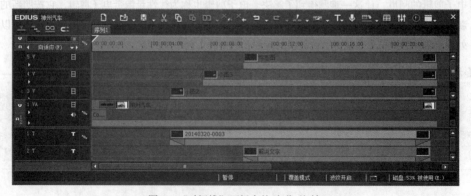

图1-5 "时间线"面板中的时:分:秒:帧

1.3　常用的图像格式

在会声会影X8软件中，也支持多种类型的图像格式，包括JPEG格式、PNG格式、BMP格式、GIF格式以及TIF格式等，下面向读者进行简单介绍，希望读者熟练掌握这些格式。

1.3.1　JPEG格式

JPEG格式是一种有损压缩格式，能够将图像压缩在很小的储存空间，图像中重复或不重要的资料会被丢失，因此容易造成图像数据的损伤。尤其是使用过高的压缩比例时，将使最终解压缩后恢复的图像质量明显降低，如果追求高品质图像，不宜采用过高压缩比例。但是JPEG压缩技术十分先进，它用有损压缩方式去除冗余的图像数据，在获得极高的压缩率的同时能展现十分丰富生动的图像。

换句话说，JPEG可以用最少的磁盘空间得到较好的图像品质，而且它是一种很灵活的格式，具有调节图像质量的功能，允许用不同的压缩比例对文件进行压缩，支持多种压缩级别，压缩比率通常在10:1到40:1之间，压缩比越大，品质就越低；相反地，品质就越高。

JPEG格式的应用非常广泛，特别是在网络和光盘读物上，都能找到它的身影。各类浏览器均支持JPEG这种图像格式，因为JPEG格式的文件尺寸较小，下载速度快。

1.3.2　PNG格式

可移植网络图形格式（Portable Network Graphic Format，PNG）的名称来源于非官方的"PNG's Not GIF"，是一种位图文件（bitmap file）存储格式。PNG图像文件存储格式的目的是试图替代GIF和TIFF文件格式，同时增加一些GIF文件格式所不具备的特性。

PNG用来存储灰度图像时，灰度图像的深度可多到16位，存储彩色图像时，彩色图像的深度可多到48位，并且还可存储多到16位的通道数据。PNG使用从LZ77派生的无损数据压缩算法。它一般应用于JAVA程序、网页或S60程序中，因为其压缩比高，生成文件容量小。

1.3.3　BMP格式

BMP（全称Bitmap）是Windows操作系统中的标准图像文件格式，可以分成两类：设备相关位图（DDB）和设备无关位图（DIB），使用非常广泛。它采用位映射存储格式，除了图像深度可选以外，不采用其他任何压缩。因此，BMP文件所占用的空间很大。BMP文件的图像深度可选1bit、4bit、8bit及24bit。BMP文件存储数据时，图像的扫描方式是按从左到右、从下到上的顺序。由于BMP文件格式是Windows环境中交换与图有关的数据的一种标准，因此在Windows环境中运行的图形图像软件都支持BMP图像格式。

1.3.4　GIF格式

GIF文件的数据，是一种基于LZW算法的连续色调的无损压缩格式。其压缩率一般在50%左右，它不属于任何应用程序。目前几乎所有相关软件都支持它，公共领域有大量的软件在使用GIF图像文件。GIF图像文件的数据是经过压缩的，而且是采用了可变长度等压缩算法。

GIF格式的另一个特点是在一个GIF文件中可以存储多幅彩色图像，如果把存于一个文件中的多幅图像数据逐幅读出并显示到屏幕上，就可构成一种最简单的动画。

1.3.5　TIF格式

TIF格式为图像文件格式，此图像格式复杂，存储内容多，占用存储空间大，其大小是GIF图像的3倍，是相应的JPEG图像的10倍，最早流行于Macintosh，现在Windows主流的图像应用程序都支持此格式。

提示

在会声会影X8中，单击"文件"|"将媒体文件插入到时间轴"|"插入照片"命令，在弹出的对话框中，单击"文件类型"右侧的下拉按钮，在弹出的列表框中，用户可以查看会声会影X8支持的所有图像格式。

技术专题 ［了解会声会影X8其他图像格式］

❖ 在会声会影X8中，除了上述介绍的多种支持的图像格式外，还包括以下几种图像格式。

❖ PSD格式：这是著名的Adobe公司的图像处理软件Photoshop的专用格式Photoshop Document（PSD），它里面包含有各种图层、通道、遮罩等多种设计的样稿，以便于下次打开文件时可以修改上一次的设计。在Photoshop所支持的各种图像格式中，PSD的存取速度比其他格式快很多，功能也很强大。由于Photoshop越来越被广泛地应用，这种格式也会逐步流行起来。

❖ TGA格式：TGA（Tagged Graphics）文件是由美国Truevision公司为其显示卡开发的一种图像文件格式，已被国际上的图形、图像工业所接受。TGA的结构比较简单，属于一种图形、图像数据的通用格式，在多媒体领域有着很大影响，是计算机生成图像向电视转换的一种首选格式。

❖ EMF格式：EMF（Enhanced Metafile）是微软公司为了弥补使用WMF的不足而开发的一种Windows 32位扩展图元文件格式，也属于矢量文件格式，其目的是欲使图元文件更加容易接受。

1.4 常用的视频格式

数字视频用于压缩视频画面和记录声音数据及回放过程，同时包含了DV格式的设备和数字视频压缩技术本身，下面介绍几种常用的视频格式。

1.4.1 AVI格式

AVI（Audio Video Interleave）格式在WIN3.1时代就出现了，它的好处是兼容性好，图像质量好，调用方便，但尺寸有点偏大。

1.4.2 DIVX格式

DIVX视频编码技术称得上是一种对DVD造成威胁的新生视频压缩格式，它由Microsoft MPEG-4修改而来，同时它也可以说是为打破ASF的种种协定而发展出来的。使用这种据说是美国禁止出口的编码技术压缩一部DVD只需要2张CD ROM，这意味着，不需要购买DVD ROM也可以得到和它差不多的视频质量，而这一切只需要有CD ROM，况且播放这种编码，对机器的要求也不高，这绝对是一个了不起的技术，前途不可限量。

1.4.3 MPEG格式

MPEG（Motion Picture Experts Group）类型的视频文件是由MPEG编码技术压缩而成的视频文件，被广泛应用于VCD/DVD及HDTV的视频编辑与处理中。MPEG包括MPEG-1、MPEG-2和MPEG-4。

❖ MPEG-1

MPEG-1是用户接触得最多的，它被广泛应用在VCD的制作及下载一些视频片段的网络上，一般的VCD都是应用MPEG-1格式压缩的（注意：VCD2.0并不是说VCD是用MPEG-2压缩的）。使用MPEG-1的压缩算法，可以把一部120分钟长的电影压缩到1.2GB左右。

❖　MPEG-2

MPEG-2主要应用在制作DVD方面，同时它在一些高清晰电视广播（HDTV）和一些高要求的视频编辑、处理上也有广泛应用。使用MPEG-2的压缩算法可以将一部120分钟长的电影压缩到4~8GB。

❖　MPEG-4

MPEG-4是一种新的压缩算法，使用这种算法的ASF格式可以把一部120分钟长的电影压缩到300MB左右，可以在网上观看。其他的DIVX格式可以压缩到600MB左右，但其图像质量比ASF要好很多。

1.4.4　ASF格式

ASF（Advanced Streaming Format）是Microsoft为了和现在的Real Player竞争而发展起来的一种可以直接在网上观看视频节目的文件压缩格式。由于它使用了MPEG-4的压缩算法，所以压缩率和图像的质量都很不错。因为ASF是以一个可以在网上即时观赏的视频流格式存在的，所以它的图像质量比VCD差一些，但比同是视频流格式的RMA格式要好。

1.4.5　WMV格式

随着网络化的迅猛发展，互联网实时传播的视频文件WMV视频格式逐渐流行起来，其主要优点在于：可扩充的媒体类型、本地或网络回放、可伸缩的媒体类型、多语言支持、扩展性等。

1.4.6　REAL VIDEO格式

REAL VIDEO格式是视频流技术的创始者，它可以在56K MODEM拨号上网的条件下实现不间断的视频播放，当然，其图像质量不能与MPEG-2、DIVX等相比。

1.5　常用的音频格式

数字音频是用来表示声音强弱的数据序列，由模拟声音经抽样、量化和编码后得到。简单地说，数字音频的编码方式就是数字音频格式，不同的数字音频设备对应着不同的音频文件格式，下面介绍几种常用的数字音频格式。

1.5.1　MP3格式

MP3全称是MPEG Layer3，它在1992年合并至MPEG规范中。MP3能够以高音质、低采样对数字音频文件进行压缩。换句话说，音频文件（主要是大型文件，比如WAV文件）能够在音质丢失很小的情况下（人耳根本无法察觉这种音质损失）把文件压缩到更小的程度。

1.5.2　WAV格式

WAV格式是微软公司开发的一种声音文件格式，又称之为波形声音文件，是最早的数字音频格式，受Windows平台及其应用程序广泛支持。WAV格式支持许多压缩算法，支持多种音频位数、采样频率和声道，采用44.1kHz的采样频率，16位量化位数，因此WAV的音质与CD相差无几，但WAV格式对存储空间需求太大，不便于交流和传播。

1.5.3　AU格式

AU格式是UNIX下一种常用的音频格式，起源于Sun公司的Solaris系统。这种格式本身也支持多种压缩方式，但文件结构的灵活性不如WAV格式。这种格式的最大问题是它本身所依附的平台不是面向广大消费者的，因此知道这种格式的用户并不多。但是这种格式出现了很多年，所以许多播放器和音频编辑软件都提供了读/写支持。目前可能唯一使用AU格式来保存音频文件的就是Java平台了。

1.5.4　WMA格式

WMA是微软公司在因特网音频、视频领域的力作。WMA格式可以通过减少数据流量但保持音质的方法来达到更高的压缩率。其压缩率一般可以达到1:18。另外，WMA格式还可以通过DRM（Digital Rights Management）方案防止被复制，或者限制播放时间和播放次数以及限制播放机器，从而有力地防止盗版。

1.5.5　Real Audio格式

Real Audio是由Real Networks公司推出的一种文件格式，主要适用于网络上的在线播放。Real Audio格式最大的特点就是可以实时传输音频信息，例如在网速比较慢的情况下，仍然可以较为流畅地传送数据。

👆 **技术专题**　　[**了解会声会影X8其他音频格式**]

❖ 在会声会影X8中，除了上述向读者介绍的多种支持的音频格式外，还包括以下几种音频格式。

❖ **AIFF格式**：AIFF格式是Apple苹果计算机上标准的音频格式，属于QuickTime技术的一部分。这种格式的特点就是格式本身与数据的意义无关，因此受到了Microsoft的青睐，并据此制作出WAV格式。AIFF虽然是一种很优秀的文件格式，但由于它是苹果计算机上的格式，因此在PC平台上并没有流行。不过，由于Apple计算机多用于多媒体制作出版行业，因此几乎所有的音频编辑软件和播放软件都或多或少地支持AIFF格式。由于AIFF格式的包容特性，它支持许多压缩技术。

❖ **VQF格式**：VQF格式是由Yamaha和NTT共同开发的一种音频压缩技术，它的压缩率可以达到1:18（与WMA格式相同）。压缩的音频文件体积比MP3格式小30%～50%，更便于网络传播，同时音质极佳，几乎接近CD音质（16位44.1kHz立体声）。唯一遗憾的是，VQF未公开技术标准，所以至今没能流行开来。

❖ **DVD Audio格式**：DVD Audio是最新一代的数字音频格式，它与DVD Video的尺寸、容量相同，为音乐格式的DVD光盘。

❖ **MPA格式**：全称为MPEG Audio Stream，也是一种常见的音频流格式。

1.6　常用的视频技术术语

在会声会影X8中，常用的视频技术主要包括NTSC、PAL及DV等，下面简单介绍这几种常用的视频技术。

1.6.1　PAL

PAL（Phase Alternation Line）是一个被用于欧洲、非洲和南美洲的电视标准。PAL意思是逐行倒相，属于同时制。它对同时传送的两个色差信号中的一个色差信号采用逐行倒相，另一个色差信号进行正交调制方式。这样，如果在信号传输过程中发生相位失真，则会由于相邻两行信号的相位相反起到互相补尝作用，从而有效地克服了因相位失真而起的色彩变化。因此，PAL制对相位失真不敏感，图像彩色误差较小，与黑白电视的兼容也好。PAL和NTSC这两种制式是不能互相兼容的，如果在PAL制式的电视上播放NTSC的影像，画面将变成黑白，反之在NTSC制式电视上播放PAL也是一样。

1.6.2　DV

　　DV全名为Digital Video，是新一代的数字录影带的规格，体积更小、录制时间更长。使用6.35带宽的录影带，以数位信号来录制影音，录影时间为60分钟，有LP模式可延长拍摄时间至带长的1.5倍。目前市面上有两种规格的DV，一种是标准的DV带；一种是缩小的Mini DV带，一般家用的摄像机使用的都是Mini DV带。

1.6.3　NTSC

　　NTSC（National Television Standards Committee）是美国电视标准委员会定义的一个标准，它的标准是每秒30帧，每帧525条扫描线，这个标准包括在电视上显示的色彩范围限制。

1.6.4　D8

　　D8全名为Digital 8，水平解析度为500条，它是SONY公司的新一代机种，与Hi8和V8一样，使用8mm带宽的录影带，它以数字讯号来录制影音，录影时间缩短为原来带长的一半。

1.7　后期编辑类型

　　传统的后期编辑应用的是A/B ROLL方式，它要用到两个放映机（A和B），一台录像机和一台转换机（Switcher）。A和B放映机中的录像带上存储了已经采集好的视频片段，这些片段的每一帧都有时间码。如果现在把A带上的a视频片段与B带上的b视频片段连接在一起，就必须先设定好a片段要从哪一帧开始、到哪一帧结束，即确定好"开始"点和"结束"点。同样，由于b片段也要设定好相应的"开始"和"结束"点，当将两个视频片段连接在一起时，就可以使用转换机来设定转换效果，当然也可以通过它来制作更多特效。视频后期编辑的两种类型包括线性编辑和非线性编辑，下面进行简单介绍。

1.7.1　线性编辑

　　"线性编辑"利用电子手段，按照播出节目的需求对原始素材进行顺序剪接处理，最终形成新的连续画面。其优点是技术比较成熟，操作相对比较简单。线性编辑可以直接、直观地对素材录像带进行操作，因此操作起来较为简单。

　　但线性编辑系统所需的设备为编辑过程带来了众多的不便，全套的设备不仅需要投入较高的资金，而且设备的连线多，故障发生也频繁，维修起来更是比较复杂。这种线性编辑技术的编辑过程只能按时间顺序进行编辑，无法删除、缩短或加长中间某一段的视频区域。

1.7.2　非线性编辑

　　非线性编辑是针对线性编辑而言的，它具有以下3个特点。

❖　需要强大的硬件，价格十分昂贵。

❖　依靠专业视频卡实现实时编辑，目前大多数电视台均采用这种系统。

❖　非实时编辑，影像合成需要通过渲染来生成，花费的时间较长。

形象地说，非线性编辑是指对广播或电视节目不是按素材原有的顺序或长短，而是随机进行编排、剪辑的编辑方式。这比使用磁带的线性编辑更方便、效率更高，编成的节目可以任意改变其中某个段落的长度或插入其他段落，而不用重录其他部分。虽然非线性编辑在某些方面运用起来非常方便，但是线性编辑还不是非线性编辑在短期内能够完全替代的。

非线性编辑的制作过程：首先创建一个编辑平台，然后将数字化的视频素材拖放到平台上。在该平台上可以自由地设置编辑信息，并灵活地调用编辑软件提供的各种工具。

会声会影是一款非线性编辑软件，正是由于这种非线性的特性，使得视频编辑不再依赖编辑机、字幕机和特效机等价格非常昂贵的硬件设备，让普通家庭用户也可以轻而易举地体验到视频编辑的乐趣。

表1-2　　　　　　　　　　　　　　　　线性编辑与非线性编辑的特点

内　容	线性编辑	非线性编辑
学习性	不易学	易学
方便性	不方便	方便
剪辑所耗费的时间	长	短
加文字或特效	需购买字幕机或特效机	可直接添加字幕和特效
品质	不易保持	易保持
实用性	需剪辑师	可自行处理

第 **02** 章

认识会声会影X8

本章导读

　　用户使用会声会影X8制作视频画面之前，需要在计算机中安装会声会影X8软件，然后启动软件，才能制作相应的视频画面。本章主要介绍安装与卸载会声会影X8的方法，详细讲解会声会影X8的新增功能，并对会声会影X8的应用进行讲解，希望读者熟练掌握本章内容。

2.1 系统配置

视频编辑需要占用较多的计算机资源，因此用户在选用视频编辑配置系统时，要考虑的因素包括硬盘的大小和速度、内存和处理器。这些因素决定了保存视频的容量、处理和渲染文件的速度。

如果用户有能力购买大容量的硬盘、更多内存和更快的CPU，就应尽量配置得高档一些。需要注意的是，由于技术变化非常快，因此需要先评估自己所要做的视频编辑项目的类型，然后根据工作需要配置系统。若要使会声会影X8正常启用，系统需要达到如表2-1所示的最低配置要求。

表2-1 　　　　　　　　　　　　　　系统最低配置要求

硬件名称	基本配置	建议配置
CPU	Intel Core Duo 1.83GHz、AMD双核2.0GHz或更高	建议使用Intel Core i7处理器以发挥更高的编辑效率
操作系统	Microsoft Windows 8、Windows 7、Windows Vista或Windows XP，安装有最新的Service Pack（32位或64位版本）	
内存	2GB内存	建议使用4GB以上内存
硬盘	3GB可用硬盘空间用于安装程序，用于视频捕捉和编辑的影片空间尽可能大 注意：捕获1小时DV视频需要13GB的硬盘空间；用于制作VCD的MPEG-1影片1小时需要600MB硬盘空间；用于制作DVD的MPEG-2影片1小时需要4.7GB硬盘空间	建议保留尽可能大的硬盘空间
驱动器	CD-ROM、DVD-ROM驱动器	
光盘刻录机	DVD-R/RW、DVD＋R/RW、DVD-RAM、CD-R/RW	建议使用Blue-ray（蓝光）刻录机输出高清品质的光盘
显卡	128MB以上显存	建议使用512MB或更高显存
声卡	Windows兼容的声卡	建议采用多声道声卡，以便支持环绕音效
显示器	至少支持1024像素×768像素的显示分辨率，24位真彩显示	建议使用22英寸以上显示器，分辨率达到1680像素×1050像素，以获得更大的操作空间
其他	Windows兼容的设备；适用于DV/D8摄像机的1394 FireWire卡；USB捕获设备和摄像头；支持OHCE Compliant IEEE-1394和1394 Adapter 8940/8945接口	
网络	计算机需具备国际网络联机能力，当程序安装完成后，第一次打开程序时，请务必联机网络，然后单击"激活"按钮，即可使用程序的完整功能，如果未完成激活，则仅能使用VCD功能	

2.2 安装与卸载会声会影X8

用户在学习会声会影X8之前，除了对软件的系统配置有所了解之外，还需要掌握软件的安装与卸载等方法，这样才有助于用户更进一步地学习会声会影软件。本节主要介绍安装会声会影X8所需的操作。

2.2.1 安装会声会影X8

当用户仔细了解了安装会声会影X8所需的系统配置和硬件信息后，接下来就可以准备安装会声会影X8软件了。该软件的安装与其他应用软件的安装方法基本一致。在安装会声会影X8之前，需要先检查计算机是否装有低版本的会声会影程序，如果有，需要将其卸载后再安装新的版本。

会声会影X8原装光盘中包含3个安装程序，即Corel VideoStudio X8、Contents和Bonus，用户需要按顺序将这3个程序安装到计算机中，才算完成了会声会影X8的软件安装操作。下面将对会声会影X8的安装过程进行详细的介绍。

❖【练习2-1】 安装Corel VideoStudio X8程序

素材位置	无
效果位置	无
视频位置	视频\第2章\【练习2-1】安装Corel VideoStudio X8程序

技术掌握 掌握安装Corel VideoStudio X8的方法

下面向读者介绍在会声会影X8中，安装Corel VideoStudio X8程序的操作方法。

Step 01 将会声会影X8安装程序复制至计算机中，进入安装文件夹，选择exe格式的安装文件，单击鼠标右键，在弹出的快捷菜单中选择"打开"选项，如图2-1所示。

Step 02 启动会声会影X8安装程序，开始加载软件，并显示加载进度，如图2-2所示。

图2-1 在快捷菜单中选择"打开"选项

图2-2 显示软件加载进度

Step 03 稍等片刻，进入下一个页面，在其中选中"I accept the terms in the license agreement"（我同意）复选框，如图2-3所示。

Step 04 单击"Next"（下一步）按钮，进入下一个页面，在其中输入软件序列号，如图2-4所示。

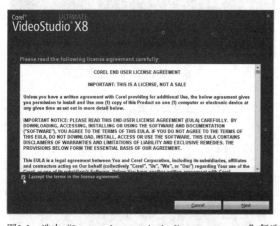

图2-3 选中"I accept the terms in the license agreement"复选框

图2-4 输入软件序列号

── 提示 ──

建议用户购买官方正版会声会影X8软件，在软件的包装盒上会显示软件的序列号，在图2-4中将序列号输入后，即可进行下一步操作。

Step 05 输入完成后，单击"Next"（下一步）按钮，进入下一个页面，在其中单击"Change"（浏览）按钮，如图2-5所示。

Step 06 弹出"浏览文件夹"对话框，在其中选择软件安装的文件夹，如Corel文件夹，如图2-6所示。

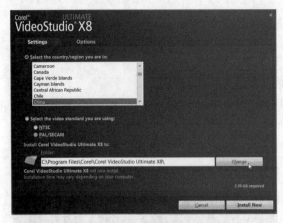

图2-5 单击 "Change"（浏览）按钮

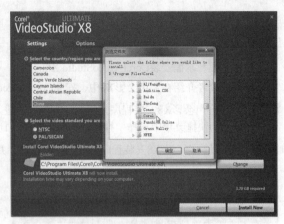

图2-6 选择软件安装的文件夹

Step 07 单击 "确定" 按钮，返回相应页面，在Folder下方的文本框中显示了软件安装的位置，如图2-7所示。

Step 08 确认无误后，单击 "Install Now" 按钮，开始安装Corel VideoStudio X8软件，并显示安装进度，如图2-8所示。

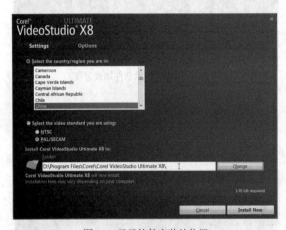

图2-7 显示软件安装的位置

图2-8 显示软件安装进度

Step 09 稍等片刻，待软件安装完成后，进入下一个页面，提示软件已经安装成功，单击 "Finish"（完成）按钮即可完成操作，如图2-9所示。

Step 10 软件安装完成后，即可在桌面上显示图标，如图2-10所示。

图2-9 完成软件安装

图2-10 桌面上显示的图标

1. 安装Contents程序

进入Contents安装文件夹，选择exe格式的安装文件，如图2-11所示。单击鼠标右键，在弹出的快捷菜单中选择"打开"选项，如图2-12所示。

图2-11 选择安装文件夹

图2-12 在快捷菜单中选择"打开"选项

开始运行安装程序，并显示程序加载进度，如图2-13所示。稍等片刻，弹出相应对话框，页面中显示了相关的安装提示，如图2-14所示。

图2-13 显示程序加载进度

图2-14 显示软件安装提示

单击"下一步"按钮，进入下一个页面，单击"安装"按钮，如图2-15所示。执行操作后，即可开始安装Contents程序，并显示安装进度，如图2-16所示。

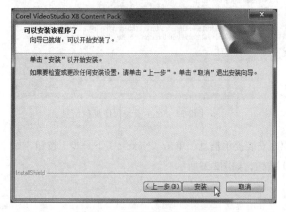

图2-15 单击"安装"按钮

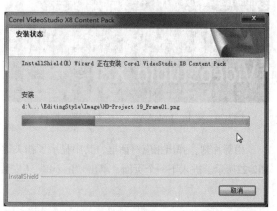

图2-16 显示软件安装进度

稍等片刻，软件即可安装完成，单击"完成"按钮，如图2-17所示，完成Contents程序的安装操作。

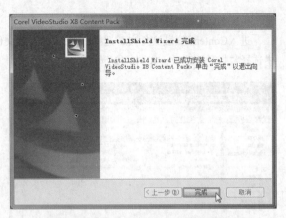

图2-17　完成Contents程序的安装操作

2. 安装Video Studio Bonus

进入Bonus安装文件夹，在其中选择exe格式的安装文件，如图2-18所示。在安装文件上，单击鼠标右键，在弹出的快捷菜单中选择"打开"选项，如图2-19所示，也可以在exe文件上双击鼠标左键。

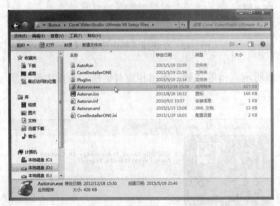

图2-18　选择安装文件夹

图2-19　在快捷菜单中选择"打开"选项

弹出相应页面，其中显示了可以安装的软件所有插件列表，在其中单击Install All（安装全部）按钮，如图2-20所示。弹出InstallShield Wizard对话框，显示安装程序加载信息，如图2-21所示。

图2-20　单击"Install All"（安装全部）按钮

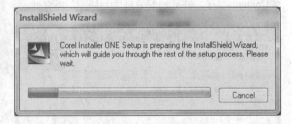

图2-21　显示安装程序加载信息

稍等片刻，弹出相应对话框，其中显示了相关的程序安装提示信息，单击"Next"（下一步）按钮，如图2-22所示。进入下一个页面，单击"Install"（安装）按钮，如图2-23所示。

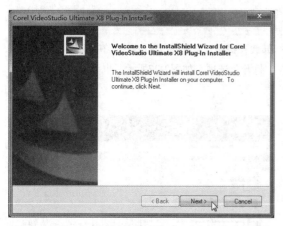

图2-22 单击"Next"(下一步)按钮

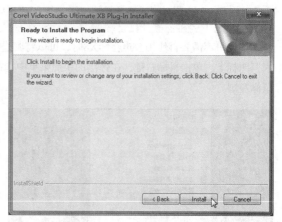

图2-23 单击"Install"(安装)按钮

执行操作后,即可开始安装Corel VideoStudio Bonus程序,并显示程序的安装进度,如图2-24所示。程序安装过程中,会弹出相关的安装信息,如图2-25所示。

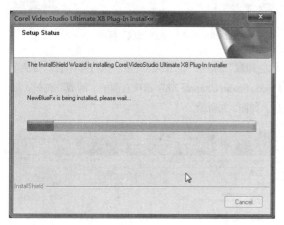

图2-24 显示软件安装进度

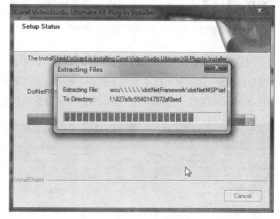

图2-25 弹出相关的安装信息

稍等片刻,软件即可安装完成,单击"Finish"(完成)按钮,如图2-26所示,完成Bonus程序的安装操作。

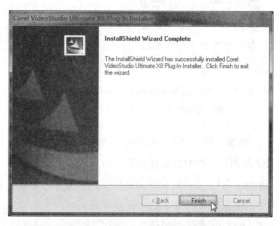

图2-26 完成Bonus程序的安装操作

───── 提示 ─────

Core1公司目前只提供了英文版的会声会影X8软件,如果用户需要对软件界面进行汉化操作,可以在相关网站上下载汉化文件,然后进行安装。

2.2.2　卸载会声会影X8

当用户不需要再使用会声会影X8时，可以将其进行卸载，提高计算机的运行速度。在桌面"360软件管家"图标上，单击鼠标右键，在弹出的快捷菜单中选择"打开"选项，如图2-27所示，也可以在图标上双击鼠标左键。

图2-27　打开"360软件管家"图标

图2-28　单击"软件卸载"标签

打开"360软件管家"窗口，在界面的上方，单击"软件卸载"标签，如图2-28所示。执行操作后，切换至"软件卸载"选项卡，在下方的下拉列表框中单击"Corel Video Studio Ultimate X8"选项右侧的"卸载"按钮，如图2-29所示。执行上述操作后，提示用户正在分析软件信息，如图2-30所示。

图2-29　单击Corel VideoStudio Ultimate X8右侧的"卸载"按钮

图2-30　分析软件信息

稍等片刻，进入VideoStudio X8（会声会影X8）页面，提示正在初始化安装向导，显示初始化进度，如图2-31所示。待软件初始化完成后，进入下一个页面，选中"Clear all personal settings in Corel VideoStudio Ultimate X8"（清除会声会影X8中的所有个人设置）复选框，如图2-32所示。

提示

在计算机中，用户还可以通过"控制面板"窗口中提供的卸载功能来卸载会声会影X8，卸载过程也很简单，用户根据页面提示进行操作即可。

单击"Remove"（删除）按钮，进入下一个页面，显示软件卸载进度，如图2-33所示。待软件卸载完成后，进入卸载完成页面，单击"Finish"（完成）按钮，如图2-34所示。

图2-31 单击"安装"按钮

图2-32 显示软件安装进度

图2-33 显示软件卸载进度

图2-34 单击"Finish"（完成）按钮

返回"360软件管家—卸载软件"对话框，在软件的右侧单击"强力清扫"按钮，如图2-35所示。弹出"360软件管家—强力清扫"对话框，选中相应复选框，单击"删除所选项目"按钮，如图2-36所示，执行上述操作后，会声会影X8程序卸载完成。

图2-35 单击"强力清扫"按钮

图2-36 完成会声会影X8程序卸载

2.3 会声会影X8新增功能

会声会影X8在X7的基础上新增了许多功能，如可将字幕文件转换为动画、高级遮罩特效的应用、视频插件特效的应用，以及新增转场特效的应用等，本节主要向读者简单介绍会声会影X8的新增功能。

2.3.1　对勾显示媒体素材

进入会声会影X8工作界面，单击"媒体"按钮，进入"媒体"选项卡，在"照片"和"视频"素材库中，选择相应的媒体素材，并将其添加到时间轴面板的视频轨中，此时素材库中被应用后的素材右上角位置，将显示一个对勾的符号，前后对比如图2-37所示，用来提醒用户该素材在时间轴面板中已被使用。

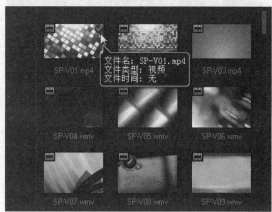

图2-37　媒体素材前后对比图

提示

该功能在制作大型视频文件时，非常实用，可方便用户查看素材库中哪些素材被遗漏而没有添加到轨道中。

2.3.2　转换字幕为动画文件

在会声会影X8中，当用户在标题轨中新建相应的字幕文件后，用户可以将字幕文件转换为PNG文件，也可以将字幕文件转换为动画文件，这两种转换的格式都是会声会影X8新增的功能，下面进行简单介绍。

❖　将字幕文件转换为PNG文件

如果用户需要将字幕文件以PNG图片的方式调入其他应用程序中使用时，此时可以将字幕文件转换为PNG格式。转换的方法很简单，用户首先在时间轴面板中选择需要转换的标题字幕，在字幕文件上单击鼠标右键，在弹出的快捷菜单中选择"转换为PNG"选项，如图2-38所示，执行操作后，即可将字幕文件转换为PNG文件，在"媒体"素材库中显示了转换后的PNG文件，如图2-39所示。

图2-38　选择"转换为PNG"选项　　　　图2-39　显示了转换后的PNG文件

❖　将字幕文件转换为动画文件

　　如果用户需要将字幕文件以动画的播放方式应用到其他影视制作软件中，则此时可以将字幕文件转换为动画格式。转换的方法很简单，用户首先在时间轴面板中选择需要转换的标题字幕，在字幕文件上单击鼠标右键，在弹出的快捷菜单中选择"转换为动画"选项，如图2-40所示，即可将字幕文件转换为动画文件，在"媒体"素材库中显示了转换后的字幕动画文件，如图2-41所示。

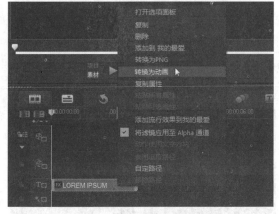

图2-40　选择"转换为动画"选项

图2-41　显示了转换后的动画文件

─── 提示 ───────────────

　　用户在"媒体"素材库中转换后的字幕文件上，单击鼠标右键，在弹出的快捷菜单中选择"打开文件夹"选项，可以快速在计算机的磁盘中找到转换为PNG后的字幕源文件位置，用户可根据需要将该源文件调入其他软件中进行应用。

　　在会声会影X8中，当用户将字幕文件转换为动画文件后，在计算机相应的磁盘文件夹中，显示了该字幕动画文件的逐帧动画，它是由多张PNG格式的图片组成的动画效果，如图2-42所示，用户可以通过右键菜单中的"打开文件夹"选项进行查看。

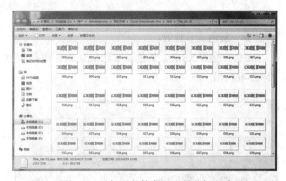

图2-42　"打开文件夹"选项进行查看

2.3.3　应用覆叠遮罩特效

　　在会声会影X8中，新增了4种高级遮罩特效，如视频遮罩、灰色调节、相乘遮罩以及相加遮罩，选择不同的遮罩效果，视频轨和覆叠轨中叠加的画面会有所不同。用户首先在覆叠轨中选择需要设置遮罩特效的素材文件，然后在"属性"选项面板中，单击"遮罩和色度键"按钮，如图2-43所示。

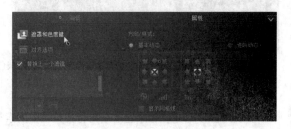

图2-43　单击"遮罩和色度键"按钮

执行操作后，在弹出的选项面板中选中"遮罩和色度键"复选框，单击"类型"右侧的下三角按钮，在弹出的列表框中，除了原有的"色度键"和"遮罩帧"两种遮罩特效外，另显示了新增的4种遮罩特效，如视频遮罩、灰色调节、相乘遮罩以及相加遮罩，选择相应的遮罩特效，在右侧可以调节遮罩的参数值，如图2-44所示。

图2-44　调节遮罩的参数值

❖　视频遮罩特效

在会声会影X8中，视频遮罩特效是指遮罩画面以视频运动播放的方式应用于覆叠素材上，效果如图2-45所示。

图2-45　视频遮罩特效

❖　灰色调节特效

在会声会影X8中，灰色调节功能是指在覆叠素材上应用灰色遮罩，使视频画面产生灰度融合的效果，如图2-46所示。

图2-46　灰色遮罩特效

❖　相乘遮罩特效

在会声会影X8中，相乘遮罩是指将视频轨中的素材画面颜色与覆叠轨中的素材画面颜色相乘，得到一种新的画面色彩，效果如图2-47所示。

图2-47 相乘遮罩特效

❖ 相加遮罩特效

在会声会影X8中，相加遮罩是指将视频轨中的素材画面颜色与覆叠轨中的素材画面颜色相加，得到一种新的画面色彩，效果如图2-48所示。

图2-48 相加遮罩特效

2.3.4 应用视频插件特效

会声会影X8的旗舰版安装程序中，向用户提供了视频插件的安装程序，启动插件安装程序后，将弹出相应的插件安装列表，其中包括NewBlueFX插件、Boris Graffiti插件以及proDAD插件等，如图2-49所示，用户可根据需要选择相应的插件进行安装操作，待插件安装完成后，在程序中单击Exit按钮，退出插件安装程序。

当用户安装完会声会影X8插件后，将显示在"滤镜"素材库中，用户在滤镜素材库中单击右侧的"画廊"按钮，在弹出的列表框中选择"全部"选项，即可在下方显示安装的多种插件滤镜，如图2-50所示，用户可以将其应用于时间轴面板中的素材上，制作出非常专业的视频滤镜画面特效。

—— 提示 ——

在会声会影X8的"滤镜"素材库中，安装的滤镜插件只会显示在"全部"选项卡中，而在其他的单项选项卡中无法查看到新增的滤镜插件文件。

图2-49　弹出插件安装列表

图2-50　显示安装的多种插件滤镜

2.3.5　应用视频转场特效

在会声会影X8中，进入"转场"素材库，单击右侧的"画廊"按钮，在弹出的列表框中选择"我的最爱"选项，即可在下方显示多种新增的转场特效，如神奇波纹、神奇光芒、神奇火焰以及神奇龙卷风等，如图2-51所示。

选择相应的转场效果，拖曳至视频轨中的两个素材文件之间，即可应用新增的转场特效，如图2-52所示。

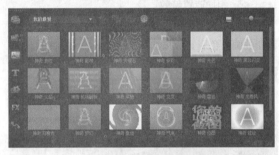

图2-51　显示多种新增的转场特效

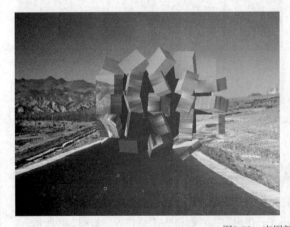

图2-52　应用新增的转场特效

2.4　会声会影的应用

在日常生活和工作中，会声会影的应用非常广泛，例如刻录珍藏光盘、制作DVD电子相册、制作互动教学、制作动画游戏、编辑节目及输出为网络视频等。本节主要向读者介绍会声会影的应用领域。

2.4.1　制作珍藏光盘

每个家庭都会有一些珍贵的视频资料，例如，宝宝的成长记录、婚礼实况的录像带、旅游随拍记录以及学生时代的毕业留念等，使用会声会影X8可以按照自己的意愿，将录像带中精彩的部分剪辑出来，再配上字幕、音乐和旁白等，编辑成一部完整的影片，然后直接刻录为VCD或DVD光盘，永久珍藏。如图2-53所示为使用会声会影X8制作并刻录的婚纱影像回忆光盘。

图2-53　婚纱影像回忆光盘

图2-54所示为使用会声会影X8制作并刻录的六一汇演活动光盘。

图2-54　六一汇演活动光盘

2.4.2　制作电子相册

随着岁月的流逝，相信每个家庭都有厚厚的一摞相册，记录着家庭中各种美好的回忆，包括个人写真照、生活照以及亲人的照片，存放在相册中的相片会逐渐发黄、变色，而使用会声会影X8可以制作出富有动感的电子相册，将相片存放在光盘中，进行永久的珍藏。

如图2-55所示为制作的写真电子相册。

图2-55　写真电子相册

问： 电子相册应该如何制作？

答： 当用户制作电子相册时，可以通过会声会影X8中的滤镜、覆叠、转场、字幕及音频特效，整合视频文件，制作出最具观赏性的电子相册作品。

如图2-56所示为使用会声会影X8制作的家庭中老年电子相册。

图2-56　家庭中老年电子相册

2.4.3　制作动画游戏

一般情况下，动画软件只能制作一段一段的半成品动画，若需要将这些动画文件连续不断地播放出来，此时可以通过会声会影X8软件添加转场效果，并对不同的视频进行编辑，如图2-57所示。

图2-57　动画游戏的转场效果

提示

在会声会影X8中制作游戏动画时，需要应用比较绚丽的转场和滤镜效果，这样才能体现出画面的动感性。

2.4.4　输出网络视频

通常情况下，输出的视频文件尺寸非常大，在当前的条件下，极大地限制了网络视频输出的应用。而使用会声会影X8可以通过调整帧速率、视频尺寸或直接输出为流文件等方法，使用户通过Internet看到较为流畅的视频资料。如图2-58所示为输出至网络的视频文件。

图2-58　输出的网络视频文件

问：制作好的视频上传至视频网站，有容量大小的限制吗？

答：在会声会影X8中，制作好视频文件后，最好输出为容量比较小的视频文件，一般的视频网站都有容量的限制，如优酷视频网站上传一段视频的容量不能超过200MB；新浪微博上传一段视频的容量不能超过500MB。

2.4.5 制作互动教学

在多媒体教学中，用户可以将不同的媒体资料整合在一起，制作出具有直观性和趣味性的教学视频，从而极大地提高对学生的吸引力，如图2-59所示。

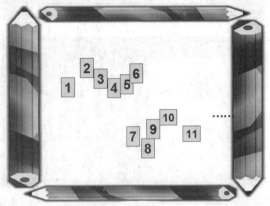

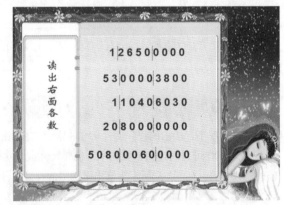

图2-59　制作互动教学

提示

在当代的学校学习氛围中，多媒体教学已经普遍形成了一种现象，使用会声会影X8可以制作出多样的视频教学模版，提高对学员的吸引力和学习的趣味性。

2.4.6 自由编辑节目

使用会声会影X8应用软件，可以自由地捕获电视上播放的电影、电视、体育赛事、娱乐综艺、广告等节目，然后对捕获的电视节目进行相应的剪辑与修整操作，并为节目素材添加各种字幕特效、音乐特效、滤镜特效及转场特效等，制作出独一无二的精选节目光盘，作为资料永久保存。图2-60所示为影视栏目，图

2-61所示为娱乐节目片段，图2-62所示为体育赛事片段。

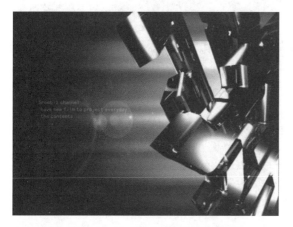 

图2-60　栏目片头

图2-61　娱乐节目

图2-62　体育赛事

问：如何自由编辑节目？

答：捕获电视上播放的电影、电视、体育赛事、娱乐综艺、广告等节目，然后对捕获的电视节目进行相应的剪辑与修整操作，并为节目素材添加各种字幕特效、音乐特效、滤镜特效及转场特效等，制作出独一无二的精选节目光盘。

界面管理篇

第03章

会声会影X8工作界面

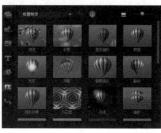

本章导读

会声会影X8编辑器提供了完善的编辑功能，用户利用它可以全面控制影片的制作过程，还可以为采集的视频添加各种素材、转场、覆叠及滤镜效果等。使用会声会影X8编辑器的图形化界面，可以清晰而快速地完成各种影片的编辑工作。本章主要向读者介绍会声会影X8工作界面各组成部分，希望读者熟练掌握本章内容。

3.1 会声会影X8软件工作界面

会声会影X8工作界面主要包括菜单栏、步骤面板、预览窗口、导览面板、选项面板、各类素材库以及时间轴面板等，如图3-1所示。

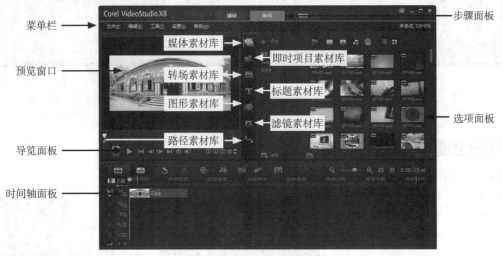

图3-1　会声会影X8工作界面

3.1.1　菜单栏

功能介绍

在会声会影X8中，菜单栏位于工作界面的上方，包括"文件""编辑""工具""设置"和"帮助"5个菜单，如图3-2所示。

在菜单栏中，各菜单项的作用分别如下。

参数详解

❶"文件"菜单：在"文件"菜单中可以进行新建项目、打开项目、保存、另存为、导出为模版、智能包、成批转换、重新链接及退出等操作，如图3-3所示。

图3-2　会声会影X8工作界面

在"文件"菜单下，各命令含义如下。

* 新建项目：可以新建一个普通项目文件。
* 新HTML 5项目：可以新建一个HTML 5格式的项目文件。
* 打开项目：可以打开一个项目文件。
* 保存：可以保存一个项目文件。
* 另存为：可以另存为一个项目文件。
* 导出为模版：将现有的影视项目文件导出为模版，方便以后进行重复调用操作。
* 智能包：将现有项目文件进行智能打包操作，还可以根据需要对智能包进行加密。
* 成批转换：可以成批转换项目文件格式，包括AVI格式、MPEG格式、MOV格式以及MP4格式等。
* 保存修整后的视频：可以将修整或剪辑后的视频文件保存到媒体素材库中。
* 重新链接：当素材源文件被更改位置或更改了名称后，用户可以通过"重新链接"功能重新链接修改后的素材文件。

❖ 修复DVB-T视频：可以修改视频素材。

❖ 将媒体文件插入到时间轴：可以将视频、照片、音频等素材插入到时间轴面板中。

❖ 将媒体文件插入到素材库：可以将视频、照片、音频等素材插入到素材库面板中。

❖ 退出：可以退出会声会影X8工作界面。

❷ "编辑"菜单：在"编辑"菜单中可以进行撤销、重复、删除、复制属性、粘贴、自定义路径、移动路径、抓拍快照、自动摇动和缩放以及多重修整视频等操作，如图3-4所示。

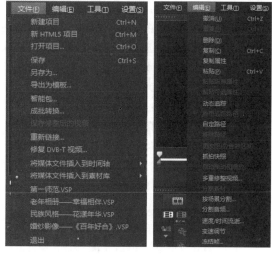

图3-3 "文件"菜单　　图3-4 "编辑"菜单

在"编辑"菜单下，各命令含义如下。

❖ 撤销：可以撤销做错的视频编辑操作。

❖ 重复：可以重复被撤销后的视频编辑操作。

❖ 删除：可以删除视频、照片或音频素材。

❖ 复制：可以复制视频、照片或音频素材。

❖ 复制属性：可以复制视频、照片或音频素材的属性，该属性包括覆叠选项、色彩校正、滤镜特效、旋转、大小、方向、样式以及变形等。

❖ 粘贴：可以对复制的素材进行粘贴操作。

❖ 粘贴所有属性：粘贴复制的所有素材属性。

❖ 粘贴可选属性：粘贴部分素材的属性，用户可以根据需要自行选择。

❖ 动态追踪：在视频中运用动态追踪功能，可以运动跟踪视频中某一个对象，形成一条路径。

❖ 套用追踪路径：当用户为视频设置动态追踪后，使用套用追踪路径功能可以设置动态追踪的属性，包括对象的偏移、透明度、阴影以及边框都可以进行设置。

❖ 自定路径：可以为视频自定义运动路径。

❖ 移除运动：删除视频中已经添加的运动跟踪视频特效。

❖ 更改照片/色彩区间：可以更改照片或色彩素材的持续时间长度。

❖ 抓拍快照：可以在视频中抓拍某一个动态画面的静帧素材。

❖ 自动摇动和缩放：可以为照片素材添加摇动和缩放运动特效。

❖ 多重修整视频：可以多重修整视频素材的长度，以及对视频片段进行相应剪辑操作。

❖ 分割素材：可以对视频、照片以及音频素材的片段进行分割操作。

❖ 按场景分割：按照视频画面的多个场景将视频素材分割为多个小节。

❖ 分割音频：将视频文件中的背景音乐单独分割出来，使其在时间轴面板中成为单个文件。

❖ 速度/时间流逝：可以设置视频的速度。

❖ 变速调节：可以更改视频画面为快动作播放或慢动作播放。

❸ "工具"菜单：在"工具"菜单中可以进行DV转DVD向导、从光盘镜像刻录（ISO）以及绘图创建器等操作，如图3-5所示。

在"工具"菜单下，各命令含义如下。

❖ 动态追踪：在视频中运用运动跟踪功能，可以运动跟踪视频中某一个对象，形成一条路径。

❖ 影音快手：可以使用软件自带的模版快速制作影片画面。

图3-5 "工具"菜单

❖ DV转DVD向导：可以使用DV转DVD向导来捕获DV中的视频素材。

❖ 创建光盘：在"创建光盘"子菜单中，还包括多种光盘类型，如DVD光盘、AVCHD光盘以及蓝光光盘等，选择相应的选项可以将视频刻录为相应的光盘。

❖ 从光盘镜像刻录（ISO）：可以将视频文件刻录为ISO格式的镜像文件。

❖ 绘图创建器：在绘图创建器中，用户可以使用画笔工具绘制各种不同的图形对象。

❹ "设置"菜单：在"设置"菜单中可以进行参数选择、影片模版管理器、轨道管理器、章节点管理器及提示点管理器等操作，如图3-6所示。

在"设置"菜单下，各命令含义如下。

图3-6 "设置"菜单

❖ 参数选择：可以设置项目文件的各种参数，包括项目参数、回放属性、预览窗口颜色、撤销级别、图像采集属性以及捕获参数设置等。

❖ 项目属性：可以查看当前编辑的项目文件的各种属性，包括时长、帧速率以及视频尺寸等。

❖ 智能代理管理器：是否将项目文件进行智能代理操作，在"参数选择"对话框的"性能"选项卡中，可以设置智能代理属性。

❖ 素材库管理器：可以更好地管理素材库中的文件，用户可以将文件导入库或者导出库。

❖ 影片模版管理器：可以制作出不同的视频格式，在"输出"选项面板中单击相应的视频输出格式，或选择"自定"选项，然后在下方列表框中选择用户需要创建的视频格式。

❖ 轨道管理器：可以管理轨道中的素材文件。

❖ 章节点管理器：可以管理素材中的章节点。

❖ 提示点管理器：可以管理素材中的提示点。

❖ 布局设置：可以更改会声会影的布局样式。

❺ "帮助"菜单：在"帮助"菜单下，可以查看软件的相关帮助信息，如帮助主题、使用指南、新增功能、检查更新以及信息版本等内容，如图3-7所示。

图3-7 "帮助"菜单

❖ 帮助主题：在相应网页窗口中，可以查看会声会影X8的相关主题资料，也可以搜索需要的软件信息。

❖ 使用指南：在相应网页窗口中，可以查看会声会影X8的使用指南等信息。

❖ 视频教学课程：可以查看软件视频教学资料。

❖ 新增功能：可以查看软件的新增功能信息。

❖ 入门：该命令下的子菜单中，提供了多个学习软件的入门知识，用户可根据实际需求进行相应选择和学习。

❖ Corel支援：可以获得Corel软件相关的支援和帮助。

❖ 购买蓝光光盘制作：在打开的网页中，可以购买蓝光光盘的制作权限。

❖ 检查更新：在打开的页面中，可以检查软件是否需要更新。

❖ 信息：在打开的页面中，可以查看软件的相关信息。

❖ 版本：可以查看软件的相关版本。

3.1.2　步骤面板

功能介绍

在会声会影X8编辑器中，将影片创建分为3个面板，分别为"捕获""编辑"和"输出"，单击相应的标签，即可切换至相应的面板，如图3-8所示。

图3-8　步骤面板

参数详解

❶"捕获"：在"捕获"面板中可以直接将视频源中的影片素材捕获到电脑中。录像带中的素材可以被捕获成单独的文件或自动分割成多个文件，还可以单独捕获静止的图像。

❷"编辑"："编辑"面板是会声会影X8的核心，在这个面板中可以对视频素材进行整理、编辑和修改，还可以将视频滤镜、转场、字幕、路径及音频应用到视频素材上。

❸"输出"：影片编辑完成后，在"输出"面板中可以创建视频文件，将影片输出到VCD、DVD或网络上。

3.1.3　预览窗口

功能介绍

预览窗口位于操作界面的左上方，可以显示当前的项目、素材、视频滤镜、效果或标题等内容，也就是说，对视频进行的各种设置基本都可以在此显示出来，而且有些视频内容需要在此进行编辑，如图3-9所示。

图3-9　会声会影X8的预览窗口

3.1.4　导览面板

功能介绍

导览面板主要用于控制预览窗口中显示的内容，运用该面板可以浏览所选的素材，进行精确的编辑或修整操作。预览窗口下方的导览面板上有一排播放控制按钮和功能按钮，用于预览和编辑项目中使用的素材，如图3-10所示，可通过选择导览面板中不同的播放模式来播放所选择的项目或者素材。使用修整栏和擦洗器可以对素材进行编辑，将鼠标指针移动到按钮或对象上方时会显示该按钮的名称。

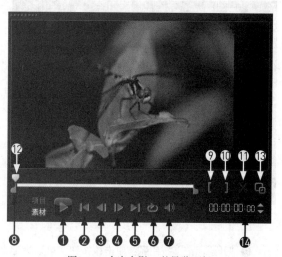

图3-10　会声会影X8的导览面板

参数详解

❶ "播放" 按钮：单击该按钮，播放会声会影X8的项目、视频或音频素材。按住【Shift】键的同时单击该按钮，可以仅播放在修整栏上选取的区间（在开始标记和结束标记之间）。在回放时，单击该按钮，可以停止播放视频。

❷ "起始" 按钮：单击该按钮，可以将时间线移至视频的起始位置，方便用户重新观看视频，如图3-11所示。

❸ "上一帧" 按钮：单击该按钮，可以将时间线移至视频的上一帧位置，在预览窗口中显示上一帧视频的画面特效。

❹ "下一帧" 按钮：单击该按钮，可以将时间线移至视频的下一帧位置，在预览窗口中显示下一帧视频的画面特效。

❺ "结束" 按钮：单击该按钮，将可以将时间线移至视频的结束位置，在预览窗口中显示相应的结束帧画面效果，如图3-12所示。

图3-11 "起始" 按钮　　　　　　　　　　图3-12 "结束" 按钮

❻ "重复" 按钮：单击该按钮，可以使视频重复地进行播放。

❼ "系统音量" 按钮：单击该按钮或拖动弹出的滑动条，可以调整素材的音频音量，同时也会调整扬声器的音量，如图3-13所示。

❽ "修整标记" 按钮：单击该按钮，可以修整、编辑和剪辑视频素材，如图3-14所示。

图3-13 "系统音量" 按钮　　　　　　　　图3-14 "修整标记" 按钮

❾ "开始标记" 按钮：单击该按钮，可以标记素材的起始点，如图3-15所示。

⑩ "结束标记" 按钮 **]** ：单击该按钮，可以标记素材的结束点，如图3-16所示。

图3-15 "开始标记"按钮

图3-16 "结束标记"按钮

⑪ "按照飞梭栏的位置分割素材" 按钮 **✂**：将鼠标定位到需要分割的位置，单击该按钮，即可将所选的素材剪切为两段，如图3-17所示。

提示

当用户完全进入全屏预览窗口后，按【Esc】键，可以退出全屏预览窗口，返回至默认的布局样式。

图3-17 "按照飞梭栏的位置分割素材"按钮

⑫ "滑轨" **▽**：单击并拖动该按钮，可以浏览素材，该停顿位置显示在当前预览窗口的内容中。

⑬ "扩大" 按钮 **□**：单击该按钮，可以在较大的窗口中预览项目或素材，如图3-18所示。

⑭ "时间轴" 数值框 00:00:00:00 ：通过指定确切的时间，可以直接调到项目或所选素材的特定位置。

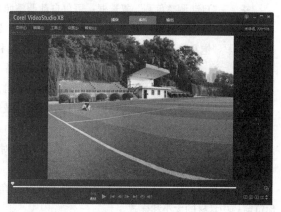

图3-18 "扩大"按钮

会声会影 X8 技术大全

3.1.5 选项面板

功能介绍

在会声会影X8的选项面板中，包含了控件、按钮和其他信息，可用于自定义所选素材的设置，该面板中的内容将根据步骤面板的不同而有所不同，下面向读者简单介绍"照片"选项面板和"视频"选项面板，如图3-19所示。

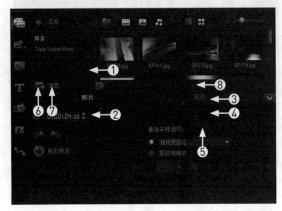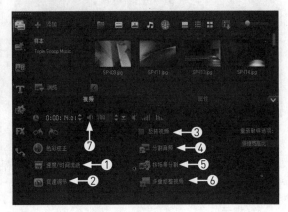

图3-19　"照片"选项面板和"视频"选项面板

参数详解

"照片"选项面板中，各按钮含义如下。

❶ "照片区间"数值框 0:00:03:00 ：该数值框用于调整照片素材播放时间的长度，显示了当前播放所选照片素材所需的时间，时间码上的数字代表"小时:分钟:秒:帧"，单击其右侧的微调按钮，可以调整数值的大小，也可以单击时间码上的数字，待数字处于闪烁状态时，输入新的数字后按【Enter】键确认，即可改变原来照片素材的播放时间长度。

❷ "色彩校正"按钮 ：单击该按钮，在打开的相应选项面板中拖曳滑块，即可对视频原色调、饱和度、亮度以及对比度等进行设置，如图3-20所示。

图3-20　调色面板

在"色彩校正"选项面板中，各选项含义如下。

❖ "白平衡"选项区：可以调整照片素材的白平衡，使画面达到不同的色调效果。

❖ "自动调整色调"复选框：可以自动调整照片素材的画面色调。

❖ "色调"滑块：可以调整照片素材的色调，制作出颜色丰富的画面色彩。

❖ "饱和度"滑块：可以调整照片素材的饱和度效果，饱和度数值越高，素材的色彩越鲜艳，反之，饱和度数值越低，则素材色彩效果越昏暗。

❖ "亮度"滑块：当素材亮度过暗或者过亮时，可以调整照片素材的亮度。

❖ "对比度"滑块：可以调整素材中阴暗区域最亮的白与最暗的黑之间不同亮度范围的差异。

❖ "Gamma值"滑块：可以调整照片素材的Gamma色彩参数值。

❖ "将滑动条重置为默认值"按钮 ：如果对于上述参数设置有误，此时用户可以单击该按钮，重置所有的色彩参数设置。

❸ "保持宽高比"选项：单击该选项右侧的下三角按钮，在弹出的列表框中选择相应的选项，可以调整预览窗口中素材的大小和样式。

❹ "摇动和缩放"单选按钮：选中该单选按钮，可以设置照片素材的摇动和缩放效果，其中向用户提供了多种预设样式，用户可根据需要进行相应的选择。

❺ "自定义"按钮▨：选中"摇动和缩放"单选按钮后，单击"自定义"按钮，在弹出的对话框中可以对选择的摇动和缩放样式进行相应的编辑与设置。

❻ "将照片逆时针旋转90度"按钮▨：可以将照片素材逆时针旋转90度，如图3-21所示。

图3-21　将照片逆时针旋转90度

❼ "将照片顺时针旋转90度"按钮▨：可以将照片素材顺时针旋转90度，如图3-22所示。

图3-22　将照片顺时针旋转90度

❽ "重新采样选项"选项：单击该选项右侧的下三角按钮，在弹出的列表框中选择相应的选项，可以调整预览窗口中素材的大小和样式。

"视频"选项面板中，各按钮含义如下。

❶ "速度/时间流逝"按钮：单击该按钮，在弹出的对话框中可以设置视频素材的回放速度和流逝时间。

❷ "变速调节"按钮：单击该按钮，可以调整视频的速度，或快或慢。

❸ "反转视频"复选框：可以对视频素材的画面进行反转操作，反向播放视频效果。

❹ "分割音频"按钮：在视频轨中选择相应的视频素材后，单击该按钮，可以将视频中的音频分割出来。

❺ "按场景分割"按钮：在视频轨中选择相应的视频素材后，单击该按钮，在弹出的对话框中，用户可以将视频文件按场景分割为多段单独的视频文件，如图3-23、图3-24所示。

图3-23　未分割的视频文件

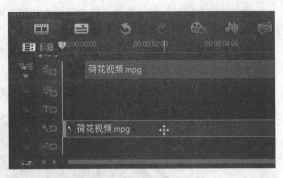

图3-24　音频被分割后的文件

❻ "多重修整视频" 按钮：单击该按钮，弹出"多重修整视频"对话框，在其中用户可以对视频文件进行多重修整操作，也可以将视频按照指定的区间长度进行分割和修剪。

❼ "素材音量" 数值框：可以设置视频文件的背景音乐音量大小，单击右侧的下三角按钮，在弹出的滑动条中，拖曳滑块可以调整音量大小，如图3-25所示。

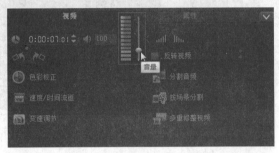

图3-25　"素材音量"数值框

3.2　会声会影素材库

在会声会影X8的素材库中，包含了各种各样的媒体素材，如视频、照片、音乐、即时项目、转场、字幕、滤镜、Flash动画及边框效果等。

3.2.1　媒体素材库

功能介绍

在会声会影X8界面的右上角，单击"媒体"按钮，即可进入"媒体"素材库，其中显示了所有视频、图像与音频素材。如图3-26所示为视频素材与音频素材显示的缩略图文件。

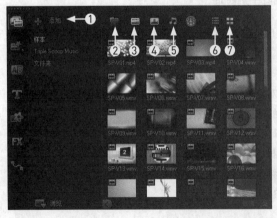

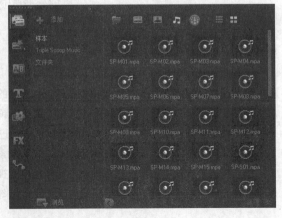

图3-26　视频素材与音频素材显示的缩略图文件

参数详解

"媒体"素材库上方，各按钮含义如下。

❶ "添加"按钮▓：可以新建一个或多个媒体文件夹，用来存放用户需要的媒体素材。

❷ "导入媒体文件"按钮▓：可以导入各种媒体素材，包括视频、图像以及音频文件等。

❸ "显示/隐藏视频"按钮▓：可以显示或隐藏素材库中的视频文件。

❹ "显示/隐藏照片"按钮▓：可以显示或隐藏素材库中的照片文件。

❺ "显示/隐藏音频文件"按钮▓：可以显示或隐藏素材库中的音频文件。

❻ "列表视图"按钮▓：可以以列表的形式显示素材库中的素材文件，如图3-27所示。

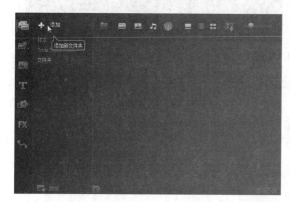

图3-27 列表的形式显示素材库中的素材文件

❼ "缩略图视图"按钮▓：可以以缩略图的形式显示素材库中的素材文件。

3.2.2 即时项目素材库

功能介绍

在会声会影X8界面的右上角，单击"即时项目"按钮▓，即可进入"即时项目"素材库，其中包括各种片头、片中以及片尾项目文件，如图3-28所示。

提示

将"即时项目"素材库中的项目文件，直接拖曳至时间轴面板中，即可应用即时项目文件。

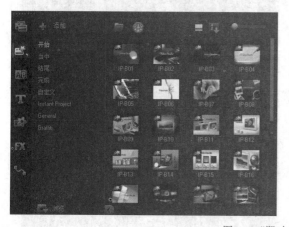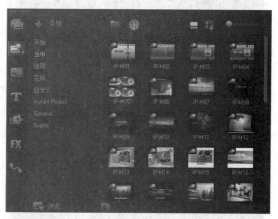

图3-28 "即时项目"素材库

 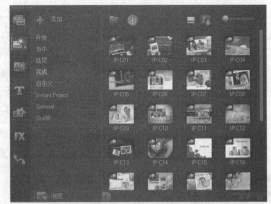

图3-28 "即时项目"素材库(续)

3.2.3 转场素材库

功能介绍

在界面的右上角,单击"转场"按钮AB,即可进入"转场"素材库,其中包括3D、过滤、闪光以及擦拭等各类转场特效,如图3-29所示。

参数详解

在"转场"素材库上方,各按钮含义如下。

❶"添加到收藏夹"按钮：可以将选择的转场效果添加到收藏夹中,方便以后进行调用。

❷"对视频轨应用当前效果"按钮：可以对视频轨中的素材应用当前选择的转场效果。

❸"对视频轨应用随机效果"按钮：可以在视频轨中的素材之间应用随机转场效果。

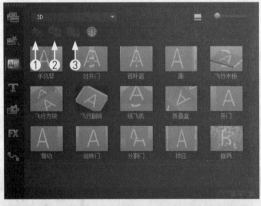 

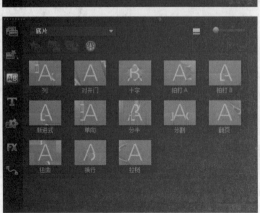 

图3-29 "即时项目"素材库

3.2.4 标题素材库

功能介绍

在会声会影X8界面的右上角，单击"标题"按钮，即可进入"标题"素材库，其中包括各种不同的标题预设模版，如图3-30所示，用户可根据需要将相应的预设标题添加至标题轨中，这些预设的标题样式都有各自的字体样式、动画属性以及特效等，字幕特效丰富多彩。

图3-30 标题素材库

3.2.5 图形素材库

功能介绍

在会声会影X8界面的右上角，单击"即时项目"按钮，即可进入"即时项目"素材库，其中包括各种片头、片中以及片尾项目文件，如图3-31所示。

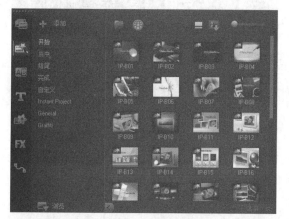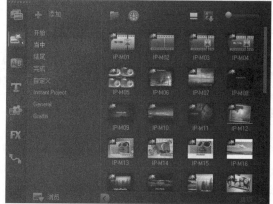
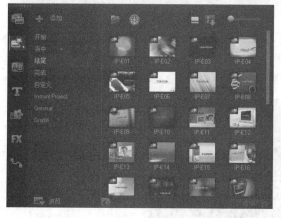

图3-31 图形素材库

3.2.6 滤镜素材库

功能介绍

在会声会影X8界面的右上角，单击"滤镜"按钮，即可进入"滤镜"素材库，其中包括2D对映、相机镜头、自然绘图以及标题特效等各类滤镜特效，如图3-32所示。

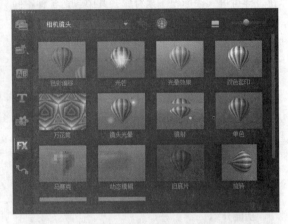

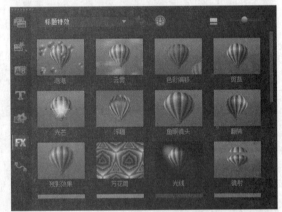

图3-32　滤镜素材库

3.2.7 路径素材库

功能介绍

"路径"素材库是会声会影X8中新增的功能，用户可以将路径特效运用在视频轨或覆叠轨中的素材文件上，制作出非常专业的视频运动效果，"路径"素材库如图3-33所示。

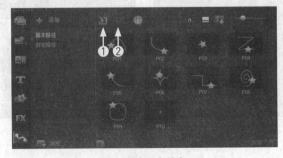

图3-33 路径素材库

参数详解

在"路径"素材库上方，各按钮含义如下。

❶ "导入路径"按钮：可以将外部路径导入会声会影X8的"路径"素材库。

❷ "导出路径"按钮：可以将"路径"素材库中的路径文件导出到用户的磁盘文件夹中。

3.2.8 时间轴面板

功能介绍

时间轴位于整个操作界面的最下方，用于显示项目中包含的所有素材、标题和效果，它是整个项目编辑的关键窗口，如图3-34所示。

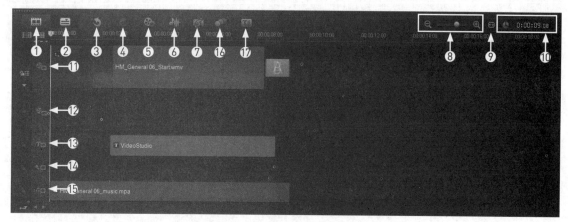

图3-34 会声会影X8的时间轴

参数详解

在"时间轴面板"中，各按钮含义如下。

❶ "故事板视图"按钮：单击该按钮，可以切换至故事板视图。

❷ "时间轴视图"按钮：单击该按钮，可以切换至时间轴视图。

❸ "撤销"按钮：单击该按钮，可以撤销前一步的操作。

❹ "重复"按钮：单击该按钮，可以重复前一步的操作。

❺ "录制/捕获选项"按钮：单击该按钮，弹出"录制/捕获选项"对话框，可以进行定格动画、屏幕捕获以及快照等操作。

❻ "混音器"按钮：单击该按钮，可以进入混音器视图。

❼ "自动音乐"按钮：单击该按钮，可以打开"自动音乐"选项面板，在面板中可以设置相应选项以播放自动音乐。

❽ "放大/缩小"滑块：向左拖曳滑块，可以缩小项目显示，向右拖曳滑块，可以放大项目显示。

❾ "将项目调到时间轴窗口大小"按钮：单击该按钮，可以将项目调整到时间轴窗口大小。

❿ "项目区间"显示框：该显示框中的数值显示了当前项目的区间大小。

⓫视频轨：在视频轨中可以插入视频素材与图像素材，还可以对视频素材与图像素材进行相应的编辑、修剪以及管理等操作。

⓬覆叠轨：在覆叠轨中可以制作相应的覆叠特效。覆叠功能是会声会影X8提供的一种视频编辑技巧。简单地说，"覆叠"就是画面的叠加，在屏幕上同时显示多个画面效果。

⓭标题轨：在标题轨中可以创建多个标题字幕效果与单个标题字幕效果。字幕是以各种字体、样

式、动画等一些形式出现在屏幕上的中外文字的总称，字幕设计与书写是视频编辑的艺术手段之一。

⓮语音轨 ：在声音轨中，可以插入相应的背景声音素材，并添加相应的声音特效，在编辑影片的过程中，除了画面以外，声音效果是影片的另一个非常重要的因素。

⓯音乐轨 ：在音乐轨中也可以插入相应的音乐素材，是除声音轨以外，另一个添加音乐素材的轨道。

⓰"动态追踪"按钮 ：可以在视频画面中，动态追踪某一个对象的运动路径。

⓱"字幕编辑器"按钮 ：在打开的窗口中，可以在视频素材上添加字幕效果。

第**04**章

管理软件界面布局

本章导读

　　通过上一章的学习，读者对会声会影X8的操作界面有了一定了解，但在制作视频的过程中，还需要设置项目的一些属性，使制作的项目文件更符合用户的需求。本章主要向读者介绍项目属性参数的设置、视频模式的切换、网格线的显示与隐藏、窗口的显示方式设置以及软件界面的布局设计等，希望读者熟练掌握本章内容。

4.1 属性参数

在使用会声会影X8进行视频编辑时，用户如果希望按照自己的操作习惯来编辑视频，以提高操作效率，则可以对一些参数进行设置。这些设置对于高级用户而言特别有用，它可以帮助用户节省大量的时间，以提高视频编辑的工作效率。在会声会影X8的"参数选择"对话框中，包括"常规""编辑""捕获""性能"及"界面布局"5个选项卡，在各选项卡中都可以对软件的属性以及操作习惯进行设置。

4.1.1 软件常规属性

功能介绍

在会声会影X8中，选择"设置"|"参数选择"命令，如图4-1所示。在"参数选项"对话框中选择"常规"，即可以显示"常规"选项卡。"常规"选项卡中的参数用于设置一些软件基本的操作属性，如图4-2所示。

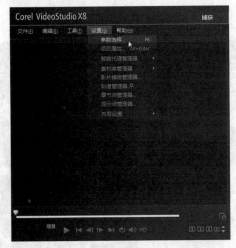

图4-1 单击"设置"|"参数选择"命令

图4-2 显示"常规"选项参数设置

在"常规"选项卡中，各主要选项的具体含义如下所示。

参数详解

❖ "撤销"复选框：选中"撤销"复选框，将启用会声会影的撤销/重做功能，可使用快捷键【Ctrl+Z】组合键，或者单击"编辑"菜单中的"重来"命令，进行撤销或重做操作。在其右侧的"级数"文本框中可以指定允许撤销/重做的最大次数（最多为99次），所指定的撤销/重做次数越高，所占的内存空间越多；如果保存的撤销/重做动作太多，计算机的性能将会降低。因此，用户可以根据自己的操作习惯设置合适的撤销/重做级数。

❖ "重新链接检查"复选框：选中"重新链接检查"复选框，当用户把某一个素材或视频文件丢失或者是改变了存放的位置和重命名时，会声会影会自动检测项目中素材的对应源文件是否存在。如果源文件素材的存放位置已更改，那么系统就会自动弹出信息提示框，提示源文件不存在，要求重新链接素材。该功能十分有用，建议用户选中该复选框。

❖ 工作文件夹：单击"工作文件夹"右侧的按钮，可以选取用于保存编辑完成的项目和捕获素材的文件夹。

❖ 素材显示模式：主要用于设置时间轴上素材的显示模式。用户若需要视频素材以相应的缩略图方式显示在时间轴上，则可以选择"仅略图"选项；若需要视频素材以文件名方式显示在时间轴上，可以选择"仅文件名"选项；若需要视频素材以相应的缩略图和文件名方式显示在时间轴上，则可以选择"略图和文件名"选项。图4-3所示为3种模式。

"仅略图"显示模式　　　　　　　"仅文件名"显示模式

"略图和文件名"显示模式

图4-3　素材显示模式

❖ 背景色：当视频轨上没有素材时，可以在这里指定预览窗口的背景颜色。单击"背景色"右侧的颜色色块，弹出颜色列表，如图4-4所示，选择"Corel色彩选取器"，弹出"Corel 色彩选择工具"对话框，如图4-5所示，在其中用户可以选择或自定义背景颜色，设置视频轨的背景颜色。

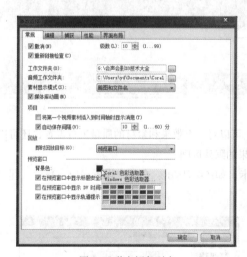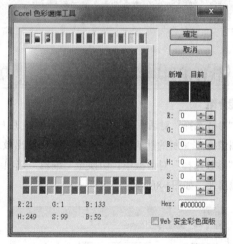

图4-4　弹出颜色列表　　　　　　　　图4-5　弹出Corel 色彩选择对话框

❖ "将第一个视频素材插入到时间轴时显示消息"复选框：该复选框的功能是当捕获或将第一个素材插入到项目时，会声会影将自动检查该素材和项目的属性，如果出现文件格式、帧大小等属性不一致的问题，便会显示一个信息，让用户选择是否将项目的设置自动调整为与素材属性相匹配的设置。

❖ "自动保存间隔"复选框：会声会影X8提供了与Word一样的自动存盘功能。选中"自动保存间隔"复选框后，系统将每隔一段时间自动保存项目文件，从而避免在发生意外状况时丢失用户的工作成果，其右侧的选项用于设置执行自动保存的时间。

❖ "即时回放目标"复选框：用于选择回放项目的目标设备。用户如果拥有双端口的显示卡，则可以同时在预览窗口和外部显示设备上回放项目。

❖ 在预览窗口中显示标题安全区域：选中该复选框，创建标题时会在预览窗口中显示标题安全区。标题安全区是预览窗口中的一个矩形框，用于确保用户设置的文字位于此标题安全区内。

提示

在"设置"菜单中可以进行参数选择、影片模版管理器、轨道管理器、章节点管理器及提示点管理器等操作，如图4-6所示。

在"设置"菜单下，各命令含义如下。

❖ 参数选择：可以设置项目文件的各种参数，包括项目参数、回放属性、预览窗口颜色、撤销级别、图像采集属性以及捕获参数设置等。

❖ 项目属性：可以查看当前编辑的项目文件的各种属性，包括时长、帧速率以及视频尺寸等。

❖ 智能代理管理器：是否将项目文件进行智能代理操作，在"参数选择"对话框的"性能"选项卡中，可以设置智能代理属性。

❖ 素材库管理器：可以更好地管理素材库中的文件，用户可以将文件导入库或者导出库。

❖ 影片模版管理器：可以制作出不同的视频格式，在"分享"选项面板中单击"创建视频文件"按钮，在弹出的列表框中会显示多种用户创建的视频格式，选择相应格式可以输出相应的视频文件。

❖ 轨道管理器：可以管理轨道中的素材文件。

❖ 章节点管理器：可以管理素材中的章节点。

❖ 提示点管理器：可以管理素材中的提示点。

❖ 布局设置：可以更改会声会影的布局样式。

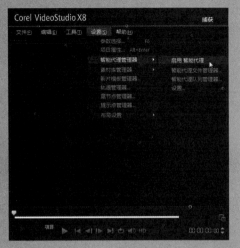

图4-6 "设置"菜单栏

4.1.2 软件编辑属性

功能介绍

在"参数选择"对话框的"编辑"选项卡中，用户可以对所有效果和素材的质量进行设置，还可以调整插入的图像/色彩素材的默认区间、转场、淡入/淡出效果的默认区间。

在"参数选择"对话框中，切换至"编辑"选项卡，如图4-7所示。在其中设置相应参数后，即可设置软件编辑属性，如图4-8所示。

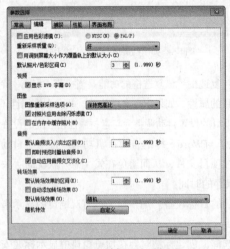

图4-7 "编辑"选项卡

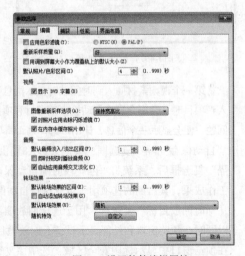

图4-8 设置软件编辑属性

在"编辑"选项卡中，各主要选项的具体含义如下所示。

参数详解

❖ 应用色彩滤镜：选中"应用色彩滤镜"复选框，可将会声会影调色板限制在NTSC或PAL色彩滤镜的可见范围内，以确保所有色彩均有效，如果是仅在电脑监视器上显示，可取消选中该复选框。

❖ 图像重新采样选项：单击"图像重新采样选项"右侧的下拉按钮，在弹出的下拉列表中可选择将图像素材添加到视频轨上。默认的图像重新采样的方法，包括"保持宽高比"和"调到项目大小"两个选项，选择不同的选项时，显示的效果如图4-9所示。

图4-9　显示的效果

❖ 默认转场效果：单击"默认转场效果"右侧的下拉按钮，在弹出的下拉列表框中可以选择要应用到项目中的转场效果，如图4-10所示。

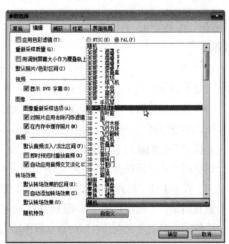

图4-10　选择要应用到项目中的转场效果

❖ 重新采样质量："重新采样质量"选项可以为所有的效果和素材指定质量。质量越高，生成的视频质量也就越好，不过在渲染时，时间会比较长。如果用户准备用于最后的输出，可选择"最好的"选项；若要进行快速操作，则应选择"好"选项。

❖ 默认照片/色彩区间：该选项主要用于为添加到视频项目中的图像和色彩素材指定默认的素材长度（该区间的时间单位为秒）。

❖ 在内存中缓存照片：在"编辑"选项卡中，选中"在内存中缓存照片"复选框，将在内存中缓存会声会影X8中照片的信息。

❖ 默认音频淡入/淡出区间：该选项主要用于为添加的音频素材的淡入和淡出指定默认的区间，在其右侧的数值框中输入的数值是素材音量从正常和淡化完成之间的时间总量区间。

4.1.3 软件捕获属性

功能介绍

在"参数选择"对话框中，切换至"捕获"选项卡，在其中可以设置与视频捕获相关的参数。在"参数选择"对话框中，切换至"捕获"选项卡，如图4-11所示。在其中设置相应参数后，即可设置软件捕获属性，如图4-12所示。

图4-11 "捕获"选项卡   图4-12 设置软件捕获属性

在"捕获"选项卡中，各主要选项的具体含义如下所示。

参数详解

❖ 按"确定"开始捕获：选中"按[确定]开始捕获"复选框，即表示在单击"捕获"步骤面板中的"捕获视频"按钮时，将会自动弹出一个信息提示框，提示用户可按【Esc】键或单击"捕获"按钮来停止该过程，单击"确定"按钮开始捕获视频。

❖ 从CD直接录制：选中"从CD直接录制"复选框，将直接从CD播放器上录制歌曲的数码源数据，并保留最佳的歌曲音频质量。

❖ 捕获格式："捕获格式"选项可指定用于保存已捕获的静态图像的文件格式。单击其右侧的下拉按钮，在弹出的下拉列表中可选择从视频捕获静态帧时文件保存的格式，即BITMAP格式或JPEG格式。

❖ 捕获质量："捕获质量"选项只有在"捕获格式"选项中选择JPEG格式时才生效。它主要用于设置图像的压缩质量，在其右侧的数值框中输入的数值越大，图像的压缩质量越好，文件也就越大。

❖ 捕获去除交织：选中"捕获去除交织"复选框，可以在捕获视频中的静态帧时，使用固定的图像分辨率，而不使用交织型图像的渐进式图像分辨率。

❖ 捕获结束后停止DV磁带：选中"捕获结束后停止DV磁带"复选框是指当视频捕获完成后，允许DV自动地停止磁带回放，否则停止捕获后，DV将继续播放视频。

❖ 显示丢弃帧的信息：选中"显示丢弃帧的信息"复选框是指如果由于计算机配置较低或是出现传输故障，将在视频捕获完成后，显示丢弃帧的信息。

❖ 开始捕获前显示恢复DVB-T视频警告：选中"开始捕获前显示恢复DVB-T视频警告"复选框，将显示恢复DVB-T视频警告，以便捕获的视频流畅平滑。

❖ 　在捕获过程中总是显示导入设置：选中"在捕获过程中总是显示导入设置"复选框，此时用户在捕获视频的过程中，总是会显示相关的导入设置。

4.1.4　软件性能属性

功能介绍

在"参数选择"对话框中，切换至"性能"选项卡，在其中可以设置与会声会影X8相关的性能参数。在"参数选择"对话框中，切换至"性能"选项卡，如图4-13所示。在其中设置相关的性能参数后，即可设置软件性能属性，如图4-14所示。

图4-13　"性能"选项卡　　　　　　图4-14　设置软件性能属性

在"性能"选项卡中，各主要选项的具体含义如下所示。

参数详解

❖ 　启用智能代理：在会声会影X8中，所谓智能代理，是通过创建智能代理，用创建的低解析度视频，替代原来的高解析度视频，进行编辑，低解析度视频要比原高解析度视频模糊。一般情况下，不建议用户启用智能代理来编辑视频文件。

❖ 　自动生成代理模版：在编辑视频的过程中，如果用户要启用视频代理功能，软件将自动为视频生成代理模版，用户可以对该模版进行自定义操作。

❖ 　启用硬件解码器加速：在会声会影X8中，通过使用视频图形加速技术和可用的硬件增强编辑性能，可以提高素材和项目的回放速度以及编辑速度。

❖ 　启用硬件加速优化：选中"启用硬件加速优化"复选框，可以让会声会影优化用户的系统性能。不过，具体硬件能加速多少，最终还得取决于用户的硬件规格与配置。

4.1.5　界面布局属性

在"参数选择"对话框中的"界面布局"选项卡中，用户可以设置会声会影X8工作界面的布局属性。

在"参数选择"对话框中，切换至"界面布局"选项卡，如图4-15所示。在其中设置会声会影X8工作界面的布局属性后，即可设置软件布局属性，如图4-16所示。

会声会影 X8 技术大全

图4-15　"界面布局"选项卡

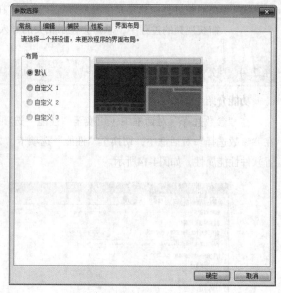

图4-16　设置软件布局属性

提示

在"界面布局"选项卡的"布局"选项区中，包括默认的软件布局样式以及新建的3种自定义布局样式，用户选中相应的单选按钮，即可将界面调整为需要的布局样式。

4.1.6　MPEG项目属性

功能介绍

启动会声会影X8编辑器，单击"设置"|"项目属性"命令，弹出Project Properties（项目属性）对话框，如图4-17所示。单击Edit（编辑）按钮，弹出Project Options（项目选项）对话框，如图4-18所示。

图4-17　Project Properties对话框

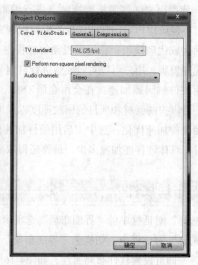

图4-18　Project Options对话框

下面分别介绍"项目属性"对话框中各主要选项的含义。

参数详解

❖ Project file information（项目文件信息）：在该选项组中，显示了与项目文件相关的各种信息，如文件大小、文件名和区间等。

❖ Project template properties（项目模版属性）：显示项目文件使用的视频文件格式和项目的其他属性。

❖ Edit file format（编辑文件格式）：在该选项下拉列表中可以选择所创建影片最终使用的视频格式，包括MPEG files和Microsoft AVI files两种。

❖ Edit（编辑）：单击该按钮，弹出"项目选项"对话框，从中可以对所选文件格式进行自定义压缩，并进行视频和音频设置。

切换至General（常规）选项卡，在Standard（标准）下拉列表中设置影片的尺寸大小，如图4-19所示。

切换至Compression（压缩）选项卡，相关选项设置如图4-20所示，单击"确定"按钮，即可完成设置。

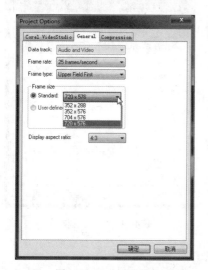

图4-19 General选项卡

图4-20 Compression选项卡

4.1.7 AVI项目属性

功能介绍

在Project Properties（项目属性）对话框中的Edit file format（编辑文件格式）下拉列表中选择Microsoft AVI files选项，如图4-21所示。单击Edit（编辑）按钮，弹出Project Options（项目选项）对话框，如图4-22所示。

图4-21 Project Properties对话框

图4-22 Project Options对话框

切换至General（常规）选项卡，在Frame rate（帧速率）下拉列表中选择25帧/秒，在Standard（标准）下拉列表中选择影片的尺寸大小，如图4-23所示。切换至AVI选项卡，在Compression（压缩）下拉列表中选择视频编码方式，如图4-24所示，单击Configure（配置）按钮，在弹出的Configure（配置）对话框中对视频编码方式进行设置，单击"确定"按钮，返回Project Options（项目选项）对话框，单击"确定"按钮，即可完成设置。

提示

选择视频编码方式时，最好不要选择None（无）选项，即非压缩的方式。无损的AVI视频占用的磁盘空间极大，在800像素×600像素分辨率下，能够达到10MB/s。

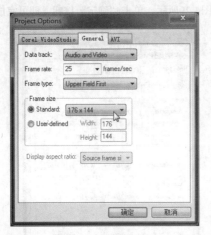
图4-23　General选项卡

图4-24　AVI选项卡

技术专题　[项目属性的设置]

项目属性的设置包括项目文件信息、项目模版属性、文件格式、自定义压缩、视频设置以及音频等设置。

4.2　视图模式

4.2.1　故事板视图

功能介绍

故事板视图模式是一种简单明了的编辑模式，用户只需从素材库中直接将素材用鼠标拖曳至视频轨中即可。在该视图模式中，每一张缩略图代表了一张图片、一段视频或一个转场效果，图片下方的数字表示该素材区间。在该视图模式中编辑视频时，用户只需选择相应的视频文件，在预览窗口中进行编辑，即可轻松实现对视频的编辑操作，用户还可以在故事板中用鼠标拖曳缩略图顺序，从而调整视频项目的播放顺序。

在会声会影X8编辑器中，单击视图面板上方的"故事板视图"按钮，即可将视图模式切换至故事板视图，如图4-25所示。

图4-25　故事板视图

问： 故事板视图中能显示覆叠吗？

答： 在故事板视图中，无法显示覆叠轨中的素材，也无法显示标题轨中的字幕素材，故事板视图只能显示视频轨中的素材画面，以及素材的区间长度，如果用户为素材添加了转场效果，还可以显示添加的转场特效。

4.2.2　时间轴视图

功能介绍

时间轴视图是会声会影X8中最常用的编辑模式，它相对比较复杂，但功能强大。在时间轴编辑模式下，用户不仅可以对标题、字幕、音频等素材进行编辑，而且还可在以"帧"为单位的精度下对素材进行精确的编辑，所以时间轴视图模式是用户精确编辑视频的最佳形式。

在会声会影X8编辑器中，如图4-26所示，单击视图面板上方的"时间轴视图"按钮，即可将视图模式切换至时间轴视图，如图4-27所示。

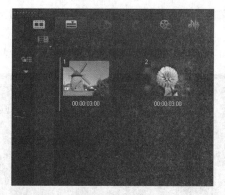

图4-26　会声会影X8编辑器

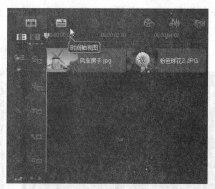

图4-27　时间轴视图

在预览窗口中，可以预览时间轴视图中的素材画面效果，如图4-28所示。

图4-28　预览时间轴视图中的素材画面效果

技术专题 ［不同轨道的使用方法］

在时间轴面板中，共有5个轨道，分别是视频轨、覆叠轨、标题轨、语音轨和音乐轨。视频轨和覆叠轨主要用于放置视频素材和图像素材，标题轨主要用于放置标题字幕素材，语音轨和音乐轨主要用于放置旁白和背景音乐等音频素材。在编辑时，只需要将相应的素材拖动到相应的轨道中，即可完成对素材的添加操作。

提示

在时间轴面板中，各轨道图标中均有一个眼睛样式的可视性图标，单击该图标，即可禁用相应轨道，再单击该图标，可启用相应轨道。

4.2.3 混音器视图

功能介绍

混音器视图在会声会影X8中，可以用来调整项目中语音轨和音乐轨中素材的音量大小，以及调整素材中特定点位置的音量。在该视图中用户还可以为音频素材设置淡入淡出、长回音、放大以及嘶声降低等特效。

【练习4-1】掌握混音器视图

素材位置	素材\第4章\美丽夕阳.mpg
效果位置	效果\第4章\掌握混音器视图.vsp
视频位置	视频\第4章\【练习4-1】掌握混音器视图.mp4
技术掌握	掌握混音器视图

本例原始素材是两张视频素材，下面通过混音器视图，添加相应效果。

Step 01 进入会声会影编辑器，在菜单栏中单击"文件"|"打开项目"命令，打开一个项目文件，如图4-29所示。

Step 02 单击时间轴上方的"混音器"按钮，如图4-30所示，即可将视图模式切换至混音器视图模式。

图4-29 打开项目文件　　　　图4-30 单击"混音器"按钮

Step 03 在预览窗口中，可以预览混音器视图中的素材画面效果，如图4-31所示。

提示

在会声会影X8工作界面中，如果用户再次单击"混音器"按钮，界面可以返回至故事板视图或时间轴视图中。

图4-31　预览素材画面效果

4.3　显示与隐藏网格线

在会声会影X8中，网格对于对称地布置图像或其他对象非常有用。本节主要向读者介绍显示与隐藏网格线的方法。

4.3.1　显示网格线

功能介绍

在会声会影X8中，通过"显示网格线"复选框，可以在预览窗口中显示网格线。图4-31所示为"属性"选项面板，图4-33所示为"网格线选项"对话框。

图4-32　"属性"选项面板　　　　图4-33　"网格线选项"对话框

参数详解

在"属性"选项面板中，各选项含义如下。

❖　"变形素材"复选框：拖曳素材四周的控制柄，可以变形或扭曲素材文件。

❖　"显示网格线"复选框：可以显示网格线。

❖　"网格线选项"按钮：可以设置网格线属性。

在"网格线选项"对话框中，各主要选项含义如下。

❖　网格大小：在该数值框中，可以设置预览窗口中网格的大小，参数区间可以设置在5～100之间，数值不能低于5或者超过100。

❖　靠近网格：选中该复选框，可以在编辑素材时靠近网格边界。

❖　线条色彩：单击该选项右侧的色块，在弹出的颜色面板中，用户可以根据实际需要设置网格的色彩属性。

❖　线条类型：在该列表框中，包含5种不同的网格线型，如单色、虚线、点、虚线-点、虚线-点-点。下面预览其他4种不同线条的网格效果，如图4-34所示，用户在操作过程中，可根据实际需求进行设置。

虚线 点

虚线-点　　　　　　　　　　　　　　　虚线-点-点

图4-34　预览其他4种不同线条的网格效果

🔹【练习4-2】显示网格线

素材位置	素材\第4章\圣诞雪人.mpg
效果位置	效果\第4章\显示网格线.vsp
视频位置	视频\第4章\【练习4-2】显示网格线.mp4
技术掌握	掌握显示网格线的操作方法

本例原始素材是圣诞雪人素材，给素材添加网格线效果。

Step 01　进入会声会影编辑器，单击"文件"｜"打开项目"命令，打开一个项目文件，如图4-35所示。

Step 02　在时间轴面板中，选择需要显示网格线的素材文件，如图4-36所示。

图4-35　打开项目文件　　　　　图4-36　选择需要显示网格线的素材文件

Step 03 单击时间轴面板右上方的"选项"按钮，如图4-37所示。

Step 04 弹出"选项"面板，单击"属性"选项卡，如图4-38所示。

图4-37 单击"选项"按钮　　　　　　　　　　图4-38 单击"属性"选项卡

Step 05 打开"属性"选项面板，选中"变形素材"复选框，激活"显示网格线"复选框，并选中"显示网格线"复选框，如图4-39所示。

Step 06 执行操作后，即可显示网格线，效果如图4-40所示。

图4-39 选中"显示网格线"复选框　　　　　　图4-40 显示网格线

Step 07 在"属性"选项面板中，单击"网格线选项"按钮　，如图4-41所示。

Step 08 执行操作后，弹出"网格线选项"对话框，如图4-42所示。

图4-41 单击"网格线选项"按钮　　　　　　图4-42 弹出"网格线选项"对话框

Step 09 拖曳"网格大小"右侧的滑块，直至参数显示为20，或者在"网格大小"右侧的百分比数值框中输入20，设置网格的大小属性，如图4-43所示。

Step 10 单击"线条色彩"右侧的色块，在弹出的颜色面板中选择红色，设置网格线的颜色为红色，如图4-44所示。

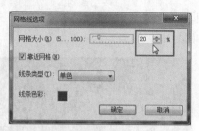

图4-43　设置网格的大小属性

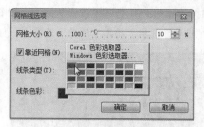

图4-44　设置网格线的颜色为红色

Step 11 设置完成后，单击"确定"按钮，返回会声会影工作界面，在预览窗口中可以预览网格线的效果，在"网格线选项"对话框中，用户还可以更改网格线的颜色为黄色，效果如图4-45所示。

图4-45　预览网格线的效果

提示

网格线只是显示在预览窗口中，是对软件界面的一种属性设置，不会被用户保存至项目文件中，也不会被输出至视频文件中。

4.3.2　隐藏网格线

功能介绍

如果用户不需要在界面中显示网格效果，此时可以对网格线进行隐藏操作。

进入会声会影编辑器，单击"文件"|"打开项目"命令，打开一个项目文件，如图4-46所示。在时间轴面板中，选择相应素材文件，效果如图4-47所示。

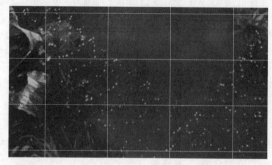

图4-46　打开项目文件　　　　　　　　　　图4-47　选择相应素材文件

展开"属性"选项面板，在其中取消选中"变形素材"和"显示网格线"复选框，如图4-48所示。执行操作后，即可隐藏网格线，效果如图4-49所示。

图4-48　取消选中相应复选框　　　　图4-49　隐藏网格线

提示

在显示网格线的状态下，单击"网格线选项"按钮，在弹出的"网格线选项"对话框中，拖曳鼠标指针放置在"网格大小"选项区右侧的滑块上，单击鼠标左键的同时将滑块拖曳至最右端，网格线将扩大到100%，预览窗口中的网格线将不可见，即实现隐藏网格线。

4.4　窗口显示方式

在会声会影X8中，用户可以根据自己的操作习惯，随时更改预览窗口的属性，如预览窗口的背景色、标题安全区域以及DV时间码等信息。

4.4.1　窗口背景色

功能介绍

对于会声会影X8预览窗口中的背景颜色，用户可以根据操作习惯进行相应的调整，当素材颜色与预览窗口背景色相近时，将预览窗口背景色设置为与素材对比度大的色彩，可以更好地区分背景与素材的边界。

进入会声会影编辑器，单击"文件"|"打开项目"命令，打开一个项目文件，如图4-50所示。在预览窗口中，可以预览目前预览窗口中的背景色，如图4-51所示。

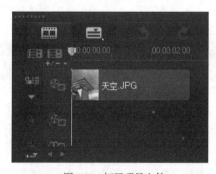

图4-50　打开项目文件　　　　图4-51　预览窗口中的背景色

在菜单栏中，单击"设置"|"参数选择"命令，如图4-52所示。执行操作后，弹出"参数选择"对话框，如图4-53所示。

图4-52　单击命令

图4-53　弹出"参数选择"对话框

在"预览窗口"选项区中单击"背景色"选项右侧的色块，在弹出的颜色面板中选择白色，如图4-54所示。单击"确定"按钮，即可设置预览窗口的背景色，效果如图4-55所示。

图4-54　选择白色

图4-55　设置预览窗口的背景色

提示

在设置预览窗口的背景色时，用户可以根据素材的颜色配置与画面协调的色彩，使整个画面达到和谐统一的效果。

4.4.2　标题安全区域

功能介绍

在预览窗口中显示标题的安全区域，可以更好地编辑标题字幕，使字幕完整地显示在预览窗口之内。

进入会声会影编辑器，单击"文件"|"打开项目"命令，打开一个项目文件，如图4-56所示。单击"设置"|"参数选择"命令，弹出"参数选择"对话框，在"预览窗口"选项区中选中"在预览窗口中显示标题安全区域"复选框，如图4-57所示。

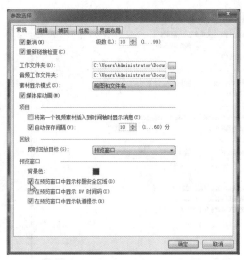

图4-56　打开项目文件　　　　　　　　　　图4-57　选中相应复选框

提示

　　如果用户不需要显示标题的安全区域，则只需在"参数选择"对话框的"常规"选项卡中，取消选中"在预览窗口中显示标题安全区域"复选框，即可隐藏标题安全区域。

　　单击"确定"按钮，即可显示标题安全区域，选择标题轨中的字幕，如图4-58所示。在字幕文件上，双击鼠标左键，在预览窗口中即可显示标题安全区域，如图4-59所示。

图4-58　选择标题轨中的字幕　　　　　　　图4-59　显示标题安全区域

4.4.3　DV时间码

功能介绍

　　在会声会影X8中，用户还可以设置在预览窗口中是否显示DV时间码。

　　进入会声会影编辑器，单击"设置"|"参数选择"命令，弹出"参数选择"对话框，在"预览窗口"选项区中选中"在预览窗口中显示DV时间码"复选框，如图4-60所示。执行操作后，将弹出信息提示框，如图4-61所示，单击"确定"按钮，返回"参数选择"对话框，单击"确定"按钮，即可在回放DV视频时在预览窗口中显示DV时间码。

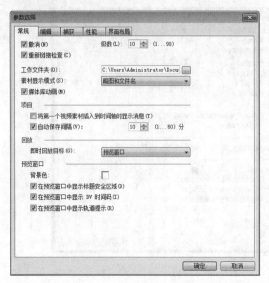

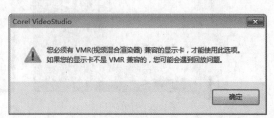

图4-60　选中相应复选框　　　　　　　　　　　图4-61　弹出信息提示框

4.4.4　轨道提示

功能介绍

用户在轨道面板中编辑视频素材时，可以使用轨道提示功能，方便对视频进行编辑操作。

进入会声会影编辑器，在菜单栏中单击"设置"|"参数选择"命令，如图4-62所示。弹出"参数选择"对话框，在"预览窗口"选项区中选中"在预览窗口中显示轨道提示"复选框，如图4-63所示，单击"确定"按钮，即可启用轨道提示功能。

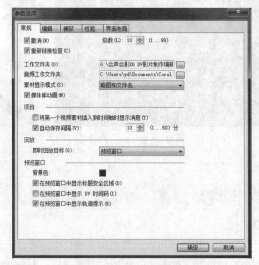

图4-62　单击命令　　　　　　　　　　　图4-63　选中相应复选框

4.5　软件布局方式

更改软件的布局方式是会声会影X8中非常实用的功能，用户运用会声会影X8进行视频编辑时，可以根据操作习惯随意调整界面布局，如将面板放大、嵌入到其他位置以及设置成漂浮状态等。

4.5.1　调整面板大小

功能介绍

在会声会影X8中，用户可以根据编辑视频的方式和操作手法，更改软件默认状态下的布局样式。在使用会声会影X8进行编辑的过程中，用户可以根据需要将面板放大或者缩小，如在时间轴中进行编辑时，可将时间轴面板放大，以获得更大的操作空间；在预览窗口中预览视频效果时，可将预览窗口放大，以获得更好的预览效果。

将鼠标移至预览窗口、素材库或时间轴相邻的边界线上，如图4-64所示。单击鼠标左键并拖曳，可将选择的面板随意放大、缩小。图4-65所示为调整面板大小后的界面效果。

图4-64　移动鼠标　　　　　　　　　图4-65　调整面板大小后的界面效果

4.5.2　移动面板位置

功能介绍

使用会声会影X8编辑视频时，若用户不习惯默认状态下面板的位置，此时可以拖曳面板将其嵌入至所需的位置。

将鼠标移至预览窗口、素材库或时间轴左上角的位置，如图4-66所示。单击鼠标左键将面板拖曳至另一个面板旁边，在面板的上下左右分别会出现4个箭头，将所拖曳的面板靠近箭头，然后释放鼠标左键，即可将面板嵌入新的位置，如图4-67所示。

图4-66　移动鼠标　　　　　　　　　图4-67　将面板嵌入新的位置

4.5.3　漂浮面板位置

功能介绍

在使用会声会影X8进行编辑的过程中，用户还可以将面板设置成漂浮状态，如用户只需使用时间轴面板和预览窗口的时候，可以将素材库设置成漂浮，并将其移动到屏幕外面，如需使用时可将其拖曳出来。

使用该功能，还可以使会声会影X8实现双显示器显示，用户可以将时间轴和素材库放在一个屏幕上，而在另一个屏幕上进行高质量的预览。

使用鼠标左键双击预览窗口、素材库或时间轴左上角的位置 ，如图4-68所示，即可将所选择的面板设置成漂浮，如图4-69所示，使用鼠标拖曳面板可以调整面板的位置，使用鼠标左键双击漂浮面板位置 ，可以让处于漂浮状态的面板恢复到原处。

图4-68　移动鼠标　　　　　　　　　　　　　图4-69　将面板设置成漂浮

4.5.4　保存布局样式

功能介绍

在会声会影X8中，用户可以将更改的界面布局样式保存为自定义的界面，并在以后的视频编辑中，根据操作习惯方便地切换界面布局。

进入会声会影编辑器，在菜单栏中单击"文件"|"打开项目"命令，打开一个项目文件，随意拖曳窗口布局，如图4-70所示。在菜单栏中，单击"设置"|"布局设置"|"保存至"|"自定义#2"命令，如图4-71所示。

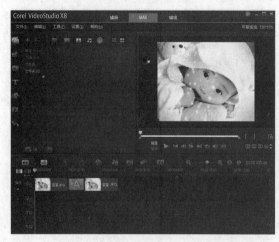 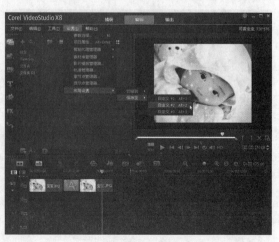

图4-70　随意拖曳窗口布局　　　　　　　　　图4-71　单击命令

　　执行操作后，即可将更改的界面布局样式进行保存操作，在预览窗口中可以预览视频的画面效果，如图4-72所示。

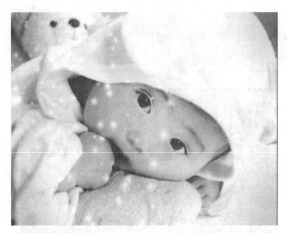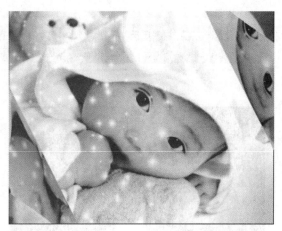

图4-72　预览视频的画面效果

4.5.5　切换布局样式

功能介绍

　　在会声会影X8中，当用户自定义多个布局样式后，此时根据编辑视频的习惯，用户可以切换至相应的界面布局样式中。

　　进入会声会影编辑器，在菜单栏中单击"文件"|"打开项目"命令，打开一个项目文件，此时窗口布局样式如图4-73所示。

图4-73　打开项目文件

在菜单栏中，单击"设置"|"布局设置"|"切换到"|"自定义#3"命令，如图4-74所示。执行操作后，即可切换界面布局样式，如图4-75所示。

提示

单击"设置"|"参数选择"命令，弹出"参数选择"对话框，切换至"界面布局"选项卡，在"布局"选项区中选中相应的单选按钮，单击"确定"按钮后，即可切换至相应的界面布局样式。

图4-74 单击命令

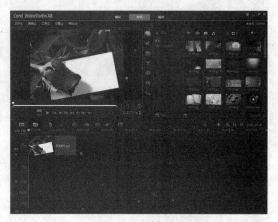

图4-75 切换界面布局样式

技术专题 **[快速切换布局样式]**

在会声会影X8中，当用户保存了更改后的界面布局样式后，按【Alt+1】组合键，可以快速切换至"自定义#1"布局样式；按【Alt+2】组合键，可以快速切换至"自定义#2"布局样式；按【Alt+3】组合键，可以快速切换至"自定义#3"布局样式。单击"设置"|"布局设置"|"切换到"|"默认"命令，或按【F7】键，可以快速恢复至软件默认的界面布局样式。

4.6 视频显示比例

在会声会影X8中，包括两种不同的视频显示比例，如16:9的视频比例和4:3的视频比例，16:9属于宽屏幕样式，4:3属于标准屏幕样式。下面向读者介绍调整视频画面显示比例的操作方法。

4.6.1 16:9屏幕尺寸

功能介绍

在会声会影X8中，如果用户需要将视频制作成宽屏幕样式，此时可以使用16:9的视频画面尺寸来制作视频效果。

进入会声会影编辑器，在视频轨中插入一幅素材图像，如图4-76所示。在预览窗口中，可以预览素材画面尺寸比例，如图4-77所示。

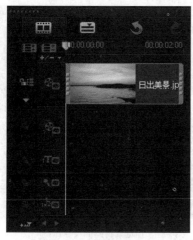

图4-76　插入素材图像

图4-77　预览素材画面尺寸比例

在菜单栏中，单击"设置"|"参数选择"命令，弹出"参数选择"对话框，切换至"性能"选项卡，选中"启用智能代理"复选框，取消选中"自动生成代理模版"复选框，在"模版"下拉列表中选择相应选项，如图4-78所示。单击"确定"按钮，即可制作宽屏幕尺寸的视频，如图4-79所示。

图4-78　单击命令

图4-79　制作宽屏幕尺寸的视频

4.6.2　4:3屏幕尺寸

功能介绍

将视频画面尺寸调整为4:3的方法很简单，下面向读者介绍具体操作方法。

【练习4-3】设置屏幕尺寸

素材位置	素材\第4章\桃花朵朵.jpg
效果位置	效果\第4章\设置屏幕尺寸.vsp
视频位置	视频\第4章\【练习4-3】设置屏幕尺寸.mp4
技术掌握	掌握设置4:3屏幕尺寸的操作方法

本例原始素材是桃花朵朵照片素材，给素材设置画面尺寸。

Step 01 进入会声会影编辑器，在视频轨中插入一幅素材照片，如图4-80所示。

Step 02 在预览窗口中，可以预览素材画面尺寸比例，如图4-81所示。

图4-80　插入素材图像　　　　　　　　　　　图4-81　预览素材画面尺寸比例

Step 03 在菜单栏中，单击"设置"|"参数选择"命令，弹出"参数选择"对话框，切换至"性能"选项卡，选中"启用智能代理"复选框，取消选中"自动生成代理模版"复选框，在"模版"下拉列表中选择相应选项，如图4-82所示。

Step 04 单击"确定"按钮，即可制作标准屏幕尺寸的视频，如图4-83所示。

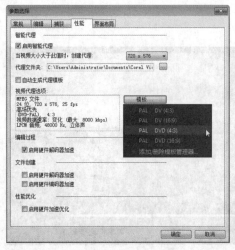

图4-82　单击命令　　　　　　　　　　　　图4-83　制作标准屏幕尺寸的视频

第05章

会声会影基本操作

本章导读

　　项目文件是指运用会声会影X8进行视频素材编辑等操作时，用于记录视频素材编辑的信息文件，在项目文件中可以保存视频素材、图像素材、声音素材以及特效等使用的参数信息，项目文件的格式为*.VSP。使用会声会影对视频进行编辑时，会涉及一些项目的基本操作，如新建项目、打开项目、保存项目和关闭项目等。本章主要向读者介绍会声会影X8项目文件的基本操作方法。

5.1 启动会声会影X8

将会声会影X8安装至计算机中后，接下来学习启动会声会影X8的操作方法。启动方法主要包括3种：从桌面图标启动；从"开始"菜单启动；双击VSP格式的会声会影源文件来启动会声会影X8软件。

5.1.1 从桌面图标启动程序

功能介绍

使用会声会影X8制作影片之前，首先需要启动会声会影X8应用程序，在桌面上的Corel VideoStudio Pro X8快捷方式图标上单击鼠标右键，在弹出的快捷菜单中选择"打开"选项，如图5-1所示。执行操作后，进入会声会影X8启动界面，如图5-2所示。

图5-1 选择"打开"选项

图5-2 进入启动界面

稍等片刻，弹出软件欢迎界面，显示了软件的新增功能等信息，如图5-3所示。单击右上角的"关闭"按钮，关闭欢迎界面，进入会声会影X8工作界面，如图5-4所示。

图5-3 弹出欢迎界面

图5-4 进入编辑器

5.1.2 从"开始"菜单启动程序

功能介绍

当用户安装好会声会影X8应用软件之后，该软件的程序会存在于用户计算机的"开始"菜单中，此时用户可以通过"开始"菜单来启动会声会影X8。

在Windows桌面上，单击"开始"菜单，如图5-5所示。在弹出的菜单列表中找到会声会影X8软件文件夹，单击Corel VideoStudio Pro X8命令，如图5-6所示。执行操作后，即可启动会声会影X8应用软件，进入软件工作界面。

图5-5 单击"开始"命令　　　　　　图5-6 启动会声会影X8

5.1.3 用VSP文件启动程序

功能介绍

VSP格式是会声会影软件存储时的源文件格式，在该源文件上双击鼠标左键，或者单击鼠标右键，在弹出的快捷菜单中选择"打开"选项，如图5-7所示，也可以快速启动会声会影X8应用软件，进入软件工作界面。

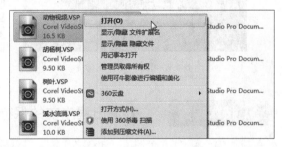

图5-7 单击"打开"命令

技术专题 [从软件安装文件夹启动程序]

当用户安装好会声会影X8软件后，从"计算机"窗口中打开软件的安装路径文件夹，在文件夹中找到vstudio.exe程序，如图5-8所示，双击该应用程序，也可以快速启动会声会影X8应用软件。

图5-8 找到vstudio.exe程序

问：可以同时打开多个项目吗？

答：在会声会影X8中，一次只能打开一个项目文件，如果用户需要打开其他项目，首先需关闭现有项目文件。

5.2 退出会声会影X8

在会声会影X8中完成视频的编辑后，若用户不再需要该程序，可以采用以下3种方法退出程序，以保证计算机的运行速度不受影响。

5.2.1 用"退出"命令退出程序

功能介绍

在会声会影X8中，使用"文件"菜单下的"退出"命令，可以退出会声会影X8应用软件。

进入会声会影编辑器，执行菜单栏中的"文件"|"退出"命令，如图5-9所示。执行上述操作后，即可退出会声会影X8，如图5-10所示。

图5-9 单击"退出"命令

图5-10 退出会声会影X8

技术专题 [退出程序前的保存操作]

在会声会影X8中完成视频的编辑后，若用户不再需要该程序，还可以使用【Alt+F4】组合键的方法退出程序，以保证计算机的运行速度不受影响。

若在退出程序之前没有对项目文件进行保存操作，则在单击"关闭"按钮后，系统会弹出一个信息提示框，提示用户是否保存该项目文件，如图5-11所示。若单击"是"按钮，即可保存并关闭文件；若单击"否"按钮，则不保存文件并进行关闭；若单击"取消"按钮，则取消关闭操作。

图5-11 提示用户是否保存该项目文件

5.2.2 用"关闭"选项退出程序

功能介绍

在会声会影X8中，用户可以使用"关闭"选项退出会声会影X8应用软件。

在会声会影X8工作界面中，使用鼠标右键单击工作界面 Corel VideoStudio X8 左上角，在弹出的列表框中选择"关闭"选项，如图5-12所示。执行操作后，即可快速退出会声会影X8应用软件。

图5-12 选择"关闭"选项

参数详解

单击程序图标，在弹出的列表框中，各选项含义如下。

- ❖ "还原"选项：选择该选项，可以还原会声会影X8工作界面的大小比例。
- ❖ "最小化"选项：选择该选项，可以最小化显示会声会影X8工作界面。
- ❖ "最大化"选项：选择该选项，可以最大化显示会声会影X8工作界面。

---- 提示 -----

在会声会影X8工作界面中，按【Alt+F4】组合键，也可以快速退出会声会影X8应用软件。

5.2.3 用"关闭"按钮退出程序

功能介绍

用户编辑完视频文件后，一般都会采用"关闭"按钮的方法退出会声会影应用程序，因为该方法是最简单、方便的。

单击会声会影X8应用程序窗口右上角的"关闭"按钮█，如图5-13所示。执行操作后，即可快速退出会声会影X8应用软件。

图5-13 单击"关闭"按钮

5.3 项目文件的基本操作

所谓项目，就是进行视频编辑等操作的文件，使用会声会影对视频进行编辑时，会涉及一些项目的基础操作，如新建项目、打开项目、保存等。

5.3.1 新建项目

功能介绍

运行会声会影X8时，程序会自动新建一个项目，若是第一次使用会声会影X8，项目将使用会声会影X8的初始默认设置，项目设置决定了在预览项目时视频项目的渲染方式。

进入会声会影编辑器，单击菜单栏中的"文件"|"新建项目"命令，如图5-14所示。执行上述的操作后，即可新建一个项目文件，单击"显示照片"按钮，显示软件自带的照片素材，如图5-15所示。

图5-14 单击"新建项目"命令

图5-15 显示软件自带的照片素材

在照片素材库中，选择照片素材，单击鼠标左键并拖曳至视频轨中，如图5-16所示。在预览窗口中，即可预览视频效果，如图5-17所示。

图5-16　拖曳至视频轨中　　　　　　　　　　　　　　　　图5-17　预览视频效果

提示

在会声会影X8工作界面中，直接按【Ctrl+N】组合键，也可快速新建一个空白的项目文件。

技术专题　[新建项目中的保存操作]

如果用户正在编辑的视频项目没有进行保存操作，在新建项目的过程中，会弹出保存提示信息框，提示用户是否保存当前编辑的项目文件，如图5-18所示，单击"是"按钮，即可保存当前项目文件；单击"否"按钮，将不保存当前项目文件；单击"取消"按钮，将取消项目的新建操作。

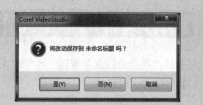

图5-18　提示用户是否保存该项目文件

项目文件本身并不是影片，只有在最后的"输出"步骤面板中经过渲染输出，才能将项目文件中的所有素材连接在一起，生成最终的影片。在新建文件夹时，建议用户将文件夹指定到有较大剩余空间的磁盘上，这样可以为安装文件所在的磁盘保留更多的交换空间。

5.3.2　新建HTML5项目文件

功能介绍

在会声会影X8中，用户还可以根据需要新建HTML5项目文件。新建HTML5项目的方法很简单，用户在菜单栏中单击"文件"菜单，在弹出的菜单列表中单击"新HTML5项目"命令，如图5-19所示，执行操作后，弹出提示信息框，提示相关信息，如图5-20所示，单击"确定"按钮，即可新建HTML5项目文件。

提示

在会声会影X8工作界面中，直接按【Ctrl+M】组合键，也可以快速新建一个HTML5项目文件。在图5-20所示的对话框中，若用户选中"下次不显示此消息"复选框，则用户再次新建HTML5项目文件时，将不会弹出该提示信息框。

图5-19 单击"新HTML5项目"命令

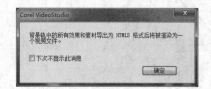

图5-20 弹出提示信息框

问： 如果我只要做一个电子相册视频，需要新建HTML 5项目吗？

答： 在会声会影X8中，如果用户只做普通的电子相册视频文件，则直接新建项目即可，用普通的项目文件进行制作，不需要使用HTML5项目来制作。

5.3.3 打开项目

功能介绍

当用户需要使用其他已经保存的项目文件时，可以选择需要的项目文件打开。在会声会影X8工作界面，用户可以通过"打开项目"命令来打开项目文件。

进入会声会影编辑器，在菜单栏中，单击"文件"菜单，在弹出的菜单列表中单击"打开项目"命令，如图5-21所示。执行操作后，弹出"打开"对话框，在该对话框中用户可根据需要选择要打开的项目文件，如图5-22所示。

图5-21 单击"打开项目"命令

图5-22 选择项目文件

单击"打开"按钮，即可打开项目文件，在时间轴视图中可以查看打开的项目文件，如图5-23所示。在预览窗口中，可以预览视频画面效果，如图5-24所示。

水晶宝石.jpg

图5-23　查看项目文件　　　　　　　　　　　　　图5-24　预览视频效果

参数详解

在"打开"对话框中，各主要选项含义如下。

- ❖　"查找范围"列表框：在该列表框中，可以查找计算机硬盘中需要打开文件的具体位置。
- ❖　"文件名"文本框：显示了需要打开项目文件的文件名属性。
- ❖　"文件类型"列表框：显示了会声会影可以打开的项目文件类型。
- ❖　"打开"按钮：单击该按钮，可以打开项目文件。
- ❖　"信息"按钮：单击该按钮，可以查看项目文件的属性信息。

—— 提示

在会声会影X8中，按【Ctrl+O】组合键，也可以快速打开所需的项目文件。

技术专题　　[打开最近使用过的文件]

在会声会影X8中，最后编辑和保存的几个项目文件会显示在最近打开的文件列表中，在菜单栏中单击"文件"菜单，在弹出的菜单列表下方单击所需的项目文件，如图5-25所示，即可打开相应的项目文件，在预览窗口中可以预览视频的画面效果，如图5-26所示。

图5-25　单击所需的项目文件　图5-26　预览视频画面效果

5.3.4　通过"保存"命令保存项目

功能介绍

在会声会影X8中完成对视频的编辑后，可以将项目文件保存，保存项目文件对视频编辑相当重要，保存了项目文件也就保存了之前对视频编辑的参数信息。保存项目文件后，如果用户对保存的视频有不满意的地方，可以重新打开项目文件，在其中进行修改，并可以将修改后的项目文件渲染成新的视频文件。

进入会声会影编辑器，执行菜单栏中的"文件"|"将媒体文件插入到时间轴"|"插入照片"命令，如图5-27所示。在预览窗口中，可以预览视频画面效果，如图5-28所示。

图5-7　单击"插入照片"命令

图5-28　选择照片素材

在菜单栏中，单击"文件"|"保存"命令，如图5-29所示。弹出"另存为"对话框，设置文件保存的位置和名称，如图5-30所示。单击"保存"按钮，即可完成水车风景素材的保存。

提示

在会声会影X8中，按【Ctrl+S】组合键，也可以快速保存所需的项目文件。

图5-29　预览照片效果

图5-30　单击"保存"命令

参数详解

在"另存为"对话框中，各选项含义如下。

❖　"查找范围"列表框：在该列表框中，可以设置项目文件的具体保存位置。

❖　"文件名"文本框：在该文本框中，可以设置项目文件的存储名称。

❖　"文件类型"列表框：在该列表框中，可以选择项目文件保存的格式类型。

❖　"保存"按钮：单击该按钮，可以保存项目文件。

5.3.5　通过"另存为"命令保存项目

功能介绍

在保存项目文件的过程中，如果用户需要更改项目文件的保存位置，此时可以对项目文件进行另存为操作。单击菜单栏中的"文件"|"打开项目"命令，打开一个项目文件，如图5-31所示。

图5-31　打开项目文件

单击菜单栏中的"文件"|"另存为"命令，如图5-32所示。弹出"另存为"对话框，设置文件保存的位置和名称，如图5-33所示。单击"保存"按钮，即可保存项目文件。

图5-32　单击"另存为"命令　　　　　　　　图5-33　设置保存的位置和名称

👉 **技术专题**　[设置项目自动保存]

在会声会影X8中，用户可以启用项目的自动保存功能，每隔一段时间，项目文件将自动进行保存操作，保存用户制作好的项目文件。

　　设置项目文件自动保存的方法很简单，单击"设置"|"参数选择"命令，弹出"参数选择"对话框，在"常规"选项卡的"项目"选项区中，选中"自动保存间隔"复选框，在右侧设置项目文件自动保存的间隔时间，如图5-34所示，设置完成后，单击"确定"按钮，即可设置项目自动保存。

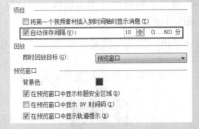

图5-34　设置项目文件自动保存的间隔时间

5.3.6　通过导出为模版另存项目文件

功能介绍

　　在会声会影X8中，用户可以根据需要将现有项目文件导出为模版，方便以后进行调用。下面向读者介绍导出为模版的操作方法。

【练习5-1】将视频导出为模版

素材位置	素材\第5章\黄色小猫\黄色小猫.mpg
效果位置	效果\第5章\黄色小猫.vsp
视频位置	视频\第5章\【练习5-1】将视频导出为模版.mp4
技术掌握	掌握将视频导出为模版的操作

　　本例主要讲解将一个视频导出为模版的操作方法。

Step 01 进入会声会影编辑器，在菜单栏中单击"文件"|"打开项目"命令，打开一个项目文件，如图5-35所示。

图5-35　打开项目文件

图5-36　单击"导出为模版"命令

Step 02 在菜单栏中，单击"文件"|"导出为模版"命令，如图5-36所示。

Step 03 执行操作后，弹出提示信息框，提示用户是否保存当前项目，单击"是"按钮，如图5-37所示。

图5-37　单击"是"按钮

Step 04 弹出"将项目导出为模版"对话框，首先设置项目模版的导出位置，单击"模版路径"右侧的按钮，如图5-38所示。

Step 05 弹出"浏览文件夹"对话框，在其中设置项目模版的导出文件夹，如图5-39所示。

图5-38　单击"模版路径"右侧的按钮

图5-39　设置项目模版的导出文件夹

Step 06 单击"确定"按钮，返回"将项目导出为模版"对话框，在"模版路径"下方显示了刚设置的模版导出位置，并设置名称，如图5-40所示。

Step 07 单击"确定"按钮，弹出提示信息框，提示用户项目已经成功导出为模版，如图5-41所示，单击"确定"按钮。

图5-40　设置名称

图5-41　弹出提示信息框

Step 08 在界面右上方单击"即时项目"按钮，切换至"即时项目"素材库，在"自定义"选项卡中，显示了刚导出为模版的项目文件，如图5-42所示，用户只需将项目文件拖曳至时间轴面板中，即可应用项目模版文件。

图5-42　显示导出为模版的项目文件

【将项目模版存放在其他位置】

　　默认情况下，导出的项目模版文件会存放在"自定义"选项卡中，用户在该选项卡中即可查看导出的项目模版，用户还可以将项目模版导出到"开始""当中"或者"结尾"选项卡中。

　　导出的方法很简单，只需在"将项目导出为模版"对话框中，单击"类别"右侧的下拉按钮，在弹出的列表框中，选择模版导出的位置即可，如图5-43所示，选择相应的选项后，即可将项目文件存放在相应的界面位置。

图5-43　选择模版导出的位置

5.4　链接与修复项目文件

　　在会声会影X8中，如果制作的视频文件源素材被更改了名称，或者存储位置，此时需要对素材进行重新链接，才能正常打开需要的项目文件。

5.4.1　打开项目重新链接

功能介绍

　　在会声会影X8中打开项目文件时，如果素材丢失，软件会提示用户需要重新链接素材，才能正确打开项目文件。

　　在菜单栏中，单击"文件"|"打开项目"命令，如图5-44所示。弹出"打开"对话框，在其中选择需要打开的项目文件，如图5-45所示。

图5-44　单击"文件"|"打开项目"命令　　　　　图5-45　选择需要打开的项目文件

单击"打开"按钮，即可打开项目文件，此时时间轴面板中显示素材错误，如图5-46所示。软件自动弹出提示信息框，单击"重新链接"按钮，如图5-47所示。

图5-46　时间轴面板显示素材错误　　　　　　　　图5-47　单击"重新链接"按钮

弹出"替换/重新链接素材"对话框，在其中选择正确的素材文件，如图5-48所示。单击"打开"按钮，弹出提示信息框，提示用户素材链接成功，如图5-49所示，单击"确定"按钮。

图5-48　选择正确的素材文件　　　　　　　　图5-49　提示用户素材链接成功

此时，在时间轴面板中将显示素材的缩略图，表示素材已经链接成功，如图5-50所示。在预览窗口中，可以预览链接成功后的素材画面效果，如图5-51所示。

图5-50　显示素材的缩略图　　　　　　　　图5-51　链接成功后的素材画面效果

参数详解

在"重新连接"对话框中，各按钮含义如下。

❖　"重新链接"按钮：单击该按钮，可以重新链接正确的素材文件。

❖　"忽略"按钮：忽略当前无法链接的素材文件，使素材错误地显示在时间轴面板中。

❖　"取消"按钮：取消素材的链接操作。

5.4.2　制作过程重新链接

功能介绍

在会声会影X8中，用户如果在制作视频的过程中，修改了视频源素材的名称或素材的路径，此时可以在制作过程中重新链接正确的素材文件，使项目文件能够正常打开。

进入会声会影编辑器，在菜单栏中单击"文件"|"打开项目"命令，打开一个项目文件，如图5-52所示。

图5-52　打开项目文件

──── 提示 ────

在会声会影X8中，当项目文件中的源素材被更改名称或位置后，软件会自动弹出提示信息框，提示用户重新链接素材，用户也可以设置软件不提示重新链接素材的消息，此时只需在"参数选择"对话框的"常规"选项卡中，取消选中"重新链接检查"复选框即可。

在视频轨中选择"彩虹"照片素材，如图5-53所示。单击鼠标右键，在弹出的快捷菜单中选择"打开文件夹"选项，如图5-54所示。

图5-53　选择"彩虹"照片素材　　　　图5-54　选择"打开文件夹"选项

打开相应文件夹，在其中对照片素材重命名为1，如图5-55所示。重命名完成后，返回会声会影编辑器，此时视频轨中被更改名称后的素材文件显示错误，如图5-56所示。

图5-55　对照片素材重命名

图5-56　显示错误

在菜单栏中，单击"文件"|"重新链接"命令，如图5-57所示。弹出"重新链接"对话框，提示照片素材不存在，单击"重新链接"按钮，如图5-58所示。

图5-57　单击"文件"|"重新链接"命令

图5-58　单击"重新链接"按钮

弹出相应对话框，在其中选择重命名后的照片素材，如图5-59所示。单击"打开"按钮，提示素材已经成功链接，完成照片素材的重新链接，在视频轨中查看该素材，如图5-60所示。

图5-59　选择重命名后的照片素材

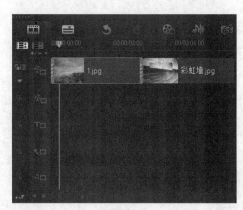

图5-60　在视频轨中查看该素材

5.4.3　成批转换视频文件

功能介绍

在会声会影X8中，如果用户对某些视频文件的格式不满意，此时可以运用"成批转换"功能，成批转换视频文件的格式，使之符合用户的视频需求。

参数详解

在"成批转换"对话框中，各按钮含义如下。

❖　"添加"按钮：可以在对话框中添加需要转换格式的视频素材。

❖　"删除"按钮：删除对话框中不需要转换的单个视频素材。

❖　"全部删除"按钮：将对话框中所有的视频素材进行删除操作。

❖　"转换"按钮：开始转换视频格式。

❖　"选项"选项：在弹出的对话框中，用户可以设置视频选项。

❖　"保存文件夹"：设置转换格式后的视频保存的文件夹位置。

❖　"保存类型"：设置视频转换格式。

【练习5-2】 成批转换视频文件

素材位置	素材\第5章\灯芯.mpg
效果位置	效果\第5章\灯芯.AVI
视频位置	视频\第5章\【练习5-2】 成批转换视频文件.mp4
技术掌握	掌握成批转换视频文件的操作

本例主要讲解如何将某些不满意的视频文件，成批转换为符合用户的视频需求的视频文件的操作方法。

Step 01 进入会声会影编辑器，在菜单栏中单击 "文件" | "打开项目"命令，打开一个项目文件，如图5-61所示。

Step 02 单击菜单栏中的"文件" | "成批转换"命令，如图5-62所示。

Step 03 弹出"成批转换"对话框，单击"添加"按钮，如图5-63所示。

图5-61　打开项目文件

图5-62　单击"成批转换"命令

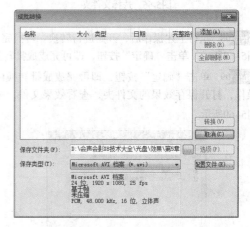

图5-63　单击"添加"按钮

Step 04 弹出"开启视讯文件"对话框，在其中选择需要的素材，如图5-64所示。

Step 05 单击"打开"按钮，即可将选择的素材添加至"成批转换"对话框中，单击"保存文件夹"文本框右侧的按钮，如图5-65所示。

图5-64　选择素材

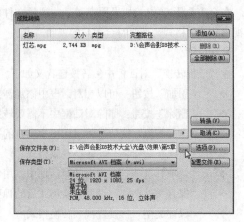

图5-65　单击相应按钮

Step 06　弹出"浏览文件夹"对话框，在其中选择需要保存的文件夹，如图5-66所示。

Step 07　单击"确定"按钮，返回"成批转换"对话框，单击"转换"按钮，如图5-67所示。

图5-66　选择文件夹

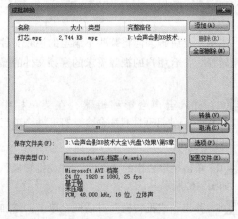

图5-67　单击"转换"按钮

Step 08　执行上述操作后，开始进行转换。转换完成后，弹出"任务报告"对话框，提示文件转换成功，如图5-68所示。单击"确定"按钮，即可完成成批转换的操作。

Step 09　单击"确定"按钮，即可完成成批转换的操作，打开保存效果的文件夹，查看效果文件，如图5-69所示。

图5-68　提示转换成功

图5-69　效果文件

5.4.4 修复损坏的文件

功能介绍

在会声会影X8中，用户可以通过软件的修复功能，修复已损坏的视频文件。

参数详解

在"修复DVB-T视频"对话框中，各按钮含义如下。

❖ "添加"按钮：可以在对话框中添加需要修复的视频素材。

❖ "删除"按钮：删除对话框中不需要修复的单个视频素材。

❖ "全部删除"按钮：将对话框中所有的视频素材进行删除操作。

❖ "修复"按钮：对视频进行修复操作。

❖ "取消"按钮：取消视频的修复操作。

【练习5-3】 修复损坏的文件

素材位置	素材\第5章\花开.mpg
效果位置	效果\第5章\修复损坏的文件.vsp
视频位置	视频\第5章\【练习5-3】修复损坏的文件.mp4
技术掌握	掌握修复损坏的文件的操作

本例主要讲解将一个损坏的文件成功修复的操作方法。

Step 01 进入会声会影编辑器，在菜单栏中单击"文件"|"修复DVB-T视频"命令，如图5-70所示。

Step 02 弹出"修复DVB-T视频"对话框，单击"添加"按钮，如图5-71所示。

图5-70 单击"修复DVB-T视频"命令

图5-71 单击Add（添加）按钮

Step 03 弹出"打开视频文件"对话框，在其中选择需要修复的视频文件，如图5-72所示。

图5-72 选择需要修复的视频文件

Step 04 单击"打开"按钮，返回"修复DVB-T视频"对话框，其中显示了刚添加的视频文件，如图5-73所示。

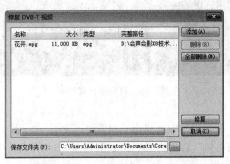

图5-73 显示刚添加的视频文件

Step 05 单击"修复"按钮,即可开始恢复视频文件,稍等片刻,弹出"任务报告"对话框,提示视频修复完成,单击"确定"按钮,如图5-74所示。

Step 06 即可完成视频的修复操作,将修复的视频添加到视频轨中,在预览窗口中可以预览视频画面效果,如图5-75所示。

图5-74　弹出"任务报告"对话框

图5-75　预览视频画面效果

5.5　项目轨道

在时间轴面板中,掌握项目轨道的基本操作非常重要,在编辑视频的过程中,用户经常需要新增轨道、减少轨道以及选择轨道中的所有对象等,用户需要熟练掌握这些操作,才能更快、更好地编辑视频。

5.5.1　覆叠轨

功能介绍

在会声会影X8中,"覆叠"就是画面的叠加,即在屏幕上同时显示多个画面效果。用户如果需要制作视频的画中画效果,就需要新增多条覆叠轨道来制作覆叠特效。

进入会声会影编辑器,单击"文件"|"打开项目"命令,打开一个项目文件,如图5-76所示。此时,时间轴面板中只有一条覆叠轨道,如图5-77所示。

图5-76　打开项目文件

图5-77　显示轨道

在菜单栏中,单击"设置"|"轨道管理器"命令,如图5-78所示。弹出"轨道管理器"对话框,单击"覆叠轨"右侧的下三角按钮,在弹出的列表框中选择3选项,是指添加3条覆叠轨道,如图5-79所示。

图5-78 单击"设置"|"轨道管理器"命令

图5-79 选择3选项

提示

在会声会影X8中，用户不可以在时间轴面板中新增视频轨和语音轨，这两种轨道在时间轴面板中只有一条。另外，在"轨道管理器"对话框中，用户最多可以新增20条覆叠轨道。

单击"确定"按钮，返回会声会影编辑器，在时间轴面板中即可查看添加的3条覆叠轨道，在覆叠轨图标左侧，显示了轨道的数量，如图5-80所示。

图5-80 显示轨道数量

技术专题 　[用其他方法新增覆叠轨道]

在会声会影X8中，用户还可以通过以下两种方法弹出"轨道管理器"对话框。

在时间轴面板中的轨道图标上，单击鼠标右键，在弹出的快捷菜单中选择"轨道管理器"选项，如图5-81所示。在时间轴面板中的空白位置上，单击鼠标右键，在弹出的快捷菜单中选择"轨道管理器"选项，如图5-82所示。

图5-81 选择"轨道管理器"选项

图5-82 选择"轨道管理"选项

执行以上任意一种方法，均可弹出"轨道管理器"对话框。

5.5.2 标题轨

功能介绍

在会声会影X8中，如果一条标题轨无法满足用户的视频需求，此时用户可以在时间轴面板中新增标题轨道。

进入会声会影编辑器，单击"文件"|"打开项目"命令，打开一个项目文件，如图5-83所示。

图5-83　打开项目文件

此时，时间轴面板中只有一条标题轨道，如图5-84所示。在时间轴面板的轨道图标上，单击鼠标右键，在弹出的快捷菜单中选择"轨道管理器"选项，如图5-85所示。

图5-84　显示轨道　　　　　　　　　图5-85　选择"轨道管理器"选项

弹出"轨道管理器"对话框，单击"标题轨"右侧的下三角按钮，在弹出的列表框中选择2选项，是指添加2条标题轨道，如图5-86所示。单击"确定"按钮，返回会声会影编辑器，在时间轴面板中即可查看添加的2条标题轨道，如图5-87所示。

图5-86　添加2条标题轨道　　　　　　　图5-87　查看添加的2条标题轨道

参数详解

在"轨道管理器"对话框中，各选项含义如下。

❖ 视频轨：在右侧可以查看已有的视频轨数量。

❖ 覆叠轨：在右侧的列表框中，用户可以添加或减少需要的覆叠轨数量。

❖ 标题轨：在右侧的列表框中，用户可以添加或减少需要的标题轨数量。

❖ 声音轨：在右侧可以查看已有的声音轨数量。

❖ 音乐轨：在右侧的列表框中，用户可以添加或减少需要的音乐轨数量。

5.5.3 音乐轨

功能介绍

在会声会影X8中，如果用户需要为视频添加多段背景音乐，此时首先需要新增多条音乐轨道，才能将相应的音乐添加至轨道中。

进入会声会影编辑器，单击"文件"|"打开项目"命令，打开一个项目文件，如图5-88所示。此时，时间轴面板中只有一条音乐轨道，如图5-89所示。

图5-88 打开项目文件

图5-89 显示轨道

在时间轴面板中的空白位置上，单击鼠标右键，在弹出的快捷菜单中选择"轨道管理器"选项，如图5-90所示。弹出"轨道管理器"对话框，单击"音乐轨"右侧的下三角按钮，在弹出的列表框中选择2选项，是指添加2条音乐轨道，如图5-91所示。

图5-90 选择"轨道管理"选项

图5-91 添加2条音乐轨道

单击"确定"按钮，返回会声会影编辑器，在时间轴面板中即可查看添加的两条音乐轨道，如图5-92所示。用户可以将素材库中的音乐文件添加至音乐轨2中，如图5-93所示。

图5-92　查看添加的2条音乐轨道

图5-93　添加至音乐轨2中

5.5.4　减少不需要的轨道

功能介绍

在会声会影X8中，如果用户不需要新增那么多条覆叠轨或者标题轨，此时用户可以将不需要的轨道进行隐藏或删除操作。

减少轨道依然在"轨道管理器"对话框中进行操作，假如目前时间轴面板中已有5条覆叠轨道，如图5-94所示，如果用户只需要一条覆叠轨道，此时可以在"轨道管理器"对话框中，将"覆叠轨"设置为1，如图5-95所示。

图5-94　查看轨道

图5-95　将"覆叠轨"设置为1

—— 提示 ——

减少其他轨道的操作与减少覆叠轨道的操作是一样的，只需在"轨道管理器"对话框中选择相应的轨道数量即可。

单击"确定"按钮，将弹出提示信息框，提示用户隐藏轨中的素材将被删除，如图5-96所示，单击"确定"按钮，即可减少覆叠轨道，覆叠轨中的素材将同时被删除。

图5-96　提示用户隐藏轨中的素材将被删除

问：如何设置默认轨道数量？

答：在会声会影X8中，用户可以设置项目文件默认的轨道数量，方便对视频进行制作。设置默认轨道数量的方法很简单，用户只需在"轨道管理器"对话框中，设置好相应的轨道数量，单击"设置为默认"按钮，然后单击"确定"按钮。当用户新建一个项目文件时，时间轴面板中的轨道数量将是用户之前设置的默认轨道数量。

5.5.5　交换覆叠轨道

功能介绍

在会声会影X8中制作画中画效果时，如果用户需要将某一个画中画效果移至前面，此时可以通过切换覆叠轨道的操作，快速调整画面叠放顺序。下面向读者介绍切换覆叠轨道的操作方法。

【练习5-4】交换覆叠轨道

素材位置	素材\第5章\水果.vsp
效果位置	效果\第5章\交换覆叠轨道.vsp
视频位置	视频\第5章\【练习5-4】交换覆叠轨道.mp4
技术掌握	掌握交换覆叠轨道的操作

本例主要讲解如何将某一个画中画效果移至前面，运用切换覆叠轨道，快速调整画面叠放顺序的操作方法。

Step 01 进入会声会影编辑器，单击"文件"|"打开项目"命令，打开一个项目文件，如图5-97所示。

图5-97　打开项目文件

Step 02 在时间轴面板中，可以查看现有的覆叠素材顺序和摆放位置，如图5-98所示。

Step 03 在覆叠轨2图标上，单击鼠标右键，在弹出的快捷菜单中选择"对调轨道"|"覆叠轨#1"选项，如图5-99所示。执行操作后，即可交换覆叠轨道。

—— 提示 ——

用户还可以在覆叠轨1图标上，单击鼠标右键，在弹出的快捷菜单中选择"对调轨道"|"覆叠轨#2"选项，也可以将覆叠轨1和覆叠轨2进行对调。

图5-98　查看现有位置　　　　　　　　图5-99　选择相应选项

问： 如果在时间轴中新增了多条覆叠轨道，应该如何交换轨道？

答： 在会声会影X8中，如果用户新增了多条覆叠轨道，如果想将其中某一个覆叠轨中的画面与其他覆叠轨中的画面交换位置，只需在"对调轨道"子菜单中，选择相应的轨道名称即可。用户新增了多少条覆叠轨，在"对调轨道"子菜单中就将会显示多少条覆叠轨道。

5.6 打包项目文件

在会声会影X8中，将项目保存为智能包，即直接为用户新建了一个项目文件夹，项目文件直接放在新建的项目文件夹内，但只能保存为vsp格式的文件。将项目保存为智能包，便于用户对文件进行管理。本节主要向读者介绍将项目文件进行打包的操作方法。

5.6.1 打包为文件夹

功能介绍

在会声会影X8中，用户不仅可以将项目文件打包为压缩包，还可以将项目文件打包为文件夹。

进入会声会影编辑器，单击"文件"|"打开项目"命令，打开一个项目文件，如图5-100所示。在预览窗口中可预览打开的项目效果，如图5-101所示。

图5-100 打开项目文件

图5-101 预览项目效果

在菜单栏上单击"文件"|"智能包"命令，如图5-102所示。弹出提示信息框，单击"是"按钮，如图5-103所示。

图5-102 单击"文件"|"智能包"命令

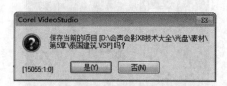

图5-103 单击"是"按钮

弹出"智能包"对话框，选中"文件夹"单选按钮，如图5-104所示。单击"文件夹路径"右侧的按钮 ，弹出"浏览文件夹"对话框，在其中选择文件夹的输出位置，如图5-105所示。

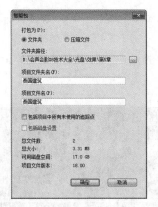

图5-104 选中"文件夹"单选按钮

图5-105 选择文件夹的输出位置

设置完成后，单击"确定"按钮，返回"智能包"对话框，在"文件夹路径"下方显示了刚设置的路径，如图5-106所示。单击"确定"按钮，弹出提示信息框，提示用户项目已经成功压缩，如图5-107所示，单击"确定"按钮，即可完成操作。

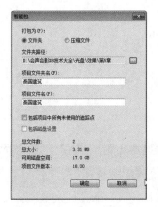

图5-106 显示了刚设置的路径

图5-107 提示信息框

5.6.2 打包为压缩文件

功能介绍

在会声会影X8中，用户可以将项目文件打包为压缩文件，还可以对打包的压缩文件设置密码，以保证文件的安全性。

参数详解

在"智能包"对话框中，各选项含义如下。

❖ 文件夹：选中该单选按钮，可以将项目文件以文件夹的方式进行输出。

❖ 压缩文件：选中该单选按钮，可以将项目文件输出为压缩包。

❖ 文件夹路径：设置项目文件的输出路径。

❖ 项目文件夹名：设置项目文件夹的名称。

❖ 项目文件名：设置项目文件的名称。

【练习5-5】加密打包压缩文件

素材位置	素材\第5章\夜空美景.vsp
效果位置	效果\第5章\夜空美景.zip
视频位置	视频\第5章\【练习5-5】加密打包压缩文件.mp4
技术掌握	掌握加密打包压缩文件的操作

本例主要讲解如何将一个文件打包为压缩文件，并对打包的压缩文件设置密码，以保证文件的安全性的操作方法。

Step 01 进入会声会影编辑器，单击"文件"|"打开项目"命令，打开一个项目文件，如图5–108所示。

Step 02 在预览窗口中可预览打开的项目效果，如图5–109所示。

图5-108　打开项目文件

图5-109　预览项目效果

Step 03 在菜单栏上单击"文件"|"智能包"命令，如图5–110所示。

Step 04 弹出提示信息框，单击"是"按钮，如图5–111所示。

图5-110　单击"文件"|"智能包"命令

图5-111　单击"是"按钮

Step 05 弹出"智能包"对话框，选中"压缩文件"单选按钮，如图5–112所示。

Step 06 单击"文件夹路径"右侧的按钮，如图5–113所示。

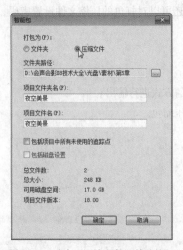

图5-112　选中"压缩文件"单选按钮

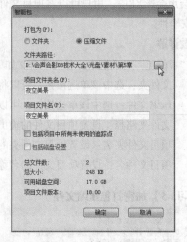

图5-113　单击相应按钮

Step 07 弹出"浏览文件夹"对话框，在其中选择压缩文件的输出位置，如图5-114所示。

Step 08 设置完成后，单击"确定"按钮，返回"智能包"对话框，在"文件夹路径"下方显示了刚设置的路径，在"项目文件夹名"和"项目文件名"文本框中输入文字为"夜空美景"，如图5-115所示。

图5-114　选择压缩文件的输出位置

图5-115　输入文字

Step 09 单击"确定"按钮，弹出"压缩项目包"对话框，在下方选中"加密添加文件"复选框，如图5-116所示。

Step 10 单击"确定"按钮，弹出"加密"对话框，在其中设置压缩文件的密码（123456789），如图5-117所示。

图5-116　选中"加密添加文件"复选框

图5-117　设置压缩文件的密码

--- 提示 ---

　　在图5-117的"加密"对话框中，当用户输入的密码数值少于8个字符时，单击"确定"按钮，将会弹出提示信息框，如图5-118所示，提示用户密码不符合设置的要求，此时需要重新修改密码参数。

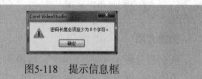

图5-118　提示信息框

Step 11 设置完成后，单击"确定"按钮，弹出提示信息框，提示用户项目已经成功压缩，如图5-119所示。

Step 12 单击"确定"按钮，即可完成操作，打开效果文件，查看保存的效果文件，如图5-120所示。

图5-119　提示信息框

图5-120　效果文件

技术专题　[更改项目压缩模式]

在会声会影X8的"压缩项目包"对话框中，用户可以更改项目的压缩模式，单击"更改压缩模式"按钮，将弹出"更改压缩模式"对话框，其中向用户提供了3种项目文件压缩方式，如图5-121所示，选中相应的单选按钮，然后单击"确定"按钮，即可更改项目压缩模式。

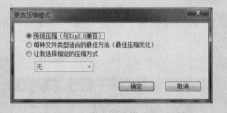

图5-121　"更改压缩模式"对话框

5.7　免费下载影视资源

当用户启动会声会影X8应用程序时，在启动过程中会弹出欢迎界面，用户也可以通过单击"获取更多内容"按钮来启动欢迎界面。在会声会影X8的欢迎界面中，显示了软件的各种新增功能，以及可以下载的可用资源等信息。本节主要向读者介绍免费下载影视资源的操作方法。

5.7.1　免费模版文件

功能介绍

在会声会影X8欢迎界面中，切换至Do More选项卡，在TEMPLATES选项卡中，显示了可下载的模版信息，用户可根据需要选择相应的模版进行下载操作。

从"开始"菜单中启动会声会影X8应用程序，弹出欢迎界面，如图5-122所示。在欢迎界面的右上角，单击Do More（实现更多功能）标签，如图5-123所示。

执行操作后，进入"获取更多内容"界面，如图5-124所示。在"模版"选项卡中，单击HTML 08选项下方的"Download Now"（立即下载）按钮，如图5-125所示。

弹出"已下载"对话框，显示模版下载进度，如图5-126所示。待模版下载完成后，进入相应页面，单击"立即安装"按钮，如图5-127所示。

图5-122 弹出工作界面

图5-123 单击"获取更多内容"标签

图5-124 进入"获取更多内容"界面

图5-125 单击相应按钮

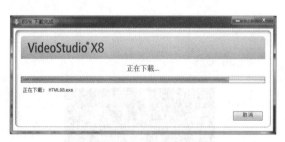

图5-126 显示模版下载进度

图5-127 单击"立即安装"按钮

执行操作后,弹出相应对话框,显示正在解压缩文件的进度,如图5-128所示。稍等片刻,进入"许可证协议"页面,选中"我接受该许可证协议中的条款"单选按钮,如图5-129所示。

图5-128 显示正在解压缩文件的进度

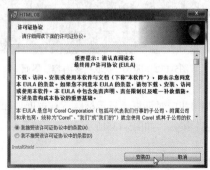

图5-129 选中单选按钮

单击"安装"按钮，进入"正在安装spotsl"页面，显示程序安装进度，稍等片刻，进入安装完成页面，显示相应安装信息，如图5-130所示，单击"完成"按钮。执行操作后，程序自动打开已安装的HTML 08文件，如图5-131所示，完成HTML 08模版的安装操作。

图5-130　显示相应安装信息

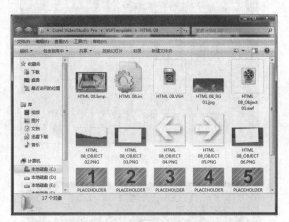
图5-131　打开已安装的文件

5.7.2　免费标题文件

功能介绍

在会声会影X8中，如果软件自带的标题字幕模版无法满足用户的需求，此时用户可以通过欢迎界面下载更多的免费标题模版。

从"开始"菜单中启动会声会影X8应用程序，弹出欢迎界面，在欢迎界面的右上角，单击"获取更多内容"标签，进入"获取更多内容"界面，如图5-132所示。进入"标题"选项卡，单击"标题包"选项下方的"Download Now"（立即下载）按钮，如图5-133所示。

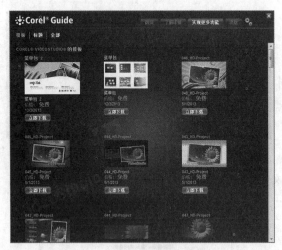
图5-132　进入"获取更多内容"界面

图5-133　单击相应按钮

弹出相应对话框，显示标题下载进度，如图5-134所示。待标题下载完成后，进入相应页面，单击"立即安装"按钮，如图5-135所示。

图5-134 显示标题下载进度

图5-135 单击"立即安装"按钮

弹出相应对话框，显示了标题文件的安装信息，单击"下一步"按钮，如图5-136所示。弹出提示信息框，提示用户安装完成之后，下一次启动会声会影时新内容将显示在"素材库"中，如图5-137所示。

图5-136 单击"下一步"按钮

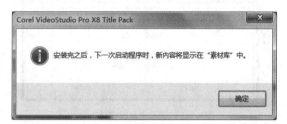

图5-137 提示信息框

单击"确定"按钮，进入下一个页面，单击"安装"按钮，如图5-138所示。开始安装标题字幕文件，并显示安装进度，稍等片刻，页面中提示标题文件已经安装完成，如图5-139所示，单击"完成"按钮即可。

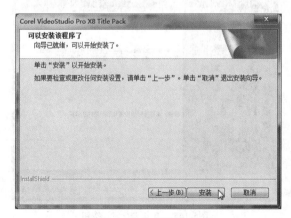

图5-138 单击"安装"按钮

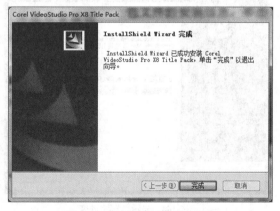

图5-139 提示标题文件安装完成

5.7.3 免费字体包文件

功能介绍

在会声会影X8的欢迎界面中，如果用户对某些标题文件的字体包感兴趣，此时可以将免费的字体包进行下载操作，方便以后进行调用。

在欢迎界面中，进入"获取更多内容"界面，进入"标题"选项卡，单击"字体包"选项下方的"Download Now"（立即下载）按钮，如图5-140所示。弹出相应的对话框，显示标题下载进度，如图5-141所示。

图5-140 单击相应按钮

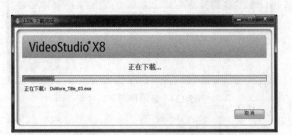

图5-141 显示标题下载进度

待标题下载完成后，进入相应的页面，单击"Install now"（立即安装）按钮，如图5-142所示。执行操作后，弹出相应对话框，显示正在准备安装，如图5-143所示。

图5-142 单击"立即安装"按钮

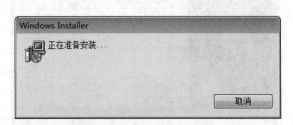

图5-143 显示正在准备安装

弹出相应对话框，显示了字体包的解压缩进度，如图5-144所示。稍等片刻，弹出相应对话框，显示了字体包文件的安装信息，单击"Install"（安装）按钮，如图5-145所示。

图5-144 显示解压缩进度

图5-145 单击"安装"按钮

开始安装字体包文件，并显示安装进度，如图5-146所示。稍等片刻，页面中提示字体包文件已经安装完成，单击"完成"按钮即可，如图5-147所示。

图5-146 显示安装进度

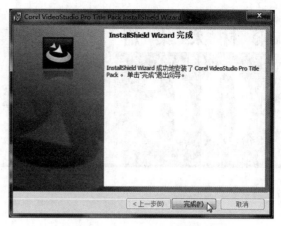

图5-147 单击"完成"按钮即可

本章导读

　　会声会影X8提供了多种类型的媒体模版，如即时项目模版、图像模版、视频模版、边框模版及其他各种类型的模版等，运用这些媒体模版可以将大量生活和旅游中的静态照片或动态视频制作成动态影片。本章主要介绍媒体模版的运用方法。

6.1 图像模版

在会声会影X8的"媒体"素材库中，提供了多种样式的图像模版，包括风景、生活、边框、相册以及花朵等，用户可以根据需要进行相应选择。

6.1.1 画展模版

功能介绍

在会声会影X8中，用户可以使用"照片"素材库中的画展模版制作特殊画面效果。

进入会声会影编辑器，单击"文件"|"打开项目"命令，打开一个项目文件，如图6-1所示。在"照片"素材库中，选择画展背景图像模版，如图6-2所示。

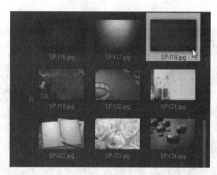

图6-1 打开一个项目文件　　　　　　　　图6-2 选择画展模版图像模版

单击鼠标左键并拖曳至视频轨中的适当位置，释放鼠标左键，即可添加画展背景图像模版，如图6-3所示。执行上述操作后，在预览窗口中即可预览画展画面图像效果，如图6-4所示。

图6-3 添加画展模版图像模版　　　　　　图6-4 预览画展模版图像效果

6.1.2 玫瑰模版

功能介绍

在会声会影X8中，用户可以使用"照片"素材库中的玫瑰模版制作幸福的画面效果。

进入会声会影编辑器，单击"文件"|"打开项目"命令，打开一个项目文件，如图6-5所示。在"照片"素材库中，选择玫瑰背景图像模版，如图6-6所示。

单击鼠标左键并拖曳至视频轨中的适当位置，释放鼠标左键，即可添加玫瑰背景图像模版，如图6-7所示。执行上述操作后，在预览窗口中即可预览玫瑰画面图像效果，如图6-8所示。

图6-5 打开一个项目文件

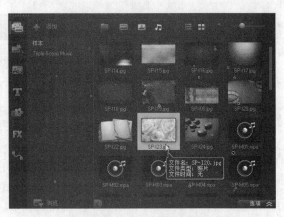

图6-6 选择玫瑰背景图像模版

图6-7 添加玫瑰背景图像模版

图6-8 预览玫瑰画面图像效果

6.1.3 酒瓶模版

功能介绍

在会声会影X8中，用户可以使用"照片"素材库中的酒瓶模版作为图像的背景画面。

进入会声会影编辑器，单击"文件"|"打开项目"命令，打开一个项目文件，如图6-9所示。在"照片"素材库中，选择酒瓶背景图像模版，如图6-10所示。

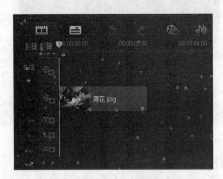

图6-9 打开一个项目文件

图6-10 选择酒瓶背景图像模版

提示

在时间轴面板中的"视频轨"图标 上，单击鼠标左键，即可禁用视频轨，隐藏视频轨中的所有素材画面。

单击鼠标左键并拖曳至视频轨中的适当位置，释放鼠标左键，即可添加酒瓶背景图像模版，如图6-11所示。执行上述操作后，在预览窗口中即可预览酒瓶画面图像效果，如图6-12所示。

图6-11 添加酒瓶背景图像模版

图6-12 预览酒瓶画面图像效果

6.1.4 蓝天模版

功能介绍

在会声会影X8应用程序中，向读者提供了蓝天模版，用户可以将任何照片素材应用到蓝天模版中。

进入会声会影编辑器，单击"显示照片"按钮，如图6-13所示。在"照片"素材库中，选择蓝天图像模版，如图6-14所示。

图6-13 打开一个项目文件

图6-14 选择蓝天模版图像模版

在蓝天图像模版上，单击鼠标左键并拖曳至故事板中的适当位置后，释放鼠标左键，即可应用蓝天图像模版，如图6-15所示。在预览窗口中，可以预览添加的蓝天模版效果，如图6-16所示。

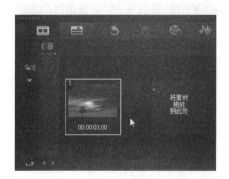

图6-15 添加蓝天模版图像模版

图6-16 预览蓝天模版图像效果

6.1.5 植物模版

在会声会影X8应用程序中，向读者提供了植物模版，用户可以将任何照片素材应用到植物模版中。

进入会声会影编辑器，在工作界面的右上方单击"显示照片"按钮，如图6-17所示。打开照片素材库，选择需要添加至视频轨中的图像模版SP-I01，如图6-18所示。

图6-17　单击"显示照片"按钮

图6-18　添加图像模版SP-I01

　　单击鼠标左键并拖曳，至视频轨中的开始位置后释放鼠标，即可添加图像模版，如图6-19所示。执行上述操作后，即可在预览窗口中预览制作的植物模版效果，如图6-20所示。

图6-19　添加图像模版

图6-20　预览植物模版效果

6.1.6　胶卷模版

功能介绍

　　在会声会影X8中，用户可以使用"照片"素材库中的胶卷模版制作图像背景效果。

　　进入会声会影编辑器，单击"文件"|"打开项目"命令，打开一个项目文件，如图6-21所示。在"照片"素材库中，选择胶卷背景图像模版，如图6-22所示。

图6-21　打开一个项目文件

图6-22　选择胶卷背景图像模版

　　单击鼠标左键并拖曳至视频轨中的适当位置，释放鼠标左键，即可添加胶卷背景图像模版，如图6-23所示。执行上述操作后，在预览窗口中即可预览胶卷画面图像效果，如图6-24所示。

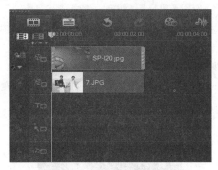

图6-23　添加胶卷背景图像模版

图6-24　预览胶卷画面图像效果

6.1.7　树木模版

功能介绍

在会声会影X8中，用户可以使用"照片"素材库中的树木模版制作优美的风景效果。

进入会声会影编辑器，单击"显示照片"按钮，如图6-25所示。在"照片"素材库中，选择SP-I03图像模版，如图6-26所示。

图6-25　单击"显示照片"按钮

图6-26　选择树木图像模版

在树木图像模版上，单击鼠标左键并拖曳至时间轴面板中的适当位置后，释放鼠标左键，即可应用树木图像模版，如图6-27所示。在预览窗口中，可以预览添加的树木模版效果，如图6-28所示。

图6-27　应用树木图像模版

图6-28　预览树木模版效果

6.1.8 影视模版

功能介绍

在会声会影X8中，用户可以使用"照片"素材库中的影视模版制作影视动态效果。

进入会声会影编辑器，单击"文件"|"打开项目"命令，打开一个项目文件，如图6-29所示。在"照片"素材库中，选择影视背景图像模版，如图6-30所示。

图6-29 打开一个项目文件

图6-30 选择影视背景图像模版

单击鼠标左键并拖曳至视频轨中的适当位置，释放鼠标左键，即可添加影视背景图像模版，如图6-31所示。执行上述操作后，在预览窗口中即可预览影视画面图像效果，如图6-32所示。

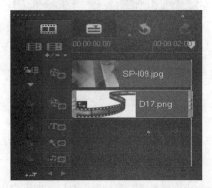

图6-31 添加影视背景图像模版

图6-32 预览影视画面图像效果

--- 提示 ---

在"媒体"素材库中，当用户显示照片素材后，"显示照片"按钮将变为"隐藏照片"按钮，单击"隐藏照片"按钮，即可隐藏素材库中所有的照片素材，使素材库保持整洁。

6.1.9 笔记模版

功能介绍

在会声会影X8中，向读者提供了笔记模版，用户可以将笔记模版应用到各种各样的照片中。

进入会声会影编辑器，在"照片"素材库中，选择笔记图像模版，如图6-33所示。在笔记图像模版上，单击鼠标右键，在弹出的快捷菜单中选择"插入到"|"视频轨"选项，如图6-34所示。

图6-33 选择笔记图像模版

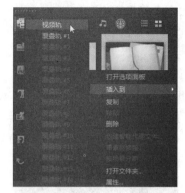

图6-34 选择"插入到"|"视频轨"选项

执行操作后，即可将笔记图像模版插入到时间轴面板的视频轨中，如图6-35所示。在预览窗口中，可以预览添加的笔记模版效果，如图6-36所示。

图6-35 插入到视频轨中

图6-36 预览笔记模版效果

技术专题 【将图像模版插入覆叠轨】

在会声会影X8中，用户还可以将"照片"素材库中的模版添加至覆叠轨中。可以通过直接拖曳的方式，将模版拖曳至覆叠轨中；还可以在图像模版上，单击鼠标右键，在弹出的快捷菜单中选择"插入到"|"覆叠轨"选项，如图6-37所示，将图像模版应用到覆叠轨中，制作视频画中画特效。

图6-37 选择"插入到"|"覆叠轨"选项

6.1.10 圣诞模版

功能介绍

在会声会影X8中，用户可以使用"照片"素材库中的圣诞模版制作圣诞快乐效果，下面介绍应用圣诞图像模版的操作方法。

【练习6-1】 运用圣诞模版

素材位置	素材\第6章\圣诞树.vsp
效果位置	效果\第6章\运用圣诞模版.vsp
视频位置	视频\第6章\【练习6-1】运用圣诞模版.mp4
技术掌握	掌握运用圣诞模版的操作方法

本例原始素材是圣诞树素材，给素材添加圣诞模版效果。

Step 01 进入会声会影编辑器，单击"文件"|"打开项目"命令，打开一个项目文件，如图6-38所示。

Step 02 在"照片"素材库中，选择圣诞背景图像模版，如图6-39所示。

图6-38 打开一个项目文件

图6-39 选择圣诞背景图像模版

Step 03 单击鼠标左键并拖曳至视频轨中的适当位置，释放鼠标左键，即可添加圣诞背景图像模版，如图6-40所示。

Step 04 执行上述操作后，在预览窗口中即可预览圣诞快乐图像效果，如图6-41所示。

图6-40 添加圣诞背景图像模版

图6-41 预览圣诞快乐图像效果

6.2 视频模版

在会声会影X8中，该软件提供了多种类型的视频模版，用户可根据需要选择相应的视频模版类型，将其添加至故事板中。本节主要介绍运用视频模版的操作方法。

6.2.1 烟花模版

功能介绍

在会声会影X8中，用户可以使用"视频"素材库中的烟花模版制作庆典晚会效果。

进入会声会影编辑器，单击"显示视频"按钮，如图6-42所示。打开视频素材库，选择需要添加至视频轨中的烟花视频模版，如图6-43所示。

图6-42 单击"显示视频"按钮

图6-43 选择视频模版

单击鼠标左键,并将其拖曳至视频轨中的开始位置,如图6-44所示。释放鼠标左键,即可添加视频模版,如图6-45所示。

图6-44 拖曳至视频轨中

图6-45 添加视频模版

单击导览面板中的"播放"按钮,即可预览烟花视频模版动画效果,如图6-46所示。

图6-46 预览烟花视频模版动画效果

图6-46　预览烟花视频模版动画效果（续）

6.2.2　飞机模版

功能介绍

在会声会影X8中，用户可以使用"视频"素材库中的飞机模版制作天空飞行的视频动态效果。

进入会声会影编辑器，单击"媒体"按钮，进入"媒体"素材库，单击"显示视频"按钮，如图6-47所示。在"视频"素材库中，选择飞机视频模版，如图6-48所示。

图6-47　单击"显示视频"按钮　　　　　　　　　图6-48　选择飞机视频模版

在飞机视频模版上，单击鼠标右键，在弹出的快捷菜单中选择"插入到"|"视频轨"选项，如图6-49所示。执行操作后，即可将视频模版添加至时间轴面板的视频轨中，如图6-50所示。

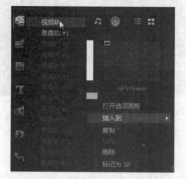

图6-49　选择"插入到"|"视频轨"选项　　　　　　图6-50　添加至视频轨中

在预览窗口中,可以预览添加的飞机视频模版效果,如图6-51所示。

图6-51 预览飞机视频模版效果

6.2.3 片头模版

功能介绍

在会声会影X8中,用户可以使用"视频"素材库中的片头模版制作视频片头动画效果。

进入会声会影编辑器,单击"文件"|"打开项目"命令,打开一个项目文件,如图6-52所示。在预览窗口中,可以预览打开的项目效果,如图6-53所示。

图6-52 打开一个项目文件

图6-53 预览打开的项目效果

在"视频"素材库中,选择片头视频模版,如图6-54所示。单击鼠标左键,并将其拖曳至视频轨中的开始位置,释放鼠标左键即可添加视频模版,如图6-55所示。

图6-54 选择片头视频模版

图6-55 添加视频模版

执行上述操作后,单击导览面板中的"播放"按钮,即可预览片头视频模版动画效果,如图6-56所示。

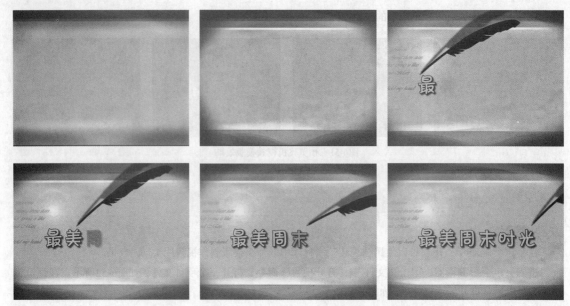

图6-56　预览片头视频模版动画效果

6.2.4　灯光模版

功能介绍

在会声会影X8中，用户可以使用"视频"素材库中的灯光模版作为霓虹夜景灯光效果。

进入会声会影编辑器，单击"媒体"按钮，进入"媒体"素材库，单击"显示视频"按钮，如图6-57所示。在"视频"素材库中，选择灯光视频模版，如图6-58所示。

图6-57　单击"显示视频"按钮

图6-58　选择灯光视频模版

在灯光视频模版上，单击鼠标右键，在弹出的快捷菜单中选择"插入到"|"视频轨"选项，如图6-59所示。执行操作后，即可将视频模版添加至时间轴面板的视频轨中，如图6-60所示。

图6-59　选择"插入到"|"视频轨"选项

图6-60　添加至视频轨中

在预览窗口中，可以预览添加的灯光视频模版效果，如图6-61所示。

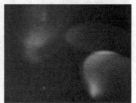

图6-61　预览灯光视频模版效果

6.2.5　炫彩模版

功能介绍

在会声会影X8中，用户可以使用"视频"素材库中的炫丽模版作为舞台背景画面效果。

进入会声会影编辑器，单击"显示视频"按钮，如图6-62所示。在"视频"素材库中，选择炫彩视频模版，如图6-63所示。

图6-62　单击"显示视频"按钮　　　　　　图6-63　选择视频模版

在炫彩视频模版上，单击鼠标右键，在弹出的快捷菜单中选择"插入到"|"视频轨"选项，如图6-64所示。执行操作后，即可将视频模版添加至时间轴面板的视频轨中，如图6-65所示。

图6-64　拖曳至视频轨　　　　　　图6-65　添加视频模版

执行上述操作后，单击导览面板中的"播放"按钮，即可预览制作的炫彩画面视频模版效果，如图6-66所示。

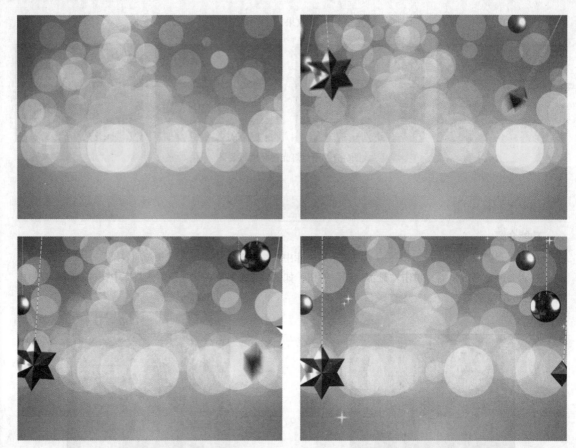

图6-66　预览炫彩模版效果

6.2.6　胶卷模版

功能介绍

在会声会影X8中，用户可以使用"视频"素材库中的胶卷模版制作视频运动效果。

进入会声会影编辑器，单击"文件"|"打开项目"命令，打开一个项目文件，如图6-67所示。在预览窗口中，可以预览打开的项目效果，如图6-68所示。

图6-67　打开一个项目文件

图6-68　预览打开的项目效果

在"视频"素材库中，选择胶卷视频模版，如图6-69所示。单击鼠标左键，并将其拖曳至视频轨中的开始位置，释放鼠标左键即可添加视频模版，如图6-70所示。

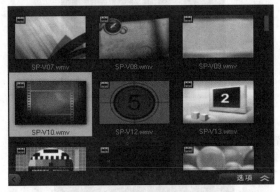

图6-69 选择胶卷视频模版

图6-70 添加视频模版

执行上述操作后，单击导览面板中的"播放"按钮，即可预览胶卷视频模版动画效果，如图6-71所示。

图6-71 预览胶卷视频模版动画效果

6.2.7 气球模版

功能介绍

在会声会影X8中，用户可以使用"视频"素材库中的气球模版制作视频相册效果。

进入会声会影编辑器，单击"文件"|"打开项目"命令，打开一个项目文件，如图6-72所示。在预览窗口中，可以预览打开的项目效果，如图6-73所示。

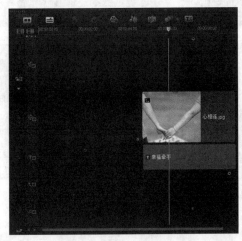

图6-72 打开一个项目文件

图6-73 预览打开的项目效果

在"媒体"素材库中，单击"显示视频"按钮，如图6-74所示。在"视频"素材库中，选择气球视频模版，如图6-75所示。

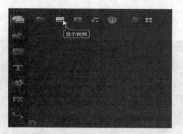

图6-74 单击"显示视频"按钮

图6-75 选择气球视频模版

单击鼠标左键,并将其拖曳至视频轨中的开始位置,如图6-76所示。释放鼠标左键,即可添加视频模版,如图6-77所示。

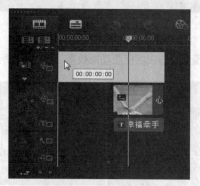

图6-76 拖曳至视频轨中

图6-77 添加视频模版

执行上述操作后,单击导览面板中的"播放"按钮,即可预览气球视频模版动画效果,如图6-78所示。

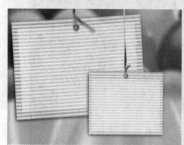

图6-78 预览气球视频模版动画效果

6.2.8 电视模版

功能介绍

在会声会影X8中,用户可以使用"视频"素材库中的电视模版制作视频播放倒计时效果。

进入会声会影编辑器，单击"文件"|"打开项目"命令，打开一个项目文件，如图6-79所示。在预览窗口中，可以预览打开的项目效果，如图6-80所示。

图6-79 打开一个项目文件

图6-80 预览打开的项目效果

在"视频"素材库中，选择电视视频模版，如图6-81所示。单击鼠标左键，并将其拖曳至视频轨中的开始位置，释放鼠标左键即可添加视频模版，如图6-82所示。

图6-81 选择电视视频模版

图6-82 添加视频模版

执行上述操作后，单击导览面板中的"播放"按钮，即可预览电视视频模版动画效果，如图6-83所示。

图6-83 预览电视视频模版动画效果

6.2.9 方格模版

功能介绍

在会声会影X8中，用户可以使用"视频"素材库中的粉色方格模版制作视频片头效果。

进入会声会影编辑器，单击"显示视频"按钮，如图6-84所示。打开视频素材库，选择需要添加至视频轨中的粉色方格视频模版，如图6-85所示。

图6-84　单击"显示视频"按钮

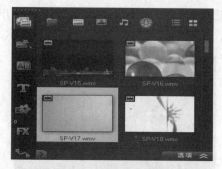

图6-85　选择视频模版

单击鼠标左键，并将其拖曳至视频轨中的开始位置，如图6-86所示。释放鼠标左键，即可添加视频模版，如图6-87所示。

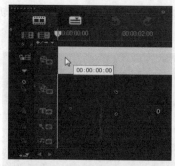

图6-86　拖曳至视频轨中

图6-87　添加视频模版

单击导览面板中的"播放"按钮，预览粉色方格视频模版动画效果，如图6-88所示。

图6-88　预览粉色方格视频模版动画效果

提示

粉色方格的视频模版适合用在比较温馨的视频上，适合做个人写真或婚庆类的片头效果。

6.2.10　舞台模版

功能介绍

在会声会影X8中，用户可以使用"视频"素材库中的炫丽模版作为舞台背景画面效果。

进入会声会影编辑器，单击"显示视频"按钮，如图6-89所示。打开视频素材库，选择需要添加至视频轨中的视频模版SP-V01，如图6-90所示。

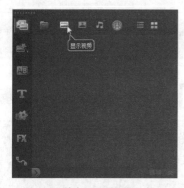

图6-89　单击"显示视频"按钮

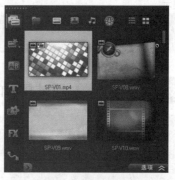

图6-90　选择视频模版

单击鼠标左键并拖曳至视频轨中的开始位置，如图6-91所示。释放鼠标左键，即可添加视频模版，如图6-92所示。

图6-91　拖曳至视频轨

图6-92　添加视频模版

执行上述操作后，单击导览面板中的"播放"按钮，即可预览制作的舞台画面视频模版效果，如图6-93所示。

图6-93　预览舞台画面模版效果

图6-93 预览舞台画面模版效果（续）

提示

在时间轴面板中，各轨道图标中均有一个眼睛样式的可视性图标，单击该图标，即可禁用相应轨道，再单击该图标，可启用相应轨道。

技术专题 [通过复制的方式应用模版]

在会声会影X8的素材库中，用户还可以通过复制的方式将模版应用到视频轨中。首先在素材库中选择需要添加到视频轨中的视频模版，单击鼠标右键，在弹出的快捷菜单中选择"复制"选项，如图6-94所示。

复制视频模版后，将鼠标移至视频轨中的开始位置，此时鼠标区域显示白色色彩，表示视频将要放置的位置，如图6-95所示，单击鼠标左键，即可将视频模版应用到视频轨中。

 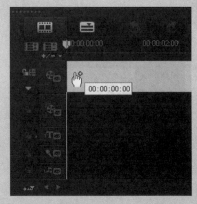

图6-94 选择"复制"选项　　　　　　　　图6-95 鼠标区域显示白色色彩

6.3 即时项目模版

在会声会影X8中，即时项目模版提供了多种主题模版类型，用户可以根据需要选择相应的即时项目模版来制作视频效果。本节主要介绍运用即时项目模版的操作方法。

6.3.1 开始项目模版

功能介绍

会声会影X8的向导模版可以应用于不同阶段的视频制作中，如"开始"向导模版，用户可将其添加在视频项目的开始处，制作成视频的片头。

进入会声会影编辑器，在素材库的左侧单击"即时项目"按钮，如图6-96所示。打开"即时项目"素材库，显示库导航面板，如图6-97所示。

图6-96 单击"即时项目"按钮

图6-97 显示库导航面板

单击左下方的"显示库导航面板"按钮，在面板中选择"开始"选项，如图6-98所示。进入"开始"素材库，在该素材库中选择第五个开始项目模版，如图6-99所示。

图6-98 选择"开始"选项

图6-99 选择第五个开始项目模版

提示

上述这一套开始模版可以运用在风景类视频的片头位置。

在项目模版上，单击鼠标右键，在弹出的快捷菜单中选择"在开始处添加"选项，如图6-100所示。执行上述操作后，即可将开始项目模版插入至视频轨中的开始位置，如图6-101所示。

图6-100 选择"在开始处添加"选项

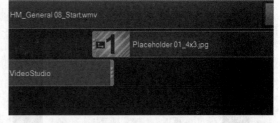

图6-101 插入至视频轨中的开始位置

单击导览面板中的"播放"按钮，预览影视片头效果，如图6-102所示。

图6-102　预览影视片头效果

👆 技术专题　　**[几款其他的视频片头模版]**

❖ 开始项目模版1

这套开始模版可以运用在儿童类视频的片头位置，如图6-103所示。

图6-103　运用在儿童类视频的片头位置

❖ 开始项目模版2

这套开始模版可以运用在手机类视频的片头位置，如图6-104所示。

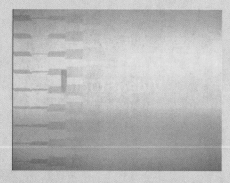

图6-104 运用在手机类视频的片头位置

❖ 开始项目模版3

这套开始模版可以运用在家庭照片类视频的片头位置，如图6-105所示。

图6-105 运用在家庭生活留影类视频的片头位置

❖ 开始项目模版4

这套开始模版可以运用在梦幻类视频的片头位置，如图6-106所示。

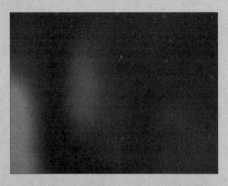

图6-106　运用在梦幻类视频的片头位置

❖ 开始项目模版5

这套开始模版可以运用在旅游类视频的片头位置，如图6-107所示。

图6-107　运用在旅游类视频的片头位置

❖ 开始项目模版6

这套开始模版可以运用在活动与节目类视频的片头位置，如图6-108所示。

图6-108　运用在活动与节目类视频的片头位置

问：如何替换模版中的现有素材？

答：在模版播放的过程中，画面中的数字1、2、3……是指可以替换的素材文件，用户可以将这些数字图片替换为用户需要制作视频的素材。

　　在模版项目中替换素材的方法很简单，首先在素材库中选择替换之后的素材，按住【Ctrl】键的同时，单击鼠标左键并拖曳至时间轴面板中需要替换的素材上方，释放鼠标左键，进行覆盖，即可替换素材文件，这样可以快速运用模版制作用户需要的影片。

　　需要用户注意的是，照片素材替换照片素材时，可以按住【Ctrl】键的同时直接进行替换；而视频素材替换视频素材时，两段视频的区间必须对等，否则会出现素材替换错误的现象。

6.3.2　当中项目模版

功能介绍

在会声会影X8的"当中"向导中，提供了多种即时项目模版，每一个模版都提供了不一样的素材转场以及标题效果，用户可根据需要选择不同的模版应用到视频中。

进入会声会影编辑器，在素材库的左侧单击"即时项目"按钮，打开"即时项目"素材库，显示库导航面板，在面板中选择"当中"选项，如图6-109所示。进入"当中"素材库，在该素材库中选择需要的当中项目模版，如图6-110所示。

图6-109 选择"当中"选项

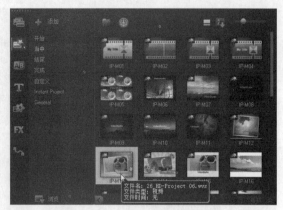

图6-110 选择IP-M13当中项目模版

　　单击鼠标左键，并将其拖曳至视频轨中的开始位置，如图6-111所示。释放鼠标左键，即可在时间轴面板中插入即时项目主题模版，如图6-112所示。

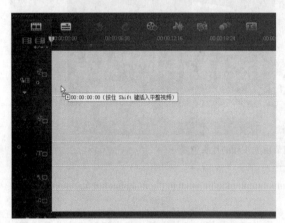

图6-111 拖曳至视频轨中

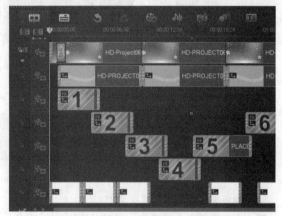

图6-112 插入即时项目主题模版

　　执行上述操作后，单击导览面板中的"播放"按钮，预览当中即时项目模版效果，如图6-113所示。

图6-113 预览当中即时项目模版效果

技术专题 [几款其他的视频当中模版]

❖ 当中项目模版1

这套模版可以运用在活动节目预告类视频的片中位置，如图6-114所示。

图6-114 运用在活动节目预告类视频的片中位置

❖ 当中项目模版2

这套模版可以运用在个人写真或特写类视频的片中位置，如图6-115所示。

图6-115 运用在个人写真或特写类视频的片中位置

❖ 当中项目模版3

这套模版可以运用在相册类视频的片中位置，如图6-116所示。

图6-116　运用在相册类视频的片中位置

❖ 当中项目模版4

这套模版可以运用在生活回忆类视频的片中位置，如图6-117所示。

图6-117　运用在生活回忆类视频的片中位置

❖ 当中项目模版5

这套模版可以运用在宝宝成长类视频的片中位置，如图6-118所示。

图6-118 运用在宝宝成长类视频的片中位置

6.3.3 结尾项目模版

功能介绍

在会声会影X8的"结尾"向导中，用户可以将模版添加在视频项目的结尾处，制作成专业的片尾动画效果。

进入会声会影编辑器，在素材库的左侧单击"即时项目"按钮，如图6-119所示。打开"即时项目"素材库，显示库导航面板，在面板中选择"结尾"选项，如图6-120所示。

进入"结尾"素材库，在该素材库中选择IP-E09结尾项目模版，如图6-121所示。单击鼠标左键，并将其拖曳至视频轨中，即可在时间轴面板中插入即时项目主题模版，如图6-122所示。

图6-119　单击"即时项目"按钮

图6-120　选择"结尾"选项

图6-121　选择相应的结尾项目模版

图6-122　插入即时项目主题模版

执行上述操作后，单击导览面板中的"播放"按钮，预览结尾即时项目模版效果，如图6-123所示。

图6-123　预览结尾即时项目模版效果

技术专题　【几款其他的视频结尾模版】

❖ 结尾项目模版1

这套模版可以运用在游记类视频的片尾位置，如图6-124所示。

图6-124 运用在旅游记录类视频的片尾位置

❖ 结尾项目模版2

这套模版可以运用在动感火爆激情类视频的片尾位置，如图6-125所示。

图6-125 运用在火爆激情类视频的片尾位置

❖ 结尾项目模版3

这套模版可以运用在活动与节目类视频的片尾位置，如图6-126所示。

图6-126 运用在活动与节目类视频的片尾位置

❖ 结尾项目模版4

这套模版可以运用在电视新闻栏目类视频的片尾位置，如图6-127所示。

图6-127　运用在电视新闻栏目类视频的片尾位置

❖ 结尾项目模版5

这套模版可以运用在影视与节目谢幕类视频的片尾位置，如图6-128所示。

图6-128　运用在影视与节目谢幕类视频的片尾位置

❖ 结尾项目模版6

这套模版可以运用在公司晚会活动类视频的片尾位置，如图6-129所示。

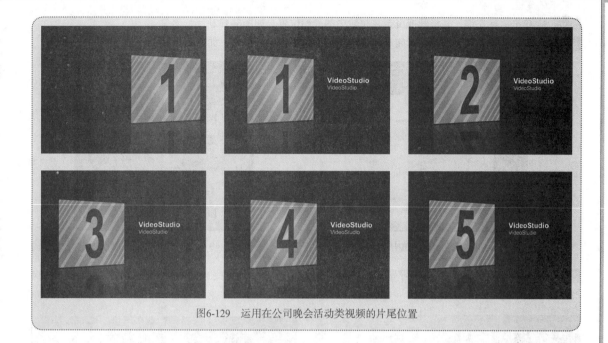

图6-129 运用在公司晚会活动类视频的片尾位置

6.3.4 完成项目模版

功能介绍

在会声会影X8中，除上述3种向导外，还为用户提供了"完成"向导模版，在该向导中，用户可以选择相应的视频模版并将其应用到视频制作中。在"完成"项目模版中，每一个项目都是一段完整的视频，其中包含片头、片中与片尾特效。

【练习6-2】 运用完成项目模版制作心形天地

素材位置	无
效果位置	效果\第6章\运用完成项目模版制作心形天地.vsp
视频位置	视频\第6章\【练习6-2】运用完成项目模版制作心形天地.mp4
技术掌握	掌握运用完成项目模版制作心形天地的操作方法

本例运用完成项目模版制作心形天地效果。

Step 01 进入会声会影编辑器，在素材库的左侧单击"即时项目"按钮，打开"即时项目"素材库，显示库导航面板，在面板中选择"完成"选项，如图6-130所示。

Step 02 进入"完成"素材库，在该素材库中选择需要的完成项目模版，如图6-131所示。

图6-130 选择"完成"选项

图6-131 选择相应的完成项目模版

Step 03 单击鼠标左键，并将其拖曳至视频轨中的开始位置，如图6-132所示。

Step 04 释放鼠标左键，即可在时间轴面板中插入即时项目主题模版，如图6-133所示。

图6-132 拖曳至视频轨中

图6-133 插入即时项目主题模版

Step 05 执行上述操作后，单击导览面板中的"播放"按钮，预览完成即时项目模版效果，如图6-134所示。

图6-134 预览完成即时项目模版效果

技术专题 【几款其他的视频完成模版】

❖ 完成项目模版1

这套模版可以运用在在电子相册类视频中，如图6-135所示。

图6-135 运用在电子相册类视频中

图6-135 运用在电子相册类视频中（续）

❖ 完成项目模版2

这套模版可以运用在个人写真或个人照片类视频中，如图6-136所示。

图6-136 运用在个人写真或个人照片类视频中

❖ 完成项目模版3

这套模版可以运用在婚庆类视频中，如图6-137所示

图6-137　运用在婚庆类视频中

❖ 完成项目模版4

这套模版可以运用在卡通、可爱类视频中，如图6-138所示。

图6-138 运用在可爱类视频中

6.4　其他模版素材

在会声会影X8中，除了图像模版、视频模版和即时项目模版外，还有很多其他主题模版可供使用，如对象模版、边框模版等，在编辑视频时，可以适当添加这些模版，让制作的视频更加丰富多彩。本节主要介绍运用其他模版的操作方法。

6.4.1　对象模版

功能介绍

在会声会影X8中，提供了多种类型的对象主题模版，用户可以根据需要将对象主题模版应用到所编辑的视频中，使视频画面更加美观。

进入会声会影编辑器，单击"文件"|"打开项目"命令，打开一个项目文件，如图6-139所示。在预览窗口中可以预览图像效果，如图6-140所示。

图6-139　打开一个项目文件

图6-140　预览图像效果

在素材库的左侧，单击"图形"按钮，图6-141所示。切换至"图形"素材库，单击窗口上方的"画廊"按钮，在弹出的列表框中选择"对象"选项，如图6-142所示。

图6-141　单击"图形"按钮

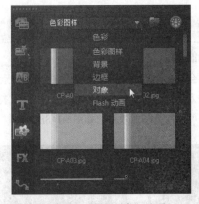

图6-142　选择"对象"选项

打开"对象"素材库，其中显示了多种类型的对象模版，在其中选择需要添加的对象模版，如图6-143所示。在对象模版上，单击鼠标右键，在弹出的快捷菜单中选择"插入到"|"覆叠轨#1"选项，如图6-144所示。

执行操作后，即可将OB-25对象模版插入到覆叠轨1中，如图6-145所示。适当移动位置，在预览窗口中可以观看添加的对象模版效果，如图6-146所示。

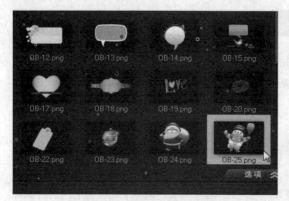

图6-143 选择OB-25对象模版

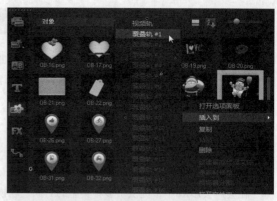

图6-144 选择"覆叠轨#1"选项

图6-145 插入到覆叠轨1中

图6-146 观看对象模版效果

提示

在会声会影X8的"对象"素材库中，提供了多种对象素材供用户选择和使用。用户需要注意的是，对象素材添加至覆叠轨中后，如果发现其大小和位置与视频背景不符合时，此时可以通过拖曳的方式调整覆叠素材的大小和位置等属性。

6.4.2 边框模版

功能介绍

在会声会影X8中编辑影片时，适当地为素材添加边框模版，可以制作出绚丽多彩的视频作品。

进入会声会影编辑器，单击"文件"|"打开项目"命令，打开一个项目文件，如图6-147所示。在预览窗口中可以预览图像效果，如图6-148所示。

图6-147 打开一个项目文件

图6-148 预览图像效果

　　在素材库的左侧，单击"图形"按钮，切换至"图形"素材库，单击窗口上方的"画廊"按钮，在弹出的列表框中选择"边框"选项，如图6-149所示。打开"边框"素材库，其中显示了多种类型的边框模版，在其中选择FR-E04边框模版，如图6-150所示。

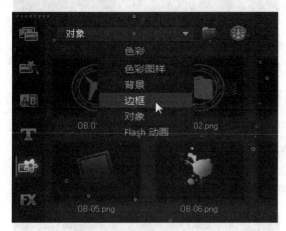

图6-149　选择"边框"选项

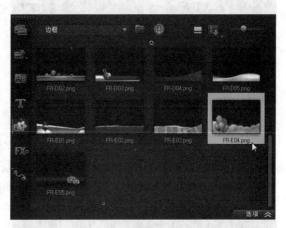

图6-150　选择FR-E04边框模版

　　在边框模版上，单击鼠标右键，在弹出的快捷菜单中选择"插入到"|"覆叠轨#1"选项，如图6-151所示。

　　执行操作后，即可将FR-E04边框模版插入到覆叠轨1中，如图6-152所示。在预览窗口中，即可预览添加的边框模版效果，如图6-153所示。

图6-151　选择"覆叠轨#1"选项

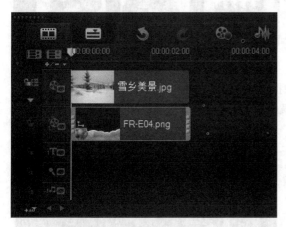

图6-152　插入到覆叠轨1中

图6-153　预览边框模版效果

6.4.3　Flash模版

功能介绍

　　在会声会影X8中，提供了多种样式的Flash模版，用户可根据需要进行相应的选择，将其添加至覆叠轨或视频轨中，使制作的影片效果更加漂亮。

　　进入会声会影编辑器，单击"文件"|"打开项目"命令，打开一个项目文件，如图6-154所示。在预览窗口中可以预览图像效果，如图6-155所示。

图6-154 打开一个项目文件

图6-155 预览图像效果

在素材库的左侧，单击"图形"按钮，切换至"图形"素材库，单击窗口上方的"画廊"按钮，在弹出的列表框中选择"Flash动画"选项，如图6-156所示。打开"Flash动画"素材库，其中显示了多种类型的Flash动画模版，在其中选择FL-F20 Flash动画模版，如图6-157所示。

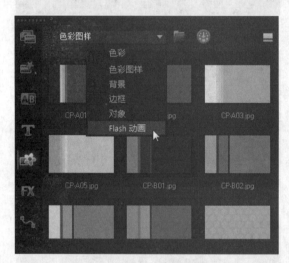

图6-156 选择"Flash动画"选项

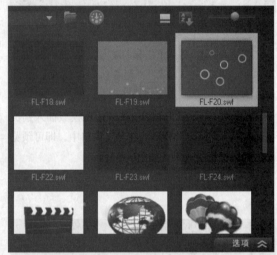

图6-157 选择相应的Flash动画模版

在Flash动画模版上，单击鼠标右键，在弹出的快捷菜单中选择"插入到"|"覆叠轨#1"选项，如图6-158所示。执行操作后，即可将Flash动画模版插入到覆叠轨1中，如图6-159所示。

图6-158 选择"覆叠轨#1"选项

图6-159 插入到覆叠轨1中

在预览窗口中，即可预览添加的Flash动画模版效果，如图6-160所示。

图6-160 预览Flash动画模版效果

6.4.4 色彩图样模版

功能介绍

在会声会影X8中，向用户提供了多种不同样式的色彩图样模版，供用户选择和使用。

单击"图形"按钮，切换至"图形"素材库，单击窗口上方的"画廊"按钮，在弹出的列表框中选择"色彩图样"选项，如图6-161所示。打开"色彩图样"素材库，其中显示了多种类型的色彩图样模版，在其中选择相应的色彩图样模版，如图6-162所示。

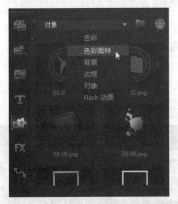

图6-161 选择"色彩图样"选项

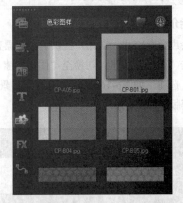

图6-162 选择相应的色彩图样模版

在色彩图样模版上，单击鼠标左键并拖曳至视频轨中的开始位置，添加色彩图样模版，如图6-163所示。在预览窗口中，可以预览色彩图样模版的画面效果，如图6-164所示。

用户还可以使用相同的方法，将其喜欢的色彩图样拖曳至视频轨中，在预览窗口中可以预览图像的画面效果，如图6-165所示。

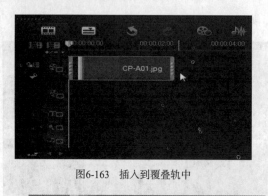

图6-163 插入到覆叠轨中

图6-164 预览色彩图样模版效果

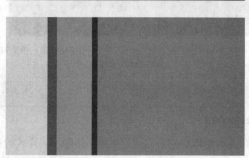

图6-165 预览色彩图样模版效果

6.4.5 图形背景模版

功能介绍

在会声会影X8中，向用户提供了多种漂亮的背景模版，用户可根据需要进行选择和使用。

单击"图形"按钮，切换至"图形"素材库，单击窗口上方的"画廊"按钮，在弹出的列表框中选择"背景"选项，如图6-166所示。打开"背景"素材库，其中显示了多种类型的背景模版，在其中选择相应的背景模版，如图6-167所示。

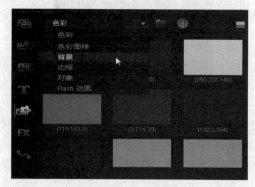

图6-166 选择"背景"选项

图6-167 选择相应的背景模版

　　在背景图像模版上，单击鼠标左键并拖曳至视频轨中的开始位置，添加背景模版，如图6-168所示。在预览窗口中，可以预览背景模版的画面效果，如图6-169所示。

　　图6-168　插入到覆叠轨中　　　　　　　　　　　　　图6-169　预览背景模版效果

　　用户还可以使用相同的方法，将其他喜欢的背景模版拖曳至视频轨中，在预览窗口中可以预览背景的画面效果，如图6-170所示。

图6-170　预览背景模版效果

6.4.6　色彩模版

功能介绍

　　在会声会影X8中的照片素材上，用户可以根据需要应用色彩模版效果。下面向读者介绍运用色彩模版制作视频画面的操作方法。

【练习6-3】运用色彩模版制作奇异建筑

素材位置	素材\第6章\奇异建筑.vsp
效果位置	效果\第6章\奇异建筑.vsp
视频位置	视频\第6章\【练习6-3】运用色彩模版制作奇异建筑.mp4
技术掌握	掌握运用色彩模版制作奇异建筑的操作方法

本例原始素材是奇异建筑素材，给素材添加色彩模版效果。

Step 01 进入会声会影编辑器，单击"文件"|"打开项目"命令，打开一个项目文件，如图6-171所示。

Step 02 在素材库的左侧，单击"图形"按钮，如图6-172所示。

图6-171 打开一个项目文件

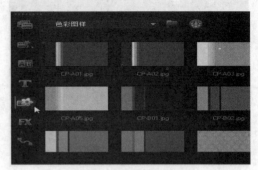

图6-172 单击"图形"按钮

Step 03 切换至"图形"素材库，其中显示了多种颜色的色彩模版，在其中选择黄色色彩模版，如图6-173所示。

Step 04 单击鼠标左键并拖曳至视频轨中的适当位置，添加色彩模版，如图6-174所示。

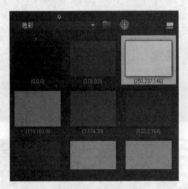

图6-173 选择黄色色彩模版

图6-174 添加色彩模版

Step 05 在素材库左侧，单击"转场"按钮，进入"转场"素材库，在"筛选"特效组中选择"交错淡化"转场效果，如图6-175所示。

Step 06 将选择的转场效果拖曳至视频轨中的素材与色彩之间，添加"交错淡化"转场效果，如图6-176所示。

图6-175 选择"交错淡化"转场效果

图6-176 添加"交错淡化"转场效果

Step 07 单击导览面板中的"播放"按钮，预览色彩效果，如图6-177所示。

图6-177　预览色彩效果

6.5　影音快手

影音快手模版功能非常适合新手，可以让新手快速、方便地制作出视频画面，还可以制作出非常专业的影视短片效果。本节主要向读者介绍运用影音快手模版套用素材制作视频画面的方法，希望读者熟练掌握本节内容。

6.5.1　影音快手模版

功能介绍

影音快手模版是会声会影X8新增的功能，该功能非常适合新手，可以让新手快速、方便地制作出视频画面。

在会声会影X8编辑器中，单击"工具"|"影音快手"命令，如图6-178所示。执行操作后，即可进入影音快手工作界面，如图6-179所示。

图6-178　单击"影音快手"命令　　　　　　　　图6-179　进入影音快手工作界面

在右侧的"所有主题"列表框中，选择一种视频主题样式，如图6-180所示。在左侧的预览窗口下方，单击"播放"按钮，如图6-181所示。

图6-180　选择一种视频主题样式　　　　　　　　图6-181　单击"播放"按钮

开始播放主题模版画面，预览模版效果，如图6-182所示。

图6-182　预览模版效果

6.5.2　添加影音素材

功能介绍

当用户选择好影音模版后，接下来需要在模版中添加需要的影视素材，使制作的视频画面更加符合用户的需求。

完成第一步的模版选择后，接下来单击第二步中的"加入您的媒体"按钮，如图6-183所示。执行操作后，打开相应面板，单击右侧的"新增媒体"按钮，如图6-184所示。

图6-183　单击"加入您的媒体"按钮

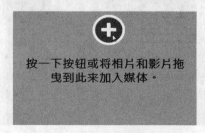

图6-184　单击"新增媒体"按钮

执行操作后，弹出"新增媒体"对话框，在其中选择需要添加的媒体文件，如图6-185所示。单击"打开"按钮，将媒体文件添加到"Corel影音快手"界面中，在右侧显示了新增的媒体文件，如图6-186所示。

图6-185 选择媒体文件

图6-186 显示了新增的媒体文件

在左侧预览窗口下方，单击"播放"按钮，预览更换素材后的影片模版效果，如图6-187所示。

图6-187 预览更换素材后的影片模版效果

6.5.3　输出影音文件

功能介绍

当用户选择好影音模版并添加相应的视频素材后，最后一步即为输出制作的影视文件，使其可以在任意播放器中进行播放，并永久珍藏。

当用户完成第二步操作后，单击第三步中的"保存并分享"按钮，如图6-188所示。执行操作后，即可打开相应面板，在右侧单击MPEG-2按钮，如图6-189所示，则将文件导出为MPEG视频格式。

图6-188　单击"保存并分享"按钮

图6-189　单击MPEG-2按钮

单击"档案位置"右侧的"浏览"按钮，弹出"另存为"对话框，在其中设置视频文件的输出位置与文件名称"动漫视频"，如图6-190所示。单击"保存"按钮，完成视频输出属性的设置，返回影音快手界面，在左侧单击"保存影片"按钮，如图6-191所示。

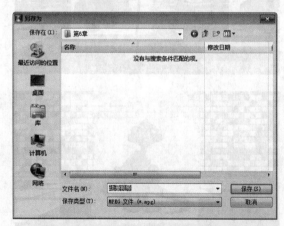

图6-190　设置视频输出属性

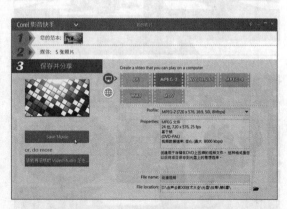

图6-191　单击"保存影片"按钮

执行操作后，开始输出渲染视频文件，并显示输出进度，如图6-192所示。待视频输出完成后，将弹出提示信息框，提示用户影片已经输出成功，单击"确定"按钮，如图6-193所示，即可完成操作。

图6-192 显示输出进度

图6-193 单击"确定"按钮

第07章

捕获视频准备工作

本章导读

影片制作完成后，若需要将其刻录成DVD光盘，可以在会声会影X8中直接刻录或使用专业的刻录软件进行刻录。本章主要向读者介绍连接1394采集卡与设置捕获前系统属性的方法。

7.1 1394卡的安装与查看

在会声会影X8中制作影片前，用户首先需要做的就是捕获视频素材。捕获视频的质量直接影响到影片的最终效果，因为好的影片作品离不开高质量的视频素材。要捕获高质量的视频文件，采用合理的捕获方法也是捕获高质量视频文件很有效的途径。本章主要向读者介绍通过DV转DVD向导的方式捕获视频素材，用户还可以将捕获的视频素材直接刻录为DVD光盘。

7.1.1 1394采集卡的安装

功能介绍

1394卡只是作为一种影像采集设备用来连接DV和计算机，其本身并不具备视频的采集和压缩功能，它只是为用户提供多个1394接口，以便连接1394硬件设备。下面介绍安装1394视频采集卡的操作方法。

准备好1394视频卡，关闭计算机电源，并拆开机箱，找到1394卡的PCI插槽，如图7-1所示。将1394视频卡插入主板的PCI插槽上，如图7-2所示。

图7-1 找到1394卡的PCI插槽

图7-2 插入主板的PCI插槽上

运用螺钉紧固1394卡，如图7-3所示。执行上述操作后，即可完成1394卡的安装，如图7-4所示。

图7-3 紧固1394卡

图7-4 完成1394卡的安装

提示

用户在选购视频捕获卡前，需要先考虑自己的计算机是否能够胜任视频捕获、压缩及保存工作，因为视频编辑对CPU、硬盘、内存等硬件的要求较高。另外，用户在购买前还应该了解购买捕获卡的用途，根据需要选择不同档次的产品。

7.1.2　1394采集卡的查看

功能介绍

完成1394卡的安装工作后，启动计算机，系统会自动查找并安装1394卡的驱动程序。若需要确认1394卡是否安装成功，用户可以自行查看。

在"计算机"图标上，单击鼠标右键，在弹出的快捷菜单中，选择"管理"选项，如图7-5所示。打开"计算机管理"窗口，在左侧窗格中选择"设备管理器"选项，在右侧窗格中即可查看"IEEE 1394总线主控制器"选项，如图7-6所示。

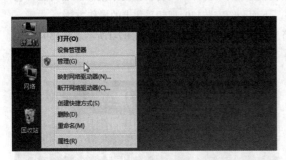
图7-5　选择"管理"选项

图7-6　查看"IEEE 1394总线主控制器"选项

提示

用户在Windows桌面的"计算机"图标上，单击鼠标右键，在弹出的快捷菜单中选择"属性"选项，即可打开"系统"窗口，在左侧窗格中单击"设备管理器"超链接，也可以快速打开"设备管理器"窗口，在其中也可以查看1394采集卡是否已装好。

7.2　1394采集卡的连接

用户在使用1394卡之前，需要掌握1394卡的连接方法。下面向读者介绍连接台式计算机1394接口和连接笔记本电脑1394接口的操作方法。

7.2.1　台式计算机

功能介绍

安装好IEEE 1394采集卡后，接下来就需要使用1394采集卡连接计算机，这样才可以进入视频的捕获阶段。目前，台式计算机已经成为大多数家庭或企业的首选。因此，掌握运用1394视频线与台式计算机的1394接口的连接显得相当重要。

将IEEE1394视频线取出，在台式计算机的机箱后找到IEEE1394卡的接口，并将IEEE1394视频线一端的接头插入接口处，如图7-7所示。将IEEE1394视频线的另一端连接到DV摄像机，如图7-8所示，即可完成与台式计算机1394接口的连接操作。

提示

通常使用4-Pin对6-Pin的1394线连接摄像机和台式机，这种连线的一端接口较大，另一端接口较小。接口较小一端与摄像机连接，接口较大一端与台式计算机上安装的1394卡连接。

178

图7-7 插入接口

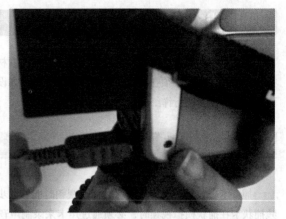

图7-8 接到DV摄像机

7.2.2 笔记本电脑

功能介绍

随着电脑技术的飞速发展，许多笔记本电脑中都集成了IEEE1394接口，接下来向读者介绍连接笔记本电脑上1394接口的操作方法。

将4-Pin的IEEE 1394视频线取出，在笔记本电脑的后方找到4-Pin的IEEE1394卡的接口，如图7-9所示。将视频线插入笔记本电脑的1394接口处，如图7-10所示，即可将DV摄像机中的视频内容捕获至笔记本电脑中。

提示

由于笔记本电脑的整体性能通常不如相同配置的台式机，再加上笔记本电脑要考虑散热问题，因此往往没有配备转速较高的硬盘。所以，在使用笔记本电脑进行视频编辑时，最好选择传输速率较高的PCMCIA IEEE 1394卡以及转速较高的硬盘。

图7-9 找到4-Pin的IEEE1394卡的接口

图7-10 插入笔记本电脑的1394接口处

提示

PCMCIA接口的IEEE 1394卡价位比较高，在使用笔记本电脑进行视频编辑时，要注意工作效率的问题。

7.3 捕获前的系统设置

捕获是一个非常令人激动的过程,将捕获到的素材存放在会声会影的素材库中,将十分方便日后的剪辑操作。因此,用户必须在捕获前做好必要的准备,如设置声音参数、检查磁盘空间以及设置捕获选项等。下面将对这些设置进行详细的介绍。

7.3.1 声音参数

功能介绍

捕获卡安装好后,为了确保在捕获视频时能够同步录制声音,需要在计算机中对声音进行设置。这类视频捕获卡在捕获模拟视频时,必须通过声卡来录制声音。

【练习7-1】设置声音参数

素材位置	无
效果位置	无
视频位置	视频\第7章\【练习7-1】设置声音参数.mp4
技术掌握	掌握设置声音参数的操作

本例主要讲解设置声音参数的操作方法。

Step 01 单击"开始"|"控制面板"命令,打开"控制面板"窗口,如图7-11所示。

Step 02 单击"声音"图标,执行操作后,弹出"声音"对话框,切换至"录制"选项卡,选择第一个"麦克风"选项,然后单击下方的"属性"按钮,如图7-12所示。

图7-11 打开"控制面板"窗口

图7-12 单击下方的"属性"按钮

提示

在"声音和音频设备"图标上单击鼠标右键,在弹出的快捷菜单中选择"打开"选项,也可以弹出"声音和音频设备 属性"对话框。

Step 03 执行操作后,弹出"麦克风 属性"对话框,如图7-13所示。

Step 04 切换至"级别"选项卡,在其中可以拖曳各项选项的滑块,设置麦克风的声音属性,如图7-14所示,设置完成后,单击"确定"按钮即可。

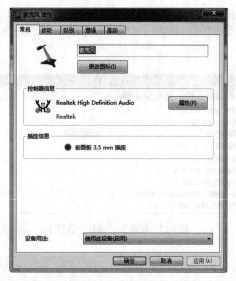

图7-13　弹出"麦克风 属性"对话框

图7-14　设置麦克风的声音属性

提示

　　在"级别"选项卡中，用户拖曳"麦克风"下面的滑块时，右侧显示的数值越大，表示麦克风的声音越大；右侧显示的数值越小，表示麦克风的声音越小。在该选项卡中，还有一个"麦克风加强"的选项设置，当用户将麦克风参数设置为100时，如果录制的声音还是比较小，此时可以设置麦克风加强的声音参数，数值越大，录制的声音越大。

7.3.2　磁盘空间

功能介绍

　　一般情况下，捕获的视频文件很大，因此用户在捕获视频前，需要腾出足够的硬盘空间，并确定分区格式，这样才能保证有足够的空间来存储捕获的视频文件。

　　如果用户使用的是Windows 7操作系统，此时打开"计算机"窗口，在每个磁盘的下方，即可查看目前剩余的磁盘空间，以前磁盘的分区格式等信息，如图7-15所示。

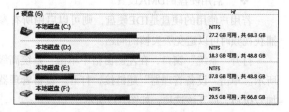

图7-15　查看信息

![技术专题] **[查看Windows XP系统中的磁盘空间]**

　　在Windows XP系统中的"我的计算机"窗口中单击每个硬盘，此时左侧的"详细信息"将显示该硬盘的文件系统类型（也就是分区格式）以及硬盘可用空间情况，如图7-16所示。

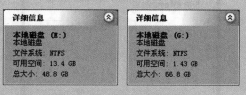

图7-16　显示硬盘可用空间情况

7.3.3 捕获选项

功能介绍

在会声会影X8编辑器中，单击"设置"|"参数选择"命令，弹出"参数选择"对话框，切换至"捕获"选项卡，如图7-17所示，在其中可以设置与视频捕获相关的参数。

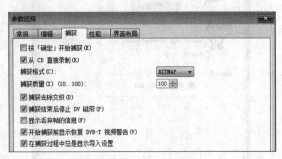

图7-17 切换至"捕获"选项卡

7.3.4 捕获注意事项

功能介绍

捕获视频可以说是最为困难的计算机工作之一，视频文件通常会占用大量的硬盘空间，并且由于其数据速率很高，硬盘在处理视频时会相当困难。

❖ 捕获时需要关闭的程序

除了Windows资源管理器和会声会影外，关闭所有正在运行的程序，而且要关闭屏幕保护程序，以免捕获时发生中断。

❖ 捕获时需要的硬盘空间

在捕获视频时，使用专门的视频硬盘可以产生最佳的效果，最好使用至少具备Ultra-DMA/66、7200r/min和30GB空间的硬盘。

❖ 启用硬盘的DMA设置

若用户使用的硬盘是IDE硬盘，则可以启用所有参与视频捕获硬盘的DMA设置。启用DMA设置后，在捕获视频时可以避免丢失帧的问题。

打开"系统"窗口，在左侧窗格中单击"系统高级设置"超链接，弹出"系统属性"对话框，如图7-18所示。单击"设备管理器"超链接，打开"设备管理器"窗口，单击"IDE ATA/ATAPI控制器"选项左侧的加号按钮，展开该选项，如图7-19所示。

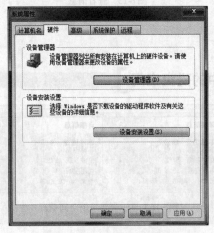

图7-18 弹出"系统属性"对话框

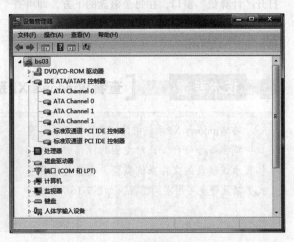

图7-19 单击相应的按钮

在"ATA Channel 0"选项上，双击鼠标左键，弹出"ATA Channel 0属性"对话框，如图7-20所示，切换至"高级设置"选项卡，在下方选中"启用DMA"复选框，如图7-21所示，单击"确定"按钮，即可完成操作。

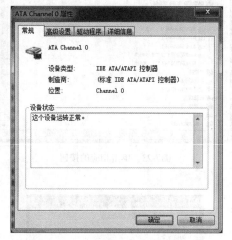

图7-20 弹出"ATA Channel 0属性"对话框

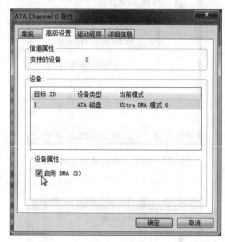

图7-21 选中"启用DMA"复选框

❖ 设置工作文件夹

在使用会声会影捕获视频前，还需要根据硬盘的剩余空间情况正确设置工作文件夹和预览文件夹，以保存编辑完成的项目和捕获的视频素材。会声会影X8要求保持30GB以上的可用磁盘空间，以免出现丢失帧或磁盘空间不足的情况。

7.4 捕获前的磁盘设置

使用DV编辑视频时，需要很大的磁盘空间，对系统的要求也是相当高的。此时，对操作系统进行一定的设置是必需的，这有利于视频编辑的正常运行。本节主要向读者详细介绍节省磁盘空间的操作方法。

7.4.1 启动磁盘DMA

功能介绍

启动磁盘DMA功能，该功能不经过CPU直接从系统主内存传送数据，加快了磁盘传输速度，有效避免了捕获时可能发生的丢帧问题。

打开"系统"窗口，在左侧窗格中单击"系统高级设置"超链接，弹出"系统属性"对话框，如图7-22所示。单击"设备管理器"按钮，打开"设备管理器"窗口，单击"IDE ATA/ATAPI控制器"选项左侧的加号按钮，展开该选项，如图7-23所示。

在"ATA Channel 0"选项上，双击鼠标左键，弹出"ATA Channel 0属性"对话框，如图7-24所示。切换至"高级设置"选项卡，在下方选中"启用DMA"复选框，如图7-25所示，单击"确定"按钮，即可完成操作。

图7-22 弹出"系统属性"对话框

图7-23 单击相应的按钮

图7-24 弹出"系统属性"对话框

图7-25 选中"启用DMA（D）"复选框

7.4.2 写入缓存

功能介绍

禁用磁盘上的写入缓存，以避免断电或硬件故障导致数据丢失或损坏。

在系统中，打开"设备管理器"窗口，展开"磁盘驱动器"选项，在展开的选项上单击鼠标右键，在弹出的快捷菜单中选择"属性"选项，如图7-26所示。弹出相应的属性对话框，切换至"策略"选项卡，取消选中"启用设备上的写入缓存"复选框，如图7-27所示，单击"确定"按钮，即可禁用写入缓存。

图7-26 弹出相应属性对话框

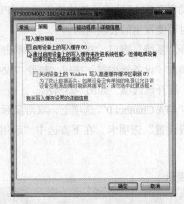

图7-27 取消选中的相应复选框

参数详解

用户在"设备管理器"窗口中，单击任何一个硬件设备时弹出的快捷菜单中，该菜单中各选项含义如下。

- ❖　"更新驱动程序软件"选项：选择该选项，可以以更新驱动程序软件信息。
- ❖　"卸载"选项：选择该选项，可以对选择的硬件设备进行卸载操作。
- ❖　"扫描检测硬件改动"选项：选择该选项可以扫描并检测计算机中的硬件设备是否改动。
- ❖　"属性"选项：选择该选项，在弹出的对话框中可以设置硬件设备的相关属性。

7.4.3　虚拟内存

功能介绍

虚拟内存的作用与物理内存基本相似，但它是作为物理内存的"后备力量"而存在的，也就是说，只有在物理内存已经不够使用的时候，它才会发挥作用。虚拟内存的大小由Windows来控制，但这种默认的Windows设置并不是最佳的方案，因此需要对其进行一些调整。

❀【练习7-2】虚拟内存

素材位置	无
效果位置	无
视频位置	视频\第7章\【练习7-2】虚拟内存.mp4
技术掌握	掌握虚拟内存的操作

本例主要讲解虚拟内存的操作方法。

Step 01　在"计算机"图标上单击鼠标右键，在弹出的快捷菜单中，选择"属性"选项，打开"系统"窗口，在左侧窗格中单击"高级系统设置"超链接，弹出"系统属性"对话框，切换至"高级"选项卡，如图7-28所示。

Step 02　单击"性能"选项组中的"设置"按钮，弹出"性能选项"对话框，切换至"高级"选项卡，如图7-29所示。

图7-28　弹出"系统属性"对话框

图7-29　弹出"性能选项"对话框

Step 03　在"虚拟内存"选项组中单击"更改"按钮，弹出"虚拟内存"对话框，选择存放虚拟内存的驱动器，选中"自定义大小"单选按钮，在其下方的数值框中输入需要的数值，如图7-30所示。

Step 04　依次单击"确定"按钮，如图7-31所示，即可完成虚拟内存的设置。

图7-30 在数值框中输入需要的数值

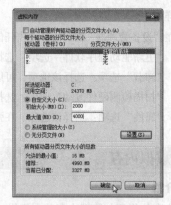

图7-31 单击"确定"按钮

7.4.4 清理磁盘文件

功能介绍

使用DV编辑视频的过程中，利用磁盘清理程序将磁盘中的垃圾文件和临时文件清除，可以节省磁盘中的空间，并提高磁盘的运行速度。

单击"开始"|"所有程序"|"附件"|"系统工具"|"磁盘清理"命令，弹出"磁盘清理：驱动器选择"对话框，如图7-32所示。在"驱动器"下拉列表中选择需要清理的磁盘，单击"确定"按钮，弹出"磁盘清理"对话框，显示计算进度，如图7-33所示。

图7-32 弹出"磁盘清理：驱动器选择"对话框

图7-33 弹出"磁盘清理"对话框

稍等片刻后，弹出"（C:）的磁盘清理"对话框，在"要删除的文件"下拉列表中，选中需要删除的文件前的复选框，如图7-34所示。单击"确定"按钮，弹出提示信息对话框，提示用户是否执行这些操作，如图7-35所示，单击"删除文件"按钮，即可清理磁盘。

图7-34 选中需要删除的文件前的复选框

图7-35 弹出提示信息对话框

7.4.5 磁盘碎片

功能介绍

使用DV编辑视频的过程中，经常会对磁盘进行读写或删除等操作，从而产生了大量的磁盘碎片，造成系统磁盘运行的速度减慢，并占用大量的磁盘空间，此时用户可以对磁盘碎片进行整理，保证磁盘的正常运行。

【练习7-3】 整理磁盘碎片

素材位置	无
效果位置	无
视频位置	视频\第7章\【练习7-3】整理磁盘碎片.mp4
技术掌握	掌握整理磁盘碎片的操作

本例主要讲解整理磁盘碎片的操作方法。

Step 01 单击"开始"|"所有程序"|"附件"|"系统工具"|"磁盘碎片整理程序"命令，弹出"磁盘碎片整理程序"窗口，选择需要清理的磁盘，单击"分析磁盘"按钮，如图7-36所示。

Step 02 开始对磁盘进行碎片分析，并显示分析进度，如图7-37所示。

图7-36 弹出"磁盘碎片整理程序"窗口

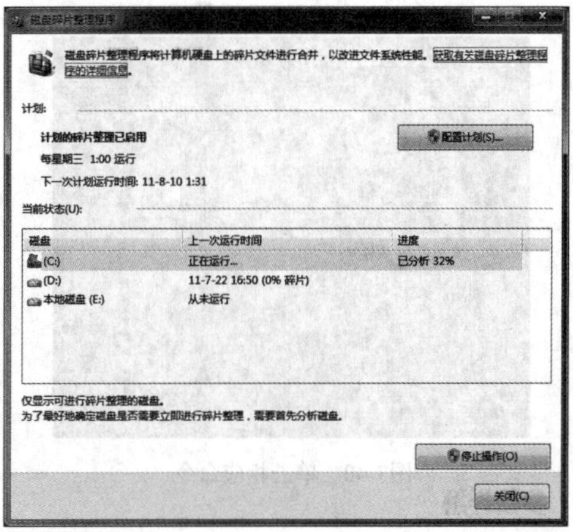

图7-37 显示分析进度

Step 03 稍等片刻后，将显示碎片分析结果，在"磁盘碎片整理程序"窗口的右下角单击"磁盘碎片整理"按钮，如图7-38所示。

Step 04 开始整理磁盘碎片，并显示整理进度，稍等一段时间，将提示磁盘中碎片为0，此时即可完成磁盘碎片整理，如图7-39所示。

图7-38 单击"磁盘碎片整理"按钮

图7-39 完成磁盘碎片整理

7.5　DV转DVD向导

在会声会影X8中，用户通过运用"DV转DVD向导"功能，可以自动将图像、视频和DV录像带上的内容完整地采集并添加漂亮的动态菜单，制作出精美的影片效果。本节主要向读者介绍使用DV转DVD向导捕获视频的操作方法。

7.5.1　启动DV转DVD向导

功能介绍

在会声会影编辑器中，当用户使用连接线正确连接了DV摄像机后，就可以启动DV转DVD向导了。

进入会声会影编辑器，在菜单栏中单击"工具"菜单，在弹出的菜单列表中单击"DV转DVD向导"命令，如图7-40所示。执行上述的操作后，即可打开"DV转DVD向导"窗口，如图7-41所示。

图7-40　单击相应命令

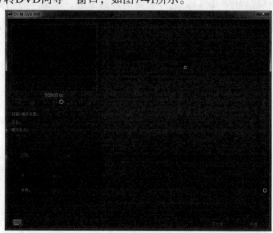

图7-41　打开窗口

参数详解

在"DV转DVD向导"窗口中，各主要选项含义如下。

❖　　"播放"按钮：单击该按钮，可以播放DV带中的视频素材。

❖　　"停止"按钮：单击该按钮，可以停止播放DV带中的视频素材。

❖　　"暂停"按钮：单击该按钮，可以暂停播放DV带中的视频素材。

❖　　"反转"按钮：单击该按钮，可以快速后退DV带中的视频画面。

❖　　"上一帧"按钮：单击该按钮，可以跳转至前一帧视频画面。

❖　　"下一帧"按钮：单击该按钮，可以跳转至下一帧视频画面。

❖　　"快进"按钮：单击该按钮，可以快速前进DV带中的视频画面。

❖　　"设备"列表框：在该列表框中，可以选择DV摄像机设备。

❖　　"捕获格式"列表框：在该列表框中，可以选择捕获的视频格式。

❖　　"刻录整个磁带"单选按钮：选中该单选按钮，可以刻录整个磁带上的视频素材。

❖　　"区间"列表框：在该列表框中，可以设置刻录磁带中的视频时间长度。

❖　　"场景检测"单选按钮：选中该单选按钮，可以对视频场景进行检测操作。

❖　　"开始"单选按钮：选中该单选按钮，可以从磁带的开始位置检测场景。

❖　　"当前位置"单选按钮：选中该单选按钮，可以从磁带的当前位置检测场景。

❖　　"速度"列表框：在该列表框中，可以设置视频场景检测的速度。

❖　　"播放所选场景"按钮：单击该按钮，可以播放所选择的视频场景。

❖　　"开始扫描"按钮：单击该按钮，可以扫描DV带中的视频场景。

- ❖ "标记场景"按钮：单击该按钮，可以标记视频场景片段。
- ❖ "不标记场景"按钮：单击该按钮，将取消视频场景片段的标记操作。
- ❖ "全部删除"按钮：单击该按钮，可以删除扫描出来的视频场景。

7.5.2 选择DV捕获设备

功能介绍

将DV摄像机连接到计算机上，并将摄像机切换至播放模式，本节主要向读者介绍选择DV捕获设备的操作方法。

打开"DV转DVD向导"窗口，在"扫描/捕获设置"选项区中，单击"设备"选项右侧的"选取DV设备"下拉按钮，在弹出的列表框中，选择AVC Compliant DV Device选项，如图7-42所示。执行上述操作后，即可完成捕获设备的选择。

图7-42 选择相应选项

提示

使用DV转DVD向导，可以将用户使用DV拍摄的录像制作成小电影。该向导的工作流程主要包括以下两个方面。

- ❖ 捕获视频：用户可以通过会声会影捕获DV摄像机中的视频素材。
- ❖ 输出影片：将捕获到的视频素材添加各种动态菜单与特效，刻录成DVD光盘。

7.5.3 扫描DV视频场景

功能介绍

将DV摄像机连接到计算机上，并将摄像机切换至播放模式，打开"DV转DVD向导"窗口，播放视频画面至合适位置，然后单击窗口下方的"开始扫描"按钮，在扫描DV带的过程中，预览窗口右侧的故事板中将显示DV带上的每个场景缩略图，当用户扫描完成后，单击窗口下方的"停止扫描"按钮，即可停止视频的扫描操作。

7.6 标记与删除扫描的场景

在"DV转DVD向导"窗口中，用户对于需要刻录的场景片段，可以进行标记，而对于不需要刻录的视频场景，可以取消视频的标记操作，用户还可以删除不需要的视频场景片段。本节主要向读者介绍标记与删除视频场景的操作方法。

7.6.1 不标记视频场景

功能介绍

在故事板中任意选择一个场景，单击Unmark Scene（不标记场景）按钮，该场景在采集和刻录时将被跳过。

在"DV转DVD向导"窗口右侧的故事板中，选择不需要标记的视频场景，如图7-43所示。在窗口的下方，单击Unmark Scene（不标记场景）按钮，如图7-44所示。

图7-43 选择不需要标记的视频场景

图7-44 单击Unmark Scene（不标记场景）按钮

执行操作后，即可取消视频场景的标记操作，未标记的视频场景右下角的对钩符号将取消，如图7-45所示。

图7-45 完成取消视频场景的标记操作

技术专题　通过其他方式取消场景标记

在"DV-to-DVD Wizard"（DV转DVD向导）窗口右侧的故事板中，选择不需要标记的视频场景，在视频场景缩略图上，单击鼠标右键，在弹出的快捷菜单中选择Unmark Scene（不标记场景）选项，如图7-46所示，也可以快速取消标记视频场景。

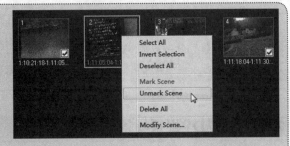

图7-46 选择Unmark Scene（不标记场景）选项

7.6.2 标记视频场景

功能介绍

对于用户需要刻录的视频片段，应该对其进行标记操作，否则程序会将其忽略，导致用户没有将需要的视频场景刻录至光盘中。

在"DV转DVD向导"窗口右侧的故事板中，选择需要标记的视频场景，如图7-47所示。在窗口的下方，单击Mark Scene（标记场景）按钮，如图7-48所示。

执行操作后，即可标记视频场景片段，被标记的视频场景右下角将显示一个对勾符号，如图7-49所示。

图7-47 选择需要标记的视频场景

图7-48 单击Mark Scene（标记场景）按钮

图7-49 完成标记视频场景片段

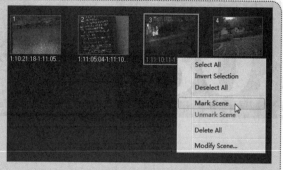

技术专题　【通过其他方式场景标记】

在"DV转DVD向导"窗口右侧的故事板中，选择需要标记的视频场景，在视频场景缩略图上，单击鼠标右键，在弹出的快捷菜单中选择Mark Scene（标记场景）选项，如图7-50所示，也可以快速标记视频场景。

图7-50　选择Mark Scene（标记场景）选项

7.6.3　删除视频场景

功能介绍

如果用户对于扫描出来的视频场景不满意，此时可以将扫描的所有视频场景进行删除操作，然后再重新扫描用户需要的视频场景片段。

删除全部视频场景的方法很简单，用户只需在"DV转DVD向导"窗口的下方，单击Delete All（全部删除）按钮，如图7-51所示。弹出提示信息框，提示用户是否删除所有场景，单击"是"按钮，如图7-52所示。

执行操作后，即可删除扫描的所有场景片段，此时窗口的右侧显示为空，如图7-53所示。

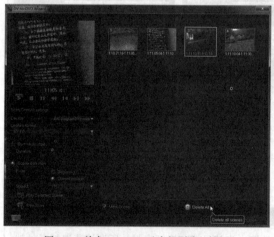

图7-51　单击Delete All（全部删除）按钮

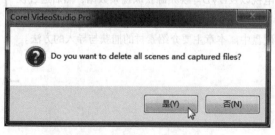

图7-52　单击"是"按钮

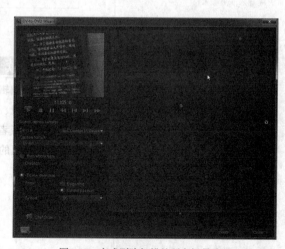

图7-53　完成删除扫描的所有场景片段

第08章

捕获视频素材

本章导读

　　视频编辑的第一步就是捕获视频素材。所谓捕获视频素材就是从摄像机、电视以及DVD等视频源获取视频数据，然后通过视频捕获卡或者IEEE 1394卡接收和翻译数据，最后将视频信号保存至计算机的硬盘中。本章主要介绍素材的捕获与导入的方法。

8.1　捕获各种媒体素材

在会声会影X8的"捕获"步骤面板中，用户可以根据需要捕获各种媒体素材，包括静态图像、视频素材等。

8.1.1　设置捕获选项

功能介绍

要制作DV影片，首先需要将DV带中的视频信号捕获成数字文件，即使不需要进行任何编辑，捕获成数字文件也是一种很安全的保存方式。

将DV摄像机与计算机进行连接，并切换至播放模式，进入会声会影X8编辑器中，单击"捕获"按钮，切换至"捕获"步骤面板。在该面板中，左上方为播放DV视频的窗口，下方面板中将显示DV设备的相关信息，右侧"捕获"选项面板中，分别有"捕获视频""DV快速扫描""从数字媒体导入""定格动画""屏幕捕获"5个按钮，如图8-1所示。

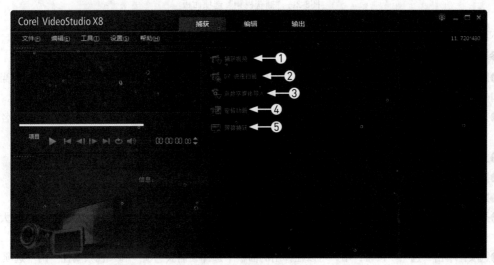

图8-1　"捕获"步骤面板

在"捕获"选项面板中，各按钮的作用分别如下。

参数详解

❶捕获视频：允许捕获来自DV摄像机、模拟数码摄像机和电视的视频。对于各种不同类型的视频来源而言，其捕获步骤类似，但选项面板上可用的捕获设置是不同的。

❷DV快速扫描：可以扫描DV设备，查找要导入的视频场景。

❸从数字媒体导入：可以将光盘、硬盘或移动设备中DVD/DVD-VR格式的视频导入会声会影X8编辑器中。

❹定格动画：会声会影X8的定格摄影功能为用户带来了赋予无生命物体生命的乐趣。经典的动画技术对于任何对电影创作感兴趣的人而言都具备绝对的吸引力，很多著名电影及电视剧的制作都采用了此技术。对于父母及儿童而言，动画定格摄影是消磨时光的绝佳途径；对于老师和学生而言，定格动画摄影则是一个极佳的多方面学习的机会。

❺屏幕捕获：会声会影X8新增的屏幕捕捉功能，可以捕捉完整的屏幕或部分屏幕，将文件放入VideoStudio时间线，并添加标题、效果、旁白；可将视频输出为各种文件格式，从蓝光光盘到网络皆可适用。

8.1.2 捕获视频面板

功能介绍

在"捕获视频"选项面板中，用户可以对将要捕获的视频素材选项进行设置。

在"捕获"选项面板中，单击"捕获视频"按钮，执行操作后，即可进入下一个"捕获"选项面板，如图8-2所示。

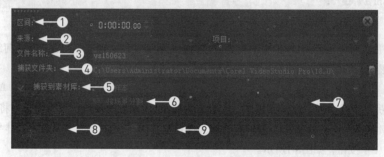

图8-2 "捕获视频"选项面板

下面介绍"捕获"选项面板中各参数的含义。

参数详解

❶区间："区间"数值框用于指定要捕获素材的长度，用户可以在需要调整的数字上单击鼠标，当数字处于闪烁状态时输入新的数字，即可指定捕获素材的长度。

❷来源：在"来源"下拉列表中，显示检测到的DV视频捕获设备，即显示所连接的摄像机名称和类型。

❸文件名称：用于显示捕获视频文件的名称。

❹捕获文件夹：单击"捕获文件夹"按钮可以设置捕获文件所保存的文件夹。

❺捕获到素材库：可以将捕获到的DV视频片段存放在素材库中。

❻按场景分割：选中"按场景分割"复选框，可以根据视频录制的日期、时间以及录像带上的较大动作变化，自动将视频文件分割成单独的素材。

❼选项：单击"选项"按钮，用户可以在弹出的面板中选择"捕获选项"和"视频属性"两个选项。

❽捕获视频：单击"捕获视频"按钮，可以从已安装的视频输入设备中捕获视频。

❾抓拍快照：单击"抓拍快照"按钮，可以将视频输入设备中的当前帧作为静态图像捕获到会声会影X8中。

8.1.3 捕获视频起点

功能介绍

用户在预览窗口下方单击对应的导航按钮，即可查找需要捕获视频素材的起点画面。

进入会声会影X8编辑器，切换至"捕获"步骤面板，在面板中单击"捕获视频"按钮，如图8-3所示。

进入"捕获"选项面板，单击预览窗口左下方的"播放"按钮，如图8-4所示，播放视频至合适位置后，单击导览面板中的"暂停"按钮，如图8-5所示，即可指定视频捕获的起点。

图8-3 单击"捕获视频"按钮

图8-4 单击预览窗口左下方的"播放"按钮

图8-5 单击导览面板中的"暂停"按钮

技术专题 【将捕获的视频插入视频轨中】

当用户捕获DV视频素材后，可以将视频素材应用到视频轨中，然后进行编辑与剪辑操作，使制作的视频更加符合用户的要求。在素材库中选择捕获后的视频素材，单击鼠标右键，在弹出的快捷菜单中选择"插入到"|"视频轨"选项，如图8-6所示，即可将视频素材插入时间轴面板的视频轨中。

图8-6 选择"插入到"|"视频轨"选项

8.1.4 捕获其他格式视频

功能介绍

默认情况下，捕获的视频是DV格式，用户也可根据需要将视频捕获成其他格式。

单击"捕获"选项面板中"格式"右侧的下三角按钮，在弹出的下拉列表中选择需要的文件格式，如图8-7所示，然后进行视频捕获，即可将DV视频捕获成其他格式。

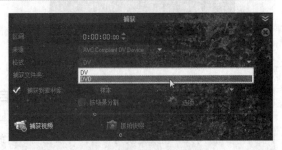

图8-7 选择需要的文件格式

问： 为什么会声会影无法识别我的DV摄像机？

答： 当用户使用连接线将DV连接到计算机上时，打开会声会影编辑器，进入"捕获"选项面板，如果此时会声会影无法识别或无法正常连接DV摄像机，可能是用户的连接线接触不良所导致的，这时建议用户更换一根连接线试试。

8.1.5 捕获指定时间长度视频

功能介绍

用户如果希望程序自动捕获一个指定时间长度的视频内容，并让程序在捕获到所指定的视频内容后自动停止捕获，则可为捕获视频指定一个时间长度。

　　进入会声会影编辑器，切换至"捕获"步骤选项面板，如图8-8所示。单击选项面板中的"捕获视频"按钮，如图8-9所示。

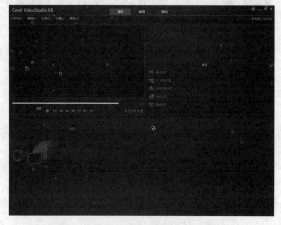

图8-8　切换至"捕获"步骤选项面板　　　　　图8-9　单击"捕获视频"按钮

　　进入捕获视频选项面板，单击"区间"数值框上的数字，当数字呈闪烁状态时，输入数值30，如图8-10所示。单击选项面板中的"捕获视频"按钮，经过30s后，程序将自动停止捕获，在素材库中可显示捕获的视频，如图8-11所示。

图8-10　输入数值30　　　　　　　　　图8-11　显示捕获的视频

 技术专题　　【让捕获到的视频自动插入时间轴面板中】

　　当用户将DV视频捕获完成后，可以让捕获到的DV视频自动插入时间轴面板的视频轨中。设置方法很简单，用户只需在"捕获"选项面板中，单击"选项"按钮，在弹出的列表框中选择"捕获选项"选项，如图8-12所示，弹出"捕获选项"对话框，在其中选中"插入到时间轴"复选框，如图8-13所示，单击"确定"按钮，即可将捕获到的DV视频自动插入到时间轴面板的视频轨中。

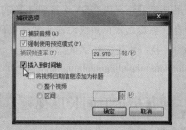

图8-12　选择"捕获选项"选项　　　　　图8-13　选中"插入到时间轴"复选框

8.1.6 捕获视频时按场景分割

功能介绍

使用会声会影X8编辑器的"按场景分割"功能，可以根据视频的拍摄日期、时间以及录像带上任何较大的动作变化、相机移动以及亮度变化，自动将视频文件分割成单独的素材，并将其作为不同的素材插入项目中。

进入会声会影X8编辑器，切换至"捕获"步骤面板，单击选项面板中的"捕获视频"按钮，如图8-14所示。进入下一个"捕获"选项面板，在导览面板中通过"播放"和"暂停"按钮，寻找需要捕获的视频起始位置，如图8-15所示。

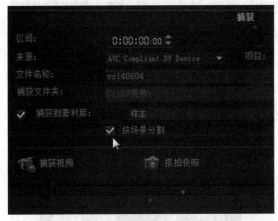

图8-14 单击选项面板中的"捕获视频"按钮

图8-15 进入下一个"捕获"选项面板

提示

在会声会影X8中，如果设置了捕获视频时按场景分割，捕获视频将按照拍摄的时间顺序开始捕获视频，并在捕获时按场景分割。完成捕获后，单击"编辑"标签，切换至"编辑"步骤选项面板，所捕获的视频即可按场景顺序依次插入到时间轴面板的视频轨中。

8.2 捕获高清数码摄像机的视频

会声会影X8全面支持各种类型的高清摄像机，包括磁带式高清摄像机、AVCHD、MOD、M2TS和MTS等多种文件格式的硬盘高清摄像机。由于高清摄像机可以使用HDV和DV两种模式拍摄和传输视频，因此在捕获高清视频之前，需要先对数码摄像机进行相关设置。

8.2.1 设置高清拍摄模式

功能介绍

由于HDV数码摄像机可以使用HDV和DV两种模式拍摄影片，因此在拍摄之前首先要把摄像机设置为高清拍摄模式，以保证视频是采用HDV模式拍摄的。

将高清摄像机的电源开关切换到开启状态，然后将摄像机的模式切换到拍摄模式，如图8-16所示。按下摄像机液晶触摸屏上的P-MENU按钮，进入拍摄设置菜单，如图8-17所示。

图8-16 切换到拍摄模式

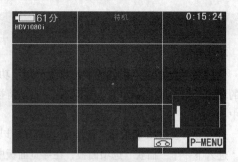

图8-17进入拍摄设置菜单

按下拍摄设置菜单中的MENU按钮，进入参数选择菜单，如图8-18所示。选择"基本设定"|"拍摄格式"选项，如图8-19所示。

图8-18 进入参数选择菜单

图8-19 选择"基本设定"|"拍摄格式"选项

在液晶触摸屏上轻按HDV 1080i按钮，将摄像机设置为高清拍摄模式，如图8-20所示，设置完成后，轻按液晶触摸屏上的"返回"按钮，关闭菜单。

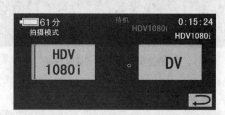

图8-20 触摸屏上轻按HDV 1080i按钮

8.2.2 设置VCR HDV/DV

功能介绍

在捕获视频之前，需要确保HDV摄像机已经切换到HDV模式。

将高清摄像机的模式设置为PLAY/ EDIT（播放/编辑）模式，如图8-21所示。按下摄像机液晶触摸屏上的P-MENU按钮，进入"播放/编辑"设置菜单，如图8-22所示。

图8-21 设置为PLAY/EDIT（播放/编辑）模式

图8-22进入"播放/编辑"设置菜单

选择"基本设定"|"VCR HDV/DV"选项，如图8-23所示。按下HDV按钮，即可完成设置，如图8-24所示。

图8-23 选择"基本设定" | VCR HDV/DV选项

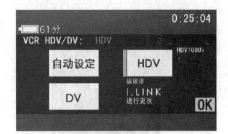

图8-24按下HDV按钮

8.2.3 设置i.LINK转换器

功能介绍

设置i.LINK转换器的目的是使高清视频能够正确地通过IEEE 1394线传输到计算机中。

将高清摄像机的模式设置为PLAY/ EDIT（播放/编辑）模式，按下摄像机液晶触摸屏上的P-MENU按钮，进入"播放/编辑"设置菜单，选择"基本设定" | "i.LINK转换"选项，如图8-25所示。按下"关"按钮，关闭HDV→DV的转换，如图8-26所示。

图8-25 选择"基本设定" | "i.LINK转换"选项

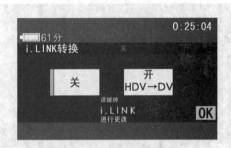

图8-26 按下"关"按钮

8.2.4 捕获高清视频

功能介绍

高清摄像机中的各项参数设置完成后，即可从HDV摄像机中捕获视频了。

打开摄像机上的IEEE 1394接口端盖，找到IEEE 1394接口，如图8-27所示。将IEEE 1394连接线的一端插入摄像机上的1394接口，如图8-28所示，而另一端插入计算机上IEEE 1394卡的接口。

图8-27 IEEE 1394接口

图8-28 将IEEE 1394连接线插入1394接口

打开HDV摄像机的电源，切换到"播放/编辑"模式，如图8-29所示。启动会声会影X8编辑器，切换到"捕获"步骤面板，然后单击选项面板上的"捕获视频"按钮，如图8-30所示。

图8-29　切换到"播放/编辑"模式

图8-30　单击选项面板上的"捕获视频"按钮

　　此时，会声会影将自动检测到HDV摄像机，并在"来源"下拉列表中显示HDV摄像机的型号，如图8-31所示。单击预览窗口中的"播放"按钮，在预览窗口中显示需要捕获的起始位置，如图8-32所示。

　　单击选项面板上的"捕获视频"按钮，从暂停位置的下一帧开始捕获视频，同时在预览窗口中显示当前捕获进度。如果要停止捕获，可以单击"停止捕获"按钮。捕获完成后，被捕获的视频素材会出现在操作界面下方的故事板视图上。

图8-31　显示HDV摄像机的型号

图8-32　单击预览窗口中的"播放"按钮

8.3　捕获手机和iPad的视频

　　随着智能手机与iPad设备的流行，很多用户都会使用它们来拍摄视频素材或照片素材，当用户使用会声会影进行视频后期处理时，可以从安卓手机、苹果手机以及iPad移动设备中采集视频素材。本节主要向读者介绍从手机与iPad中采集视频的操作方法。

8.3.1　捕获安卓手机视频

功能介绍

　　安卓（Android）是一个基于Linux内核的操作系统，是Google公司公布的一款手机类操作系统，是现在流行的主流的手机系统之一。

　　在Windows 7操作系统中，打开"计算机"窗口，在安卓手机的内存磁盘上，单击鼠标右键，在弹出的快捷菜单中选择"打开"选项，如图8-33所示。依次打开手机移动磁盘中的相应文件夹，选择安卓手机拍摄的视频文件，如图8-34所示。

　　在视频文件上，单击鼠标右键，在弹出的快捷菜单中选择"复制"选项，复制视频文件，如图8-35所示。进入"计算机"中的相应盘符，在合适位置上单击鼠标右键，在弹出的快捷菜单中选择"粘贴"选项，如图8-36所示。

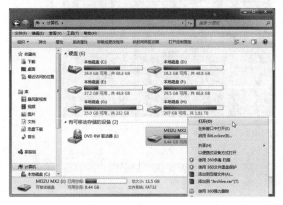

图8-33　在弹出的快捷菜单中选择"打开"选项

图8-34　选择安卓手机拍摄的视频文件

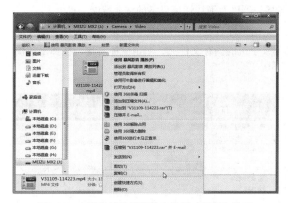

图8-35　在弹出的快捷菜单中选择"复制"选项

图8-36　在弹出的快捷菜单中选择"粘贴"选项

　　执行操作后，即可粘贴复制视频文件，如图8-37所示。将选择的视频文件拖曳至会声会影编辑器的视频轨中，即可应用安卓手机中的视频文件，如图8-38所示。

图8-37　粘贴复制的视频文件

图8-38　应用安卓手机中的视频文件

　　在导览面板中单击"播放"按钮，预览安卓手机中拍摄的视频画面，如图8-39所示，完成安卓手机中视频的捕获操作。

图8-39 预览安卓手机中拍摄的视频画面

8.3.2 捕获苹果手机视频

功能介绍

iPhone是由苹果公司推出的一个智能手机系列，搭载苹果公司所研发的iOS（原称"iPhone OS"）手机操作系统。iPhone是结合照相手机、个人数码助理、媒体播放器以及无线通信设备的掌上智能手机。

打开"计算机"窗口，在Apple iPhone移动设备上，单击鼠标右键，在弹出的快捷菜单中选择"打开"选项，如图8-40所示。打开苹果移动设备，在其中选择苹果手机的内存文件夹，单击鼠标右键，在弹出的快捷菜单中选择"打开"选项，如图8-41所示。

图8-40 在弹出的快捷菜单中选择"打开"选项　　　　图8-41 在弹出的快捷菜单中选择"打开"选项

依次打开相应文件夹，选择苹果手机拍摄的视频文件，单击鼠标右键，在弹出的快捷菜单中选择"复制"选项，如图8-42所示，复制视频。进入"计算机"中的相应盘符，在合适位置上单击鼠标右键，在弹出的快捷菜单中选择"粘贴"选项，如图8-43所示。

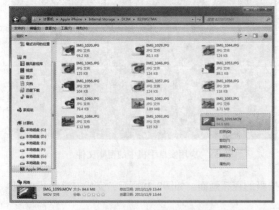

图8-42 在弹出的快捷菜单中选择"复制"选项　　　　图8-43 在弹出的快捷菜单中选择"粘贴"选项

执行操作后，即可粘贴复制的视频文件，如图8-44所示。将选择的视频文件拖曳至会声会影编辑器的视频轨中，即可应用苹果手机中的视频文件，如图8-45所示。

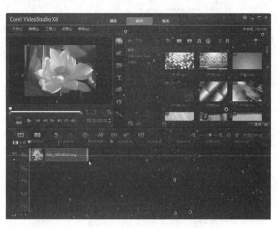

图8-44 粘贴复制的视频文件　　　　　　　　　图8-45 应用苹果手机中的视频文件

在导览面板中单击"播放"按钮，预览苹果手机中拍摄的视频画面，如图8-46所示，完成苹果手机中视频的捕获操作。

图8-46 预览苹果手机中拍摄的视频画面

8.3.3 捕获iPad平板电脑中的视频

功能介绍

iPad是一款苹果公司发布的平板电脑，定位介于苹果的智能手机iPhone和笔记本电脑产品之间，通体只有四个按键，与iPhone布局一样，提供浏览互联网、收发电子邮件、观看电子书、播放音频或视频、玩游戏等功能。

用数据线将iPad与计算机连接，打开"计算机"窗口，在"便携设备"一栏中，显示了用户的iPad设备，如图8-47所示。在iPad设备上，双击鼠标左键，依次打开相应文件夹，在其中选择相应视频文件，单击鼠标右键，在弹出的快捷菜单中选择"复制"选项。复制需要的视频文件，进入"计算机"中的相应盘符，在合适位置上单击鼠标右键，在弹出的快捷菜单中选择"粘贴"选项，如图8-48所示。

执行操作后，即可粘贴复制的视频文件，如图8-49所示。将选择的视频文件拖曳至会声会影编辑器的视频轨中，即可应用iPad中的视频文件，如图8-50所示。

在导览面板中单击"播放"按钮，预览iPad中拍摄的视频画面，如图8-51所示，完成iPad平板电脑中视频的捕获操作。

图8-47 显示用户的iPad设备

图8-48 在弹出的快捷菜单中选择"粘贴"选项

图8-49 粘贴复制的视频文件

图8-50 应用iPad中的视频文件

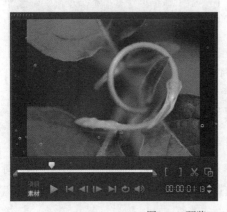

图8-51 预览iPad中拍摄的视频画面

8.4 捕获其他移动设备的视频

在会声会影X8中，用户除了可以从DV摄像机和高清摄像机中捕获视频素材以外，还可以从其他不同途径捕获视频素材，如U盘、摄像头以及DVD光盘等移动设备。本节主要向读者介绍从其他移动设备中捕获视频素材的操作方法。

8.4.1 通过U盘捕获视频

功能介绍

U盘，全称USB闪存驱动器，英文名"USB flash disk"。它是一种使用USB接口的无需物理驱动器的微型高容量移动存储产品，通过USB接口与计算机连接，实现即插即用。

在时间轴面板上方，单击"录制/捕获选项"按钮，如图8-52所示。

图8-52 单击"录制/捕获选项"按钮

弹出"录制/捕获选项"对话框，单击"移动设备"图标，如图8-53所示。弹出相应对话框，在其中选择U盘设备，然后选择U盘中的视频文件，如图8-54所示。单击"确定"按钮，弹出"导入设置"对话框，在其中选中"捕获到素材库"和"插入到时间轴"复选框，然后单击"确定"按钮，如图8-55所示。执行操作后，即可捕获U盘中的视频文件，并插入到时间轴面板的视频轨中，如图8-56所示。

图8-53 单击"移动设备"图标

图8-54 选择U盘中的视频文件

图8-55 选中"捕获到素材库"和"插入到时间轴"复选框

图8-56 插入到视频轨中

在导览面板中单击"播放"按钮，预览捕获的视频画面效果，如图8-57所示。

图8-57　预览捕获的视频画面效果

8.4.2　通过摄像头捕获视频

功能介绍

随着数码产品的迅速普及，现在很多家庭都拥有摄像头，用户可以通过QQ或者MSN用摄像头和麦克风与好友进行视频交流，也可以使用摄像头实时拍摄并通过会声会影捕获视频。

将摄像头与计算机连接，并正确安装摄像头驱动程序，如图8-58所示。启动会声会影X8，进入"捕获"步骤选项面板，然后单击选项面板上的"捕获视频"按钮，如图8-59所示。

图8-58　摄像头

图8-59　单击"捕获视频"按钮

选项面板上即会显示会声会影找到的摄像头的名称，如图8-60所示。单击"格式"右侧的下三角按钮，从下拉列表框中选择捕获的视频文件的保存格式，如图8-61所示。单击选项面板上的"捕获视频"按钮，开始捕获摄像头拍摄的视频。如果要停止捕获，则单击"停止捕获"按钮。捕获完成后，视频素材将被保存到素材库中。

图8-60 显示与计算机连接的摄像头名称

图8-61 选择视频文件的保存格式

8.4.3 通过光盘捕获视频

功能介绍

会声会影X8能够直接识别DVD光盘中后缀名为DAT的视频文件，因此用户可以将光盘中的视频文件导入会声会影。

将一张VCD或DVD光盘放入光盘驱动器中，进入会声会影X8编辑器，切换至"捕获"步骤选项面板，单击选项面板中的"从数字媒体导入"按钮，如图8-62所示。弹出"选取'导入源文件夹'"对话框，选择指定的驱动器，如图8-63所示。

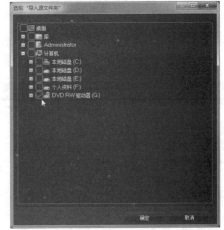

图8-63 指定驱动器

图8-62 单击"从数字媒体导入"按钮

单击"确定"按钮，弹出"从数字媒体导入"对话框，在对话框中选择需要的光驱，如图8-64所示。单击"起始"按钮，弹出"从数字媒体导入"对话框，在其中选择需要导入的视频文件，如图8-65所示，单击"开始导入"按钮，即可开始导入DVD光盘中的视频文件。

图8-64 选择需要的光驱

图8-65 选择需要导入的视频文件

8.4.4 将DV中的视频复制到计算机

用户将数据线连接DV与计算机，会弹出一个对话框，如图8-66所示。在弹出的"对话框"中，单击"浏览文件"，如图8-67所示。

图8-66　弹出对话框

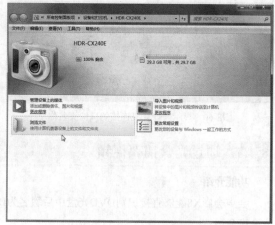

图8-67　单击"浏览文件"

单击"浏览文件"后，会弹出一个详细信息对话框，如图8-68所示。依次打开DV移动磁盘中的相应文件夹，选择DV拍摄的视频文件，如图8-69所示。

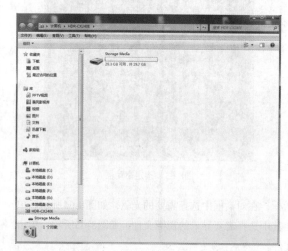

图8-68　弹出一个详细信息对话框

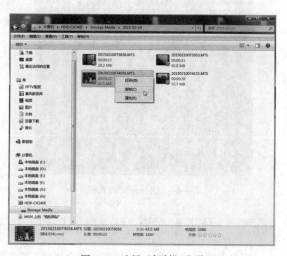

图8-69　预览DV中的视频

右键单击第3个视频，选择"复制"选项，即可在计算机桌面预览，如图8-70所示。

图8-70　选择"复制"选项

8.4.5　从计算机中插入视频

用户可以把DV中的视频复制到计算机，也可以把计算机里的视频插入到会声会影中。进入会声会影编辑器，在菜单栏中单击 文件(F) 将媒体文件插入到时间轴 选择 插入视频... ，如图8-71所示。选择"插入视频选项后，会弹出一个"打开视频文件"对话框，如图8-72所示。

图8-71　选择"插入视频"选项　　　　　　　　图8-72　弹出对话框

在预览窗口，单击 ▶，即可预览效果，如图8-73所示。

图8-73　预览效果

8.5　导入各种媒体素材

除了可以从移动设备中捕获素材以外，还可以在会声会影X8的"编辑"步骤面板中，添加各种不同类型的素材。

8.5.1　导入mpg视频素材

功能介绍

在会声会影中，用户能够将视频素材导入所编辑的项目，并对视频素材进行整合。

❖【练习8-1】导入mpg视频素材

素材位置	素材\第8章\彩色气球.wmv
效果位置	效果\第8章\导入mpg视频素材.vsp
视频位置	视频\第8章\【练习8-1】导入mpg视频素材.mp4
技术掌握	掌握导入mpg视频素材的操作

本例主要讲解在时间轴面板中，导入mpg视频素材的操作方法。

Step 01 进入会声会影编辑器，在时间轴面板中单击鼠标右键，在弹出的快捷菜单中选择"插入视频"选项，如图8-74所示。

Step 02 弹出"打开视频文件"对话框，选择需要打开的视频文件，如图8-75所示。

图8-74 选择"插入视频"选项

图8-75 选择需要打开的视频文件

Step 03 单击"打开"按钮，即可将视频素材导入视频轨，如图8-76所示。

Step 04 单击导览面板中的"播放"按钮，预览视频效果，如图8-77所示。

图8-76 导入视频素材

图8-77 预览视频效果

8.5.2 导入mp3音频素材

功能介绍

在会声会影中，用户能够将音频素材导入所编辑的项目，并对音频素材进行整合。

【练习8-2】导入mp3音乐素材

素材位置	素材\第8章\音乐.mp3
效果位置	效果\第8章\导入mp3音乐素材.vsp
视频位置	视频\第8章\【练习8-2】导入mp3音乐素材.mp4
技术掌握	掌握导入mp3音乐素材的操作

本例主要讲解在时间轴面板中，导入mp3音乐素材的操作方法。

Step 01 进入会声会影编辑器，在时间轴面板中插入一段视频素材，如图8-78所示。

Step 02 在时间轴面板的空白处单击鼠标右键，在弹出的快捷菜单中选择"插入音频"|"到语音轨"选项，如图8-79所示。

图8-78　插入视频素材

图8-79　选择"到语音轨"选项

Step 03 弹出"开启音效文件"对话框，选择需要打开的音频素材，如图8-80所示。

Step 04 单击"打开"按钮，即可将音频素材导入语音轨中，如图8-81所示。

图8-80　选择需要打开的音频素材

图8-81　导入音频素材

Step 05 单击导览面板中的"播放"按钮，即可预览视频效果并试听音乐，如图8-82所示。

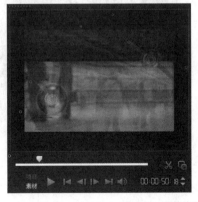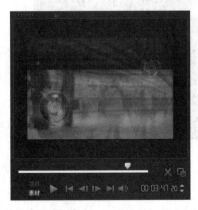

图8-82　预览视频效果并试听音乐

8.5.3　导入jpg照片素材

功能介绍

在会声会影中，用户能够将图像素材导入所编辑的项目，并对单独的图像素材进行整合，制作成内容丰富的电子相册。

【练习8-3】导入jpg照片素材

素材位置	素材\第8章\动物世界.jpg、动物世界（b）.jpg
效果位置	效果\第8章\导入jpg照片素材.vsp
视频位置	视频\第8章\【练习8-3】导入jpg照片素材.mp4
技术掌握	掌握导入jpg照片素材的操作

本例主要讲解在时间轴面板中，导入jpg照片素材的操作方法。

Step 01 进入会声会影编辑器，在时间轴面板中单击鼠标右键，在弹出的快捷菜单中选择"插入照片"选项，如图8-83所示。

Step 02 弹出"浏览照片"对话框，选择需要打开的照片文件，如图8-84所示。

图8-83 选择需要打开的照片文件

图8-84 导入照片素材

Step 03 单击"打开"按钮，即可将照片素材导入视频轨，如图8-85所示。

Step 04 在预览窗口中，可以预览制作的视频效果，如图8-86所示。

图8-85 导入视频轨

图8-86 预览视频效果

第 **09** 章

添加与制作影视素材

本章导读

　　在会声会影X8中，除了可以从摄像机中直接捕获视频和图像素材外，还可以在编辑器窗口中添加各种不同类型的素材。本章主要向读者介绍视频素材的添加、图像素材的添加、其他格式素材的添加、图像重新采样选项的设置以及素材显示模式等内容。

会声会影 X8 技术大全

9.1 视频素材

会声会影X8素材库中提供了各种类型的视频素材，用户可以直接从中取用。当素材库中的视频素材不能满足用户编辑视频的需求时，用户可以将常用的视频素材导入素材库。本节主要向读者介绍在会声会影X8中添加视频素材的操作方法。

9.1.1 通过命令添加视频

功能介绍

在会声会影X8应用程序中，用户可以通过菜单栏中的"插入视频"命令来添加视频素材。下面向读者介绍用"插入视频"命令添加视频素材的方法。

【练习9-1】 通过命令添加视频

素材位置	素材\第9章\蝶恋花.mpg
效果位置	效果\第9章\蝶恋花.vsp
视频位置	视频\第9章\【练习9-1】通过命令添加视频.mp4
技术掌握	掌握通过命令添加视频的操作

本例主要讲解通过命令添加视频的操作方法。

Step 01 进入会声会影编辑器，单击"文件"|"将媒体文件插入到素材库"|"插入视频"命令，如图9-1所示。

Step 02 弹出"开启视讯文件"对话框，在其中选择所需打开的视频素材，如图9-2所示。

图9-1 单击命令

图9-2 选择视频素材

Step 03 单击"打开"按钮，即可将视频素材添加至素材库中，如图9-3所示。

Step 04 将添加的视频素材拖曳至时间轴面板的视频轨中，如图9-4所示。

图9-3 将视频素材添加至素材库中

图9-4 拖曳至视频轨中

Step 05 单击导览面板中的"播放"按钮，预览添加的视频效果，如图9-5所示。

图9-5 预览视频画面效果

9.1.2 通过按钮添加视频

功能介绍

在会声会影X8中，用户还可以通过按钮添加视频素材。

进入会声会影编辑器，单击"显示视频"按钮，如图9-6所示，即可显示素材库中的视频文件，单击"导入媒体文件"按钮，如图9-7所示。

图9-6 单击"显示视频"按钮

图9-7 单击"导入媒体文件"按钮

弹出"浏览媒体文件"对话框，在该对话框中选择所需打开的视频素材，如图9-8所示。单击"打开"按钮，即可将所选择的素材添加到素材库中，如图9-9所示。

图9-8　选择所需打开的视频素材

图9-9　将所选素材添加到素材库中

将素材库中添加的视频素材拖曳至时间轴面板的视频轨中，如图9-10所示。单击导览面板中的"播放"按钮，预览添加的视频画面效果，如图9-11所示。

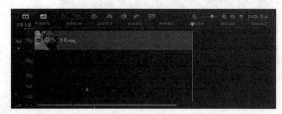

图9-10　拖曳至视频轨中

图9-11　预览添加的视频画面效果

参数详解

在会声会影X8预览窗口的右上角，各主要按钮含义如下。

- ❖ "媒体"按钮：单击该按钮，可显示媒体库中的视频素材、音频素材以及图片素材。
- ❖ "转场"按钮 **AB**：单击该按钮，可显示媒体库中的转场效果。
- ❖ "标题"按钮 **T**：单击该按钮，可显示媒体库中的标题效果。
- ❖ "图像"按钮：单击该按钮，可显示素材库中色彩、对象、边框以及Flash动画素材。
- ❖ "转场"按钮 **FX**：单击该按钮，可显示素材库中的转场效果。

👉 技术专题　**[同时导入多个视频素材]**

在"浏览媒体文件"对话框中，按住【Ctrl】键的同时，在需要添加的素材上单击鼠标左键，可选择多个不连续的视频素材；按住【Shift】键的同时，在第1个视频素材和最后1个视频素材上分别单击鼠标左键，即可选择两个视频素材之间的所有视频素材文件；单击"打开"按钮，即可打开多个素材。

9.1.3　通过时间轴添加视频

功能介绍

在会声会影X8中，用户还可以通过时间轴面板将需要的视频直接添加至视频轨或覆叠轨中。下面向读者介绍通过时间轴添加视频的操作方法。

参数详解

在时间轴面板右键菜单中，各选项含义如下。

❖ "插入视频"选项：可以插入外部视频文件到时间轴面板中。

❖ "插入照片"选项：可以插入外部照片文件到时间轴面板中。

❖ "插入音频"选项：可以在声音轨或音乐轨中插入背景音乐素材。

❖ "插入字幕"选项：可以插入外部的字幕特效，字幕的格式为.lrc。

❖ "插入数字媒体"选项：可以将VCD光盘、DVD光盘或其他数字光盘中的媒体文件添加至时间轴面板中。

❖ "插入照片到时间流逝/频闪"选项：可以将导入的照片应用"时间流逝/频闪"效果。

❖ "轨道管理"选项：可以添加或删除轨道。

【练习9-2】 通过时间轴添加视频

素材位置	素材\第9章\朝霞.mpg
效果位置	效果\第9章\朝霞.vsp
视频位置	视频\第9章\【练习9-2】通过时间轴添加视频.mp4
技术掌握	掌握通过时间轴添加视频的操作

本例主要讲解通过时间轴添加视频的操作方法。

Step 01 在会声会影X8时间轴面板中，单击鼠标右键，在弹出的快捷菜单中选择"插入视频"选项，如图9-12所示。

Step 02 执行操作后，弹出"开启视讯文件"对话框，在该对话框中选择所需打开的视频素材文件，如图9-13所示。

图9-12 选择"插入视频"选项

图9-13 选择所需打开的视频素材文件

Step 03 单击"打开"按钮，即可将所选择的视频素材添加到时间轴面板中，如图9-14所示。

Step 04 单击导览面板中的"播放"按钮，即可预览添加的视频素材，如图9-15所示。

图9-14 将视频素材添加到时间轴面板

图9-15 预览添加的视频素材

9.1.4 通过素材库添加视频

功能介绍

在会声会影X8中，用户还可以通过素材库将需要的视频直接添加至素材库中。

进入会声会影编辑器，单击"显示视频"按钮，可显示素材库中的视频文件，在素材库空白处单击鼠标右键，在弹出的快捷菜单中选择"插入媒体文件"选项，如图9-16所示。弹出"浏览媒体文件"对话框，在该对话框中选择所需打开的视频素材文件，如图9-17所示。

> **提示**
>
> 在会声会影X8的媒体库中，用户可以根据需要新建文件夹，并将不同类型的视频素材分别导入不同的文件夹中。

图9-16 选择"插入媒体文件"选项

图9-17 选择所需打开的视频素材

单击"打开"按钮，即可将所选择的视频素材添加到素材库中，如图9-18所示。将素材库中添加的视频素材拖曳至视频轨中的开始位置，如图9-19所示。

图9-18 将所选视频素材添加到素材库

图9-19 拖曳至视频轨中的开始位置

单击导览面板中的"播放"按钮，即可预览添加的视频素材，如图9-20所示。

图9-20 预览添加的视频素材

9.2 图像素材

在会声会影X8中，用户可以将图像素材插入到所编辑的项目中，并对单独的图像素材进行整合，制作成一个内容丰富的电子相册。本节主要向读者介绍在会声会影X8中添加图像素材的操作方法，希望读者熟练掌握本节内容。

9.2.1 通过命令添加图像

功能介绍

当素材库中的图像素材无法满足用户需求时，用户可以将常用的图像素材添加至会声会影X8素材库中。

进入会声会影编辑器，单击"文件"|"将媒体文件插入到素材库"|"插入照片"命令，如图9-21所示。弹出"浏览照片"对话框，在该对话框中选择所需打开的图像素材，如图9-22所示。

图9-21　单击命令

图9-22　选择图像素材

在"浏览照片"对话框中，单击"打开"按钮，将所选择的图像素材添加至素材库中，如图9-23所示。将素材库中添加的图像素材拖曳至视频轨中的开始位置，如图9-24所示。

图9-23　将所选图像素材添加至素材库

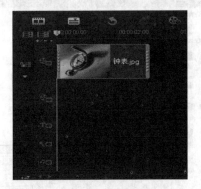

图9-24　拖曳素材

提示

在会声会影X8中，单击"文件"|"将媒体文件插入到时间轴"命令，在弹出的子菜单中，单击"插入视频"命令，可以将视频直接插入到时间轴面板中；单击"插入照片"命令，可以将照片直接插入到时间轴面板中。

单击导览面板中的"播放"按钮，即可预览添加的图像素材，如图9-25所示。

图9-25　预览添加的图像素材

9.2.2　通过按钮添加图像

功能介绍

在会声会影X8中，添加图像素材的方式有很多种，用户可以根据使用习惯选择添加素材的方式。下面介绍在会声会影X8中，通过按钮添加图像素材的操作方法。

进入会声会影编辑器，单击"显示照片"按钮，如图9-26所示。执行上述操作后，即可显示素材库中的图像文件，单击"导入媒体文件"按钮，如图9-27所示。

图9-26　单击"显示照片"按钮

图9-27　单击"导入媒体文件"按钮

图9-28　选择需要打开的图像素材

弹出"浏览媒体文件"对话框，在该对话框中选择需要打开的图像素材文件，如图9-28所示。单击"打开"按钮，将所选择的图像素材添加到素材库中，如图9-29所示。

图9-29　将所选图像素材添加到素材库

在"浏览照片"对话框中，选择需要打开的图像素材后，按【Enter】键确认，也可以快速将图像素材导入素材库面板。

将素材库中添加的图像素材拖曳至视频轨中的开始位置，如图9-30所示。单击导览面板中的"播放"按钮，即可预览添加的图像素材，如图9-31所示。

图9-30 拖曳素材

图9-31 预览添加的图像素材

在Windows操作系统中，用户还可以在计算机磁盘中选择需要添加的图像素材，单击鼠标左键并将其拖曳至会声会影X8的时间轴面板中，释放鼠标左键，即可快速添加图像素材。

9.2.3 通过时间轴添加图像

功能介绍

在会声会影X8中，用户还可以在时间轴中添加图像素材。

【练习9-3】 通过时间轴添加图像

素材位置	素材\第9章\树.jpg
效果位置	效果\第9章\树.vsp
视频位置	视频\第9章\【练习9-3】通过时间轴添加图像.mp4
技术掌握	掌握通过时间轴添加图像的操作

本例主要讲解通过时间轴添加图像的操作方法。

Step 01 在会声会影X8时间轴面板中，单击鼠标右键，在弹出的快捷菜单中选择"插入照片"选项，如图9-32所示。

Step 02 执行操作后，弹出"浏览照片"对话框，在该对话框中选择所需打开的图像素材文件，如图9-33所示。

图9-32 选择"插入照片"选项

图9-33 选择图像素材文件

Step 03 单击"打开"按钮，即可将所选择的图像素材添加到时间轴面板中，如图9-34所示。

Step 04 单击导览面板中的"播放"按钮，即可预览添加的图像素材，如图9-35所示。

图9-34 添加素材

图9-35 预览添加的图像素材

9.2.4 通过素材库添加图像

功能介绍

在会声会影X8中，用户还可以在素材库中添加图像素材。

进入会声会影编辑器，在素材库空白处单击鼠标右键，在弹出的快捷菜单中选择"插入媒体文件"选项，如图9-36所示。弹出"浏览媒体文件"对话框，在该对话框中选择所需打开的图像素材文件，如图9-37所示。

图9-36 选择"插入媒体文件"选项

图9-37 选择图像素材

单击"打开"按钮，即可将所选择的图像素材添加到素材库中，如图9-38所示。将素材库中添加的图像素材拖曳至视频轨中的开始位置，如图9-39所示。

图9-38 添加素材

图9-39 拖曳素材

单击导览面板中的"播放"按钮，即可预览添加的图像素材，如图9-40所示。

图9-40 预览添加的图像素材

9.3 Flash素材

会声会影X8可以直接应用Flash动画素材，用户可以根据需要将素材导入素材库中，或者应用到时间轴面板中，然后对Flash素材进行相应编辑操作，如调整Flash动画的大小和位置等属性。下面向读者介绍在会声会影X8中添加Flash动画素材的操作方法。

9.3.1 Flash动画素材

功能介绍

在会声会影X8中，用户可以应用相应的Flash动画素材至视频中，丰富视频内容。下面向读者介绍添加Flash动画素材的操作方法。

【练习9-4】 添加Flash动画素材

素材位置	素材\第9章\蝴蝶.swf
效果位置	效果\第9章\蝴蝶.vsp
视频位置	视频\第9章\【练习9-4】添加Flash动画素材.mp4
技术掌握	掌握添加Flash动画素材的操作

本例主要讲解添加Flash动画素材的操作方法。

Step 01 进入会声会影编辑器，在素材库左侧单击"图形"按钮，如图9-41所示。

Step 02 执行操作后，切换至"图形"素材库，单击素材库上方"画廊"按钮，在弹出的列表框中选择"Flsah动画"选项，如图9-42所示。

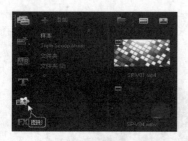

图9-41 单击"图形"按钮

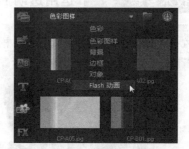

图9-42 选择"Flsah动画"选项

Step 03 打开"Flash动画"素材库，单击素材库上方的"添加"按钮，如图9-43所示。

Step 04 弹出"浏览Flash动画"对话框，在该对话框中选择需要添加的Flash文件，如图9-44所示。

会声会影 X8 技术大全

图9-43　单击"添加"按钮

图9-44　选择Flash文件

Step 05 选择完毕后，单击"打开"按钮，将Flash动画素材插入到素材库中，如图9-45所示。

Step 06 在素材库中选择Flash动画素材，单击鼠标左键并将其拖曳至时间轴面板中的合适位置，如图9-46所示。

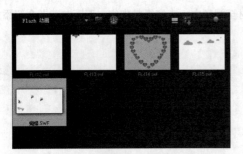

图9-45　将素材插入到素材库中

图9-46　拖曳素材

技术专题 　**［运用透明 Flash动画］**

　　在会声会影X8中，用户可以在视频中运用Flash透明动画来装饰视频效果，这样可以制作出视频叠加的画面，丰富视频内容，如图9-47所示。

图9-47　运用Flash透明动画

Step 07 在导览面板中单击"播放"按钮，即可预览Flash动画素材效果，如图9-48所示。

图9-48　预览Flash动画素材效果

9.3.2　Flash动画位置的调整

功能介绍

当用户将Flash动画添加到时间轴面板中时，就可以根据需要调整Flash动画在视频画面中的显示位置，使制作的视频更加美观。

进入会声会影编辑器，单击"文件"|"打开项目"命令，打开一个项目文件，如图9-49所示。

在预览窗口中，可以预览视频的画面效果，如图9-50所示。在时间轴面板中，单击鼠标右键，弹出快捷菜单，选择"插入视频"选项，如图9-51所示。

图9-49　打开项目文件

图9-50　预览视频的画面效果

图9-51　选择"插入视频"选项

图9-52 选择需要添加的Flash文件

弹出"开启视讯文件"对话框,在其中选择需要添加的Flash文件,如图9-52所示。单击"打开"按钮,即可在覆叠轨中插入Flash动画素材,如图9-53所示。

图9-53 插入Flash动画素材

提示

在会声会影X8中,单击"文件"|"将媒体文件插入到时间轴"|"插入视频"命令,弹出"打开视频文件"对话框,然后在该对话框中选择需要插入的Flash文件,单击"打开"按钮,即可将Flash文件直接添加到时间轴中。

在预览窗口中,可以预览插入的Flash动画效果,如图9-54所示。在Flash动画效果上,单击鼠标左键并拖曳至画面的右下角,此时显示动画移动的位置,以黄色方框表示,如图9-55所示。

图9-54 预览Flash动画效果

图9-55 以黄色方框表示

释放鼠标左键,即可调整Flash动画在视频画面中的位置,单击导览面板中的"播放"按钮,预览调整Flash动画位置后的视频效果,如图9-56所示。

图9-56 预览视频效果

9.3.3 Flash动画大小的调整

功能介绍

在会声会影X8中添加Flash动画文件后，如果动画文件的大小不符合用户的要求，则用户可以调整Flash动画文件在视频中的大小，使视频画面更加协调。

进入会声会影编辑器，单击"文件"|"打开项目"命令，打开一个项目文件，如图9-57所示。

图9-57 打开项目文件

在预览窗口中，可以预览视频的画面效果，如图9-58所示。在时间轴面板中，单击鼠标右键，弹出快捷菜单，选择"插入视频"选项，如图9-59所示。

图9-58 预览视频的画面效果

图9-59 选择"插入视频"选项

弹出"开启视讯文件"对话框，在其中选择需要添加的Flash文件，如图9-60所示。单击"打开"按钮，即可在覆叠轨中插入Flash动画素材，如图9-61所示。

图9-60 选择需要添加的Flash文件

图9-61 插入Flash动画素材

在预览窗口中，可以预览插入的Flash动画效果，如图9-62所示。在Flash动画效果上，单击鼠标右键，在弹出的快捷菜单中选择"调整到屏幕大小"选项，如图9-63所示。

图9-62　预览Flash动画效果　　　　　　　　　图9-63　调整Flash动画文件的大小

　　执行操作后，即可调整Flash动画在预览窗口中至全屏大小，单击导览面板中的"播放"按钮，预览调整Flash动画位置后的视频效果，如图9-64所示。

图9-64　预览视频效果

9.3.4　Flash动画素材的删除

功能介绍

　　在会声会影X8中，如果用户对添加的Flash动画素材不满意，则可以对动画素材进行删除操作。下面向读者介绍删除Flash动画素材的方法。

参数详解

　　在时间轴面板中Flash动画文件的右键菜单中，部分选项含义如下。

- ❖　打开选项面板：可以打开Flash动画文件相对应的选项面板，在选项面板中可以设置动画文件的各种属性，包括淡入与淡出特效。
- ❖　复制：可以对选择的素材文件进行复制操作。
- ❖　删除：可以对选择的素材文件进行删除操作。
- ❖　替换素材：可以对选择的素材文件进行替换操作，将其替换为视频文件或照片文件。
- ❖　复制属性：复制素材文件现有的所有属性，包括大小、形状以及各种特效。
- ❖　自定义运动：可以为选择的素材添加自定义运动效果，使画面更显动感特效。
- ❖　字幕编辑器：在打开的"字幕编辑器"窗口中，可以为素材创建字幕特效。
- ❖　在计算机中搜索：可以搜索素材在计算机中的具体位置，并打开相应文件夹。
- ❖　属性：可以查看素材的属性信息，包括文件名、区间长度以及帧速率等属性。

【练习9-5】 删除Flash动画素材

素材位置	素材\第9章\父亲.vsp
效果位置	效果\第9章\父亲.vsp
视频位置	视频\第9章\【练习9-5】删除Flash动画素材.mp4
技术掌握	掌握删除Flash动画素材的操作

本例主要讲解删除Flash动画素材的操作方法。

Step 01 进入会声会影编辑器，单击"文件"|"打开项目"命令，打开一个项目文件，如图9-65所示。

图9-65　打开项目文件

Step 02 在导览面板中单击"播放"按钮，预览Flash动画效果，如图9-66所示。

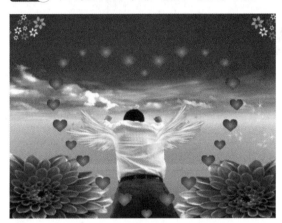

图9-66　预览Flash动画效果

Step 03 在时间轴面板中，选择需要删除的Flash动画，如图9-67所示。

Step 04 在需要删除的Flash动画上，单击鼠标右键，在弹出的快捷菜单中选择"删除"选项，如图9-68所示。

图9-67　选择需要删除的Flash动画

图9-68　选择"删除"选项

Step 05 执行操作后，即可删除时间轴面板中的Flash动画文件，如图9-69所示。

Step 06 在预览窗口中，可以预览删除Flash动画后的视频效果，如图9-70所示。

图9-69 删除Flash动画文件

图9-70 预览视频效果

9.4 装饰素材

在会声会影X8中，用户根据视频编辑的需要，还可以加载外部的对象素材和边框素材，使制作的视频画面更加具有吸引力。本节主要向读者介绍将装饰素材添加至项目中的操作方法，希望读者熟练掌握本节内容。

9.4.1 加载外部对象样式

功能介绍

在会声会影X8中，用户可以通过"对象"素材库，加载外部的对象素材。

进入会声会影编辑器，单击"文件"|"打开项目"命令，打开一个项目文件，如图9-71所示。在预览窗口中，可以预览打开的项目效果，如图9-72所示。

图9-71 打开项目文件

图9-72 预览项目效果

在素材库左侧单击"图形"按钮，执行操作后，切换至"图形"素材库，单击素材库上方"画廊"按钮，在弹出的列表框中选择"对象"选项，打开"对象"素材库，单击素材库上方的"添加"按钮，如图9-73所示。弹出"浏览图形"对话框，在该对话框中选择需要添加的对象文件，如图9-74所示。

选择完毕后，单击"打开"按钮，将对象素材插入到素材库中，如图9-75所示。在素材库中选择对象素材，单击鼠标左键并将其拖曳至时间轴面板中的合适位置，如图9-76所示。

图9-73　单击"添加"按钮

图9-74　选择需要添加的对象文件

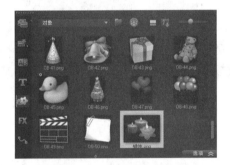

图9-75　将素材插入到素材库

图9-76　拖曳素材

> **提示**
>
> 外部对象是指从外部导入素材至素材库中，将其添加到图像或者视频中，能够增添图像或者视频的美观度，更加形象地体现图像或者视频的特点。外部对象的样式多种多样，我们需要根据图像或者视频的特征，更加贴切地去选择。

在预览窗口中，可以预览加载的外部对象样式，如图9-77所示。在预览窗口中，手动拖曳对象素材四周的控制柄，调整对象素材的大小和位置，效果如图9-78所示。

图9-77　预览加载的外部对象样式

图9-78　预览效果

9.4.2 加载外部边框样式

功能介绍

在会声会影X8中，用户可以通过"边框"素材库，加载外部的边框素材。下面向读者介绍加载外部边框素材的操作方法。

【练习9-6】 加载外部边框样式

素材位置	素材\第9章\夏季海滩.jpg
效果位置	效果\第9章\夏季海滩.vsp
视频位置	视频\第9章\【练习9-6】加载外部边框样式.mp4
技术掌握	掌握加载外部边框样式的操作

本例主要讲解加载外部边框样式的操作方法。

Step 01 进入会声会影编辑器，单击"文件"丨"打开项目"命令，打开一个项目文件，如图9-79所示。

Step 02 在预览窗口中，可以预览打开的项目效果，如图9-80所示。

图9-79 打开项目文件

图9-80 预览项目效果

Step 03 在素材库左侧单击"图形"按钮，执行操作后，切换至"图形"素材库，单击素材库上方"画廊"按钮，在弹出的列表框中选择"边框"选项，打开"边框"素材库，单击素材库上方的"添加"按钮，如图9-81所示。

Step 04 弹出"浏览图形"对话框，在该对话框中选择需要添加的边框文件，如图9-82所示。

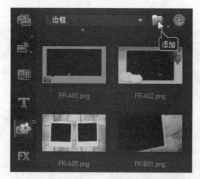

图9-81 单击"添加"按钮

图9-82 选择需要添加的边框文件

Step 05 选择完毕后，单击"打开"按钮，将边框素材插入到素材库中，如图9-83所示。

Step 06 在素材库中选择边框素材，单击鼠标左键并将其拖曳至时间轴面板中的合适位置，如图9-84所示。

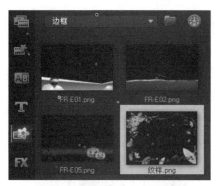

图9-83 将边框素材插入到素材库中

图9-84 拖曳素材

Step 07 在预览窗口中,可以预览加载的外部边框样式,如图9-85所示。

Step 08 在预览窗口中的边框样式上,单击鼠标右键,在弹出的快捷菜单中选择"调整到屏幕大小"选项,如图9-86所示。

图9-85 预览边框样式

图9-86 选择"调整到屏幕大小"选项

Step 09 执行操作后,即可调整边框样式的大小,使其全屏显示在预览窗口中,效果如图9-87所示。

图9-87 全屏显示在预览窗口中

9.5 其他格式的素材

在会声会影X8素材库中,除了可以添加图像素材和视频素材之外,还可以将很多其他的素材添加至会声会影X8的素材库中。本节主要向读者介绍在会声会影X8中添加png素材、bmp素材以及gif素材的操作方法。

9.5.1 png图像文件

功能介绍

会声会影X8还可以添加png格式的图像素材文件，用户可以根据编辑需要将png格式素材添加至素材库中，并应用到所制作的视频作品中。

进入会声会影编辑器，单击"文件"|"打开项目"命令，打开一个项目文件，如图9-88所示。在预览窗口中，可以预览打开的项目效果，如图9-89所示。

图9-88　打开项目文件　　　　　　　　　　　　　图9-89　预览打开的项目效果

进入"媒体"素材库，单击"显示照片"按钮，如图9-90所示。执行操作后，即可显示素材库中的图像文件，在素材库面板中的空白位置上，单击鼠标右键，在弹出的快捷菜单中选择"插入媒体文件"选项，如图9-91所示。

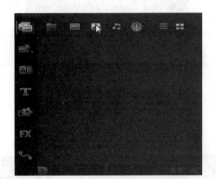

图9-90　单击"显示照片"按钮　　　　　　　　　　图9-91　选择"插入媒体文件"选项

弹出"浏览媒体文件"对话框，在其中选择需要插入的png图像素材，如图9-92所示。单击"打开"按钮，即可将png图像素材导入素材库面板，如图9-93所示。

图9-92　选择需要插入的png图像素材　　　　　　　图9-93　将png图像素材导入素材库面板

在导入的png图像素材上，单击鼠标右键，在弹出的快捷菜单中选择"插入到"|"覆叠轨#1"选项，如图9-94所示。执行操作后，即可将图像素材插入到覆叠轨1中的开始位置，如图9-95所示。

图9-94　选择相应选项

图9-95　插入图像

在预览窗口中，可以预览添加的png图像效果，如图9-96所示。在png图像素材上，单击鼠标左键并向右下角拖曳，即可调整图像素材的位置，效果如图9-97所示。

图9-96　预览添加的png图像效果

图9-97　调整图像素材的位置

提示

png图像文件是背景透明的静态图像，这一类格式的静态图像可以运用在视频画面上，很好地嵌入视频中，用来装饰视频效果。

9.5.2　bmp图像文件

功能介绍

bmp是Windows操作系统中的标准图像文件格式，用户可以在会声会影X8中添加这一类的图像文件。

进入会声会影编辑器，在时间轴面板中的空白位置上，单击鼠标右键，在弹出的快捷菜单中选择"插入照片"选项，如图9-98所示。执行操作后，弹出"浏览照片"对话框，在其中选择需要添加的bmp格式的图像文件，如图9-99所示。

图9-98　选择"插入照片"选项

图9-99　选择bmp格式的图像文件

235

单击"打开"按钮，即可将bmp图像素材导入时间轴面板，如图9-100所示。在预览窗口中，可以预览添加的bmp图像画面，效果如图9-101所示。

图9-100　导入素材

图9-101　预览bmp图像画面

9.5.3　GIF素材文件

功能介绍

GIF分为静态GIF和动画GIF两种，扩展名为.gif，是一种压缩位图格式，支持透明背景图像，适用于多种操作系统中。

在"媒体"素材库中，单击"导入媒体文件"按钮，如图9-102所示。弹出"浏览媒体文件"对话框，在其中选择需要导入的GIF素材文件，如图9-103所示。

图9-102　单击"导入媒体文件"按钮

图9-103　选择GIF素材文件

单击"打开"按钮，即可将GIF素材文件添加到素材库面板中，如图9-104所示。在预览窗口中，可以预览GIF素材的画面效果，如图9-105所示。

图9-104　添加素材

图9-105　预览GIF素材的画面效果

问：为什么导入视频轨中的GIF素材区间不是3秒固定的图像区间？

答：在会声会影X8中，GIF被认为是视频文件，而不是图像文件，因此导入视频轨中的GIF素材区间长度将按素材本身的帧长度显示区间。如果GIF是一张静态的单帧图像，则导入视频轨后，GIF只会显示一帧的画面，区间长度也只有一帧，几乎看不见。如果用户导入的是动画GIF文件，则在会声会影的视频轨中按原素材的帧数量显示区间长度。

9.6 修整素材

在会声会影X8中添加媒体素材后，有时需要对其进行编辑，以便满足用户的需要。如设置素材的显示方式、调整素材声音等。本节主要介绍修整素材的操作方法。

9.6.1 素材显示方式

功能介绍

在修整素材前，用户可以根据自己的需要将时间轴面板中的缩略图设置为不同的显示模式，如仅缩略图显示模式、仅文件名显示模式以及略图和文件名显示模式。

进入会声会影编辑器，在视频轨中插入所需的图像素材，如图9-106所示。在菜单栏上单击"设置"|"参数选择"命令，如图9-107所示。

图9-106 插入图像素材

图9-107 单击"参数选择"命令

图9-108 选择"仅略图"选项

弹出"参数选择"对话框，单击"素材显示模式"右侧的下三角按钮，弹出列表框，选择"仅略图"选项，如图9-108所示。单击"确定"按钮，时间轴中即可显示图像的缩略图，如图9-109所示。

图9-109 显示图像的缩略图

9.6.2　素材显示秩序

功能介绍

在会声会影编辑器中进行编辑操作时，用户可根据需要调整素材的显示秩序。进入会声会影编辑器，在故事板中插入两幅素材图像，如图9-110所示。

图9-110　插入两幅素材图像

在故事板中，选择需要移动的素材图像，如图9-111所示。单击鼠标左键并拖曳至第一幅素材的前面，拖曳的位置处将会显示一条竖线，表示素材将要放置的位置，释放鼠标左键，即可调整素材顺序，如图9-112所示。

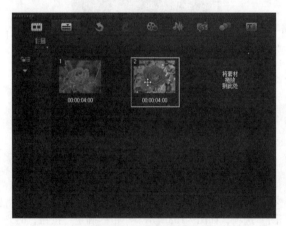

图9-111　选择素材图像　　　　　　　　　　　　图9-112　调整素材顺序

> **提示**
>
> 在会声会影X8中，将不同的图像素材添加至故事板中时，所有的素材都会按照在影片中的播放顺序排列。

9.6.3　视频素材声音

功能介绍

使用会声会影X8对视频素材进行编辑时，为了使视频与背景音乐互相协调，用户可以根据需要对视频素材的声音进行调整。下面介绍调整视频素材声音的操作方法。

【练习9-7】　调整视频素材声音

素材位置	素材\第9章\富丽堂皇.mpg
效果位置	效果\第9章\富丽堂皇.vsp
视频位置	视频\第9章\【练习9-7】调整视频素材声音.mp4
技术掌握	掌握调整视频素材声音的操作

本例主要讲解调整视频素材声音的操作方法。

Step 01 进入会声会影编辑器，在视频轨中插入所需的视频素材，如图9-113所示。

Step 02 单击"选项"按钮，展开"视频"选项面板，在"素材音量"数值框中输入50，如图9-114所示。

图9-113　插入视频素材　　　　　　　　　　　图9-114　输入数值

Step 03 执行上述操作后，单击导览面板中的"播放"按钮，即可在预览窗口中预览视频效果并聆听音频效果，如图9-115所示。

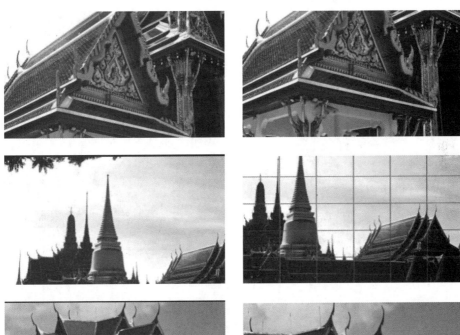

图9-115　预览视频并聆听音频效果

9.6.4　将视频与音频分离

功能介绍

在进行视频编辑时，有时需要将一个视频素材的视频部分和音频部分分离，然后替换其他的音频或者是对音频部分做进一步的调整。

进入会声会影编辑器，在视频轨中插入一段视频素材，如图9-116所示。选择视频素材，单击鼠标右键，在弹出的快捷菜单中选择"分割音频"选项，如图9-117所示。

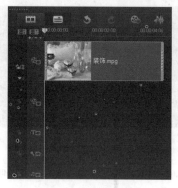
图9-116　插入视频素材

图9-117　选择"分割音频"选项

执行上述操作后，即可将视频与音频分割，如图9-118所示。单击导览面板中的"播放"按钮，预览视频效果，如图9-119所示。

图9-118　将视频与音频分割

图9-119　预览视频效果

9.6.5　视频素材区间

功能介绍

在会声会影X8中，用户可根据需要设置视频素材的区间大小，从而使视频素材的长度或长或短，使影片中的某画面实现快动作或者慢动作效果。

【练习9-8】　调整视频素材区间

素材位置	素材\第9章\莲上小憩.mpg
效果位置	效果\第9章\莲上小憩.vsp
视频位置	视频\第9章\【练习9-8】调整视频素材区间.mp4
技术掌握	掌握调整视频素材区间的操作

本例主要讲解调整视频素材区间的操作方法。

Step 01　进入会声会影编辑器，插入一段视频素材，如图9-120所示。

Step 02　在"视频"选项面板中，单击"速度/时间流逝"按钮，如图9-121所示。

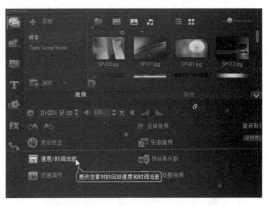

图9-120　插入视频素材　　　　　　　　　　　图9-121　单击"速度/时间流逝"按钮

Step 03　弹出"速度/时间流逝"对话框，在"新素材区间"选项右侧的数值框中输入0:0:9:0，设置素材的区间长度，如图9-122所示。

Step 04　单击"确定"按钮，即可调整视频素材的区间长度，在视频轨中可以查看视频素材的效果，如图9-123所示。

图9-122　设置素材的区间长度　　　　　　　　　　图9-123 查看视频素材效果

Step 05　执行上述操作后，单击导览面板中的"播放"按钮，预览调整区间后的视频效果，如图9-124所示。

图9-124　预览视频效果

9.7 色块素材

在会声会影X8中，用户可以亲手制作色彩丰富的色块画面，色块画面常用于视频的过渡场景中，黑色与白色的色块常用来制作视频的淡入与淡出特效。本节主要向读者介绍亲手制作色块素材的操作方法，希望读者熟练掌握本节内容。

9.7.1 Corel颜色制作色块

功能介绍

在会声会影X8的"图形"素材库中，软件提供的色块素材颜色有限，如果其中的色块不能满足用户的需求，则可以通过Corel颜色制作颜色色块。

在素材库的左侧，单击"图形"按钮，如图9-125所示。切换至"图形"素材库，单击素材库上方"画廊"按钮 ▼，在弹出的列表框中选择"色彩"选项，在上方单击"添加"按钮，如图9-126所示。

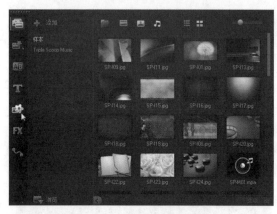
图9-125　单击"图形"按钮

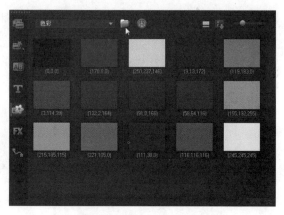
图9-126　单击"添加"按钮

执行操作后，即可弹出"新建色彩素材"对话框，如图9-127所示。单击"色彩"右侧的黑色色块，在弹出的颜色面板中选择"Corel色彩选取器"选项，如图9-128所示。

图9-127　弹出"新建色彩素材"对话框

图9-128　选择相应选项

提示

在"新建色彩素材"对话框中，右侧3个数值框的含义如下。

❖ 红色：在红色数值框中，输入相应的数值，可以设置红色的色阶参数。

❖ 绿色：在绿色数值框中，输入相应的数值，可以设置绿色的色阶参数。

❖ 蓝色：在蓝色数值框中，输入相应的数值，可以设置蓝色的色阶参数。

在以上的3个数值框中，输入相应的RGB参数值，也可以设置新建色彩的颜色，如图9-129所示。

图9-129　设置新建色彩的颜色

　　弹出"Corel色彩选择工具"对话框，如图9-130所示。在对话框的下方，单击粉红色色块，如图9-131所示，是指新建的色块颜色为粉红色。

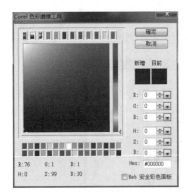

图9-130　弹出对话框

图9-131　单击粉红色色块

　　单击"确定"按钮，返回"新建色彩素材"对话框，此时"色彩"右侧的色块变为粉红色，如图9-132所示。

图9-132　"色彩"右侧的色块变为粉红色

　　单击"确定"按钮，即可在"色彩"素材库中新建粉红色色块，如图9-133所示。将新建的粉红色色块拖曳至时间轴面板的视频轨中，添加粉红色色块，如图9-134所示。

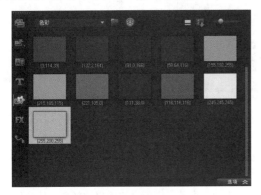

图9-133　新建粉红色色块

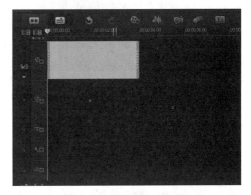

图9-134　添加粉红色色块

　　在预览窗口中，可以预览添加的色块画面，如图9-135所示。在色块素材上，用户还可以添加其他的对象素材，此时色块素材在视频制作中可以用作背景，效果如图9-136所示。

图9-135　预览添加的色块画面

图9-136　预览效果

技术专题　**[掌握Corel Color Picker色阶]**

在"Corel色彩选择工具"对话框中，上方有一排色块，单击相应的色块，即可显示对应的不同色阶，单击相应的颜色方格，即可让用户更细致地选择色块的颜色，满足不同用户的需求，如图9-137所示。

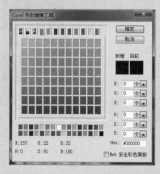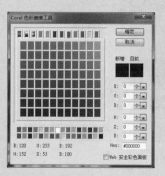

图9-137　颜色选取器

在对话框的右侧，用户还可以手动输入RGB颜色参数值或者HSB颜色参数值来设置色块的颜色，"新增"下方的色块表示新选择的颜色，"目前"下方的色块表示之前色块的颜色，如图9-138所示。

输入RGB颜色值　　　　　　输入HSB颜色值

图9-138　颜色选取器

用户不管是在RGB数值框中输入参数，还是在HSB数值框中输入参数，它们最终输出的颜色色块效果是一样的。

9.7.2　Windows颜色制作色块

功能介绍

在会声会影X8中，用户还可以通过Windows"颜色"对话框来设置色块的颜色。下面向读者介绍用Windows颜色制作色块的操作方法。

在素材库的左侧，单击"图形"按钮，切换至"图形"素材库，在上方单击"添加"按钮，如图9-139所示。执行操作后，弹出"新建色彩素材"对话框，单击"色彩"右侧的黑色色块，在弹出的颜色面板中选择"Windows色彩选取器"选项，如图9-140所示。

—— 提示 ——

在素材库中选择任意一种颜色后，打开"色彩"选项面板，单击"色彩选取器"选项左侧的色块，在弹出的颜色面板中选择Windows Color Picker（Windows色彩选取器）选项，弹出"颜色"对话框，从中也可以选取用户需要的颜色。

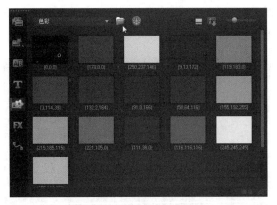

图9-139 单击"添加"按钮

图9-140 选择相应选项

执行操作后，弹出"颜色"对话框，如图9-141所示。在"基本颜色"选项区中，单击粉红色色块，如图9-142所示。

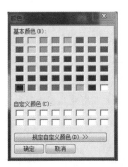

图9-141 弹出"颜色"对话框

图9-142 单击粉红色色块

单击"确定"按钮，返回"新建色彩素材"对话框，此时"色彩"右侧的色块变为粉红色，如图9-143所示。

图9-143 "新建色彩素材"对话框

单击"确定"按钮，即可在"色彩"素材库中新建粉红色色块，如图9-144所示。将新建的粉红色色块拖曳至时间轴面板的视频轨中，添加粉红色色块，如图9-145所示。

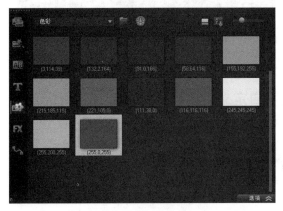

图9-144 新建粉红色色块

图9-145 添加粉红色色块

在预览窗口中，可以预览添加的色块画面，如图9-146所示。在色块素材上，用户还可以添加其他的对象素材，此时色块素材在视频制作中可以用作背景，效果如图9-147所示。

图9-146　预览添加的色块画面

图9-147　预览效果

☞ 技术专题　[用色块制作黑屏过渡效果]

用色块制作黑屏过渡效果非常简单，只需在黑色色块素材和视频素材之间加入"交错淡化"转场即可。在故事板中插入素材图像后，在"色彩"素材库中选择黑色素材，并将其拖曳至故事板中需要单色过渡的位置。切换至"转场"选项卡，在"筛选"素材库中选择"交错淡化"转场效果，然后将其拖曳至两个素材之间。

制作完成后，单击导览面板中的"播放修整后的素材"按钮，即可预览添加的黑屏过渡效果，如图9-148所示。

图9-148　预览添加的黑屏过渡效果

☞ 技术专题　[在"颜色"对话框中自定义用户需要的颜色]

在"颜色"对话框中，单击下方的"规定自定义颜色"按钮，将展开颜色面板，在右侧的"红""绿""蓝"数值框中，可以手动输入颜色的参数值，如图9-149所示。

用户还可以在"色调""饱和度""亮度"数值框中输入颜色参数。数值输入完成后，单击"添加到自定义颜色"按钮，设置的颜色即可显示在"自定义颜色"选项区中，如图9-150所示，方便用户下次使用相同的颜色属性。

图9-149　输入颜色的参数值

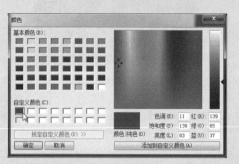

图9-150　显示在"自定义颜色"选项区

在"颜色"对话框的全色彩框中，通过单击的方式选择颜色时，在右侧会出现竖条色带，同种颜色鲜艳度从上到下递增，从中单击鼠标左键可选择不同深浅的某种颜色。

9.7.3　黄色标记调整区间

功能介绍

当用户将色块素材添加到时间轴面板中后，如果色块的区间长度无法满足用户的需求，则可以设置色块的区间长度，通过拖曳色块素材右侧的黄色标记，来更改色块素材的区间长度。

在会声会影X8中，选择视频轨中需要调整区间长度的色块，将鼠标移至右侧的黄色标记上，此时鼠标指针呈双向箭头形状，如图9-151所示。单击鼠标左键并向右拖曳，至合适位置后释放鼠标左键，即可调整色块素材的区间长度，如图9-152所示。

图9-151　鼠标指针呈双向箭头形状

图9-152　调整色块素材的区间长度

9.7.4　色彩区间调整区间

功能介绍

当用户将色块素材添加到时间轴面板中后，如果色块的区间长度无法满足用户的需求，则可以设置色块的区间长度，使其与视频画面更加符合。用户可以通过"色彩"选项面板中的"色彩区间"数值框来更改色块素材的区间长度。

在视频轨中选择需要更改区间长度的色块素材，如图9-153所示。单击"选项"按钮，展开"色彩"选项面板，在其中设置色彩区间为0:00:06:00，如图9-154所示。

图9-153　选择色块素材

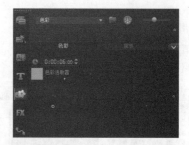

图9-154　设置色彩区间

色彩的区间参数设置完成后，按【Enter】键确认，即可更改视频轨中色块的区间长度为6秒，如图9-155所示。

图9-155　更改色块的区间长度

9.7.5　对话框调整区间

功能介绍

当用户将色块素材添加到时间轴面板中时，如果色块的区间长度无法满足用户的需求，则可以设置色块的区间长度，使其与视频画面更加符合。在制作色块的过程中，用户还可以通过"区间"对话框来更改色块素材的区间长度。

在视频轨中选择需要更改区间长度的色块素材，如图9-156所示。在色块素材上，单击鼠标右键，在弹出的快捷菜单中选择"更改色彩区间"选项，如图9-157所示。

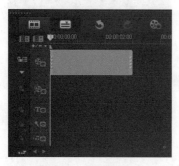

图9-156　选择色块素材

图9-157　选择"更改色彩区间"选项

执行操作后，弹出"区间"对话框，在其中设置"区间"为0:0:6:0，如图9-158所示。色彩的区间参数设置完成后，单击"确定"按钮，即可更改视频轨中色块的区间长度为6秒，如图9-159所示。

图9-158　设置"区间"

图9-159　更改色块的区间长度

在视频轨中选择需要更改区间长度的色块后，在菜单栏中单击"编辑"|"更改照片/色彩区间"命令，也可以快速弹出"区间"对话框。

9.7.6　更改色块的颜色

功能介绍

当用户将色块素材添加到视频轨中后，如果用户对色块的颜色不满意，则可以更改色块的颜色。下面向读者介绍更改色块颜色的操作方法。

【练习9-9】　更改色块的颜色

素材位置	素材\第9章\生日蛋糕.vsp
效果位置	效果\第9章\生日蛋糕.vsp
视频位置	视频\第9章\【练习9-9】更改色块的颜色.mp4
技术掌握	掌握更改色块的颜色的操作

本例主要讲解更改色块的颜色的操作方法。

Step 01　进入会声会影编辑器，单击"文件"|"打开项目"命令，打开一个项目文件，如图9-160所示。

Step 02　在预览窗口中，可以预览色块与视频叠加的效果，如图9-161所示。

图9-160　打开项目文件

图9-161　预览色块与视频叠加的效果

Step 03　在时间轴面板的视频轨中，选择用户需要更改颜色的色块素材，如图9-162所示。

Step 04　单击"选项"按钮，展开"色彩"选项面板，单击"色彩选取器"左侧的颜色色块，如图9-163所示。

图9-162　选择需要更改颜色的色块素材

图9-163　单击颜色色块

Step 05　执行操作后，弹出颜色面板，在其中选择"Corel色彩选取器"选项，如图9-164所示。

Step 06　弹出"Corel色彩选择工具"对话框，在其中设置颜色为淡黄色（RGB参数值分别为255、221、120），如图9-165所示。

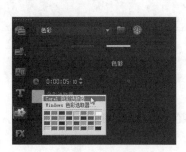

图9-164　选择相应选项

图9-165　设置颜色为淡黄色

提示

在图9-165弹出的颜色面板中，在下方的相应颜色色块上，单击鼠标左键，也可以快速更改色块素材的颜色属性。

Step 07 设置完成后，单击"确定"按钮，即可更改色块素材的颜色，如图9-166所示。

Step 08 单击预览面板中的"播放"按钮，预览更改色块颜色后的视频效果，如图9-167所示。

图9-166　更改色块素材的颜色

图9-167　预览视频画面效果

第**10**章

设置与编辑影视素材

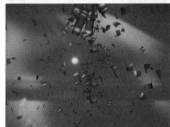

本章导读

　　在会声会影X8编辑器中，用户可以对素材进行设置和编辑，使制作的影片更为生动、美观。本章主要向读者介绍视频素材的设置、素材重新采样比例、素材显示模式、素材章节点、素材提示点、智能代理管理器和编辑视频素材的操作方法。

会声会影 X8 技术大全

10.1 素材文件的设置

在会声会影X8中，包括了一个功能强大的素材库，用户可以自行创建素材库，还可以将照片、视频或音频拖曳至所创建的素材库中。在会声会影X8素材库中，包含了各种媒体素材、标题以及特效等，用户可根据需要选择相应的素材进行编辑操作。本节主要向读者介绍在会声会影X8中编辑素材库中媒体素材的操作方法。

10.1.1 创建库项目

功能介绍

在会声会影X8中，用户可以为素材创建库项目，在库项目中可以将不同的素材放置在不同的库项目中，这样可以方便管理和使用素材。

进入会声会影编辑器，单击媒体库下方的"显示库导航面板"按钮，如图10-1所示。打开库导航面板，单击面板上方的"添加"按钮，如图10-2所示。

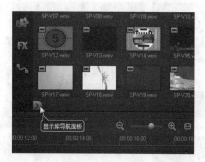

图10-1 单击按钮

图10-2 单击"添加"按钮

提示

用户还可以对创建的库项目进行重命名操作，方法很简单，用户只需在库项目文件夹名称上，单击鼠标右键，在弹出的快捷菜单中选择"重命名"选项，重新输入新名称，按【Enter】键确认，即可对库项目进行重命名操作。

新建一个文件夹，并将文件夹重命名为"动漫相片素材"，如图10-3所示。在该文件夹中加载所需的素材，如图10-4所示。

图10-3 重命名操作

图10-4 加载所需的素材

252

问： 如何删除不需要的库项目？

答： 在素材库中，如果用户创建了不需要的库项目，则可以对库项目进行删除操作。删除库项目的方法很简单，用户只需选择需要删除的库项目，单击鼠标右键，在弹出的快捷菜单中选择"删除"选项，如图10-5所示，即可删除不需要的库项目。

图10-5 选择"删除"选项

10.1.2 素材排序方式

功能介绍

在会声会影X8的素材库中，如果素材排列比较混乱，则会影响用户对素材的管理，此时用户可以将素材进行重新排序操作。

❖ 按名称排序

按名称排序是指按照素材的名称排序媒体素材的顺序。单击素材库上方的"对素材库中的素材排序"按钮，在弹出的列表框中选择"按名称排序"选项，如图10-6所示。执行上述操作后，素材库中的素材即可按照素材的名称进行排序，如图10-7所示。

图10-6 选择"按名称排序"选项

图10-7 按照素材的名称进行排序

❖ 按类型排序

按类型排序是指按照素材的类型排序媒体素材的顺序。

单击素材库上方的"对素材库中的素材排序"按钮，在弹出的列表框中选择"按类型排序"选项，如图10-8所示。执行上述操作后，素材库中的素材即可按照素材的类型进行排序，如图10-9所示。

图10-8 选择"按类型排序"选项

图10-9 按照素材的类型进行排序

❖ 按日期排序

按日期排序是指按照素材的使用与编辑日期排序媒体素材的顺序。

单击素材库上方的"对素材库中的素材排序"按钮 ，在弹出的列表框中选择"按日期排序"选项，如图10-10所示。执行上述操作后，素材库中的素材即可按照素材的日期进行排序，如图10-11所示。

图10-10 选择"按日期排序"选项

图10-11 按照素材的日期进行排序

提示

在排序素材时，有"按名称排序""按类型排序"以及"按日期排序"等10种排序方式，用户可以根据习惯选择不同的排序方式。

10.1.3 缩略图的大小

功能介绍

在会声会影X8素材库中，会显示素材的缩略图，当用户觉得缩略图大小不合适时，可以根据自己的习惯设置缩略图的大小。

【练习10-1】 设置素材库中缩略图的大小

素材位置	无
效果位置	无
视频位置	视频\第10章\【练习10-1】设置素材库中缩略图的大小.mp4
技术掌握	掌握设置素材库中缩略图的大小的操作

本例主要讲解设置素材库中缩略图的大小的操作方法。

Step 01 将鼠标移至素材库右上方的滑块上，如图10-12所示。

图10-12 移动鼠标

提示

设置素材库中缩略图的大小时，将滑块往右拖曳，可将缩略图放大；将滑块往左拖曳，可将缩略图缩小。拖曳滑块时，用户还可以参照滑块上方的数值来确定缩略图大小。

Step 02 单击鼠标左键并向右拖曳，执行操作后，即可随意设置缩略图的大小，如图10-13所示。

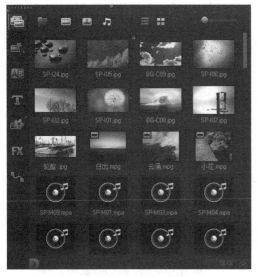 

图10-13　随意设置缩略图的大小

10.1.4　更改素材文件名称

功能介绍

　　为了便于辨认与管理，用户可以将素材库中的素材文件进行重命名操作。在会声会影编辑器的素材库中，选择需要进行重命名的素材，在该素材名称处单击鼠标左键，素材的名称文本框中出现闪烁的光标，如图10-14所示。删除素材本身的名称，输入新的名称"许愿瓶"，如图10-15所示，按【Enter】键确定，即可重命名该素材文件。

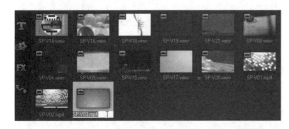 

图10-14　出现闪烁的光标　　　　　　　　　　　　　　图10-15　输入新的名称

―― 提示 ――

　　用户在素材库中更改素材的名称后，该名称仅在会声会影软件中被修改，而素材源文件的名称依然是修改之前的名称。

10.1.5　删除不需要的素材

功能介绍

　　当素材库中的素材过多，或者不再需要某些素材时，用户便可以将此类素材进行删除操作，以提高工作效率，使素材库保持整洁。

　　❖　通过命令删除素材文件

　　在会声会影X8中，用户可以通过"删除"命令，删除素材库中不需要的素材文件。在素材库中选择需要删除的素材文件，如图10-16所示。在菜单栏中单击"编辑"|"删除"命令，如图10-17所示。

图10-16 选择需要删除的素材文件

图10-17 单击命令

执行操作后，弹出提示信息框，提示用户是否删除此缩略图，如图10-18所示。单击"是"按钮，即可删除选择的素材文件，此时该素材文件将不显示在素材库中，如图10-19所示。

图10-19 该素材不显示在素材库

图10-18 弹出提示信息框

❖ 通过选项删除素材文件

在会声会影X8中，用户可以通过"删除"选项，删除素材库中不需要的素材文件。在素材库中选择需要删除的素材文件，如图10-20所示。在选择的素材文件上，单击鼠标右键，在弹出的快捷菜单中选择"删除"选项，如图10-21所示。

执行操作后，弹出提示信息框，提示用户是否删除此缩略图，如图10-22所示。单击"是"按钮，即可删除选择的素材文件，此时该素材文件将不显示在素材库中，如图10-23所示。

图10-20　选择素材文件

图10-21　选择"删除"选项

图10-22　弹出提示信息框

图10-23　该素材不显示在素材库

提示

在会声会影X8的素材库中，选择需要删除的素材文件，按【Delete】键，可以快速删除选择的素材文件。

10.2　导出与导入库文件

在会声会影X8中，用户可以根据需要对库文件进行导入、导出以及重置操作，使库文件在操作上更加符合用户的需求。下面向读者介绍管理库文件的操作方法。

10.2.1　导出库文件

功能介绍

在会声会影X8中，用户可以将素材库中的文件进行导出操作。在菜单栏中，单击"设置"|"素材库管

理器"|"导出库"命令，如图10-24所示。执行操作后，弹出"浏览文件夹"对话框，在其中选择需要导出库的文件夹位置，如图10-25所示。

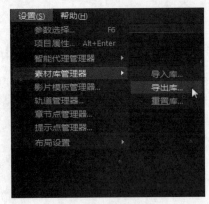

图10-24　单击命令

图10-25　选择文件夹位置

设置完成后，单击"确定"按钮，弹出提示信息框，提示用户媒体库已导出，如图10-26所示，单击"确定"按钮，即可导出媒体库文件。在计算机中的相应文件夹中，可以查看导出的媒体库文件，如图10-27所示。

图10-26　弹出提示信息框

图10-27　查看媒体库文件

10.2.2　导入库文件

功能介绍

在会声会影X8中，用户还可以将外部库文件导入素材库进行使用，对于一些特殊的视频操作，导入库文件功能十分有用。

进入会声会影编辑器，在菜单栏中单击"设置"菜单，在弹出的菜单列表中单击"素材库管理器"|"导入库"命令，如图10-28所示。执行操作后，弹出"浏览文件夹"对话框，在"视频"|"我的视频"中选择"库文件"对象，如图10-29所示。

单击"确定"按钮，弹出提示信息框，提示用户媒体库已导入，如图10-30所示，单击"确定"按钮，即可导入媒体库文件。

图10-28　单击命令

图10-29 选择文件对象

图10-30 提示信息框

10.2.3 重置库文件

功能介绍

在会声会影X8中，用户还可以对库文件进行重置操作。在菜单栏中单击"设置"|"素材库管理"|"重置库"命令，如图10-31所示。执行操作后，弹出提示信息框，提示用户是否确定要重置媒体库，如图10-32所示。

图10-31 单击命令

图10-32 提示信息框

单击"确定"按钮，即可重置会声会影X8中的媒体库文件。当用户重置媒体库文件后，之前所做的媒体库操作均已无效。

10.3 素材重新采样比例

在会声会影X8中应用图像素材时，用户还可以设置素材重新采样比例，如调到项目大小或保持宽高比等。本节主要向读者介绍设置素材重新采样比例的操作方法。

10.3.1 调到项目大小

功能介绍

在会声会影X8中，用户可以对素材文件进行调到项目大小操作。进入会声会影编辑器，在时间轴面板的视频轨中插入一幅素材图像，如图10-33所示。在预览窗口中预览图像素材效果，如图10-34所示。

图10-33 插入素材图像

图10-34 预览图像素材效果

　　单击"选项"按钮，弹出"照片"选项面板，在该选项面板中单击"重新采样选项"下拉按钮，在弹出的列表框中选择"调到项目大小"选项，如图10-35所示。执行上述操作后，即可将图像素材设置为调到项目大小，如图10-36所示，会声会影将会更改素材的宽高比，从而覆盖预览窗口的背景色，只显示素材。

图10-35 选择"调到项目大小"选项

图10-36 设置为调到项目大小

10.3.2 保持宽高比

功能介绍

　　设置为保持宽高比，可以使图像素材保持其本身的宽高比。下面介绍在会声会影X8中，将图像素材设置为保持宽高比的操作方法。

【练习10-2】 保持宽高比

素材位置	素材\第10章\凉亭美景.vsp
效果位置	效果\第10章\凉亭美景.vsp
视频位置	视频\第10章\【练习10-2】保持宽高比.mp4
技术掌握	掌握保持宽高比的操作

　　本例主要讲解保持宽高比的操作方法。

Step 01 进入会声会影编辑器，单击"文件"|"打开项目"命令，打开一个项目文件，如图10-37所示。

Step 02 在预览窗口中预览图像素材效果，如图10-38所示。

图10-37 打开项目文件

图10-38 预览图像素材效果

Step **03** 单击"选项"按钮,弹出"照片"选项面板,在该选项面板中单击"重新采样选项"下拉按钮,在弹出的列表框中选择"保持宽高比"选项,如图10-39所示。

Step **04** 执行上述操作后,即可将图像素材设置为保持宽高比,如图10-40所示。

图10-39 选择"保持宽高比"选项

图10-40 设置为保持宽高比

提示

将预览窗口中的素材设置为"保持宽高比",调入素材将会自动匹配预览窗口的宽高比,保持调入的素材不会变形。

10.4 素材显示模式

在会声会影X8中,包含3种素材显示模式,即仅略图显示、仅文件名显示以及设置略图和文件名显示模式。本节主要向读者介绍设置素材显示模式的操作方法。

10.4.1 仅略图显示

功能介绍

在会声会影X8中修整素材前,用户可以根据自己的需要将时间面板中的轴缩略图设置为不同的显示模式,如仅略图显示模式、仅文件名显示模式以及缩略图和文件名显示模式。

进入会声会影编辑器，在时间轴面板的视频轨中插入一幅素材图像，如图10-41所示。此时，视频轨中的素材是以缩略图和文件名的方式显示的，在菜单栏中单击"设置"|"参数选择"命令，如图10-42所示。

图10-41　插入素材图像

图10-42　单击命令

弹出"参数选择"对话框，单击"素材显示模式"右侧的下拉按钮，在弹出的列表框中选择"仅略图"选项，如图10-43所示。单击"确定"按钮，即可将图像设置为仅缩略图显示模式，如图10-44所示。

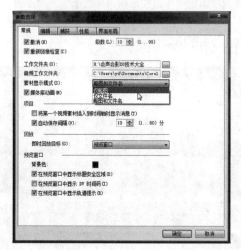

图10-43　选择"仅略图"选项

图10-44　设置为仅缩略图显示模式

在预览窗口中，可以预览图像的画面效果，如图10-45所示。

图10-45　预览图像画面效果

10.4.2　仅文件名显示

功能介绍

在会声会影X8中，还可以仅文件名显示素材文件。进入会声会影编辑器，在时间轴面板的视频轨中插入一幅素材图像，如图10-46所示。此时，视频轨中的素材是以缩略图的方式显示的，在菜单栏中单击"设

置"|"参数选择"命令，如图10-47所示。

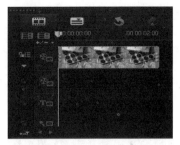

图10-46 插入素材图像

图10-47 单击命令

弹出"参数选择"对话框，单击"素材显示模式"右侧的下拉按钮，在弹出的列表框中选择"仅文件名"选项，如图10-48所示。单击"确定"按钮，即可将图像设置为仅文件名显示模式，如图10-49所示。

图10-48 选择"仅文件名"选项

图10-49 设置为仅文件名显示模式

在预览窗口中，可以预览图像的画面效果，如图10-50所示。

图10-50 预览图像画面效果

10.4.3 略图和文件名显示模式

功能介绍

在会声会影X8中，以略图和文件名显示素材文件的模式是软件的默认模式，在该模版下，用户不仅可以查看素材的缩略图，还可以查看素材的名称。

在"参数选择"对话框的"素材显示模式"列表框中，选择"略图和文件名"选项，如图10-51所示。单击"确定"按钮，即可将素材显示模式切换至略图和文件名模式下，如图10-52所示。

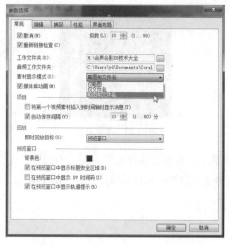

图10-51　选择"略图和文件名"选项

图10-52　略图和文件名模式

10.5　素材章节点

用户在会声会影X8中制作视频画面时，可以将视频分为多个不同的章节，只需在相应的视频位置添加章节点，即可按章节将视频画面分开。本节主要向读者介绍编辑素材章节点的操作方法，希望读者熟练掌握本节内容。

10.5.1　项目章节点的添加

功能介绍

在会声会影X8中，用户可以通过"章节点管理器"对话框来添加项目中的章节点。进入会声会影编辑器，在时间轴面板的视频轨中插入一幅素材图像，如图10-53所示。在预览窗口中，可以预览素材的画面效果，如图10-54所示。

图10-53　插入素材图像

图10-54　预览素材画面效果

在菜单栏中，单击"设置"|"章节点管理器"命令，如图10-55所示。执行操作后，弹出"章节点管理器"对话框，如图10-56所示。

图10-55　单击命令

图10-56　弹出对话框

在对话框中，单击"添加"按钮，弹出"添加章节点"对话框，在其中设置"名称"为"第一片段"，如图10-57所示。在下方"时间码"数值框中，输入00:00:01:00，设置时间码信息，如图10-58所示。

图10-57　设置"名称"

图10-58　设置时间码信息

单击"确定"按钮，返回"章节点管理器"对话框，其中显示了刚添加的章节点信息，如图10-59所示。用与上同样的方法，在"章节点管理器"对话框中，分别在00:00:01:15的位置添加"第二片段"、00:00:02:00的位置添加"第三片段"、00:00:02:15的位置添加"第四片段"这3个章节点，如图10-60所示。

图10-59　显示了章节点信息

图10-60　添加章节点

设置完成后，单击"关闭"按钮，退出"章节点管理器"对话框，在时间轴面板的视频轨上方，将显示添加的4个章节点，以绿色三角形状表示，如图10-61所示。

图10-61　显示添加的4个章节点

技术专题 [通过鼠标单击的方式添加章节点]

在会声会影X8中，用户还可以在时间轴面板上方，通过鼠标单击的方式，添加视频章节点。该方法操作非常简单，用户首先将鼠标移至视频轨上方位置，此时鼠标指针呈带圆形的三角形状，如图10-62所示。

单击鼠标左键，即可在视频轨上方位置添加一个章节点，如图10-63所示。

图10-62　鼠标指针呈带圆形的三角形状

图10-63　添加一个章节点

用户可以使用上述相同的方法，通过鼠标单击的方式，在时间轴面板的视频轨上方，多次单击鼠标左键，添加多个章节点对象。

10.5.2　删除章节点

功能介绍

在会声会影X8中，用户可以通过"章节点管理器"对话框来添加项目中的章节点。在会声会影X8中，用户可以通过"章节点管理器"对话框删除不需要的章节点。

❖　通过对话框删除章节点

单击"设置"|"章节点管理器"命令，弹出"章节点管理器"对话框，在其中选择需要删除的章节点，单击右侧的"删除"按钮，如图10-64所示。执行操作后，即可删除选择的章节点，如图10-65所示。

图10-64　单击右侧的"删除"按钮

图10-65　删除选择的章节点

提示

在"章节点管理器"对话框中删除相应的章节点后，在时间轴面板的视频轨上方，相对应的章节点也会被删除。

❖　通过鼠标拖曳删除章节点

用户还可以在时间轴面板上方，通过拖曳章节点的方式来删除章节点。在视频轨上方，选择相应的章节点，如图10-66所示。单击鼠标左键并向轨道的外侧拖曳，如图10-67所示，即可删除相应的章节点。

图10-66　选择相应的章节点　　　　　　　　　　　图10-67　向轨道的外侧拖曳

10.5.3　更改章节点名称

功能介绍

如果章节点的名称不符合用户的视频要求，则用户可以更改节点的名称。打开"章节点管理器"对话框，在其中选择需要重命名的章节点选项，单击右侧的"重命名"按钮，如图10-68所示。弹出"重命名章节点"对话框，选择一种合适的输入法，重新在"名称"右侧的文本框中输入章节点的名称为"纸笔一"，如图10-69所示。

输入完成后，单击"确定"按钮，返回"章节点管理器"对话框，在其中可以查看更改名称后的章节点信息，如图10-70所示。

图10-68　单击"重命名"按钮

图10-69　输入章节点的名称　　　　　　　　　　　图10-70　查看章节点信息

10.5.4　转到特定的章节点

功能介绍

在会声会影X8中，用户可以将时间轴面板中的时间线快速定位到特定的章节点时间码的位置。下面向读者介绍转到特定章节点时间码的方法。

参数详解

在"章节点管理器"对话框中，部分按钮含义如下。

❖　　"全部删除"按钮：可以删除项目文件中的全部章节点信息。

❖　　"添加为提示点"按钮：可以将相应的章节点添加为提示点。

【练习10-3】　转到特定的章节点

素材位置	素材\第10章\色彩夺目.vsp
效果位置	效果\第10章\色彩夺目.vsp
视频位置	视频\第10章\【练习10-3】转到特定的章节点.mp4
技术掌握	掌握转到特定的章节点的操作

本例主要讲解转到特定的章节点的操作方法。

Step 01 进入会声会影编辑器，单击"文件"|"打开项目"命令，打开一个项目文件，此时时间线定位在第1个章节点的位置，如图10-71所示。

Step 02 在菜单栏中，单击"设置"|"章节点管理器"命令，如图10-72所示。

图10-71　打开项目文件

图10-72　单击命令

Step 03 执行操作后，弹出"章节点管理器"对话框，在其中选择00:00:03:00章节点，在右侧单击"转到"按钮，如图10-73所示。

Step 04 执行操作后，即可将时间线转到第3个章节点的位置，如图10-74所示。

图10-73　单击"转到"按钮

图10-74　转到第4个章节点的位置

Step 05 返回"章节点管理器"对话框，单击"关闭"按钮，如图10-75所示，退出"章节点管理器"对话框。

Step 06 在预览窗口中，可以预览素材的画面效果，如图10-76所示。

图10-75　单击"关闭"按钮

图10-76　预览素材画面效果

10.6　素材提示点

在会声会影X8中，用户可以根据需要在项目文件中添加提示点，提示点主要用来提示用户视频片段的时间码位置，与章节点不同的是，提示点在时间轴面板上方没有任何标记。本节主要向读者介绍编辑素材提示点的操作方法。

10.6.1 项目提示点

功能介绍

在会声会影X8中，用户可以通过"提示点管理器"对话框来添加项目中的提示点。

【练习10-4】 添加项目提示点

素材位置	素材\第10章\可爱娃娃.vsp
效果位置	效果\第10章\可爱娃娃.vsp
视频位置	视频\第10章\【练习10-4】添加项目提示点.mp4
技术掌握	掌握添加项目提示点的操作

本例主要讲解添加项目提示点的操作方法。

Step 01 进入会声会影编辑器，单击"文件"|"打开项目"命令，打开一个项目文件，如图10-77所示。

Step 02 在预览窗口中，可以预览素材的画面效果，如图10-78所示。

Step 03 在菜单栏中，单击"设置"|"提示点管理器"命令，如图10-79所示。

图10-77 打开项目文件

图10-78 预览素材画面效果

图10-79 单击命令

Step 04 执行操作后，弹出"提示点管理器"对话框，如图10-80所示。

Step 05 在对话框中，单击"添加"按钮，如图10-81所示。

图10-80 弹出"提示点管理器"对话框

图10-81 单击"添加"按钮

Step 06 弹出"添加提示点"对话框，在其中设置"名称"为"可爱娃娃1"，如图10-82所示。

Step 07 在下方"时间码"数值框中，输入00:00:00:24，设置时间码信息，如图10-83所示。

图10-82 设置"名称"

图10-83 设置时间码信息

Step 08 单击"确定"按钮，返回"提示点管理器"对话框，其中显示了刚添加的提示点信息，如图10-84
所示。

Step 09 用与上同样的方法，在"提示点管理器"对话框中，分别在00:00:01:00的位置添加"可爱娃
娃2"、00:00:01:20的位置添加"可爱娃娃3"这两个提示点，如图10-85所示。完成提示点的添加操作，单击
"关闭"按钮。

图10-84 显示提示点信息

图10-85 添加两个提示点

10.6.2 删除提示点

功能介绍

在会声会影X8中，用户还可以根据需要删除不需要的视频提示点。打开"提示点管理器"对话框，在
其中选择需要删除的提示点对象，单击右侧的"删除"按钮，如图10-86所示。执行操作后，即可删除不需
要的提示点，如图10-87所示。

图10-86 单击"删除"按钮

图10-87 删除不需要的提示点

在"提示点管理器"对话框中，单击"全部删除"按钮，如图10-88所示。执行操作后，即可删除"提
示点管理器"对话框中的所有提示点对象，如图10-89所示。

图10-88 单击"全部删除"按钮

图10-89 删除所有提示点对象

10.6.3 更改提示点的名称

功能介绍

如果提示点的名称不符合用户的视频要求，则用户可以更改提示点的名称。打开"提示点管理器"对话框，在其中选择需要重命名的提示点选项，单击右侧的"重命名"按钮，如图10-90所示。弹出"重命名提示点"对话框，选择一种合适的输入法，重新在"名称"右侧的文本框中输入提示点的名称为"旅游专题一"，如图10-91所示。

图10-90 单击"重命名"按钮

图10-91 输入名称

输入完成后，单击"确定"按钮，返回"提示点管理器"对话框，在其中可以查看更改名称后的提示点信息，如图10-92所示。

图10-92 查看提示点信息

10.6.4 转到特定的提示点

功能介绍

在会声会影X8中，用户可以将时间轴面板中的时间线快速定位到特定的提示点时间码的位置。

进入会声会影编辑器，单击"文件"|"打开项目"命令，打开一个项目文件，此时时间线定位在第1个提示点的位置，如图10-93所示。在菜单栏中，单击"设置"|"提示点管理器"命令，如图10-94所示。

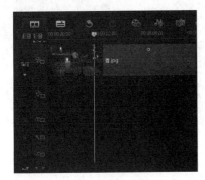

图10-93 打开项目文件

图10-94 单击命令

执行操作后，弹出"提示点管理器"对话框，在其中选择第4个提示点，在右侧单击"转到"按钮，如图10-95所示。执行操作后，即可将时间线转到第4个提示点的位置，如图10-96所示。

图10-95　单击"转到"按钮

图10-96　转到第4个提示点的位置

返回"提示点管理器"对话框，单击"关闭"按钮，如图10-97所示。在预览窗口中，可以预览素材的画面效果，如图10-98所示。

图10-97　退出对话框

图10-98　预览素材画面效果

10.7　智能代理管理器

在会声会影X8中，所谓的智能代理，是指通过创建智能代理，用创建的低解析度视频替代原来的高解析度视频，进行编辑。本节主要向读者介绍使用素材智能代理管理器的操作方法，希望读者熟练掌握本节内容。

10.7.1　启用智能代理

功能介绍

在会声会影X8中，用户可以通过"提示点管理器"对话框来添加项目中的提示点。在菜单栏中，单击"设置"|"智能代理管理器"|"启用智能代理"命令，即可启动智能代理，如图10-99所示。

图10-99　单击命令

10.7.2　智能代理文件的创建

功能介绍

当用户在会声会影X8中启用智能代理功能后，接下来即可为相应的视频创建智能代理文件。

【练习10-5】 智能代理选项的创建

素材位置	素材\第10章\太阳花朵.mpg
效果位置	无
视频位置	视频\第10章\【练习10-5】智能代理选项的创建.mp4
技术掌握	掌握智能代理选项的创建的操作

本例主要讲解智能代理选项的创建的操作方法。

Step 01 进入会声会影编辑器，单击"文件"|"打开项目"命令，打开一个项目文件，如图10-100所示。

Step 02 在预览窗口中，可以预览视频的画面效果，如图10-101所示。

图10-100 打开项目文件

图10-101 预览视频画面效果

Step 03 在视频轨中，选择需要创建智能代理文件的视频，单击鼠标右键，在弹出的快捷菜单中选择"创建智能代理文件"选项，如图10-102所示。

图10-102 选择"创建智能代理文件"选项

Step 04 执行操作后，弹出"创建智能代理文件"对话框，如图10-103所示。

Step 05 在其中选中相应的视频文件复选框，单击"确定"按钮，如图10-104所示，即可为选择的视频文件创建智能代理。

图10-103 弹出对话框

图10-104 单击"确定"按钮

技术专题 ［同时为项目中的多个视频创建智能代理］

在会声会影X8中，用户还可以同时为视频轨中的多个视频文件创建智能代理文件，操作方法非常简单，首先在视频轨中按住【Shift】键，同时选择多个需要创建智能代理文件的视频，如图10-105所示。

图10-105　选择多个视频

在选择的多个视频文件上，单击鼠标右键，在弹出的快捷菜单中选择"创建智能代理文件"选项，弹出"创建智能代理文件"对话框，其中显示了多个视频的路径复选框，如图10-106所示。

单击"全部选取"按钮，选中所有复选框对象，然后单击对话框下方的"确定"按钮，如图10-107所示。

执行操作后，即可为视频轨中的多个视频文件创建智能代理文件。

图10-106　显示多个视频的路径复选框

图10-107　单击"确定"按钮

10.7.3　智能代理选项的设置

功能介绍

在会声会影X8中，当用户为视频创建智能代理文件后，接下来用户可以设置智能代理选项，使制作的视频更符合用户的需求。

在菜单栏中单击"设置"|"智能代理管理器"|"设置"命令，如图10-108所示。执行操作后，弹出"参数选择"对话框，在"智能代理"选项区中，根据需要设置智能代理各选项，包括视频被创建代理后的尺寸，以及代理文件夹的位置等属性，如图10-109所示。

图10-108　单击命令

图10-109　设置参数

10.8 编辑视频素材

在会声会影X8中添加视频素材后，为制作更美观、流畅的影片，用户可以对视频素材进行编辑。本节主要向读者介绍在会声会影X8中，编辑视频素材的操作方法。

10.8.1 变形视频素材

功能介绍

在会声会影X8的视频轨和覆叠轨中的视频素材上，用户均可以对其进行变形操作，如调整视频宽高比、放大视频、缩小视频等。

进入会声会影编辑器，在时间轴面板的视频轨中插入一段视频素材，如图10-110所示。单击"选项"按钮，展开选项面板，并切换至"属性"选项面板，如图10-111所示。

图10-110　插入视频素材

图10-111　切换至属性面板

在"属性"选项面板中，选中 变形素材 复选框，如图10-112所示。在预览窗口中，拖曳素材四周的拖柄，如图10-113所示，即可将素材变形成所需的效果。

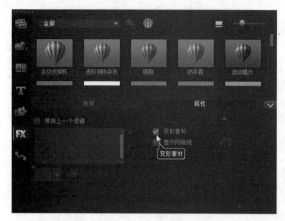

图10-112　选中"变形素材"复选框　　　　图10-113　拖曳素材四周拖柄

提示

在会声会影X8中，如果用户对于变形后的视频效果不满意，则可以还原对视频素材的变形操作。用户可以在"属性"选项面板中，取消选中"变形素材"复选框，还可以在预览窗口中的视频素材上，单击鼠标右键，在弹出的快捷菜单中选择"默认大小"选项，即可还原被变形后的视频素材。用户在执行变形视频素材操作时，在选项面板中选中"显示网格线"复选框，即可在预览窗口中显示网格参考线。

10.8.2　调整视频区间

功能介绍

在会声会影X8中编辑视频素材时，用户可以调整视频素材的区间长短，使调整后的视频素材更好地适用于所编辑的项目。

进入会声会影编辑器，在时间轴面板的视频轨中插入一段视频素材，如图10-114所示。单击"选项"按钮，展开选项面板，在其中将鼠标拖曳至"视频区间"数值框中所需修改的数值上，单击鼠标左键，呈可编辑状态，如图10-115所示。

图10-114　插入至视频轨　　　　　　图10-115　呈可编辑状态

输入所需的数值，如图10-116所示，按【Enter】键确认。执行操作后，即可调整视频素材区间长度，如图10-117所示。

图10-116　输入所需数值　　　　　　图10-117　调整素材区间

在会声会影X8中，用户在选项面板中单击"视频区间"数值框右侧的微调按钮，也可调整视频区间。

10.8.3 调整素材声音

功能介绍

使用会声会影X8对视频素材进行编辑时，为了使视频与背景音乐互相协调，用户可以根据需要对视频素材的声音进行调整。

进入会声会影编辑器，在时间轴面板的视频轨中插入一段视频素材，如图10-118所示。单击"选项"按钮，展开选项面板，在"素材音量"数值框中输入所需的数值，如图10-119所示，按【Enter】键确认，即可调整素材的音量大小。

图10-118 插入视频素材

图10-119 输入数值

在会声会影X8中对视频进行编辑时，如果用户不需要使用视频的背景音乐，而需要重新添加一段音乐作为视频的背景音乐，则用户可以将视频现有的背景音乐调整为静音。操作方法很简单，用户首先选择视频轨中需要调整为静音的视频素材，展开"视频"选项面板，单击"素材音量"右侧的"静音"按钮 ，即可设置视频素材的背景音乐为静音。

10.8.4 分割视频声音

功能介绍

在会声会影中进行视频编辑时，有时需要将视频素材的视频部分和音频部分进行分割，然后替换成其他音频或对音频部分做进一步的调整。

【练习10-6】 分割视频声音

素材位置	素材\第10章\高原雪山.mpg
效果位置	效果\第10章\高原雪山.vsp
视频位置	视频\第10章\【练习10-6】分割视频声音.mp4
技术掌握	掌握分割视频声音的操作

本例主要讲解分割视频声音的操作方法。

Step 01 进入会声会影编辑器，在时间轴面板的视频轨中插入一段视频素材，如图10-120所示。

Step 02 在时间轴面板中选中所需分割音频的视频素材，如图10-121所示，包含音频的素材，其缩略图左下角会显示图标。

图10-120　插入视频素材

图10-121　选择需要分割音频的素材

Step 03 单击鼠标右键，在弹出的快捷菜单中选择 分割音频 选项，如图10-122所示。

Step 04 执行操作后，即可将视频与音频分割，如图10-123所示。

图10-122　选择"分割音频"选项

图10-123　分割音频

提示

在时间轴面板的视频轨中，选择需要分割音频的视频素材，展开"视频"选项面板，在其中单击"分割音频"按钮，执行操作后也可以将视频与背景声音进行分割操作。另外，用户通过在菜单栏中单击"编辑"|"分割音频"命令，也可以快速将视频与声音进行分割。

10.8.5　设置回放速度

功能介绍

在会声会影X8中，用户可通过设置视频回放速度，来实现快动作或慢动作的效果。

进入会声会影编辑器，在时间轴面板的视频轨中插入一段视频素材，如图10-124所示。单击"选项"按钮，展开"视频"选项面板，如图10-125所示。

图10-124　插入视频素材

图10-125　"视频"选项面板

在"视频"选项面板中，单击  速度/时间流逝 按钮，如图10-126所示。弹出"速度/时间流逝"对话框，在"速度"数值框中输入所需的数值，如图10-127所示。

图10-126 单击"速度/时间流逝"按钮　　　　　图10-127 输入所需数值

单击"确定"按钮，即可设置素材的回放速度，在导览面板中单击"播放"按钮▶，即可预览视频效果，如图10-128所示。

图10-128 预览视频效果

───── 提示 ─────

在视频轨素材上单击鼠标右键，在弹出的快捷菜单中选择"速度/时间流逝"选项，也可以弹出"速度/时间流逝"对话框。

10.8.6 变速调节视频

功能介绍

使用会声会影X8中的变速调节功能，可以使用慢动作唤起视频中的剧情，或加快实现独特的缩时效果。下面向读者介绍运用"变速调节"功能编辑视频播放速度的操作方法。

【练习10-7】 变速调节视频

素材位置	素材\第10章\喜庆片头.mpg
效果位置	效果\第10章\喜庆片头.vsp
视频位置	视频\第10章\【练习10-7】变速调节视频.mp4
技术掌握	掌握变速调节视频的操作

本例主要讲解变速调节视频的操作方法。

Step 01 进入会声会影编辑器，在时间轴面板的视频轨中插入一段视频素材，如图10-129所示。

Step 02 在菜单栏中，单击"编辑"菜单，在弹出的菜单列表中单击 变速调节 命令，如图10-130所示。

图10-129 插入一段视频素材

图10-130 单击"变速调节"命令

Step 03 执行操作后，弹出"变速"对话框，如图10-131所示。

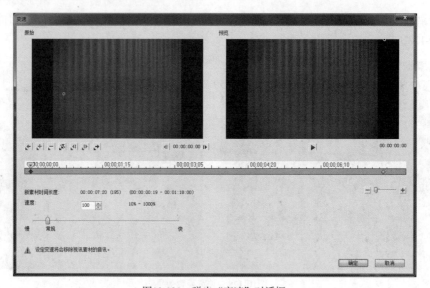
图10-131 弹出"变速"对话框

—— 提示 ——

在会声会影X8中，用户还可以通过以下两种方法执行"变速调节"功能。

❖ 选择需要变速调节的视频素材，在视频素材上单击鼠标右键，在弹出的快捷菜单中选择"变速调节"选项。

❖ 选择需要变速调节的视频素材，展开"视频"选项面板，在其中单击"变速调节"按钮。

Step 04 在中间的时间轴上，将时间线移至00:00:01:00的位置，如图10-132所示。

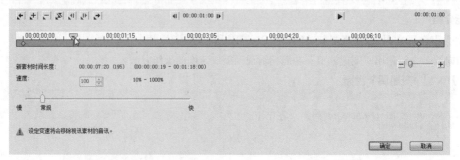
图10-132 将时间线移至00:00:01:00的位置

Step 05 单击"新增主画格"按钮 ➕，在时间线位置添加一个关键帧，如图10-133所示。

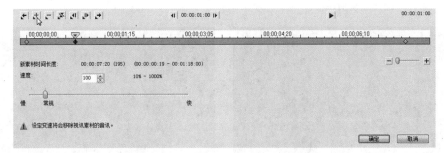

图10-133　在时间线位置添加一个关键帧

Step 06 在"速度"右侧的数值框中，输入400，设置第一段区域中的视频以快进的速度进行播放，如图10-134所示。

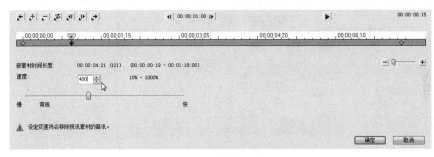

图10-134　在数值框中输入400

Step 07 在中间的时间轴上，将时间线移至00:00:05:07的位置，如图10-135所示。

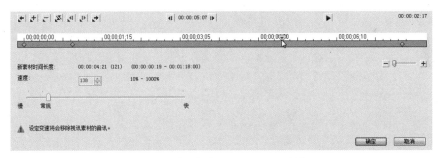

图10-135　将时间线移至00:00:05:07的位置

Step 08 单击"新增主画格"按钮 ➕，在时间线位置添加第2个关键帧，在"速度"右侧的数值框中，输入50，设置第二段区域中的视频以慢慢的速度进行播放，如图10-136所示。

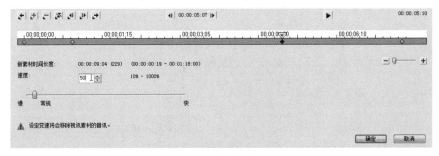

图10-136　在数值框中输入50

Step 09 设置完成后，单击"确定"按钮，即可调整视频的播放速度，单击导览面板中的"播放"按钮，预览视频画面效果，如图10-137所示。

图10-137　预览视频画面效果

制作视频文件

本章导读

　　在会声会影X8中，用户通过"定格动画"功能，可以亲手将多张静态照片制作成动态视频；用户通过"绘图创建器"功能，可以手动绘制视频画面，制作动态视频效果。本章主要向读者介绍亲手制作与绘制视频画面的方法。

11.1 制作定格动画

定格动画在视频制作与剪辑中使用的比较频繁，其功能主要是使画面内容表现得更加真实。本节主要向读者介绍用照片制作定格动画等内容，包括了解定格动画以及用照片制作定格动画的操作方法。

11.1.1 定格动画

功能介绍

在会声会影X8工作界面中，可以从数码相机中导入照片，或者从DV中捕获所需要的视频，然后使用动画定格摄影功能，使渐次变化的图像生动地表现在画面上，产生栩栩如生的动画效果。很多经典的动画片、木偶电影、剪纸电影都采用了这种技术，有兴趣的用户不妨试一试。图11-1所示为会声会影X8的定格动画窗口。

图11-1 会声会影X8的定格动画窗口

参数详解

在"定格动画"窗口中，各主要选项含义如下。

❖ "项目名称"文本框：在该文本框中，用户可以为制作的定格动画设置项目的名称。

❖ "捕获文件夹"选项：单击该选项右侧的"捕获文件夹"按钮，在弹出的对话框中可以设置捕获文件的保存位置。

❖ "保存到库"选项：单击该选项右侧的"添加新文件夹"按钮，可以新建素材库，用户可根据需要将定格动画素材保存到不同的素材库中。

❖ "图像区间"选项：单击该选项右侧的下拉按钮，可以在弹出的列表框中选择所需的图像区间长度。

❖ "捕获分辨率"选项：单击该选项右侧的下拉按钮，可以在弹出的列表框中设置捕获视频的分辨率大小。

❖ "自动捕获"选项：在该选项右侧，可以设置自动捕获的相关选项。

❖ "描图纸"选项：拖曳该滑块，可快速预览定格动画的动态效果。

11.1.2 制作定格动画

功能介绍

在会声会影X8中，用户可以运用"定格动画"功能。下面向读者介绍通过定格动画功能将照片制作成动画视频的操作方法。

♣【练习11-1】 制作照片为定格动画

素材位置	素材\第11章\荷花1~5.jpg
效果位置	效果\第11章\荷花.vsp
视频位置	视频\第11章\【练习11-1】制作照片为定格动画.mp4
技术掌握	掌握制作照片为定格动画的操作

本例主要讲解制作照片为定格动画的操作方法。

Step 01 进入会声会影编辑器，在工作界面的上方单击"捕获"标签，如图11-2所示。

Step 02 进入"捕获"步骤面板，在"捕获"选项面板中单击"定格动画"按钮，如图11-3所示。

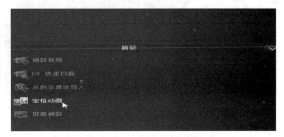

图11-2 单击"捕获"标签 　　　　　　　图11-3 单击"定格动画"按钮

Step 03 执行操作后，即可打开"定格动画"窗口，如图11-4所示。

Step 04 在"定格动画"窗口中，单击上方的"导入"按钮，如图11-5所示。

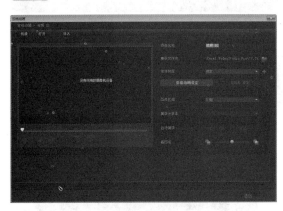

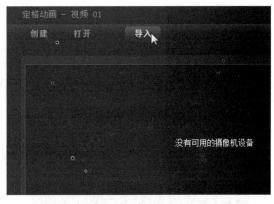

图11-4 打开"定格动画"窗口 　　　　　　图11-5 单击"导入"按钮

Step 05 弹出"导入图像"对话框，在其中选择需要制作定格动画的照片素材，如图11-6所示。

Step 06 单击"打开"按钮，即可将选择的照片素材导入"定格动画"窗口，如图11-7所示。

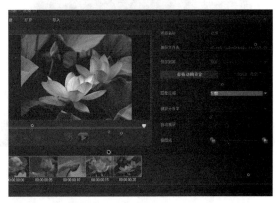

图11-6 选择照片素材 　　　　　　　　　　图11-7 导入窗口

Step 07 导入照片素材后，在预览窗口的下方单击"播放"按钮，如图11-8所示。

Step 08 开始播放定格动画画面，在预览窗口中可以预览视频画面效果，如图11-9所示。

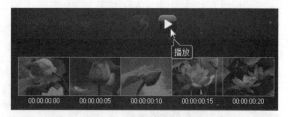

图11-8 单击"播放"按钮

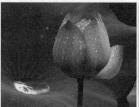

图11-9 预览视频画面效果

Step 09 单击"图像区间"右侧的下三角按钮，在弹出的列表框中选择"30帧"选项，如图11-10所示。

图11-10 选择"30帧"选项

提示

在"定格动画"窗口中，用户在导入照片素材之前，可以先设置定格动画文件的保存位置。单击"捕获文件夹"右侧的按钮，在弹出的对话框中即可进行设置。

Step 10 依次单击"保存"和"退出"按钮，退出"定格动画"窗口，此时在素材库中显示了刚创建的定格动画文件，如图11-11所示。

Step 11 将素材库中创建的定格动画文件拖曳至时间轴面板的视频轨中，应用定格动画，如图11-12所示。

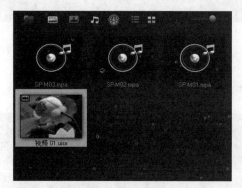

图11-11 显示定格动画文件

图11-12 拖曳至时间轴面板

11.2 笔刷的属性

在会声会影X8中，用户可以用照片制作定格动画。画笔主要用于绘制图形、手绘图涂鸦，而且还能将绘制的图形转换为静态图像或动态视频效果。本节将向读者介绍进入"绘图创建器窗口"、设置画笔的颜色、设置画笔的纹理、设置笔刷的宽度以及设置笔刷的高度等内容的操作方法。

11.2.1 绘图创建器

功能介绍

在会声会影X8中使用绘图创建器绘制图形前，首先要启动"绘图创建器"窗口。在菜单栏上单击"工具"|"绘图创建器"命令，如图11-13所示。执行操作后，即可进入"绘图创建器"窗口，如图11-14所示。

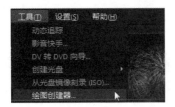

图11-13 单击命令

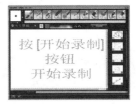

图11-14 进入"绘图创建器"窗口

提示

在"绘图创建器"窗口中，最上方一排是画笔的样式，左上角的位置可以设置画笔的大小，右侧则显示了绘制的成品视频。

11.2.2 笔刷的宽度

功能介绍

在"绘图创建器"窗口中，用户如果对现有笔刷的宽度不满意，可以运用鼠标拖曳的方法进行设置。进入"绘图创建器"窗口，将鼠标移至"笔刷宽度"滑块上，鼠标指针呈手形，如图11-15所示。单击鼠标左键的同时向左拖曳鼠标至合适的位置后，释放鼠标左键，即可设置笔刷的宽度，如图11-16所示。

图11-15 鼠标指针呈手形

图11-16 设置笔刷的宽度

预览设置笔刷宽度前后的图像画面对比效果，如图11-17所示。

图11-17 图像画面对比效果

11.2.3 笔刷的高度

功能介绍

在会声会影X8中，用户不仅可以设置笔刷的宽度，同样可以自由设置笔刷的高度。进入"绘图创建器"窗口，将鼠标移至"笔刷高度"滑块上，鼠标指针呈手形，如图11-18所示。单击鼠标左键的同时向上拖曳至合适的位置后，释放鼠标左键，即可以设置笔刷的高度，如图11-19所示。

图11-18　鼠标指针呈手形

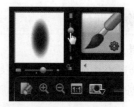
图11-19　设置笔刷的高度

提示

将鼠标移至"笔刷高度"滑块上，单击鼠标左键的同时向下拖曳，至合适位置后释放鼠标左键，可以缩小笔刷的高度。

技术专题　**[等比例缩放笔刷的宽度和高度]**

在"绘图创建器"窗口中，按住【Shift】键的同时，在"笔刷宽度"或者"笔刷高度"滑块上，单击鼠标左键上下拖曳滑块，即可同时调节笔刷的宽度和高度，如图11-20所示，使笔刷等比例放大或缩小。

图11-20　同时调节笔刷的宽度和高度

11.2.4　笔刷的颜色

功能介绍

在会声会影X8中，用户如果需要更换画笔的颜色，只需在"色彩选取器"中进行选择即可。进入"绘图创建器"窗口，单击"色彩选取器"色块，如图11-21所示。在弹出的颜色面板中选择玫红色，如图11-22所示，执行操作后，即可更改画笔的颜色。

图11-21　单击"色彩选取器"色块

图11-22　选择玫红色

提示

在颜色面板中，还可以选择"Windows色彩选取器"的选项，在弹出的对话框中更细致地设置笔刷颜色。

预览设置笔刷颜色后的视频画面前后对比效果，如图11-23所示。

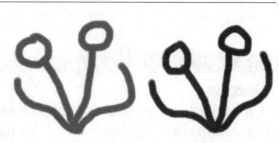
图11-23　视频画面对比效果

技术专题 [改变"色彩选取器"色块的颜色]

在"色彩选取器"的右侧，有一个颜色渐变条，单击颜色渐变条右侧的"吸管工具" ，然后将鼠标移至颜色渐变条上，此时鼠标呈吸管形状，在相应的颜色位置上，单击鼠标左键，即可吸取需要的颜色，改变"色彩选取器"色块的颜色，如图11-24所示。

吸取橘色　　　　　　　　　　吸取粉红色　　　　　　　　　　吸取蓝色

图11-24　吸取需要的颜色

11.2.5　画笔的纹理

功能介绍

在会声会影X8中，在"纹理选项"下拉列表框中包括30多种纹理可供用户参考，进入"绘图创建器"窗口，单击"纹理选项"色块 ，如图11-25所示。执行操作后，弹出"纹理选项"对话框，在"纹理选项"下拉列表框中选择Texture 14（纹理14）选项，如图11-26所示。

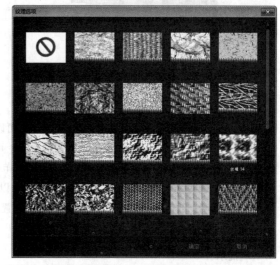

图11-25　单击"纹理选项"色块

图11-26　选择"纹理14"选项

单击"确定"按钮，即可完成画笔纹理的设置，如图11-27所示。

预览设置画笔纹理后的视频画面前后对比效果，如图11-28所示。

图11-27　完成画笔纹理的设置

图11-28　视频画面前后对比效果

11.3　绘图创建器的基本操作

在会声会影X8中，用户可以对绘图创建器中的笔刷进行相应设置，并对其窗口进行调整以及应用其他工具。本节主要向读者介绍调整蜡笔笔刷样式的属性、应用蜡笔笔刷、清除预览窗口、放大预览窗口、缩小预览窗口以及恢复默认属性等内容。

11.3.1　画笔笔刷样式

功能介绍

在会声会影X8的"绘图创建器"窗口中，选择不同的笔刷选项，笔刷样式的属性也不一样。进入会声会影编辑器，打开"绘图创建器"窗口，单击"画笔"笔刷右下角的图标 ，如图11-29所示。在弹出的属性面板中，设置"柔化边缘"为75，如图11-30所示，单击"确定"按钮，即可调整画笔笔刷样式的属性。

图11-29　单击图标

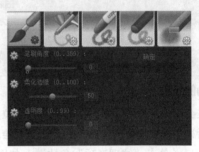

图11-30　设置各项参数

参数详解

在画笔属性面板中，各选项含义如下。

❖　"笔刷角度"：拖曳该选项下方的滑块，可以设置画笔的刷角样式，参数设置范围在0～359之间。

❖　"柔化边缘"：拖曳该选项下方的滑块，可以设置画笔的软边样式，数值越大，画笔边缘越柔软；数值越小，画笔边缘越硬。参数设置范围在0～100之间。

❖　"透明度"：拖曳该选项下方的滑块，可以设置画笔在绘图过程中的透明度，数值越大，画笔越透明；数值越小，画笔越不透明。参数设置范围在0～99之间。

❖　"重置为默认"：单击该按钮，可以将用户所有的画笔属性设置重置为软件默认的选项。

提示

在会声会影X8中，选择不同的笔刷选项时，笔刷样式的属性面板也会不一样，但设置的方法都大同小异。

11.3.2　蜡笔笔刷绘图

功能介绍

在"绘图创建器"窗口中，用户运用蜡笔笔刷可以绘制出色彩鲜艳、线条浑厚的图像对象。下面向读者介绍应用蜡笔笔刷绘制图形的操作方法。

【练习11-2】　应用蜡笔笔刷绘图

素材位置	无
效果位置	无
视频位置	视频\第11章\【练习11-2】应用蜡笔笔刷绘图.mp4
技术掌握	掌握应用蜡笔笔刷绘图的操作

本例主要讲解应用蜡笔笔刷绘图的操作方法。

提示

在Painting Creator（绘图创建器）窗口中，除了"蜡笔"笔刷外，还包括"画笔"笔刷、"喷枪"笔刷、"炭笔"笔刷、"粉笔"笔刷、"铅笔"笔刷以及"标记"笔刷等10种笔刷。

Step 01 进入"绘图创建器"窗口，在窗口的最上方位置，选择相应的蜡笔笔刷样式，在下方色块位置，设置蜡笔笔刷的颜色为绿色，如图11-31所示。

Step 02 蜡笔的样式与颜色属性设置完成后，将鼠标移至预览窗口中的适当位置，单击鼠标左键的同时并拖曳鼠标，至合适位置后释放鼠标左键，即可绘制一个三角形图形，如图11-32所示。

图11-31 设置蜡笔笔刷的颜色

Step 03 用与上相同的方法，绘制图形中的其他部分，即可完成应用蜡笔笔刷绘制图形的操作，如图11-33所示。

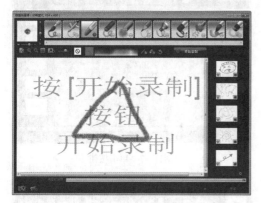

图11-32 绘制三角形图形

图11-33 绘制图形中的其他部分

11.3.3 默认属性

功能介绍

在"绘图创建器"窗口中，单击"蜡笔"笔刷右下角的图标，在弹出的面板中，可以对刷子的角度、透明度、重量和分布进行设置。如果用户对于设置的属性不满意，则可以重置蜡笔为默认属性，然后再重新设置各参数。重置蜡笔为默认属性的方法很简单，下面进行简单介绍。

进入"绘图创建器"窗口，单击"蜡笔"笔刷右下角的图标，在弹出的面板中单击"重置为默认"按钮，如图11-34所示，即可将笔刷的属性重置为默认属性，如图11-35所示。

图11-34 单击"重置为默认"按钮

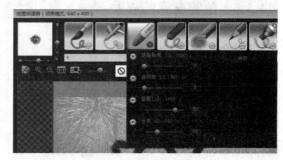

图11-35 重置为默认属性

提示

在"蜡笔"属性面板中，用户不仅可以拖曳滑块来设置蜡笔的参数，还可以直接在右侧的数值框中，手动输入蜡笔的相关参数，来设置蜡笔的属性。

11.3.4 预览窗口的清除

功能介绍

在"绘图创建器"窗口中，用户如果对于绘制的图形不满意，可以在绘图创建器中运用"清除预览窗口"按钮将其清除。

进入"绘图创建器"窗口，运用蜡笔笔刷工具，在预览窗口中绘制相应的图形对象，如图11-36所示。单击预览窗口左上方的"清除预览窗口"按钮 ，如图11-37所示。

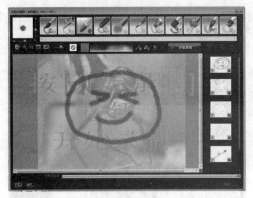

图11-36 绘制相应的图形对象

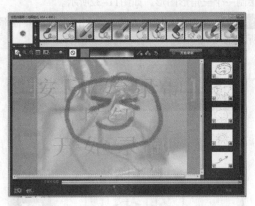

图11-37 单击按钮

执行操作后，即可清除预览窗口，如图11-38所示。

> **提示**
>
> 在"绘图创建器"窗口中，若用户不需要全部清除预览窗口，则可以单击预览窗口上方的"撤销"按钮，一步一步清除。

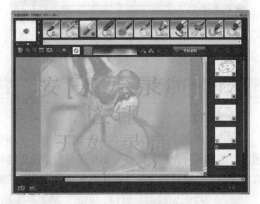

图11-38 清除预览窗口

11.3.5 预览窗口的放大

功能介绍

如果用户绘制的图形过大，占用的空间较多，则可以选择将预览窗口放大。进入Painting Creator（绘图创建器）窗口，运用蜡笔笔刷工具，在预览窗口中绘制相应的图形对象，如图11-39所示。单击预览窗口左上方的"放大"按钮 ，如图11-40所示。

执行操作后，即可放大预览窗口，如图11-41所示。

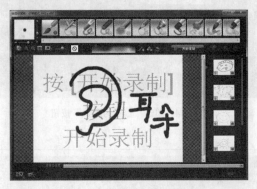

图11-39 绘制相应的图形对象

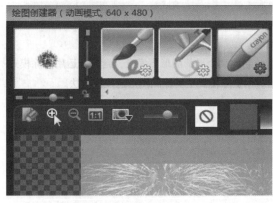

图11-40　单击按钮

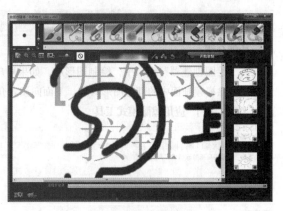

图11-41　放大预览窗口

技术专题　　**[还原预览窗口至实际大小]**

　　在放大预览窗口后，单击"缩小"按钮
右侧的"实际大小"按钮，如图11-42所示，
即可恢复预览窗口到实际大小。

图11-42　单击按钮

11.3.6　预览窗口的缩小

功能介绍

　　在"绘图创建器"窗口中，通过"缩小"按钮可以缩小预览窗口中的显示效果。以前面某例的效果为例，单击"缩小"按钮，如图11-43所示。执行操作后，即可缩小预览窗口，如图11-44所示。

提示

在"绘图创建器"窗口中，用户可以根据需要对预览窗口进行多次缩小操作，但不能缩到无限小。

图11-43　单击"缩小"按钮

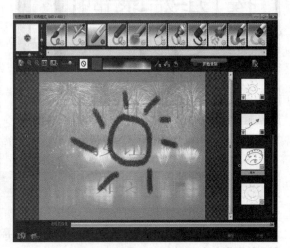

图11-44　缩小预览窗口

11.3.7 擦除模式工具

功能介绍

在"绘图创建器"窗口中，绘制图形后，如果用户对绘制的某个局部图形不满意，则可以运用擦除模式工具，擦除视频画面中的部分图形对象。下面向读者介绍应用擦除模式工具擦除图形的操作方法。

【练习11-3】 应用擦除模式工具

素材位置	无
效果位置	无
视频位置	视频\第11章\【练习11-3】应用擦除模式工具.mp4
技术掌握	掌握应用擦除模式工具的操作

本例主要讲解应用擦除模式工具的操作方法。

Step 01 进入"绘图创建器"窗口，运用画笔笔刷工具，在预览窗口中绘制相应的图形对象，如图11-45所示。

Step 02 在窗口中的工具栏上，单击"橡皮擦模式"按钮，如图11-46所示。

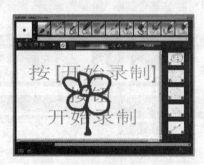

图11-45 绘制相应图形对象

图11-46 单击"橡皮擦模式"按钮

Step 03 拖曳鼠标至预览窗口绘制的图形上，单击鼠标左键的同时对图形进行擦拭，如图11-47所示。

Step 04 用与上述相同的方法，在预览窗口中其他的图形位置上，单击鼠标左键并拖曳，擦除其他的部分图形，效果如图11-48所示。

图11-47 对图形进行擦拭

图11-48 擦除其他的部分图形

11.3.8 自定义图像画面

功能介绍

在"绘图创建器"窗口中，用户可以根据自身的喜好，自行设置背景图像。下面向读者介绍自定义图像画面的操作方法。

参数详解

在"背景图像选项"对话框中,各单选按钮含义如下。

❖ "参考默认背景色"单选按钮:选中该单选按钮,可以参考软件默认的背景色来设置画面背景效果。

❖ "当前时间轴图像"单选按钮:选中该单选按钮,可以应用当前时间轴中的图像效果。

❖ "自定义图像"单选按钮:选中该单选按钮,可以自定义外部图像作为图形的背景效果。

【练习11-4】 自定义图像画面

素材位置	素材\第11章\蔬菜.jpg
效果位置	无
视频位置	视频\第11章\【练习11-4】自定义图像画面.mp4
技术掌握	掌握自定义图像画面的操作

本例主要讲解自定义图像画面的操作方法。

Step 01 进入"绘图创建器"窗口,在工具栏上单击"背景图像选项"按钮 ,如图11-49所示。

Step 02 弹出"背景图像选项"对话框,在其中选中"自定图像"单选按钮,如图11-50所示。

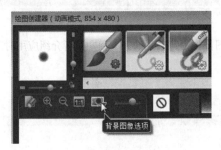

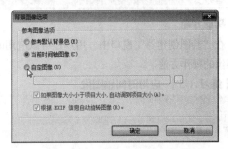

图11-49 单击"背景图像选项"按钮　　　　　　　　图11-50 选中单选按钮

Step 03 执行操作后,弹出"打开图像文件"对话框,在其中选择需要导入的背景图像文件,如图11-51所示。

Step 04 单击"打开"按钮,返回"背景图像选项"对话框,在"自定图像"下方的文本框中,显示了需要导入的图像位置,单击"确定"按钮,如图11-52所示。

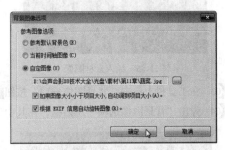

图11-51 选择背景图像文件　　　　　　　　图11-52 单击"确定"按钮

Step 05 返回"绘图创建器"窗口,在预览窗口中可以查看导入的背景图像画面效果,如图11-53所示。

Step 06 运用蜡笔笔刷工具,在预览窗口中的背景图像上绘制相应的图形对象,效果如图11-54所示。

提示

在"打开图像文件"对话框中,除了可以打开jpg格式的文件外,还可以打开gif、bmp和com等格式的图像文件。

图11-53　查看背景图像画面效果　　　　　　　　　图11-54　绘制相应的图形对象

11.3.9　时间轴图像

功能介绍

在"绘图创建器"窗口中，用户还可以应用时间轴中的图像作为背景画面。下面向读者介绍应用时间轴中图像的操作方法。

【练习11-5】　应用时间轴图像

素材位置	素材\第11章\葵花.jpg
效果位置	无
视频位置	视频\第11章\【练习11-5】应用时间轴图像.mp4
技术掌握	掌握应用时间轴图像的操作

本例主要讲解应用时间轴图像的操作方法。

Step 01 进入会声会影编辑器，在时间轴面板的视频轨中插入一幅素材图像，如图11-55所示。

Step 02 在菜单栏中，单击"工具"｜"绘图创建器"命令，如图11-56所示。

图11-55　插入素材图像

图11-56　单击命令

Step 03 在工具栏上单击"背景图像选项"按钮，如图11-57所示。

Step 04 弹出"背景图像选项"对话框，在其中选中"当前时间轴图像"单选按钮，如图11-58所示。

图11-57　单击"背景图像选项"按钮

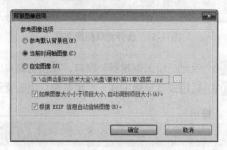

图11-58　选中单选按钮

Step 05 单击"确定"按钮,即可将时间轴中的图像导入"绘图创建器"窗口,如图11-59所示。

Step 06 运用画笔笔刷工具,在预览窗口中的背景图像上绘制相应的图形对象,效果如图11-60所示。

图11-59 导入窗口

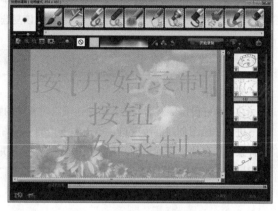

图11-60 绘制相应的图形对象

提示

如果时间轴中没有任何图像文件,则在"背景图像选项"对话框中选中Current timeline image(当前时间轴图像)单选按钮,单击"确定"按钮,预览窗口中将不会显示任何图像。

11.4 绘图属性

在会声会影X8中,用户还可以在"绘图创建器"窗口中,设置绘图属性,如更改默认录制区间、更改默认背景色、应用静态模式、添加静态图像以及应用动态模式等。本节主要向读者介绍设置绘图属性的操作方法,希望读者可以熟练掌握本节内容。

11.4.1 录制区间

功能介绍

在会声会影X8中,用户可以在"偏好设定"对话框中,更改视频默认的录制区间,使录制的视频更加符合用户的需求。进入"绘图创建器"窗口,单击左下角的"偏好设定"按钮，如图11-61所示。执行操作后,弹出"偏好设定"对话框,在"默认录制区间"数值框中输入数值6,如图11-62所示,单击"确定"按钮,即可更改默认录制区间。

图11-61 单击"偏好设定"按钮

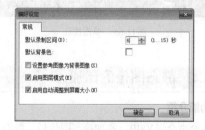

图11-62 输入数值6

参数详解

在"偏好设定"对话框中,各选项含义如下。

❖ "默认录制区间":在该选项右侧的数值框中,可以输入视频录制的区间长度。

❖ "默认背景色"：单击该选项右侧的色块，可以设置背景色效果。

❖ "设置参考图像为背景图像"：选中该复选框，可以设置软件参考的图像为背景图像。

❖ "启用图层模式"：选中该复选框，可以启用素材文件中的图层模式。

❖ "启用自动调整到屏幕大小"：选中该复选框，当图像导入窗口时，将自动调整到屏幕大小。

11.4.2 背景色效果

功能介绍

在"偏好设定"对话框中，用户还可以对软件的默认背景色进行设置。

进入"绘图创建器"窗口，单击左下角的"偏好设定"按钮，弹出"偏好设定"对话框，单击"默认背景色"色块，在弹出的颜色面板中选择蓝色色块，如图11-63所示。单击"确定"按钮，即可更改默认的背景色，效果如图11-64所示。

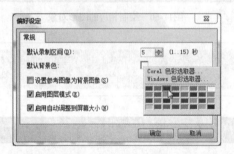

图11-63 选择蓝色色块

图11-64 更改默认的背景色

11.4.3 静态模式

功能介绍

在"绘图创建器"窗口中，设置静态模式后，绘出的图像将不能设置帧集。进入"绘图创建器"窗口，单击左下方的"更改为'动画'或'静态'模式"按钮，如图11-65所示。在弹出的列表框中选择"静态模式"选项，即可应用静态模式，如图11-66所示。

图11-65 单击按钮

图11-66 选择"静态模式"选项

11.4.4 静态图像的添加

功能介绍

在会声会影X8中，添加静态图像后，静态文件不具备播放预览功能。

进入"绘图创建器"窗口，运用"画笔"笔刷在预览窗口中绘制一个图形，单击"快照"按钮，如图11-67所示。执行操作后，即可在右侧的"动画类型"下拉列表框中显示添加的静态图像，效果如图11-68所示。

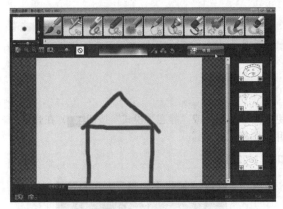
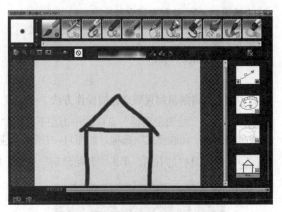

图11-67 单击"快照"按钮　　　　　　　图11-68 显示添加的静态图像

—— 提示 ——

"绘图创建器"窗口中，只有当用户设置为"静态模式"后，才会显示"快照"按钮，抓拍快照图像。

11.4.5 动画模式

功能介绍

在"绘图创建器"窗口，用户还可以将绘图的对象设置为动画模式，动画模式具有帧集，可以进行播放。

进入"绘图创建器"窗口，单击左下方的"更改为'动画'或'静态'模式"按钮 ，如图11-69所示。在弹出的列表框中选择"动画模式"选项，如图11-70所示，即可以应用动画模式绘制图形。

图11-69 单击按钮　　　　　　　图11-70 选择"动画模式"选项

—— 提示 ——

在"绘图创建器"窗口中，当用户从静态模式转换为动画模式后，工具栏右侧的"快照"按钮将变为"开始录制"按钮。

11.5 视频文件的编辑

在会声会影X8中，用户可以将绘制的图形设置为动画模式，视频文件主要是在动态模式下手绘创建的。本节主要向读者介绍创建视频文件的方法，以及对创建完成的视频进行播放与编辑操作，使手绘的视频更加符合用户的需求。本节主要向读者介绍手绘与编辑视频文件的操作方法。

11.5.1 录制视频文件

功能介绍

在会声会影X8中，只有在"动画模式"下，才能将绘制的图形进行录制，然后创建为视频文件。下面向读者介绍录制视频文件的操作方法。

❖【练习11-6】 录制视频文件

素材位置	无
效果位置	效果\第11章\小花.vsp
视频位置	视频\第11章\【练习11-6】录制视频文件.mp4
技术掌握	掌握录制视频文件的操作

本例主要讲解录制视频文件的操作方法。

Step 01 进入"绘图创建器"窗口，单击左下方的"更改为'动画'或'静态'模式"按钮，在弹出的列表框中选择"动画模式"选项，如图11-71所示，应用动画模式。

Step 02 在工具栏的右侧，单击"开始录制"按钮，如图11-72所示。

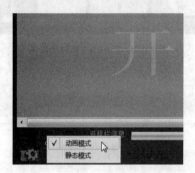
图11-71 选择"动画模式"选项

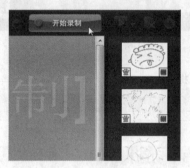
图11-72 单击"开始录制"按钮

Step 03 开始录制视频文件，运用"画笔"笔刷工具，设置画笔的颜色属性，在预览窗口中绘制一个图形，当用户绘制完成后，单击"停止录制"按钮，如图11-73所示。

Step 04 执行操作后，即可停止视频的录制，绘制的动态图形即可自动保存到"动画类型"下拉列表框中，如图11-74所示。

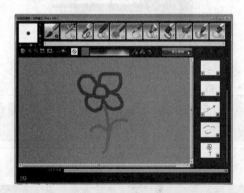
图11-73 单击"停止录制"按钮

图11-74 保存到"动画类型"下拉列表框

Step 05 在工具栏右侧，单击"播放选中的画廊条目"按钮，如图11-75所示。

Step 06 执行操作后，即可播放录制完成的视频画面，如图11-76所示。

图11-75 单击按钮

图11-76 播放视频画面

11.5.2 视频的区间长度

功能介绍

在会声会影X8中，更改视频动画的区间，是指调整动画的时间长度。进入"绘图创建器"窗口，选择需要更改区间的视频动画，在动画文件上，单击鼠标右键，在弹出的快捷菜单中选择"更改区间"选项，如图11-77所示。执行操作后，弹出"区间"对话框，在"区间"数值框中输入数值8，如图11-78所示，单击"确定"按钮，即可更改视频文件的区间长度。

图11-77 选择"更改区间"选项

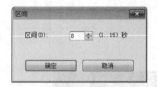

图11-78 输入数值

11.5.3 将视频转换为静态图像

功能介绍

在"绘图创建器"窗口中的"动画类型"中，用户可以将视频动画效果转换为静态图像效果。

进入"绘图创建器"窗口，在"动画类型"下拉列表框中任意选择一个视频动画文件，单击鼠标右键，在弹出的快捷菜单中选择"将动画效果转换为静态"选项，如图11-79所示。执行操作后，即可在"动画类型"下拉列表框中显示转换为静态图像的文件，如图11-80所示。

图11-79 选择选项

图11-80 转换为静态图像文件

11.5.4 删除录制的视频文件

功能介绍

在"绘图创建器"窗口中，如果用户对于录制的视频动画文件不满意，此时可以将录制完成的视频文件进行删除操作。

进入"绘图创建器"窗口，选择需要删除的视频动画文件，在动画文件上，单击鼠标右键，在弹出的快捷菜单中选择"删除画廊条目"选项，如图11-81所示。执行操作后，即可删除选择的视频动画文件。

图11-81 选择"删除画廊条目"选项

剪 辑 精 修 篇

第12章

编辑与修整视频素材

本章导读

在会声会影X8编辑器中，用户可以对素材进行设置和编辑，使制作的影片更为生动、美观。本章主要向读者介绍视频素材常用技巧的编辑、视频素材的修整、添加摇动和缩放以及校正色彩与调整白平衡的操作方法。

12.1 编辑项目中的素材对象

在会声会影X8中对视频素材进行编辑时，用户可根据编辑需要对视频轨中的素材进行相应的管理，如选择、删除、移动、替换、复制以及粘贴等。本节主要向读者介绍编辑项目中素材对象的操作方法。

12.1.1 选择素材

功能介绍

在会声会影X8中编辑素材之前，首先需要选取相应的视频素材，选取素材是编辑素材的前提，用户可以根据需要选择单个素材文件或多个素材文件。在时间轴面板中，如果用户需要编辑某一个视频素材，首先需要选择该素材文件。

❖　　选择单个素材

进入会声会影编辑器，将鼠标移至需要选择的素材缩略图上方，此时鼠标指针呈 ✛ 形状，如图12-1所示。单击鼠标左键，即可选择该视频素材，被选择的素材四周呈黄色显示，如图12-2所示。

图12-1　鼠标移至素材缩略图上方　　　　　　图12-2　素材四周呈黄色显示

❖　　选择连续的多个素材

在时间轴面板的视频轨中，用户根据需要可以选择连续的多个素材文件同时进行相关编辑操作。进入会声会影编辑器，选择第一段素材，按住【Shift】键的同时，选择最后一段素材，此时两段素材之间的所有素材都将被选中，被选中的素材四周呈黄色显示，如图12-3所示。执行上述操作后，即可选择连续的多个素材。

图12-3　素材四周呈黄色显示

12.1.2 删除素材

功能介绍

在会声会影X8中编辑视频时，当插入到时间轴面板中的素材不符合用户的要求时，用户可以将不需要的素材进行删除操作。在会声会影X8中，用户可以通过"删除"选项来删除不需要的素材文件。

❖　　通过选项删除素材

进入会声会影编辑器，在时间轴面板中选择需要删除的素材文件，如图12-4所示。单击鼠标右键，在弹出的快捷菜单中选择"删除"选项，如图12-5所示。

图12-4 选择素材文件

图12-5 选择"删除"选项

执行操作后,即可在时间轴面板中,删除选择的视频素材,如图12-6所示。

❖ 通过命令删除素材

在会声会影X8中,用户可以通过菜单栏中的"删除"命令来删除不需要的素材文件。在时间轴面板中选择需要删除的素材文件,在菜单栏中单击"编辑"|"删除"命令,如图12-7所示。

执行操作后,即可删除时间轴面板中选择的素材文件。

图12-6 删除视频素材

图12-7 单击命令

───── 提示 ─────

在会声会影X8的时间轴面板中,选择需要删除的素材文件后,按键盘上的【Delete】键,也可以快速删除选择的素材文件。

12.1.3 移动素材

功能介绍

如果用户对视频轨中素材的位置和顺序不满意,此时可以通过移动素材的方式调整素材的播放顺序。

进入会声会影编辑器,单击"文件"|"打开项目"命令,打开一个项目文件,如图12-8所示。移动鼠标指针至时间轴面板中素材"鞋业广告2.JPG"上,单击鼠标左键,选取该素材,单击鼠标左键,并将其拖曳至素材"鞋业广告1.JPG"的前方,如图12-9所示。

图12-8 打开项目文件

图12-9 拖曳至素材"鞋业广告1.JPG"前方

执行操作后,即可调整两段素材的播放顺序,如图12-10所示。

图12-10 调整播放顺序

单击导览面板中的"播放"按钮，预览调整顺序后的视频画面效果，如图12-11所示。

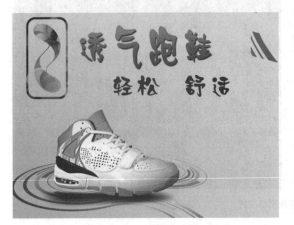

图12-11 预览视频画面效果

技术专题 [在故事板中移动素材]

上述向读者介绍的是在时间轴面板中移动素材的方法，用户还可以通过故事板视图来移动素材，达到调整视频播放顺序的目的。

通过故事板视图移动素材的方法很简单，用户首先选择需要移动的素材，单击鼠标左键并拖曳至第一幅素材的前面，拖曳的位置处将会显示一条竖线，表示素材将要放置的位置，如图12-12所示。释放鼠标左键，即可移动素材位置，调整视频播放顺序，如图12-13所示。

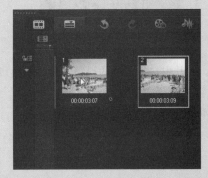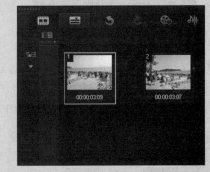

图12-12 显示一条竖线   图12-13 调整视频播放顺序

12.1.4 视频素材的替换

功能介绍

在会声会影X8中，如果用户对制作完成的视频画面不满意，则可以将不满意的视频替换为用户需要的视频文件。下面向读者介绍替换视频素材的操作方法。

【练习12-1】 视频素材的替换

素材位置	素材\第12章\风景如画（1）.vsp、风景如画（2）.mpg
效果位置	效果\第12章\风景如画.vsp
视频位置	视频\第12章\【练习12-1】视频素材的替换.mp4
技术掌握	掌握视频素材的替换的操作

本例主要讲解视频素材的替换的操作方法。

Step 01 进入会声会影编辑器，单击"文件"|"打开项目"命令，打开一个项目文件，如图12-14所示。

图12-14 打开项目文件

Step 02 在视频轨中，选择需要替换的视频素材，如图12-15所示。

Step 03 在视频素材上，单击鼠标右键，在弹出的快捷菜单中选择"替换素材"|"视频"选项，如图12-16所示。

图12-15 选择视频素材   图12-16 选择"视频"选项

Step 04 执行操作后，弹出"替换/重新链接素材"对话框，在其中选择需要的视频素材，如图12-17所示。

Step 05 单击"打开"按钮，即可替换视频轨中的视频素材，如图12-18所示。

图12-17 选择视频素材   图12-18 替换视频素材

Step 06 单击导览面板中的"播放"按钮，预览替换视频后的画面效果，如图12-19所示。

图12-19　预览视频画面效果

问： 为什么有些视频无法替换？

答： 在会声会影X8中替换视频素材时，用户需要注意的是，如果用户准备替换的视频素材比原来的视频区间长度要短，则不能对视频进行替换操作。在以下两种情况下，视频素材才能被顺利替换。

❖　替换之后的素材与替换之前的素材区间等长。

❖　替换之后的素材比替换之前的素材区间要长。

12.1.5　照片素材的替换

功能介绍

在会声会影X8中用照片制作电子相册视频时，如果用户对视频轨中的照片素材不满意，则可以将照片素材替换为用户满意的素材。下面向读者介绍替换照片素材的方法。

【练习12-2】 照片素材的替换

素材位置	素材\第12章\动物世界1.vsp、动物世界2.jpg
效果位置	效果\第12章\动物世界.vsp
视频位置	视频\第12章\【练习12-2】照片素材的替换.mp4
技术掌握	掌握照片素材的替换的操作

本例主要讲解照片素材的替换的操作方法。

Step 01　进入会声会影编辑器，单击"文件" | "打开项目"命令，打开一个项目文件，如图12-20所示。

Step 02　在预览窗口中，预览现有照片素材的画面效果，如图12-21所示。

图12-20　打开项目文件　　　　　　　　　　图12-21　预览素材画面效果

Step 03 在故事板中，选择需要替换的照片素材，在照片素材上，单击鼠标右键，在弹出的快捷菜单中选择"替换素材"|"照片"选项，如图12-22所示。

Step 04 执行操作后，弹出"替换/重新链接素材"对话框，在其中选择需要的照片素材，如图12-23所示。

图12-22 选择"照片"选项

图12-23 选择需要的照片素材

Step 05 单击"打开"按钮，即可替换故事板中的照片素材，如图12-24所示。

Step 06 在预览窗口中，预览替换照片后的画面效果，如图12-25所示。

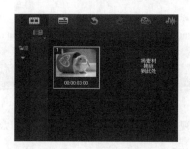

图12-24 替换照片素材

图12-25 预览画面效果

提示

因为照片素材是静态的图像，所以用户在替换照片素材时，不管替换之前的照片素材区间有多长，用户都可以将照片素材顺利进行替换。

技术专题 【通过【Ctrl】键替换素材】

在会声会影X8中，还有一种比较快捷的替换素材的方法，是使用【Ctrl】键对素材进行替换操作。首先介绍在故事板视图中替换素材的方法，用户在素材库中选择替换之后的照片素材，单击鼠标左键并拖曳至故事板中需要替换的照片素材上方，拖曳鼠标的同时必须按住【Ctrl】键，此时鼠标处将显示"替换素材"字样，如图12-26所示，释放鼠标左键，即可替换故事板视图中的照片素材。

在时间轴面板中替换素材的操作与在故事板视图中替换素材的操作类似，在素材库中选择替换之后的照片素材，单击鼠标左键并拖曳至视频轨中需要替换的照片素材上方，拖曳鼠标的同时必须按住【Ctrl】键，此时鼠标处将显示"替换素材"字样，如图12-27所示，释放鼠标左键，即可替换视频轨中的照片素材。

会声会影X8中的"替换素材"功能十分强大，使用也非常方便，可以提高用户编辑视频的效率。用户还可以使用同样的替换素材方法，替换覆叠轨中的画中画素材、替换标题轨中的字幕素材，或者替换音乐轨中的背景音乐素材等。

图12-26　显示"替换素材"字样

图12-27　显示"替换素材"字样

12.1.6　复制素材

功能介绍

在时间轴面板中，如果用户需要制作多处相同的视频画面，则可以使用复制功能，对视频画面进行多次复制操作，这样可以提高用户制作视频的效率。

❖　复制时间轴素材

进入会声会影编辑器，在时间轴面板的视频轨中插入一幅素材图像，如图12-28所示。在视频轨中，选择需要复制的素材文件，如图12-29所示。

图12-28　插入素材图像

图12-29　选择素材文件

在菜单栏中，单击"编辑"|"复制"命令，如图12-30所示。复制素材文件，在视频轨中向右移动鼠标，此时鼠标指针处呈白色色块，表示素材将要粘贴的位置，如图12-31所示。

图12-30　单击命令

图12-31　表示素材将要粘贴的位置

在合适位置上，单击鼠标左键，即可粘贴之前复制的素材，如图12-32所示。

图12-32　粘贴之前复制的素材

　　在会声会影X8中，用户还可以在需要复制的素材文件上，单击鼠标右键，在弹出的快捷菜单中选择"复制"选项，如图12-33所示，执行操作后，即可复制视频轨中的素材文件。

　　在视频轨中，选择需要复制的素材文件，按【Ctrl＋C】组合键，也可以快速对视频轨或覆叠轨中的素材进行复制操作。

图12-33　选择"复制"选项

❖　复制素材库素材

　　在会声会影X8中，用户还可以将素材库中的素材文件复制到视频轨中。进入会声会影编辑器，在素材库中，选择需要复制的素材文件，如图12-34所示。在选择的素材文件上，单击鼠标右键，在弹出的快捷菜单中选择"复制"选项，如图12-35所示。

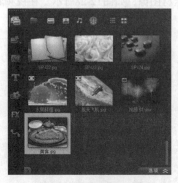

图12-34　选择素材文件

图12-35　选择"复制"选项

　　即可复制素材文件，将鼠标移至视频轨中的开始位置，显示白色区域，如图12-36所示。单击鼠标左键，即可将复制的素材进行粘贴操作，如图12-37所示。

图12-36　显示白色区域

图12-37　将复制的素材进行粘贴操作

在预览窗口中，可以预览复制与粘贴后的素材画面，如图12-38所示。

图12-38　预览素材画面

12.1.7　粘贴素材

功能介绍

在会声会影X8中，如果用户需要制作多种相同的视频特效，此时可以将已经制作好的特效直接复制与粘贴到其他素材上，这样做可以提高用户编辑视频的效率。

❖　粘贴所有属性至另一素材

进入会声会影编辑器，单击"文件"|"打开项目"命令，打开一个项目文件，如图12-39所示。

图12-39　打开项目文件

在视频轨中，选择需要复制属性的素材文件，如图12-40所示。在菜单栏中，单击"编辑"|"复制属性"命令，如图12-41所示。

执行操作后，即可复制素材的属性，在视频轨中选择需要粘贴属性的素材文件，如图12-42所示。在菜单栏中，单击"编辑"|"粘贴所有属性"命令，如图12-43所示。

图12-40　选择素材文件

图12-41　单击命令

图12-42　选择素材文件

图12-43　单击命令

　　执行操作后，即可粘贴素材的所有属性特效，在导览面板中单击"播放"按钮，预览视频画面效果，如图12-44所示。

图12-44　预览视频画面效果

技术专题 [通过【Ctrl】键替换素材]

　　在会声会影X8中，用户还可以在时间轴中的素材文件上，单击鼠标右键，在弹出的快捷菜单中选择"粘贴所有属性"选项，如图12-45所示，即可将复制的所有属性进行粘贴操作。

图12-45　选择"粘贴所有属性"选项

❖ 粘贴可选属性至另一素材

用户制作视频的过程中，还可以将第一段视频上的部分特效粘贴至第二段视频素材上，节省重复操作的时间。

进入会声会影编辑器，单击"文件"|"打开项目"命令，打开一个项目文件，如图12-46所示。

图12-46 打开项目文件

提示

在视频轨中，选择需要粘贴可选属性的素材文件，单击鼠标右键，在弹出的快捷菜单中选择"粘贴可选属性"选项，也可以快速弹出"粘贴可选属性"对话框。

在视频轨中，选择需要复制属性的素材文件，如图12-47所示。在菜单栏中，单击"编辑"|"复制属性"命令，如图12-48所示。

图12-47 选择素材文件   图12-48 单击命令

执行操作后，即可复制素材的属性，在视频轨中选择需要粘贴可选属性的素材文件，如图12-49所示。在菜单栏中，单击"编辑"|"粘贴可选属性"命令，如图12-50所示。

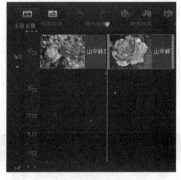

图12-49 选择素材文件   图12-50 单击命令

执行操作后，弹出"粘贴可选属性"对话框，如图12-51所示。在对话框中，取消选中"大小和变形"所对应的复选框，如图12-52所示。

图12-51 弹出"粘贴可选属性"对话框　　　　　　　图12-52 取消选中复选框

提示

在会声会影X8中，当用户对时间轴面板中的素材按【Ctrl+C】组合键的时候，在复制素材的同时，连同素材属性已经一起进行了复制操作。

设置完成后，单击"确定"按钮，即可粘贴素材中的可选属性，在导览面板中单击"播放"按钮，预览粘贴可选属性后的视频画面效果，如图12-53所示。

图12-53 预览视频画面效果

参数详解

在"粘贴可选属性"对话框中，各主要选项含义如下。

❖　全部：选中该复选框，可以粘贴之前复制的素材所有属性和特效。

❖　覆叠选项：选中该复选框，可以粘贴素材的覆叠选项，包括覆叠特效等。

❖　色彩校正：选中该复选框，可以粘贴素材的色彩校正属性，可以将其他素材中的画面色调与所复制的素材画面色调保持一致。

❖　重新采样选项：选中该复选框，可以设置素材的宽高比显示。

❖　滤镜：选中该复选框，可以粘贴之前所复制的素材中的所有滤镜特效，而且还包括了滤镜参数的设置。

❖　旋转：选中该复选框，可以粘贴之前所复制的素材旋转特效。

❖　大小和变形：选中该复选框，可以粘贴之前所复制的素材的大小和变形属性。

❖　方向/样式/运动：选中该复选框，可以粘贴素材的方向/样式/运动属性与动画特效。

12.2　视频素材的修整

在会声会影X8中添加视频素材后，可以根据需要对视频素材进行修整操作，以便满足影片的需要。本节主要向读者介绍修整项目中视频素材的操作方法，主要包括反转视频素材、变形视频素材、分割多段视频、抓拍视频快照以及调整素材持续时间等内容。

12.2.1　视频素材的反转

功能介绍

在电影中经常可以看到物品破碎后又复原的效果，要在会声会影X8中制作出这种效果是非常简单的，用户只要逆向播放一次影片即可。下面向读者介绍反转视频素材的操作方法。

【练习12-3】　反转视频素材

素材位置	素材\第12章\缘分之花.vsp
效果位置	效果\第12章\缘分之花.vsp
视频位置	视频\第12章\【练习12-3】反转视频素材.mp4
技术掌握	掌握反转视频素材的操作

本例主要讲解反转视频素材的操作方法。

Step 01　进入会声会影编辑器，单击"文件"｜"打开项目"命令，打开一个项目文件，如图12-54所示。

Step 02　单击导览面板中的"播放"按钮，预览视频效果，如图12-55所示。

图12-54　打开项目文件

图12-55　预览视频效果

Step 03　在视频轨中，选择插入的视频素材，使用鼠标左键双击视频轨中的视频素材，在"视频"选项面板中选中"反转视频"复选框，如图12-56所示。

图12-56　选中"反转视频"复选框

Step 04　执行操作后，即可反转视频素材，单击导览面板中的"播放"按钮，即可在预览窗口中观看视频反转后的效果，如图12-57所示。

图12-57　观看视频反转后的效果

提示

在会声会影X8中，用户只能对视频素材进行反转操作，无法对照片素材进行反转操作。

12.2.2 视频素材的变形

功能介绍

使用会声会影X8的"变形素材"功能，可以任意倾斜或者扭曲视频素材，变形视频素材配合倾斜或扭曲的重叠画面，使视频应用变得更加自由。下面向读者介绍变形视频素材的操作方法。

【练习12-4】 变形视频素材

素材位置	素材\第12章\兔子.vsp
效果位置	效果\第12章\兔子.vsp
视频位置	视频\第12章\【练习12-4】变形视频素材.mp4
技术掌握	掌握变形视频素材的操作

本例主要讲解变形视频素材的操作方法。

Step 01 进入会声会影编辑器，单击"文件"|"打开项目"命令，打开一个项目文件，在视频轨中选择需要变形的视频素材，如图12-58所示。

Step 02 在视频素材上，双击鼠标左键，展开"属性"选项面板，在其中选中"变形素材"复选框，如图12-59所示。

图12-58 选择需要变形的视频素材

图12-59 选中"变形素材"复选框

Step 03 此时，预览窗口中的视频素材四周将出现黄色控制柄，将鼠标指针移至右下角的黄色控制柄上，鼠标指针呈双向箭头形状，如图12-60所示。

Step 04 单击鼠标左键并向右下角拖曳，变形视频素材，如图12-61所示。

图12-60 鼠标指针呈双向箭头形状

图12-61 变形视频素材

问：如何还原被变形后的视频？

答：在会声会影X8中，如果用户对于变形后的视频效果不满意，则可以还原对视频素材的变形操作。用户可以在"属性"选项面板中，取消选中"变形素材"复选框，还可以在预览窗口中的视频素材上，单击鼠标右键，在弹出的快捷菜单中选择"默认大小"选项，即可还原被变形后的视频素材。

Step 05 将鼠标指针移至左上角的黄色控制柄上，鼠标指针呈双向箭头形状，如图12-62所示。

Step 06 单击鼠标左键并向左上角拖曳，变形视频素材，使其全屏显示在预览窗口中，如图12-63所示。

图12-62　鼠标指针呈双向箭头形状

图12-63　全屏显示在预览窗口中

Step 07 变形视频素材后，单击导览面板中的"播放"按钮，预览变形后的视频画面效果，如图12-64所示。

图12-64　预览变形后的视频画面效果

技术专题　　[通过右键菜单全屏显示素材]

　　在会声会影X8中，用户可以通过"变形素材"功能，将视频素材调至全屏大小，使其覆盖整个视频画面。将视频背景调至全屏大小的方法很简单，在预览窗口中需要变形的视频素材上，单击鼠标右键，在弹出的快捷菜单中选择"调整到屏幕大小"选项，如图12-65所示。执行操作后，即可将视频素材调整到全屏大小。

图12-65　选择"调整到屏幕大小"选项

　　在会声会影X8中变形视频素材时，用户只有在"属性"选项面板被展开的时候，才能对视频轨中的素材进行变形操作，如果用户切换至"视频"选项面板或者"照片"选项面板，则无法对预览窗口中的素材进行变形操作。

12.2.3 多段视频的分割

功能介绍

在会声会影X8中，用户可以将视频轨中的视频素材进行分割操作，使其变为多个小段的视频，然后为每个小段视频制作相应特效。

进入会声会影编辑器，在时间轴面板的视频轨中插入一段视频素材，如图12-66所示。在视频轨中，将时间线移至00:00:02:00的位置，如图12-67所示。

图12-66　插入视频素材

图12-67　移动时间线

在菜单栏中，单击"编辑"|"分割素材"命令，如图12-68所示。或者在视频轨中的视频素材上，单击鼠标右键，在弹出的快捷菜单中选择"分割素材"选项，如图12-69所示。

图12-68　单击命令

图12-69　选择"分割素材"选项

执行操作后，即可在时间轴面板中的时间线位置，对视频素材进行分割操作，分割为两段，如图12-70所示。用与上同样的操作方法，再次对视频轨中的视频素材进行分割操作，如图12-71所示。

图12-70　分割为两段

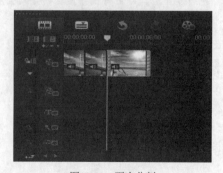
图12-71　再次分割

素材分割完成后，单击导览面板中的"播放"按钮，预览分割视频后的画面效果，如图12-72所示。

图12-72 预览分割视频后的画面效果

12.2.4 视频快照的抓拍

功能介绍

制作视频画面特效时,如果用户对某个视频画面比较喜欢,可以将该视频画面抓拍下来,存于素材库面板中。

进入会声会影编辑器,在时间轴面板的视频轨中插入一段视频素材,如图12-73所示。

图12-73 插入视频素材

在时间轴面板中,选择需要抓拍照片的视频文件,如图12-74所示。将时间线移至00:00:02:00的位置,如图12-75所示。

图12-74 选择视频文件   图12-75 移动时间线

在菜单栏中，单击"编辑"|"抓拍快照"命令，如图12-76所示。执行操作后，即可抓拍视频快照，被抓拍的视频快照将显示在"照片"素材库中，如图12-77所示。

图12-76 单击命令

图12-77 显示在"照片"素材库

问： 抓拍快照与以往版本的区别是什么？

答： 在会声会影X6之前的软件版本中，"抓拍快照"功能存在于"视频"选项面板中，而在会声会影X8软件中，"抓拍快照"功能存在于"编辑"菜单下，用户在操作时需要找对"抓拍快照"功能的位置。

12.2.5 照片的区间

功能介绍

在会声会影X8中，对于所编辑的照片素材，用户可以根据实际情况调整照片的播放长度。在会声会影X8中，用户可以通过"更改照片/色彩区间"命令来调整照片的区间长度。

❖ 通过命令调整区间

进入会声会影编辑器，在时间轴面板的视频轨插入一幅素材图像，如图12-78所示。在视频轨中，选择需要调整区间长度的照片素材，如图12-79所示。

图12-78 插入素材图像

图12-79 选择照片素材

在菜单栏中，单击"编辑"|"更改照片/色彩区间"命令，如图12-80所示。执行操作后，弹出"区间"对话框，在其中设置"区间"为0:0:6:0，如图12-81所示。

提示

在"照片"选项面板中，用户还可以单击"照片区间"右侧的上下微调按钮，来微调照片素材的区间参数值。

单击"确定"按钮，即可更改照片素材的区间长度，如图12-82所示。

图12-81 设置"区间"

图12-80 单击命令

图12-82 更改照片素材的区间长度

❖ 通过选项调整区间

在会声会影X8中，用户可以通过选择快捷菜单中的选项来调整照片的区间长度。

在时间轴面板的视频轨中，选择需要调整区间的照片素材，在照片素材上单击鼠标右键，在弹出的快捷菜单中选择"更改照片区间"选项，如图12-83所示。弹出"区间"对话框，设置"区间"为0:0:6:0，单击"确定"按钮，即可更改照片素材的区间长度，如图12-84所示。

图12-83 选择"更改照片区间"选项

图12-84 更改照片素材的区间长度

❖ 通过数值框调整区间

在会声会影X8中，用户可以通过选择快捷菜单中的选项来调整照片的区间长度。

在会声会影X8中，选择需要调整区间长度的照片素材，展开"照片"选项面板，在"照片区间"数值框中输入"区间"为0:0:6:0，如图12-85所示。按【Enter】键确认，即可调整视频轨中照片素材的区间长度，如图12-86所示。

图12-85 输入"区间"

图12-86 调整区间长度

12.2.6 视频的区间

功能介绍

在会声会影X8中编辑视频素材时，用户可以调整视频素材的区间长短，使调整后的视频素材更好地适用于所编辑的项目。在会声会影X8中，用户可以通过"速度/时间流逝"命令来调整视频素材的区间长度。

参数详解

在"速度/时间流逝"对话框中，各主要选项含义如下。

- ❖ 原始素材区间：在该选项的右侧，显示了视频素材的原始区间长度。
- ❖ 新素材区间：在该选项右侧的数值框中，可以输入需要调整的视频区间参数。
- ❖ 帧频率：可以设置视频的帧频率。
- ❖ 速度：可以设置视频的播放速度，参数设置在10%～1000%之间。
- ❖ 预览：可以预览设置后的视频区间。

【练习12-5】 通过命令调整视频区间

素材位置	素材\第12章\水果.mpg
效果位置	效果\第12章\水果.vsp
视频位置	视频\第12章\【练习12-5】通过命令调整视频区间.mp4
技术掌握	掌握变形视频素材的操作

本例主要讲解通过命令调整视频区间的操作方法。

Step 01 进入会声会影编辑器，在时间轴面板的视频轨中插入一段视频素材，如图12-87所示。

图12-87 插入视频素材

Step 02 在视频轨中，选择需要调整区间长度的视频素材，如图12-88所示。

Step 03 在菜单栏中，单击"编辑"｜"速度/时间流逝"命令，如图12-89所示。

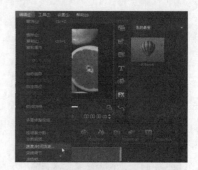

图12-88 选择视频素材　　　　　　　　　　图12-89 单击命令

Step 04 执行操作后，弹出"速度/时间流逝"对话框，在其中设置"新素材区间"为0:0:3:0，如图12-90所示。

Step 05 设置完成后，单击"确定"按钮，即可更改视频的区间长度，如图12-91所示。

提示

当用户使用"视频区间"数值框来更改视频的区间长度时，如果重新设置的视频区间比原始视频的区间要长，则无法进行区间的修改。只有当重新设置的视频区间比原始视频区间要短的时候，才能对视频区间进行更改。

图12-90　设置"新素材区间"

图12-91　更改视频的区间长度

技术专题　〔视频区间调整的方法〕

❖ 通过选项调整区间

在会声会影X8中，用户可以通过选项调整视频区间，在时间轴面板的视频轨中，选择需要调整区间的视频素材，在视频素材上单击鼠标右键，在弹出的快捷菜单中选择"速度/时间流逝"选项，如图12-92所示。即可弹出"速度/时间流逝"对话框，在其中设置"新素材区间"为0:0:4:0，如图12-93所示，单击"确定"按钮，即可更改视频素材的区间长度。

图12-92　选择"速度/时间流逝"选项

图12-93　设置"新素材区间"

❖ 通过数值框调整区间

在会声会影X8中，用户还可以通过数值框调整视频素材的区间长度，在会声会影X8中，选择需要调整区间长度的视频素材，展开"视频"选项面板，在"视频区间"数值框中输入0:00:10:00，如图12-94所示。

按【Enter】键确认，即可调整视频轨中视频素材的区间长度。

图12-94　输入数值

问：如何设置视频镜头以慢动作或快动作进行播放？

答：在电影中，用户常常可以看见视频画面时而播放速度特别快，时而播放速度又特别慢，这种视频播放效果用户可以在会声会影中制作出来。制作方法很简单，用户只需在"速度/时间流逝"对话框中，更改"速度"右侧的参数即可，当用户将参数设定在100以下时，视频播放速度将会以慢速度进行播放；当用户将参数设定在100以上时，视频播放速度将会以快进速度进行播放。用户还可以拖曳下方"正常"选项上的滑块，来设定视频的参数，如图12-95所示，设置完成后，单击"确定"按钮，即可完成操作。

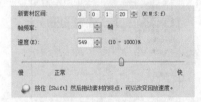

图12-95　拖曳滑块

12.2.7　素材声音大小

功能介绍

在会声会影X8中，当用户进行视频编辑时，对视频素材的音量进行调整，可以使视频与画外音、背景音乐更加协调。

进入会声会影编辑器，在故事板中插入一段视频素材，如图12-96所示。在窗口的右侧，单击"选项"按钮，如图12-97所示。

图12-96　插入视频素材

图12-97　单击"选项"按钮

展开"选项"面板，单击"素材音量"右侧的下拉按钮，如图12-98所示。在弹出的列表框中，拖曳滑块调节音量，直至参数显示为337，如图12-99所示。

图12-98　单击下拉按钮

图12-99　参数显示为337

视频素材的音量设置完成后，单击导览面板中的"播放"按钮，查看视频画面并聆听音频效果，如图12-100所示。

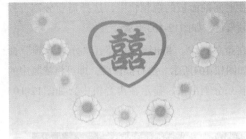

图12-100　查看视频画面并聆听音频效果

技术专题　【将视频设置为静音】

在会声会影X8中对视频进行编辑时，如果用户不需要使用视频的背景音乐，而需要重新添加一段音乐作为视频的背景音乐，则可以将视频现有的背景音乐调整为静音。操作方法很简单，用户首先选择视频轨中需要调整为静音的视频素材，展开"视频"选项面板，单击"素材音量"右侧的"静音"按钮，如图12-101所示。执行操作后，即可设置视频素材的背景音乐为静音。

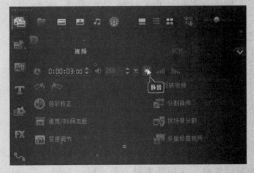

图12-101　单击"静音"按钮

12.2.8　视频与音频分割

功能介绍

在会声会影中进行视频编辑时，有时需要将视频素材的视频部分和音频部分进行分割，然后替换成其他音频或对音频部分做进一步的调整。

❖　通过命令分割视频与音频

进入会声会影编辑器，在时间轴面板的视频轨中插入一段视频素材，如图12-102所示。

图12-102　插入视频素材

在时间轴面板的视频轨中，选择需要分割音频的视频素材，如图12-103所示。

在菜单栏中，单击"编辑"|"分割音频"命令，如图12-104所示。执行操作后，即可将视频中的背景音乐分割出来，显示在声音轨中，如图12-105所示。

图12-103　选择视频素材

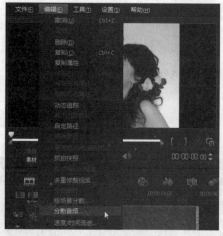

图12-104　单击命令

图12-105　显示在声音轨

❖　通过选项分割视频与音频

在会声会影X8中，用户可以通过选项分割视频与音频。在时间轴面板的视频轨中，选择需要分割音频的视频素材，在视频素材上单击鼠标右键，在弹出的快捷菜单中选择"分割音频"选项，如图12-106所示。

执行操作后，即可将视频与背景声音进行分割操作。

❖　通过按钮分割视频与音频

在会声会影X8中，用户可以通过按钮分割视频与音频。在时间轴面板的视频轨中，选择需要分割音频的视频素材，展开"视频"选项面板，在其中单击"分割音频"按钮，如图12-107所示。执行操作后，即可将视频与背景声音进行分割操作。

图12-106　选择"分割音频"选项

图12-107　单击"分割音频"按钮

12.2.9　视频变速调节

功能介绍

使用会声会影X8中的变速调节功能，可以使用慢动作唤起视频中的剧情，或加快实现独特的缩时效果。

【练习12-6】 通过命令对视频变速调节

素材位置	素材\第12章\花团锦簇.mpg
效果位置	效果\第12章\花团锦簇.vsp
视频位置	视频\第12章\【练习12-6】通过命令对视频变速调节.mp4
技术掌握	掌握通过命令对视频变速调节的操作

本例主要讲解通过命令对视频变速调节的操作方法。

Step 01 进入会声会影编辑器，在时间轴面板的视频轨中插入一段视频素材，如图12-108所示。

Step 02 在菜单栏中，单击"编辑"|"变速调节"命令，如图12-109所示。

图12-108 插入视频素材

图12-109 单击命令

Step 03 执行操作后，弹出"变速"对话框，如图12-110所示。

Step 04 在中间的时间轴上，将时间线移至00:00:01:00的位置，如图12-111所示。

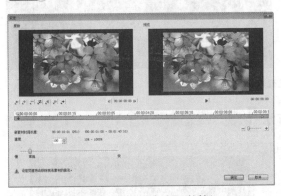

图12-110 弹出"变速"对话框

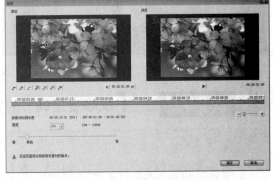

图12-111 移动时间线

Step 05 单击"新增主画格"按钮 ⊞ ，在时间线位置添加一个关键帧，如图12-112所示。

Step 06 在"速度"右侧的数值框中，输入500，设置第一段区域中的视频以快进的速度进行播放，如图12-113所示。

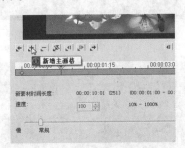

图12-112 添加一个关键帧

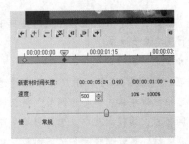

图12-113 以快进的速度进行播放

Step 07 在中间的时间轴上，将时间线移至00:00:03:00的位置，如图12-114所示。

Step 08 单击"新增主画格"按钮 ⊞ ，在时间线位置添加第2个关键帧，在"速度"右侧的数值框中，输入50，设置第二段区域中的视频以缓慢的速度进行播放，如图12-115所示。

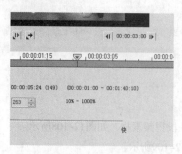

图12-114 移动时间线

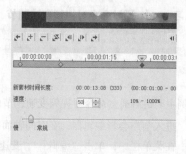

图12-115 以缓慢的速度进行播放

Step 09 设置完成后，单击"确定"按钮，即可调整视频的播放速度，单击导览面板中的"播放"按钮，预览视频画面效果，如图12-116所示。

图12-116 预览视频画面效果

技术专题 [视频变速调节的方法]

❖ 通过选项变速调节

在会声会影X8中，用户可以通过在快捷菜单中选择"变速调节"选项调速。在时间轴面板的视频轨中，选择需要变速调节的视频素材，在视频素材上单击鼠标右键，在弹出的快捷菜单中选择"变速调节"选项，如图12-117所示。

执行操作后，即可在弹出的对话框中对视频进行变速调节操作。

图12-117 选择"变速调节"选项

❖ 通过按钮分割视频与音频

在会声会影X8中，用户可以在通过"视频"选项面板中单击"变速调节"按钮调速。在时间轴面板的视频轨中，选择需要变速调节的视频素材，展开"视频"选项面板，在其中单击"变速调节"按钮，如图12-118所示。

执行操作后，即可在弹出的对话框中对视频进行变速调节操作。

图12-118 单击"变速调节"按钮

12.3 撤销与重做素材

在会声会影X8中编辑视频的过程中，用户可以对已完成的操作进行撤销和重做操作，熟练地运用撤销和重做功能将会给工作带来极大的方便。本节主要向读者介绍撤销和重做的操作方法，希望读者可以熟练掌握。

12.3.1 素材的撤销操作

功能介绍

在会声会影X8中编辑视频的过程中，用户可以对已完成的操作进行撤销操作，熟练地运用撤销功能将会给工作带来极大的方便。如果用户对视频素材进行了错误操作，此时可以对错误的操作进行撤销，撤销至之前正确的状态。

【练习12-7】 素材的撤销操作

素材位置	素材\第12章\睡美人.mpg
效果位置	效果\第12章\睡美人.vsp
视频位置	视频\第12章\【练习12-7】素材的撤销操作.mp4
技术掌握	掌握素材的撤销操作的操作

本例主要讲解素材的撤销操作的操作方法。

Step 01 进入会声会影编辑器，在时间轴面板的视频轨中插入一段视频素材，如图12-119所示。

Step 02 在时间轴面板中，将时间线移至00:00:04:00的位置处，如图12-120所示。

图12-119 插入视频素材

图12-120 移动时间线

Step 03 在菜单栏中，单击"编辑"|"分割素材"命令，如图12-121所示。

Step 04 执行操作后，即可将视频素材分割为两段，如图12-122所示。

图12-121 单击命令

图12-122 分割为两段

Step 05 如果用户不需要对视频进行分割，而需要撤销操作使素材回到被分割前的状态，则在菜单栏中单击"编辑"|"撤销"命令，如图12-123所示。

Step 06 执行操作后，即可将视频撤销至之前的状态，如图12-124所示，撤销视频的分割操作。

图12-123　单击"编辑"|"撤销"命令　　　　　　　图12-124　撤销至之前的状态

Step 07　单击导览面板中的"播放"按钮，预览视频画面效果，如图12-125所示。

图12-125　预览视频画面效果

提示

在会声会影X8中，选择需要分割的视频文件后，按【Ctrl+I】组合键，也可以快速分割视频。

12.3.2　素材的重做操作

功能介绍

在会声会影X8工作界面中编辑视频时，用户可以对撤销的操作再次进行重做操作，恢复视频画面至之前的视频状态。

重做操作的方法很简单，用户在撤销文件的操作后，单击"编辑"|"重复"命令，如图12-126所示，即可重做至撤销之前的视频状态。

图12-126　单击"编辑"|"重复"命令

12.4　动态追踪视频画面

在会声会影X8中，视频画面的"动态追踪"功能是软件的一个新增功能，该功能可以瞄准并跟踪屏幕上移动的物体，然后对视频画面进行相应的编辑操作。本节主要向读者介绍使用动态追踪视频画面的操作方法。

12.4.1 动态追踪画面

功能介绍

在会声会影X8中，用户可以使用"动态追踪"功能，下面向读者介绍在会声会影X8中，使用"动态追踪"功能跟踪屏幕物体的操作方法。

【练习12-8】 动态追踪画面

素材位置	素材\第12章\珠宝.mpg
效果位置	效果\第12章\珠宝.vsp
视频位置	视频\第12章\【练习12-8】动态追踪画面.mp4
技术掌握	掌握动态追踪画面的操作

本例主要讲解动态追踪画面的操作方法。

Step 01 进入会声会影X8编辑器，单击"工具"|"动态追踪"命令，如图12-127所示。

Step 02 弹出相应对话框，选择需要进行动态追踪的视频文件，如图12-128所示。

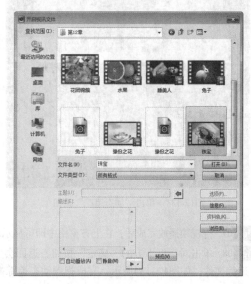

图12-127 单击"工具"|"动态追踪"命令

图12-128 选择视频文件

Step 03 单击"打开"按钮，弹出"动态追踪"对话框，如图12-129所示。

Step 04 在对话框下方，单击"设定追踪范围为区域"按钮，然后在上方窗格中指定追踪区域，如图12-130所示。

图12-129 弹出"动态追踪"对话框

图12-130 指定追踪区域

提示

在会声会影X8中，用户还可以在视频轨中选择需要动态追踪的视频文件，然后单击"编辑"|"动态追踪"命令，也可以弹出"动态追踪"对话框。

Step 05 设定完成后，单击"动态追踪"按钮，如图12-131所示。

Step 06 执行操作后，即可开始播放视频文件，并显示动态追踪信息，如图12-132所示。

图12-131　单击"动态追踪"按钮

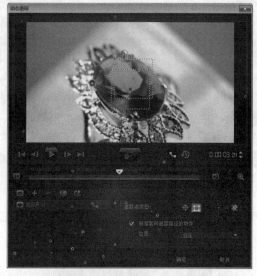

图12-132　显示动态追踪信息

Step 07 待视频播放完成后，在上方窗格中即可显示动态追踪路径，路径线条以青色线表示，如图12-133所示。

Step 08 单击对话框下方的"确定"按钮，返回会声会影编辑器，在视频轨和覆叠轨中显示了视频文件与动态追踪文件，如图12-134所示，完成视频动态追踪操作。

图12-133　路径线条以青色线表示

图12-134　显示了视频文件与动态追踪文件

Step 09 单击"播放"按钮，预览视频画面动态追踪效果，如图12-135所示。

图12-135 预览视频画面动态追踪效果

12.4.2 添加路径特效

功能介绍

在会声会影X8中，用户将软件自带的路径动画添加至视频画面上，可以制作出视频的画中画效果，以增强视频的感染力。

进入会声会影编辑器，单击"文件"|"打开项目"命令，打开一个项目文件，如图12-136所示。在预览窗口中，可以预览视频的画面效果，如图12-137所示。

图12-136 打开一个项目文件　　　　　　　图12-137 预览视频的画面效果

在素材库的左侧，单击"路径"按钮，如图12-138所示。进入"路径"素材库，在其中选择P07路径运动效果，如图12-139所示。

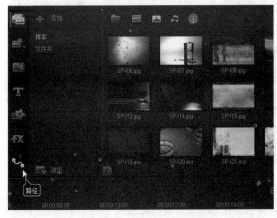 

图12-138 单击"路径"按钮　　　　　　　图12-139 选择P07路径运动效果

将选择的路径运动效果拖曳至视频轨中的素材图像上，如图12-140所示。释放鼠标左键，即可为素材添加路径运动效果，在预览窗口中可以预览素材画面，如图12-141所示。

图12-140　拖曳至视频轨中的素材图像上

图12-141　预览素材画面

单击导览面板中的"播放"按钮，预览添加路径运动效果后的视频画面，如图12-142所示。

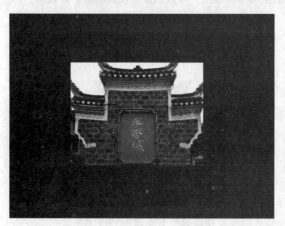

图12-142　预览添加路径运动效果后的视频画面

12.4.3　套用追踪路径

功能介绍

在会声会影X8的"自定路径"对话框中，用户可以设置视频的动画属性和运动效果。

进入会声会影编辑器，单击"文件"|"打开项目"命令，打开一个项目文件，如图12-143所示。

图12-143　打开项目文件

在预览窗口中，可以预览视频画面效果，如图12-144所示。在时间轴面板的覆叠轨中，选择相应素材文件，如图12-145所示。

图12-144　预览视频画面效果

图12-145　选择相应素材文件

在素材文件上，单击鼠标右键，在弹出的快捷菜单中选择"替换素材"|"照片"选项，如图12-146所示。弹出"替换/重新链接素材"对话框，在其中选择需要的照片素材，如图12-147所示。

图12-146　选择"替换素材"|"照片"选项

图12-147　选择需要的照片素材

单击"打开"按钮，即可替换照片素材，如图12-148所示。在菜单栏中，单击"编辑"|"自定路径"命令，如图12-149所示。

图12-148　替换照片素材

图12-149　单击命令

执行操作后，弹出"自定路径"对话框，如图12-150所示。在"位置"选项区中，设置X为-70、Y为8；在"大小"选项区中，设置X为54、Y为48，然后在预览窗口中对素材画面进行扭曲变形操作，如图12-151所示。

在"自定路径"对话框中，选择最后一个关键帧，显示视频效果，如图12-152所示。在"位置"选项区中，设置X为0、Y为0；在"大小"选项区中，设置X为58、Y为52，然后在预览窗口中对素材画面进行扭曲变形操作，如图12-153所示。

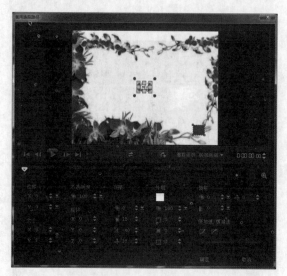

图12-150 弹出"自定路径"对话框

图12-151 对素材画面进行扭曲变形操作

图12-152 显示视频效果

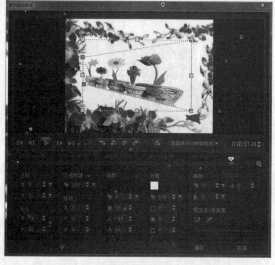

图12-153 对素材画面进行扭曲变形操作

　　运动效果制作完成后，单击"确定"按钮，返回会声会影编辑器，单击"播放"按钮，预览视频画面效果，如图12-154所示。

图12-154 预览视频画面效果

12.5 路径运动效果

　　在会声会影X8中，新增了一项路径动画功能。用户将软件自带的路径动画添加至视频画面上，可以制作出视频的画中画效果，以增强视频的感染力。本节主要向读者介绍为素材添加路径运动效果的操作方法。

12.5.1 导入路径

功能介绍

在会声会影X8中，用户可以使用软件自带的路径动画效果，还可以导入外部的路径动画效果。

切换至"路径"素材库，单击"导入路径"按钮 ，如图12-155所示。执行操作后，弹出"浏览"对话框，在其中用户可根据需要选择要导入的路径文件，如图12-156所示，单击"打开"按钮，即可将路径文件导入"路径"面板。

图12-155 单击"导入路径"按钮

图12-156 选择要导入的路径文件

提示

在"路径"素材库中的空白位置上，单击鼠标右键，在弹出的快捷菜单中选择"导入路径"选项，也可以弹出"浏览"对话框，导入外部路径文件。

12.5.2 视频路径的添加

功能介绍

在会声会影X8中，可以为视频轨中的视频或图像素材添加路径运动效果，使视频更有吸引力。

【练习12-9】 视频路径的添加

素材位置	素材\第12章\蝴蝶飞舞.vsp
效果位置	效果\第12章\蝴蝶飞舞.vsp
视频位置	视频\第12章\【练习12-9】视频路径的添加.mp4
技术掌握	掌握视频路径的添加的操作

本例主要讲解视频路径的添加的操作方法。

Step 01 进入会声会影编辑器，单击"文件"|"打开项目"命令，打开一个项目文件，如图12-157所示。

Step 02 在预览窗口中，可以预览视频的画面效果，如图12-158所示。

图12-157 打开项目文件

图12-158 预览视频画面效果

Step ③ 在素材库的左侧，单击"路径"按钮，如图12-159所示。

Step ④ 进入"路径"素材库，在其中选择相应路径运动效果，如图12-160所示。

图12-159 单击"路径"按钮

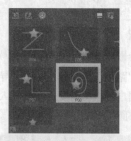

图12-160 选择路径运动效果

Step ⑤ 将选择的路径运动效果拖曳至视频轨中的素材图像上，如图12-161所示。

Step ⑥ 释放鼠标左键，即可为素材添加路径运动效果，在预览窗口中可以预览素材画面，如图12-162所示。

图12-161 拖曳至素材图像

图12-162 在预览窗口中可以预览素材画面

Step ⑦ 单击导览面板中的"播放"按钮，预览添加路径运动效果后的视频画面，如图12-163所示。

图12-163 预览视频画面

12.5.3 覆叠路径的添加

功能介绍

在会声会影X8中，用户可根据需要为覆叠轨中的素材添加路径效果，以制作出类似电视中的画中画特效。下面向读者介绍为覆叠素材添加路径动画的操作方法。

【练习12-10】 覆叠路径的添加

素材位置	素材\第12章\投篮.vsp
效果位置	效果\第12章\投篮.vsp
视频位置	视频\第12章\【练习12-10】覆叠路径的添加.mp4
技术掌握	掌握覆叠路径的添加的操作

本例主要讲解覆叠路径的添加的操作方法。

Step 01 进入会声会影编辑器，单击"文件"|"打开项目"命令，打开一个项目文件，如图12-164所示。

Step 02 在预览窗口中，可以预览视频的画面效果，如图12-165所示。

图12-164 打开项目文件

图12-165 预览视频画面效果

Step 03 在时间轴面板中，选择覆叠轨中需要添加路径动画的素材，如图12-166所示。

Step 04 此时，预览窗口中的覆叠素材将被选中，如图12-167所示。

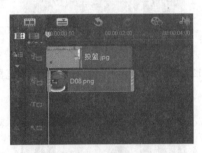

图12-166 选择需要添加路径动画的素材

图12-167 预览窗口中的素材被选中

Step 05 在素材库的左侧，单击"路径"按钮 ，进入"路径"素材库，在其中选择自定义路径运动效果，如图12-168所示。

Step 06 将选择的路径运动效果拖曳至覆叠轨中的素材图像上，如图12-169所示，释放鼠标左键，即可为素材添加路径运动效果。

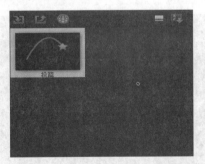

图12-168 选择自定义路径运动效果

图12-169 拖曳至素材图像

Step 07 单击导览面板中的"播放"按钮，预览添加路径运动效果后的视频画面，如图12-170所示。

图12-170 预览视频画面

12.5.4 自定路径效果

功能介绍

在会声会影X8中,当用户为视频或图像素材添加路径效果后,还可以对路径的运动路径进行编辑和修改操作,使制作的路径效果更加符合用户的需求。

进入会声会影X8编辑器,在视频轨中插入一幅素材图像,如图12-171所示。在预览窗口中,可以预览视频轨中的素材画面,如图12-172所示。

图12-171 插入素材图像

图12-172 预览素材画面

用与上同样的方法,在覆叠轨中插入一幅素材图像,如图12-173所示。在预览窗口中,可以预览覆叠轨中的素材画面,如图12-174所示。

图12-173 插入素材图像

图12-174 预览覆叠轨中的素材画面

在菜单栏中,单击"编辑"|"自定路径"命令,如图12-175所示。执行操作后,弹出"自定路径"对话框,如图12-176所示。

图12-175 单击命令

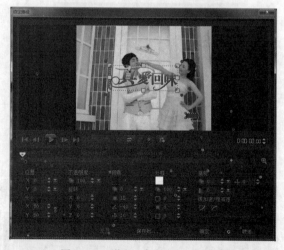

图12-176 弹出"自定路径"对话框

在"位置"选项区中,设置X为-59、Y为72;在"大小"选项区中,设置X和Y均为33,并在对话框上方调整素材起始关键帧位置,如图12-177所示。将时间线移至0:00:00:22的位置处,添加一个关键帧,在"位置"选项区中,设置X为-46、Y为-72;在"大小"选项区中,设置X和Y均为47,如图12-178所示。

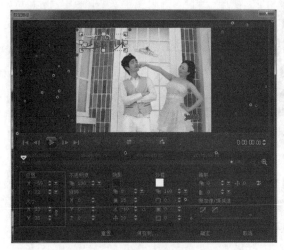 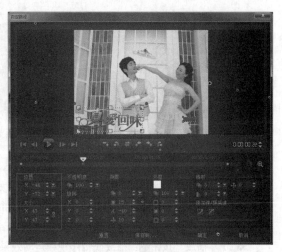

图12-177　调整素材起始关键帧位置　　　　　　　图12-178　设置各参数

将时间线移至0:00:01:24的位置处，添加一个关键帧，在"位置"选项区中，设置X为42、Y为-47；在"大小"选项区中，设置X和Y均为48，如图12-179所示。选择最后一个关键帧，在"位置"选项区中，设置X为46、Y为68；在"大小"选项区中，设置X和Y均为50，如图12-180所示。

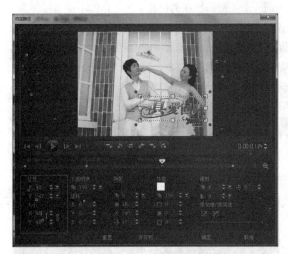 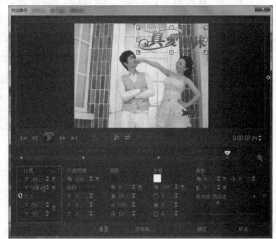

图12-179　设置X和Y均为48　　　　　　　　图12-180　设置X和Y均为50

参数设置完成后，在对话框上方的预览窗口中，拖曳各关键帧之间的青色线条，使线条变得平滑、柔软，调整覆叠素材的运动路径，如图12-181所示。

提示

在覆叠轨中选择需要自定义路径效果的素材，在素材上单击鼠标右键，在弹出的快捷菜单中选择"自定义运动"选项，也可以快速弹出"自定义运动"对话框。

图12-181　调整覆叠素材的运动路径

设置完成后，单击"确定"按钮，即可自定义路径动画，单击导览面板中的"播放"按钮，预览视频画面效果，如图12-182所示。

图12-182　预览视频画面效果

参数详解

在"自定运动"对话框中，中间一排按钮的含义如下。

❖ "前面"按钮■：将时间线定位到时间轴中第一个关键帧的位置。

❖ "上一个关键帧"按钮■：将时间线定位到上一个关键帧的位置。

❖ "播放"按钮■：播放或暂停视频运动效果。

❖ "下一个关键帧"按钮■：将时间线定位到下一个关键帧的位置。

❖ "后面"按钮■：将时间线定位到时间轴中最后一个关键帧的位置。

❖ "添加关键帧"按钮■：可以添加一个关键帧。

❖ "删除关键帧"按钮■：可以删除一个关键帧。

❖ "转到前一个关键帧"按钮■：将时间线转到前一个关键帧所在的位置。

❖ "反向关键帧"按钮■：反向调整关键帧位置。

❖ "将关键帧移动到左侧"按钮■：向左侧移动关键帧的位置，每单击一次，可以移动一帧的位置。

❖ "将关键帧移动到右侧"按钮■：向右侧移动关键帧的位置，每单击一次，可以移动一帧的位置。

❖ "转到下一个关键帧"按钮■：将时间线转到下一个关键帧所在的位置。

12.5.5　移除路径效果

功能介绍

在会声会影X8中，如果用户不需要在图像中添加路径效果，此时可以将路径效果进行删除操作，撤销图像至原始状态。在会声会影X8中，通过菜单栏中的"移除路径"命令删除路径效果的方法很简单。

❖ 通过命令移除路径效果

在视频轨或覆叠轨中，选择需要删除路径效果的素材文件，在菜单栏中单击"编辑"|"移除路径"命令，如图12-183所示。

执行操作后，即可删除素材中已添加的路径运动效果。

❖ 通过选项移除路径效果

在会声会影X8中，通过快捷菜单中的"移除路径"选项删除路径效果的方法很简单。在视频轨或覆叠轨中，选择需要删除路径效果的素材文件，在素材文件上，单击鼠标右键，在弹出的快捷菜单中选择"移除路径"选项，如图12-184所示。

执行操作后，即可移除素材中已添加的路径运动效果。

图12-183　单击"编辑"|"移除路径"命令

图12-184　选择"移除路径"选项

12.6 摇动与缩放效果

在会声会影X8中，摇动与缩放效果是针对图像而言的，在时间轴面板中添加图像文件后，即可在选项面板中为图像添加摇动和缩放效果，使静态的图像运动起来，增强画面的视觉感染力。本节主要向读者介绍为素材添加摇动与缩放效果的操作方法。

12.6.1 自动摇动和缩放动画

功能介绍

使用会声会影X8默认提供的摇动和缩放功能，可以使静态图像产生动态的效果，使制作出来的影片更加生动、形象。下面向读者介绍在会声会影X8中，通过"自动摇动和缩放"命令来制作图像摇动和缩放效果的操作方法。

【练习12-11】 通过命令添加动画效果

素材位置	素材\第12章\小巧玲珑.jpg
效果位置	效果\第12章\小巧玲珑.vsp
视频位置	视频\第12章\【练习12-11】通过命令添加动画效果.mp4
技术掌握	掌握通过命令添加动画效果的操作

本例主要讲解通过命令添加动画效果的操作方法。

Step 01 进入会声会影X8编辑器，在视频轨中插入一幅素材图像，如图12-185所示。

Step 02 在菜单栏中，单击"编辑"|"自动摇动和缩放"命令，如图12-186所示。

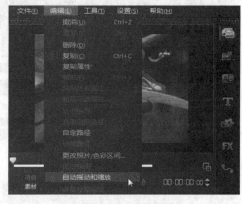

图12-185　插入素材图像　　　　　　　　　　　图12-186　单击命令

Step 03 执行操作后，即可添加自动摇动和缩放效果，单击导览面板中的"播放"按钮，即可预览添加的摇动和缩放效果，如图12-187所示。

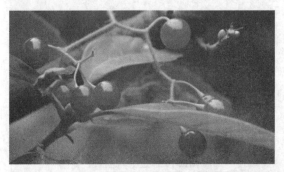

图12-187　预览添加的摇动和缩放效果

技术专题 [添加自动摇动和缩放的方法]

❖ 通过选项添加动画效果

使用会声会影X8默认提供的摇动和缩放功能,可以使静态图像产生动态的效果,使制作出来的影片更加生动、形象。

进入会声会影X8编辑器,在视频轨中插入一幅素材图像,如图12-188所示。在素材图像上,单击鼠标右键,在弹出的快捷菜单中选择"自动摇动和缩放"选项,如图12-189所示。

图12-188 插入素材图像

图12-189 选择"自动摇动和缩放"选项

执行操作后,即可添加自动摇动和缩放效果,单击导览面板中的"播放"按钮,即可预览添加的摇动和缩放效果,如图12-190所示。

图12-190 预览添加的摇动和缩放效果

❖ 通过面板添加动画效果

在会声会影X8中,用户可以通过面板添加动画效果。进入会声会影X8编辑器,在视频轨中插入一幅素材图像,如图12-191所示。在"照片"选项面板中,选中"摇动和缩放"单选按钮,如图12-192所示。

图12-191 插入素材图像

图12-192 选中单选按钮

执行操作后，即可添加自动摇动和缩放效果，单击导览面板中的"播放"按钮，即可预览添加的摇动和缩放效果，如图12-193所示。

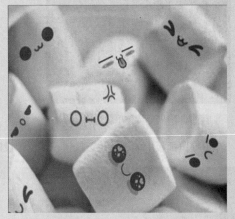

图12-193 预览添加的摇动和缩放效果

12.6.2 预设的摇动和缩放效果

功能介绍

在会声会影X8中，向读者提供了多种预设的摇动和缩放效果，用户可根据实际需要进行相应选择和应用。下面向读者介绍添加预设的摇动和缩放效果的方法。

【练习12-12】 预设的摇动和缩放效果

素材位置	素材\第12章\彩色人生.jpg
效果位置	效果\第12章\彩色人生.vsp
视频位置	视频\第12章\【练习12-12】预设的摇动和缩放效果.mp4
技术掌握	掌握预设的摇动和缩放效果的操作

本例主要讲解预设的摇动和缩放效果的操作方法。

Step 01 进入会声会影X8编辑器，在视频轨中插入一幅素材图像，如图12-194所示。

Step 02 在预览窗口中，可以预览视频的画面效果，如图12-195所示。

图12-194 插入素材图像   图12-195 预览视频画面效果

Step 03 打开"照片"选项面板，选中"摇动和缩放"单选按钮，如图12-196所示。

Step 04 单击"自定义"按钮左侧的下三角按钮，在弹出的列表框中选择相应的摇动和缩放预设样式，如图12-197所示。

图12-196　选中单选按钮

图12-197　选择预设样式

Step 05 单击导览面板中的"播放"按钮，预览预设的摇动和缩放效果，如图12-198所示。

图12-198　预览预设的摇动和缩放效果

提示

　　在会声会影X8中，向读者提供了16种不同的摇动和缩放预设样式，用户可以根据需要将相应预设样式应用于图像上。

12.6.3　自定义摇动和缩放效果

功能介绍

　　在会声会影X8中，除了可以使用软件预置的摇动和缩放效果外，用户还可以根据需要对摇动和缩放属性进行自定义设置。下面向读者介绍自定义摇动和缩放效果的操作方法。

　　进入会声会影X8编辑器，在视频轨中插入一幅素材图像，如图12-199所示。在预览窗口中，可以预览视频的画面效果，如图12-200所示。

图12-199　插入素材图像

图12-200　预览视频画面效果

打开"照片"选项面板，选中"摇动和缩放"单选按钮，单击"自定义"按钮，如图12-201所示。执行操作后，弹出"摇动和缩放"对话框，如图12-202所示。

图12-201　单击"自定义"按钮

图12-202　弹出"摇动和缩放"对话框

在对话框下方，设置"缩放率"为220，在左侧预览窗口中调整图像缩放位置，如图12-203所示。将时间线移至00:00:01:07的位置，添加一个关键帧，设置"缩放率"为184，在左侧预览窗口中调整图像缩放位置，如图12-204所示。

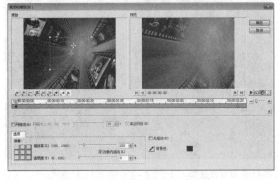

图12-203　调整图像缩放位置（一）

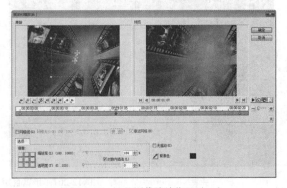

图12-204　调整图像缩放位置（二）

将时间线移至00:00:02:07的位置，添加一个关键帧，设置"缩放率"为160，在左侧预览窗口中调整图像缩放位置，如图12-205所示。选择最后一个关键帧，设置"缩放率"为100，在左侧预览窗口中调整图像缩放位置，如图12-206所示。

会声会影 X8 技术大全

图12-205 调整图像缩放位置（三）

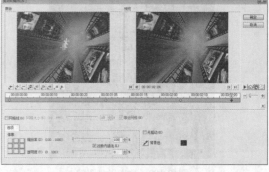

图12-206 调整图像缩放位置（四）

　　设置完成后，单击"确定"按钮，返回会声会影编辑器，单击"播放"按钮，即可预览自定义的摇动和缩放效果，如图12-207所示。

图12-207 预览自定义的摇动和缩放效果

第13章 视频素材的剪辑与调色

本章导读

　　在会声会影X8中可以对视频进行相应的剪辑，如标记修剪视频素材、按场景分割视频和多重修整视频等。在进行视频编辑时，用户只要掌握好这些剪辑视频的方法，便可以制作出更为完美、流畅的影片。本章主要向读者介绍视频素材剪辑与调色的操作方法。

13.1　视频的色彩校正

在会声会影X8中，用户可以根据需要为视频素材调色，还可以对相应视频素材进行剪辑操作，或者对视频素材进行多重修整操作，使制作的视频更加符合用户的需求。本节主要向读者介绍对素材进行色彩校正的操作方法。

13.1.1　视频色调

功能介绍

在会声会影X8中，如果用户对照片的色调不太满意，此时可以重新调整照片的色调。下面向读者介绍调整素材画面色调的操作方法。

参数详解

在"属性"选项面板中，各主要选项含义如下。

❖　色调：拖曳该选项右侧的滑块，可以调整素材画面的色调。

❖　饱和度：拖曳该选项右侧的滑块，可以调整素材画面的饱和度。

❖　亮度：拖曳该选项右侧的滑块，可以调整素材画面的亮度。

❖　对比度：拖曳该选项右侧的滑块，可以调整素材画面的对比度。

❖　Gamma：拖曳该选项右侧的滑块，可以调整素材画面的Gamma参数。

【练习13-1】视频色调调整

素材位置	素材\第13章\戈壁地带.mpg
效果位置	效果\第13章\戈壁地带.vsp
视频位置	视频\第13章\【练习13-1】视频色调调整.mp4
技术掌握	掌握视频色调调整的操作

本例主要讲解视频色调调整的操作方法。

Step 01　进入会声会影编辑器，在时间轴面板的视频轨中插入一幅视频素材，如图13-1所示。

Step 02　在预览窗口中，可以预览素材的画面效果，如图13-2所示。

图13-1　插入素材图像

图13-2　预览素材的画面效果

提示

在调整素材色调时，若需要返回默认值，可使用以下两种方法。

❖　滑块：双击"色调"选项右侧的滑块，即可返回默认值0。

❖　按钮：单击选项面板右下角的"将滑动条重置为默认值"按钮 ，即可返回默认值0。

Step 03　打开"视频"选项面板，单击"色彩校正"按钮 ，如图13-3所示。

Step 04　执行操作后，打开相应选项面板，如图13-4所示。

图13-3　单击"色彩校正"按钮

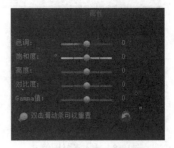

图13-4　打开相应选项面板

Step 05 在选项面板中，拖曳"色调"选项右侧的滑块，直至参数显示为42，如图13-5所示。

Step 06 在预览窗口中，可以预览更改色调后的视频素材效果，如图13-6所示。

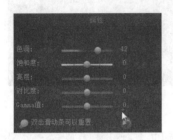

图13-5　参数显示为42

图13-6　预览更改色调后的图像素材效果

技术专题　　【更改素材画面局部色彩】

　　拖曳"色调"右侧的滑块至相应参数位置，可以调出素材画面的特殊色彩，参数可以设置在-100~100之间。使用"色调"功能，还可以更改画面中某一部分或局部的色调，如图13-7所示。

图13-7　更改画面中某一部分或局部的色调

13.1.2　视频色调的自动调整

功能介绍

　　在会声会影X8中，用户还可以运用软件自动调整素材画面的色调。进入会声会影X8编辑器，在视频轨中插入一幅视频素材图像，如图13-8所示。在预览窗口中，可以预览素材画面效果，如图13-9所示。

　　在"视频"选项面板中，单击"色彩校正"按钮，弹出相应选项面板，选中"自动调整色调"复选框，如图13-10所示。执行操作后，即可调整图像的色调，效果如图13-11所示。

图13-8　插入素材图像

图13-9　预览素材画面效果

图13-10　选中"自动调整色调"复选框

图13-11　调整图像色调

技术专题　　　**["自动调整色调"的不同选项]**

在选项面板中，单击"自动调整色调"右侧的下三角按钮，在弹出的列表框中，包含5个不同的选项，分别为"最亮""较亮""一般""较暗"和"最暗"选项，如图13-12所示。

默认情况下，软件将使用"一般"选项为自动调整素材色调。下面向读者展示，选择不同的选项，图像画面色彩的变化程度。

❖ 选择"最亮"选项时，图像画面色彩效果如图13-13所示。

图13-12　5个不同的选项

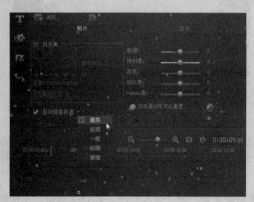

图13-13　"最亮"选项效果图

❖ 选择"较亮"选项时，图像画面色彩效果如图13-14所示。

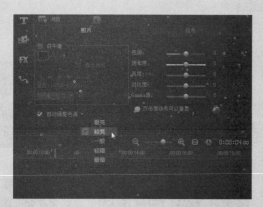

图13-14 "较亮"选项效果图

❖ 选择"较暗"选项时，图像画面色彩效果如图13-15所示。

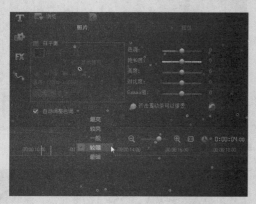

图13-15 "较暗"选项效果图

❖ 选择"最暗"选项时，图像画面色彩效果如图13-16所示。

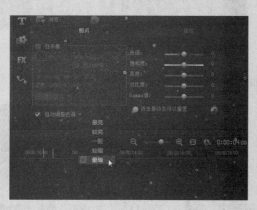

图13-16 "最暗"选项效果图

13.1.3 视频饱和度

功能介绍

在会声会影X8中使用饱和度功能，可以调整整张照片或单个颜色分量的色相、饱和度和亮度值，还可以同步调整照片中所有的颜色。下面介绍调整图像的饱和度的操作方法。

🎬【练习13-2】视频饱和度的调整

素材位置	素材\第13章\可爱动物.mpg
效果位置	效果\第13章\可爱动物.vsp
视频位置	视频\第13章\【练习13-2】视频饱和度的调整.mp4
技术掌握	掌握视频饱和度的调整的操作

本例主要讲解视频饱和度的调整的操作方法。

Step 01 进入会声会影X8编辑器，在视频轨中插入一幅视频素材，如图13-17所示。

Step 02 在预览窗口中，可以预览素材画面效果，如图13-18所示。

图13-17 插入素材图像

图13-18 预览素材画面效果

Step 03 在"视频"选项面板中，单击"色彩校正"按钮，弹出相应选项面板，拖曳"饱和度"选项右侧的滑块，直至参数显示为48，如图13-19所示。

图13-19 参数显示为48

Step 04 执行操作后，即可调整图像的饱和度，效果如图13-20所示。

图13-20 调整图像的饱和度

提示

在会声会影X8的选项面板中设置饱和度参数时，饱和度参数值设置得越低，图像画面的饱和度越灰；饱和度参数值设置得越高，图像颜色越鲜艳，色彩画面更越强。

👆 技术专题 ［去除视频画面色彩］

在会声会影X8中，如果用户需要去除视频画面中的色彩，此时可以将"饱和度"参数设置为-100，即可去除视频素材的画面色彩，如图13-21所示。

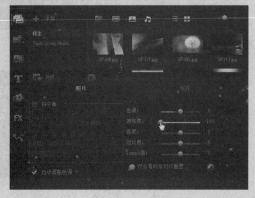

图13-21　去除视频素材的画面色彩

13.1.4　视频亮度

功能介绍

在会声会影X8中，当素材亮度过暗或者太亮时，用户可以调整素材的亮度。下面向读者介绍调整素材画面亮度的操作方法。

【练习13-3】视频亮度的调整

素材位置	素材\第13章\城市风景.mpg
效果位置	效果\第13章\城市风景.vsp
视频位置	视频\第13章\【练习13-3】视频亮度的调整.mp4
技术掌握	掌握视频亮度的调整的操作

本例主要讲解视频饱和度的调整的操作方法。

Step 01 进入会声会影X8编辑器，在视频轨中插入一幅视频素材，如图13-22所示。

图13-22　插入素材图像

Step 02 在预览窗口中，可以预览素材画面效果，如图13-23所示。

图13-23 预览素材画面效果

Step 03 在"视频"选项面板中，单击"色彩校正"按钮，弹出相应选项面板，拖曳"亮度"选项右侧的滑块，直至参数显示为52，如图13-24所示。

Step 04 执行操作后，即可调整图像的亮度，效果如图13-25所示。

图13-24 参数显示为52

图13-25 调整图像的亮度

提示

亮度是指颜色的明暗程度，它通常使用从-100到100之间的整数来度量。在正常光线下照射的色相，被定义为标准色相。一些亮度高于标准色相的，称为该色相的高度；反之称为该色相的阴影。

13.1.5 视频对比度

功能介绍

对比度是指图像中阴暗区域最亮的白与最暗的黑之间不同亮度范围的差异。在会声会影X8中，用户可以轻松地对素材的对比度进行调整。

进入会声会影X8编辑器，在故事板中插入一幅视频素材，如图13-26所示。在预览窗口中，可以预览素材画面效果，如图13-27所示。

图13-26　插入素材图像

图13-27　调整图像的对比度

在"视频"选项面板中，单击"色彩校正"按钮，弹出相应选项面板，拖曳"对比度"选项右侧的滑块，直至参数显示为46，如图13-28所示。执行操作后，即可调整图像的对比度，效果如图13-29所示。

图13-28　参数显示为46

图13-29　调整图像的对比度

提示

在会声会影X8中，"对比度"选项用于调整素材的对比度，其取值范围为-100到100之间的整数。数值越高，素材对比度越大；反之则降低素材的对比度。

13.1.6 视频Gamma

功能介绍

在会声会影X8中，用户可以通过设置画面的Gamma值来更改画面的色彩灰阶。进入会声会影X8编辑器，在故事板中插入一幅视频素材，如图13-30所示。在预览窗口中，可以预览素材画面效果，如图13-31所示。

图13-30　插入素材图像

图13-31　预览素材画面效果

在"视频"选项面板中，单击"色彩校正"按钮，弹出相应选项面板，拖曳Gamma选项右侧的滑块，直至参数显示为62，如图13-32所示。执行操作后，即可调整图像的Gamma色调，效果如图13-33所示。

图13-32　参数显示为62

图13-33　调整图像的Gamma色调

提示

　　会声会影中的Gamma，翻译成中文是"灰阶"的意思，是指液晶屏幕上人们肉眼所见的一个点，即一个像素，它是由红、绿、蓝三个子像素组成的。每一个子像素背后的光源都可以显现出不同的亮度级别。而灰阶代表了由最暗到最亮之间不同亮度的层次级别，中间的层级越多，所能够呈现的画面效果也就越细腻。

13.2　白平衡特效

　　在会声会影X8中，用户可以通过调整图像素材和视频素材的白平衡，使画面达到不同的色调效果。本节主要向读者介绍在会声会影X8中设置视频素材白平衡的操作方法，主要包括添加钨光效果、添加荧光效果、添加日光效果以及添加云彩效果等。

13.2.1　钨光效果

功能介绍

　　钨光白平衡也称为"白炽灯"或"室内光"，可以修正偏黄或者偏红的画面，一般适用于在钨光灯环境下拍摄的照片或者视频素材。

　　进入会声会影X8编辑器，在故事板中插入一幅素材图像，如图13-34所示。在预览窗口中，可以预览素材画面效果，如图13-35所示。

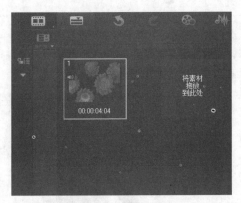
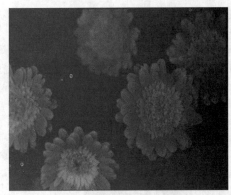

图13-34　插入素材图像　　　　　　　　　　图13-35　预览素材画面效果

　　打开"视频"选项面板，单击"色彩校正"按钮，如图13-36所示。执行操作后，打开相应选项面板，在左侧选中"白平衡"复选框，如图13-37所示。

图13-36　单击"色彩校正"按钮　　　　　　　图13-37　选中"白平衡"复选框

在"白平衡"复选框下方，单击"钨光"按钮
，添加钨光效果，如图13-38所示。在预览窗口
中，可以预览添加钨光效果后的素材画面，效果如
图13-39所示。

图13-38　添加钨光效果

图13-39　预览素材画面

技术专题　[设置图像不同的白平衡效果]

在选项面板的"白平衡"选项区中，用户还可以手动选取色彩来设置素材画面的白平衡效果。
在"白平衡"选项区中，单击"选取色彩"按钮，在预览窗口中需要的颜色上，单击鼠标左键，如
图13-40所示，即可吸取颜色，用吸取的颜色改变素材画面的白平衡效果，如图13-41所示。

图13-40　单击鼠标左键　　　　　　　　　　　　　图13-41　改变素材画面的白平衡效果

在选项面板中，当用户手动吸取画面颜色
后，选中"显示预览"按钮，在选项面板的右
侧，将显示素材画面的原图，如图13-42所示，
在预览窗口中显示了素材画面添加白平衡后的效
果，用户可以查看图像对比效果。

图13-42　显示素材画面的原图

13.2.2　荧光效果

功能介绍

在会声会影X8中，为图像应用荧光效果可以使素材画面呈现偏蓝的冷色调，同时可以修正偏黄的照片。

进入会声会影X8编辑器，在故事板中插入一幅视频素材，如图13-43所示。在预览窗口中，可以预览素材画面效果，如图13-44所示。

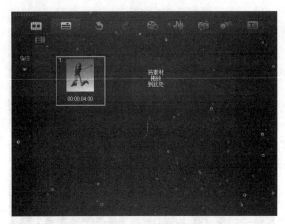

图13-43　插入素材图像

图13-44　预览素材画面效果

提示

荧光效果适合于在荧光下做白平衡调节。荧光的类型有很多种，如冷白和暖白，因而有些相机不止一种荧光白平衡调节。

打开"照片"选项面板，单击"色彩校正"按钮，打开相应选项面板，选中"白平衡"复选框，在下方单击"荧光"按钮，如图13-45所示。在预览窗口中，可以预览添加荧光效果后的素材画面，效果如图13-46所示。

图13-45　单击"荧光"按钮

图13-46　预览素材画面

问：如何还原素材本身色彩？

答：如果用户对于设置的素材画面白平衡效果不满意，则可以在选项面板中，取消选中"白平衡"复选框，将素材画面还原至本身色彩。

13.2.3　日光效果

功能介绍

日光效果可以修正色调偏红的视频或照片素材，一般适用于灯光夜景、日出、日落以及焰火等。

进入会声会影X8编辑器，在故事板中插入一幅素材图像，如图13-47所示。在预览窗口中，可以预览素材画面效果，如图13-48所示。

图13-47　插入素材图像

图13-48　预览素材画面效果

打开"照片"选项面板，单击"色彩校正"按钮，打开相应选项面板，选中"白平衡"复选框，在下方单击"日光"按钮，如图13-49所示。在预览窗口中，可以预览添加日光效果后的素材画面，效果如图13-50所示。

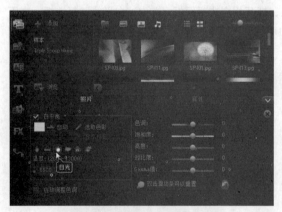

图13-49　单击"日光"按钮

图13-50　预览素材画面

13.2.4　云彩效果

功能介绍

在会声会影X8中，应用云彩效果可以使素材画面呈现偏黄的暖色调，同时可以修正偏蓝的照片。进入会声会影X8编辑器，在故事板中插入一幅素材图像，如图13-51所示。在预览窗口中，可以预览素材画面效果，如图13-52所示。

图13-51 插入素材图像

图13-52 预览素材画面效果

打开"照片"选项面板，单击"色彩校正"按钮，打开相应选项面板，选中"白平衡"复选框，在下方单击"云彩"按钮，如图13-53所示。在预览窗口中，可以预览添加云彩效果后的素材画面，效果如图13-54所示。

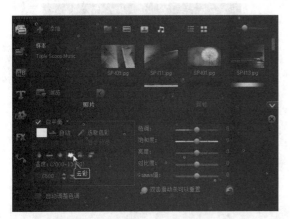

图13-53 单击"云彩"按钮

图13-54 预览添加云彩效果后的素材画面

13.2.5 阴影效果

功能介绍

在会声会影X8中，用户还可以通过添加阴影效果调整照片的色调。

【练习13-4】视频阴影效果的添加

素材位置	素材\第13章\花朵.mpg
效果位置	效果\第13章\花朵.vsp
视频位置	视频\第13章\【练习13-4】视频阴影效果的添加.mp4
技术掌握	掌握视频阴影效果的添加的操作

本例主要讲解视频阴影效果的添加的操作方法。

Step 01 进入会声会影X8编辑器，在视频轨中插入一幅视频素材，如图13-55所示。

Step 02 在预览窗口中，可以预览素材画面效果，如图13-56所示。

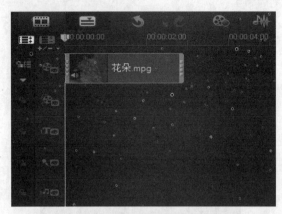

图13-55　打开项目文件

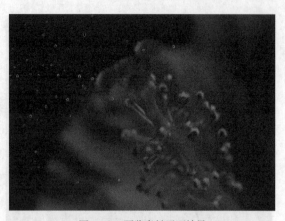

图13-56　预览素材画面效果

Step 03 打开"视频"选项面板，单击"色彩校正"按钮，打开相应选项面板，选中"白平衡"复选框，在下方单击"阴影"按钮■，如图13-57所示。

Step 04 在预览窗口中，可以预览添加阴影效果后的素材画面，效果如图13-58所示。

图13-57　单击"阴影"按钮

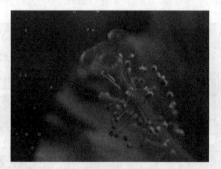

图13-58　预览添加阴影效果后的素材画面

13.2.6　阴暗效果

功能介绍

在会声会影X8中，为图像应用阴暗效果可以使素材画面呈现偏黄的暖色调，同时可以修正偏蓝的照片。下面向读者介绍在会声会影X8中为素材画面添加阴暗效果的操作方法。

【练习13-5】视频阴暗效果的添加

素材位置	素材\第13章\树木.mpg
效果位置	效果\第13章\树木.vsp
视频位置	视频\第13章\【练习13-5】视频阴暗效果的添加.mp4
技术掌握	掌握视频阴暗效果的添加的操作

本例主要讲解视频阴暗效果的添加的操作方法。

Step 01 进入会声会影X8编辑器，在视频轨中插入一幅视频素材，如图13-59所示。

图13-59　插入素材图像

Step 02 在预览窗口中，可以预览素材画面效果，如图13-60所示。

图13-60 预览素材画面效果

Step 03 打开"视频"选项面板,单击"色彩校正"按钮,打开相应选项面板,选中"白平衡"复选框,在下方单击"阴暗"按钮 ，如图13–61所示。

Step 04 在预览窗口中,可以预览添加阴暗效果后的素材画面,效果如图13–62所示。

图13-61 单击"阴暗"按钮

图13-62 预览添加阴暗效果后的素材画面

13.3 剪辑视频素材

在会声会影X8中,用户可以对视频素材进行相应的剪辑,剪辑视频素材在视频制作中起着极为重要的作用,用户可以去除视频素材中不需要的部分,并将最精彩的部分应用到视频中。掌握一些常用视频剪辑的方法,可以制作出更为流畅、完美的影片。本节主要向读者介绍在会声会影X8中,剪辑视频素材的方法。

13.3.1 用按钮剪辑视频

功能介绍

在会声会影X8中,用户可以通过"按照飞梭栏的位置分割素材"按钮 剪辑视频素材。

【练习13-6】用按钮剪辑枫叶视频

素材位置	素材\第13章\枫叶.mpg
效果位置	效果\第13章\枫叶.vsp
视频位置	视频\第13章\【练习13-6】用按钮剪辑枫叶视频.mp4
技术掌握	掌握用按钮剪辑枫叶视频的操作

本例主要讲解用按钮剪辑枫叶视频的操作方法。

Step 01 进入会声会影X8编辑器，在视频轨中插入一段视频素材，在视频轨中，将时间线移至00:00:02:00的位置处，如图13-63所示。

Step 02 在导览面板中，单击"按照飞梭栏的位置分割素材"按钮 ✕ ，如图13-64所示。

图13-63　插入视频素材

图13-64　单击按钮

提示

在会声会影X8中，将时间线移至需要分割视频片段的位置，按【Ctrl+I】组合键，也可以快速对视频素材进行分割操作。

Step 03 执行操作后，即可将视频素材分割为两段，如图13-65所示。

Step 04 在时间轴面板的视频轨中，再次将时间线移至00:00:04:00的位置处，如图13-66所示。

图13-65　将视频素材分割为两段

图13-66　移动时间线

Step 05 在导览面板中，单击"按照飞梭栏的位置分割素材"按钮 ✕ ，再次对视频素材进行分割操作，如图13-67所示。

图13-67　对视频素材进行分割操作

提示

将鼠标移至预览窗口下方的飞梭栏"滑轨"上,单击鼠标左键并向右拖曳,拖曳至合适位置后释放鼠标,然后单击预览窗口右侧的"按照飞梭栏的位置分割素材"按钮 ,也可以对视频素材进行相应的分割操作。

Step 06 在导览面板中单击"播放"按钮,预览剪辑后的视频画面效果,如图13-68所示。

图13-68 预览剪辑后的视频画面效果

技术专题 〔剪辑片中不需要的视频片段〕

在视频轨中,当用户对视频素材进行多次分割操作后,此时可以选取视频片段中不需要的部分,如图13-69所示,按【Delete】键,进行删除操作,对不需要的视频片段进行剪辑,如图13-70所示。

图13-69 选取不需要的部分 图13-70 对视频片段进行剪辑

13.3.2 用时间轴剪辑视频

功能介绍

在会声会影X8中,通过时间轴剪辑视频素材也是一种常用的方法,该方法主要通过"开始标记"按钮【 和"结束标记"按钮 】来实现对视频素材的剪辑操作。下面介绍通过时间轴剪辑视频素材的操作方法。

【练习13-7】用时间轴剪辑植物视频

素材位置	素材\第13章\植物.mpg
效果位置	效果\第13章\植物.vsp
视频位置	视频\第13章\【练习13-7】用时间轴剪辑植物视频.mp4
技术掌握	掌握用按钮剪辑枫叶视频的操作

本例主要讲解用时间轴剪辑植物视频的操作方法。

Step 01 进入会声会影X8编辑器，在视频轨中插入一段视频素材，如图13-71所示。

Step 02 在时间轴面板中，将时间线移至00:00:02:00的位置处，如图13-72所示。

图13-71　插入视频素材

图13-72　移动时间线

Step 03 在导览面板中，单击"开始标记"按钮 [，如图13-73所示。

Step 04 此时，在时间轴上方会显示一条橘红色线条，如图13-74所示。

图13-73　单击"开始标记"按钮

图13-74　显示一条橘红色线条

Step 05 在时间轴面板中，再次将时间线移至00:00:04:00的位置处，如图13-75所示。

Step 06 在导览面板中，单击"结束标记"按钮] ，确定视频的终点位置，如图13-76所示。

图13-75　移动时间线

图13-76　确定视频的终点位置

Step 07 此时，视频片段中选定的区域将以橘红色线条表示，如图13-77所示。

图13-77　以橘红色线条表示

提示

在时间轴面板中，将时间线定位到视频片段中的相应位置，按【F3】键，可以快速设定标记开始时间；按【F4】键，可以快速设定标记结束时间。

Step 08　在导览面板中单击"播放"按钮，预览剪辑后的视频画面效果，如图13-78所示。

图13-78　预览剪辑后的视频画面效果

问：为什么按快捷键剪辑没反应？

答：在会声会影X8中设置视频开始标记与结束标记时，如果按快捷键【F3】、【F4】键没反应，则可能是会声会影软件的快捷键与其他应用程序的快捷键发生冲突，此时用户需要关闭目前打开的所有应用程序，然后重新启动会声会影软件，即可激活软件中的快捷键。

13.3.3　用修整标记剪辑视频

功能介绍

在会声会影X8的飞梭栏中，有两个修整标记，在标记之间的部分代表素材被选取的部分，拖动修整标记，即可对素材进行相应的剪辑，在预览窗口中将显示与修整标记相对应的帧画面。

进入会声会影X8编辑器，在视频轨中插入一段视频素材，在视频轨中可以查看视频素材的长度，如图13-79所示。在导览面板中，将鼠标移至飞梭栏起始修整标记上，此时鼠标指针呈双向箭头形状，如图13-80所示。

图13-79　查看视频素材的长度　　　　图13-80　鼠标指针呈双向箭头形状

在起始修整标记上，单击鼠标左键并向右拖曳，至00:00:03:00的位置处释放鼠标左键，即可剪辑视频的起始片段，如图13-81所示。在导览面板中，将鼠标移至飞梭栏结束修整标记上，此时鼠标指针呈双向箭头形状，如图13-82所示。

图13-81　剪辑视频的起始片段

图13-82　鼠标指针呈双向箭头形状

在结束修整标记上，单击鼠标左键并向左拖曳，至00:00:11:01的位置处释放鼠标左键，即可剪辑视频的结束片段，如图13-83所示。在时间轴面板的视频轨中，将显示被修整标记剪辑留下来的视频片段，视频长度也将发生变化，如图13-84所示。

图13-83　剪辑视频的结束片段

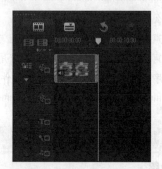
图13-84　视频长度发生变化

在导览面板中单击"播放"按钮，预览剪辑后的视频画面效果，如图13-85所示。

图13-85　预览视频画面效果

13.3.4　直接拖曳剪辑视频

功能介绍

在会声会影X8中，最快捷、最直观的视频剪辑方式是在素材缩略图上直接对视频素材进行剪辑。进入会声会影X8编辑器，在视频轨中插入一段视频素材，在视频轨中可以查看视频素材的长度，如图13-86所示。

在视频轨中，将鼠标拖曳至时间轴面板中的视频素材的末端位置，此时鼠标指针呈双向箭头形状，如图13-87所示。

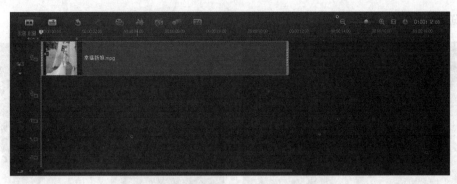

图13-86　查看视频素材的长度

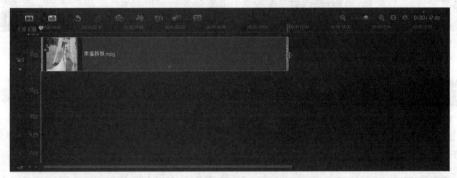

图13-87　鼠标指针呈双向箭头形状

在视频末端位置处，单击鼠标左键并向左拖曳至00:00:04:00的位置处，显示虚线框，表示视频将要剪辑的部分，如图13-88所示。释放鼠标左键，即可剪辑视频末端位置的片段，如图13-89所示。

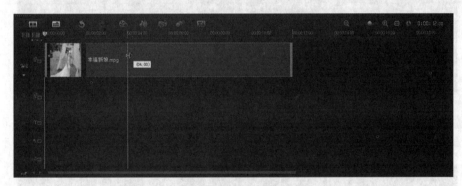

图13-88　显示虚线框

图13-89　剪辑视频末端位置的片段

在导览面板中单击"播放"按钮，预览剪辑后的视频画面效果，如图13-90所示。

图13-90　预览视频画面效果

👆 技术专题 ［通过拖曳剪辑视频片头部分］

在会声会影X8中，用户还可以通过鼠标拖曳的方式，剪辑视频的片头部分。首先将鼠标拖曳至时间轴面板中的视频素材的开始位置，此时鼠标指针呈双向箭头形状，如图13-91所示。

图13-91　鼠标指针呈双向箭头形状

单击鼠标左键并向右拖曳，如图13-92所示，至合适位置后释放鼠标左键，即可剪辑视频片头部分片段。

图13-92　单击鼠标左键并向右拖曳

如果用户需要剪掉视频中间部分不需要的片段，可以通过按钮剪辑的方式，将中间部分删除。

13.3.5　保存修整后的视频素材

功能介绍

在会声会影X8中，用户可以将剪辑后的视频片段保存到媒体素材库中，方便以后对视频进行调用，或者将剪辑后的视频片段与其他视频片段进行合成应用。

对视频进行剪辑操作后，在菜单栏中单击"文件"|"保存修整后的视频"命令，如图13-93所示。执行操作后，即可将剪辑后的视频保存到媒体素材库中，如图13-94所示。

图13-93　单击命令

图13-94　保存到媒体素材库

13.4　分割视频

在会声会影X8中，使用按场景分割功能，可以将不同场景下拍摄的视频内容分割成多个不同的视频片段。对于不同类型的文件，场景检测也有所不同，如DV AVI文件，可以根据录制时间以及内容结构来分割场景；而MPEG-1和MPEG-2文件，只能按照内容结构来分割视频文件。本节主要向读者介绍按场景分割视频素材的操作方法。

13.4.1　按场景分割视频

功能介绍

在会声会影X8中，按场景分割视频功能非常强大，它可以将视频画面中的多个场景分割为多个不同的小片段，也可以将多个不同的小片段场景进行合成操作。

进入会声会影X8编辑器，选择需要按场景分割的视频素材后，在菜单栏中单击"编辑"|"按场景分割"命令，如图13-95所示，即可弹出"场景"对话框，如图13-96所示。

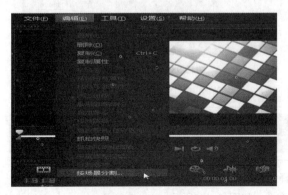

图13-95　单击命令

图13-96　弹出"场景"对话框

参数详解

在"场景"对话框中，各主要选项含义如下。

❖ "连接"按钮：可以将多个不同的场景进行连接、合成操作。

❖ "分割"按钮：可以将多个不同的场景进行分割操作。

❖ "重置"按钮：单击该按钮，可将已经扫描的视频场景恢复到未分割前的状态。

❖ "将场景作为多个素材打开到时间轴"：可以将场景片段作为多个素材插入到时间轴面板中进行应用。

❖ "扫描方法"：在该列表框中，用户可以选择视频扫描的方法，默认选项为Frame Content（帧内容）。

❖ "扫描"：单击该按钮，可以开始对视频素材进行扫描操作。

❖ "选项"：单击该按钮，可以设置视频检测场景时的敏感度值。

❖ "预览"：在预览区域内，可以预览扫描的视频场景片段。

13.4.2 在素材库中分割场景

功能介绍

在会声会影X8中，用户可以在素材库中分割场景。下面向读者介绍在会声会影X8的素材库中分割视频场景的操作方法。

【练习13-8】在素材库中分割场景

素材位置	素材\第13章\绿色记忆.mpg
效果位置	效果\第13章\绿色记忆.vsp
视频位置	视频\第13章\【练习13-8】在素材库中分割场景.mp4
技术掌握	掌握在素材库中分割场景的操作

本例主要讲解在素材库中分割场景的操作方法。

Step 01 进入媒体素材库，在素材库中的空白位置上，单击鼠标右键，在弹出的快捷菜单中选择"插入媒体文件"选项，如图13-97所示。

Step 02 弹出"浏览媒体文件"对话框，在其中选择需要按场景分割的视频素材文件，如图13-98所示。

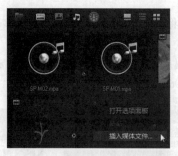

图13-97 选择"插入媒体文件"选项

图13-98 选择视频素材文件

提示

在素材库中的视频素材上，单击鼠标右键，在弹出的快捷菜单中选择"按场景分割"选项，也可以弹出"场景"对话框。

Step 03 单击"打开"按钮，即可在素材库中添加选择的视频素材，如图13-99所示。

Step 04 在菜单栏中，单击"编辑"|"按场景分割"命令，如图13-100所示。

图13-99 添加选择的视频素材

图13-100 单击命令

Step 05 执行操作后，弹出"场景"对话框，其中显示了一个视频片段，单击左下角的"扫描"按钮，如图13-101所示。

Step 06 稍等片刻，即可扫描出视频中的多个不同场景，如图13-102所示。

图13-101 单击"扫描"按钮

图13-102 扫描多个不同场景

Step 07 执行上述操作后，单击"确定"按钮，即可在素材库中显示按照场景分割的2个视频素材，如图13-103所示。

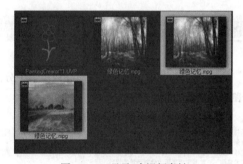
图13-103 显示4个视频素材

问：为什么我单击"扫描"按钮，却扫描不出视频场景片段？

答：此时可在"场景"对话框中，单击"选项"按钮，在弹出的"场景扫描敏感度"对话框中，通过拖曳"敏感度"选项区中的滑块来设置场景检测的敏感度的值，如图13-104所示。敏感度数值越高，场景检测越精确。

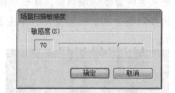
图13-104 设置场景检测的敏感度的值

Step 08 选择相应的场景片段，在预览窗口中可以预览视频的场景画面，效果如图13-105所示。

图13-105　预览视频的场景画面

技术专题　　[用户无法对剪辑过的视频按场景进行分割操作]

在会声会影X8中，用户无法对已经剪辑过的视频片段再按场景进行分割操作，当用户执行"按场景分割"命令时，软件将弹出提示信息框，提示用户在使用按场景分割之前，必须先重置素材的开始标记和结束标记，如图13-106所示。

当用户重置了素材的开始标记和结束标记后，用户就可以对视频按场景进行分割操作了。

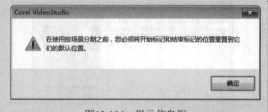

图13-106　提示信息框

13.4.3　在故事板中分割场景

功能介绍

在会声会影X8中，用户还可以在故事板中分割场景。下面向读者介绍在会声会影X8的故事板中按场景分割视频片段的操作方法。

【练习13-9】在故事板中分割场景

素材位置	素材\第13章\乡村美景.mpg
效果位置	效果\第13章\乡村美景.vsp
视频位置	视频\第13章\【练习13-9】在故事板中分割场景.mp4
技术掌握	掌握在故事板中分割场景的操作

本例主要讲解在故事板中分割场景的操作方法。

Step 01　进入会声会影X8编辑器，在故事板中插入一段视频素材，如图13-107所示。

Step 02　选择需要分割的视频文件，单击鼠标右键，在弹出的快捷菜单中选择"按场景分割"选项，如图13-108所示。

图13-107　插入视频素材　　　　　　　　图13-108　选择"按场景分割"选项

Step 03 弹出"场景"对话框,单击"扫描"按钮,如图13-109所示。

Step 04 执行操作后,即可根据视频中的场景变化开始扫描,扫描结束后将按照编号显示出分割的视频片段,如图13-110所示。

图13-109 单击"扫描"按钮　　　　　　　　图13-110 显示分割的视频片段

Step 05 分割完成后,单击"确定"按钮,返回会声会影编辑器,在故事板中显示了分割的多个场景片段,如图13-111所示。

Step 06 切换至时间轴视图,在视频轨中也可以查看分割的视频效果,如图13-112所示。

图13-111 显示分割的多个场景片段　　　　　图13-112 查看分割的视频效果

Step 07 选择相应的场景片段,在预览窗口中可以预览视频的场景画面,效果如图13-113所示。

图13-113 预览视频的场景画面

技术专题 　[在时间轴中分割场景]

　　在会声会影X8中,用户不仅可以在故事板中按场景分割视频,还可以在时间轴中按场景分割视频。

　　在视频轨中选择需要分割的视频,单击鼠标右键,在弹出的快捷菜单中选择"按场景分割"选项,如图13-114所示,即可弹出Scenes(场景)对话框。

图13-114 选择"按场景分割"选项

13.5 修整视频素材

用户如果需要从一段视频中间一次修整出多个片段，可以使用"多重修剪视讯"功能。该功能相对于"按场景分割"功能而言更为灵活，用户还可以在已经标记了起始点和终点的修整素材上进行更为精细的修整。本节主要向读者介绍多重修剪视讯素材的操作方法。

13.5.1 多重修剪视讯

功能介绍

多重修剪视讯操作之前，首先需要打开"多重修剪视讯"对话框，其方法很简单，只需在菜单栏中单击"多重修整视频"命令即可。

进入会声会影X8编辑器，将视频素材添加至素材库中，然后将素材拖曳至故事板中，在视频素材上单击鼠标右键，在弹出的快捷菜单中选择"多重修整视频"选项，如图13-115所示。或者在菜单栏中单击"编辑"|"多重修整视频"命令，如图13-116所示。

图13-115 选择"多重修整视频"选项

图13-116 单击命令

执行操作后，即可弹出"多重修剪视讯"对话框，拖曳对话框下方的滑块，即可预览视频画面，如图13-117所示。

参数详解

在"多重修剪视讯"对话框中，各主要选项含义如下。

❖ "反转选取"按钮：可以反转选取视频素材的片段。

❖ "向后搜索"按钮：可以将时间线定位到视频第1帧的位置。

❖ "向前搜索"按钮：可以将时间线定位到视频最后1帧的位置。

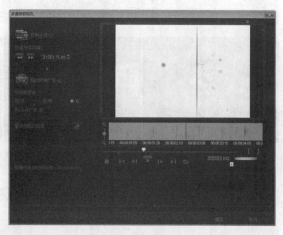

图13-117 预览视频画面

❖ "自动检测电视广告"按钮：可以自动检测视频片段中的电视广告。

❖ "检测敏感度"选项区：在该选项区中，包含低、中、高3种敏感度设置，用户可根据实际需要进行相应选择。

❖ "播放修整的视频"按钮：可以播放修整后的视频片段。

❖ "修整的视频区间"面板：在该面板中，显示了修整的多个视频片段文件。

❖ "设定标记开始时间"按钮：可以设置视频的开始标记位置。

❖ "设定标记结束时间"按钮：可以设置视频的结束标记位置。

❖ "移至特定时间码" `0:00:00.00⬍`：可以移至特定时间码位置，用于精确剪辑视频帧位置时非常有效。

13.5.2 快速搜索间隔

功能介绍

在会声会影X8中，打开"多重修剪视讯"对话框后，用户可以对视频进行快速搜索间隔的操作，该操作可以快速在两个场景之间进行切换。

以上一例的素材为例，在"多重修剪视讯"对话框中，设置"快速搜索间隔"为0:00:05:00，如图13-118所示。单击"往前搜寻"按钮 ▶▶，即可快速搜索视频间隔，如图13-119所示。

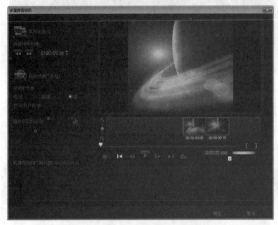

图13-118 设置"快速搜索间隔"

图13-119 快速搜索视频间隔

13.5.3 视频片段的标记

功能介绍

在"多重修剪视讯"对话框中进行相应的设置，可以标记视频片段的起点和终点，以修剪视频素材。进入会声会影X8编辑器，在视频轨中插入一段视频素材，在"多重修剪视讯"对话框中，将滑块拖曳移至00:00:00:10的位置处，单击"设定标记开始时间"按钮 [，如图13-120所示，确定视频的起始点。单击预览窗口下方的"播放"按钮，播放视频素材，至00:00:02:00的位置处单击"暂停"按钮，如图13-121所示。

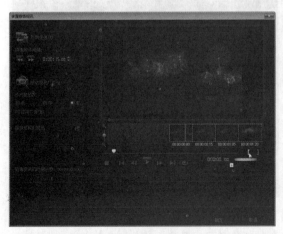

图13-120 单击"设定标记开始时间"按钮

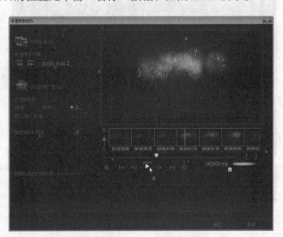

图13-121 单击"暂停"按钮

单击"设定标记结束时间"按钮 ，确定视频的终点位置，此时选定的区间即可显示在对话框下方的列表框中，完成标记第一个修整片段起点和终点的操作，如图13-122所示。单击"确定"按钮，返回会声会影编辑器，在导览面板中单击"播放"按钮，即可预览标记的视频片段效果，如图13-123所示。

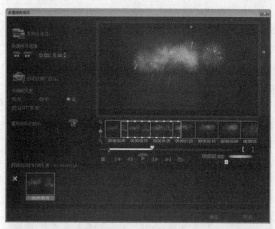 

图13-122　显示区间　　　　　　　　　图13-123　预览标记的视频片段效果

提示

在"多重修剪视讯"对话框中，标记的多个片段是以个体的形式单独存在的。

13.5.4　所选素材的删除

功能介绍

在"多重修剪视讯"对话框中，用户不再需要使用提取的片段时，可以对不需要的片段进行删除操作。以上一例的素材为例，在"多重修剪视讯"对话框中，将滑块拖曳移至00:00:01:00的位置处，单击"设定标记开始时间"按钮 ，如图13-124所示，确定视频的起始点。单击预览窗口下方的"播放"按钮，播放视频素材，至00:00:03:02的位置处单击"暂停"按钮，如图13-125所示。

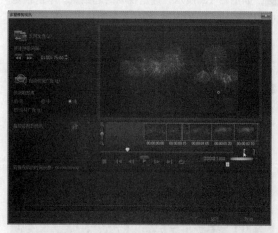 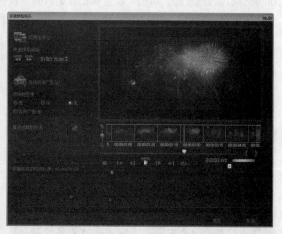

图13-124　单击"设定标记开始时间"按钮　　　图13-125　单击"暂停"按钮

单击"设定标记结束时间"按钮 ，确定视频的终点位置，此时选定的区间即可显示在对话框下方的列表框中，完成标记第一个修整片段起点和终点的操作，如图13-126所示。单击"移除所选素材"按钮 ，如图13-127所示，执行上述操作后，即可删除所选素材片段。

图13-126　显示区间

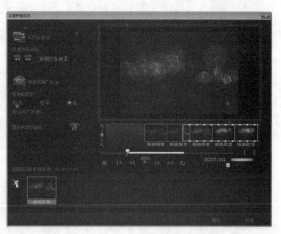

图13-127　单击"移除所选素材"按钮

13.5.5　修整片段

功能介绍

在"多重修剪视讯"对话框中，用户可根据需要标记更多的修整片段，标记出来的片段将以蓝色显示在修整栏上。下面向读者介绍在"多重修剪视讯"对话框中修整多个视频片段的操作方法。

【练习13-10】修整更多片段

素材位置	素材\第13章\雪地风景.mpg
效果位置	效果\第13章\雪地风景.vsp
视频位置	视频\第13章\【练习13-10】修整更多片段.mp4
技术掌握	掌握修整更多片段的操作

本例主要讲解修整更多片段的操作方法。

Step 01　进入会声会影X8编辑器，在视频轨中插入一段视频素材，如图13-128所示。

Step 02　选择视频轨中插入的视频素材，在菜单栏中单击"编辑"|"多重修整视频"命令，如图13-129所示。

图13-128　插入视频素材

图13-129　单击命令

Step 03　执行操作后，弹出"多重修剪视讯"对话框，单击右下角的"设定标记开始时间"按钮，标记视频的起始位置，如图13-130所示。

Step 04　单击"播放"按钮，播放至00:00:04:00的位置处，单击"暂停"按钮，单击"设定标记结束时间"按钮，选定的区间将显示在对话框下方的列表框中，如图13-131所示。

图13-130　标记视频的起始位置

图13-131　显示区间

Step 05　单击预览窗口下方的"播放"按钮，查找下一个区间的起始位置，至00:00:05:00的位置处单击"暂停"按钮，单击"设定标记开始时间"按钮██，标记素材开始位置，如图13-132所示。

Step 06　单击"播放"按钮，查找区间的结束位置，至00:00:07:07的位置处单击"暂停"按钮，然后单击"设定标记结束时间"按钮██，确定素材结束位置，在"修整的视频区间"列表框中将显示选定的区间，如图13-133所示。

图13-132　标记素材开始位置

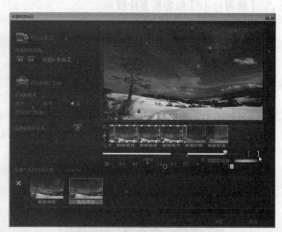

图13-133　显示选定的区间

Step 07　单击"确定"按钮，返回会声会影编辑器，在视频轨中显示了刚剪辑的两个视频片段，如图13-134所示。

Step 08　切换至故事板视图，在其中可以查看剪辑的视频区间参数，如图13-135所示。

图13-134　显示两个视频片段

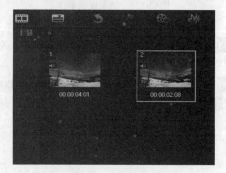

图13-135　查看视频区间参数

Step 09 在导览面板中单击"播放"按钮，预览剪辑后的视频画面效果，如图13-136所示。

图13-136　预览视频画面效果

技术专题　　[通过"视频"选项面板打开"多重修整视频"对话框]

在视频轨中选择需要多重修整的视频素材，打开"视频"选项面板，在其中单击"多重修整视频"按钮█，如图13-137所示，即可打开"多重修剪视讯"对话框。

图13-137　单击"多重修剪视讯"按钮

13.5.6　标记片段

功能介绍

前面所讲的标记修整片段，都是用户凭自己的感观来标记起点和终点的，下面向读者介绍在"多重修剪视讯"对话框中精确标记视频片段进行剪辑的操作方法。

进入会声会影X8编辑器，在视频轨中插入一段视频素材，如图13-138所示。在视频素材上，单击鼠标右键，在弹出的快捷菜单中选择"多重修整视频"选项，如图13-139所示。

图13-138　插入视频素材　　　　　　　　图13-139　选择"多重修整视频"选项

执行操作后，弹出"多重修剪视讯"对话框，单击右下角的"设定标记开始时间"按钮█，标记视频的起始位置，如图13-140所示。在"移至特定时间码"文本框中输入0:00:03:00，即可将时间线定位到视频中第3秒的位置处，如图13-141所示。

图13-140　标记视频的起始位置

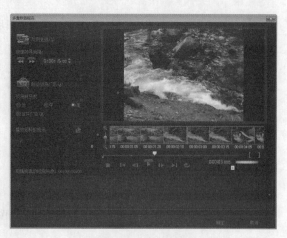

图13-141　移动时间线

单击"设定标记结束时间"按钮■，选定的区间将显示在对话框下方的列表框中，如图13-142所示。继续在"移至特定时间码"文本框中输入0:00:05:00，即可将时间线定位到视频中第5秒的位置处，单击"设定标记开始时间"按钮■，标记第二段视频的起始位置，如图13-143所示。

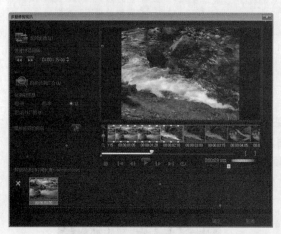

图13-142　显示区间

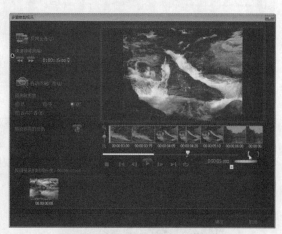

图13-143　标记第二段视频的起始位置

继续在"移至特定时间码"文本框中输入0:00:07:00，即可将时间线定位到视频中第7秒的位置处，单击"设定标记结束时间"按钮■，标记第二段视频的结束位置，选定的区间将显示在对话框下方的列表框中，如图13-144所示。单击"确定"按钮，返回会声会影编辑器，在视频轨中显示了刚剪辑的两个视频片段，如图13-145所示。

图13-144 显示区间

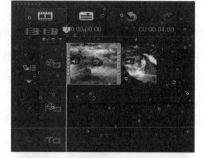

图13-145 显示两个视频片段

切换至故事板视图，在其中可以查看剪辑的视频区间参数，如图13-146所示。

在导览面板中单击"播放"按钮，预览剪辑后的视频画面效果，如图13-147所示。

图13-146 查看视频区间参数

图13-147 预览视频画面效果

13.6 素材的单修整操作

功能介绍

在会声会影X8中，用户可以对媒体素材库中的视频素材进行单修整操作，然后将修整后的视频插入到视频轨中。本节主要向读者介绍素材的单修整操作方法。

多重修剪视讯操作之前，首先需要打开"多重修剪视讯"对话框，其方法很简单，只需在菜单栏中单击"多重修剪视讯"命令即可。

【练习13-11】素材的单修整操作

素材位置	素材\第13章\小小蚂蚁.mpg
效果位置	效果\第13章\小小蚂蚁.vsp
视频位置	视频\第13章\【练习13-11】素材的单修整操作.mp4
技术掌握	掌握素材的单修整操作的操作

本例主要讲解素材的单修整操作的操作方法。

Step 01 进入会声会影X8编辑器，在素材库中插入一段视频素材，如图13-148所示。

Step 02 在视频素材上，单击鼠标右键，在弹出的快捷菜单中选择"单素材修整"选项，如图13-149所示。

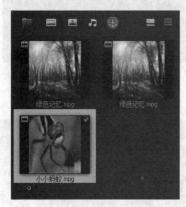

图13-148 插入视频素材

图13-149 选择"单素材修整"选项

Step 03 执行操作后，弹出"单一素材剪辑"对话框，如图13-150所示。

Step 04 在"移至特定时间码"文本框中输入0:00:03:00，即可将时间线定位到视频中第3秒的位置处，单击"设定标记开始时间"按钮 [，标记视频开始位置，如图13-151所示。

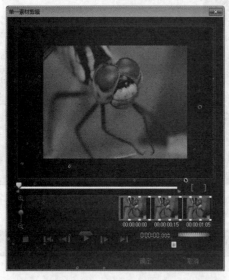

图13-150 弹出对话框

图13-151 标记视频开始位置

Step 05 继续在"移至特定时间码"文本框中输入0:00:05:00，即可将时间线定位到视频中第5秒的位置处，如图13-152所示。

Step 06 单击"设定标记结束时间"按钮] ，标记视频结束位置，如图13-153所示。

图13-152 移动时间线   图13-153 标记视频结束位置

Step 07 视频修整完成后，单击"确定"按钮，返回会声会影编辑器，将素材库中剪辑后的视频添加至视频轨中，在导览面板中单击"播放"按钮，预览剪辑后的视频画面效果，如图13-154所示。

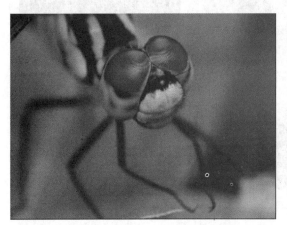 

图13-154 预览视频画面效果

滤镜特效的制作

本章导读

　　在会声会影X8中，为用户提供了多种滤镜效果，在对视频素材进行编辑时，可以将它们应用到视频素材中。通过视频滤镜不仅可以掩饰视频素材的瑕疵，还可以令视频产生绚丽的视觉效果，使制作出来的视频更具表现力。本章主要介绍制作视频滤镜特效的方法。

14.1　视频滤镜

在会声会影X8中，为用户提供了多种滤镜效果，对视频素材进行编辑时，可以将它们应用到视频素材上。本节主要向读者介绍视频滤镜的基础内容，主要包括了解视频滤镜、掌握视频选项面板，以及熟悉常用滤镜属性设置等。

14.1.1　滤镜效果简介

视频滤镜是指可以应用到视频素材中的效果，它可以改变视频文件的外观和样式。会声会影X8提供了多达13大类70多种滤镜效果供用户选择，如图14-1所示。

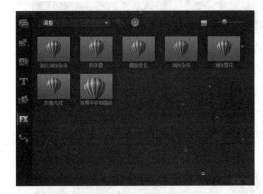

"调整"滤镜特效

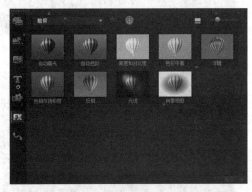

"暗房"滤镜特效

"Corel FX"滤镜特效

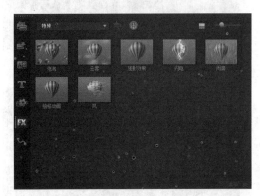

"特殊"滤镜特效

"2D对映"滤镜特效

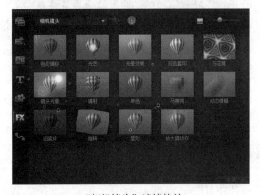

"相机镜头"滤镜特效

图14-1　"滤镜"面板

运用视频滤镜对视频进行处理，可以掩盖一些由于拍摄造成的缺陷，并可以使画面更加生动。通过这些滤镜效果，可以模拟各种艺术效果，并对素材进行美化。图14-2所示为原图与应用滤镜后的效果。

"自动草绘"视频滤镜特效

"彩色笔"视频滤镜特效

"单色"视频滤镜特效

图14-2　原图与应用滤镜后的效果

14.1.2　"属性"选项面板

功能介绍

在会声会影X8中，用户可以使用滤镜特效功能，在此之前，要先了解"属性"选项面板。

进入会声会影X8编辑器，按【Ctrl+O】组合键，打开一个项目文件，展开滤镜"属性"选项面板，如图14-3所示。执行操作后，即可在其中设置相关的滤镜属性。

图14-3　滤镜"属性"选项面板

参数详解

在"属性"选项面板中，各选项含义如下。

❖ 替换上一个滤镜：选中该复选框，将新滤镜应用到素材中时，将替换素材中已经应用的滤镜。如果希望在素材中应用多个滤镜，则不选中此复选框。

❖ 已用滤镜：显示已经应用到素材中的视频滤镜列表。

❖ 上移滤镜▲：单击该按钮可以调整视频滤镜在列表中的位置，使当前选择的滤镜提前应用。

❖ 下移滤镜▼：单击该按钮可以调整视频滤镜在列表中的显示位置，使当前所选择的滤镜延后应用。

❖ 删除滤镜✖：选中已经添加的视频滤镜，单击该按钮可以从视频滤镜列表中删除所选择的视频滤镜。

❖ 预设▨▾：会声会影为滤镜效果预设了多种不同的类型，单击右侧的下三角按钮，从弹出的下拉列表中可以选择不同的预设类型，并将其应用到素材中。

❖ 自定义滤镜▨：单击"自定义滤镜"按钮，在弹出的对话框中可以自定义滤镜属性。根据所选滤镜类型的不同，在弹出的对话框中设置不同的选项参数。

❖ 变形素材：选中该复选框，可以拖动控制点任意倾斜或者扭曲视频轨中的素材，使视频应用变得更加自由。

❖ 显示网格线：选中该复选框，可以在预览窗口中显示网格线效果。

14.1.3　"云雾"属性

功能介绍

当用户为视频添加相应的滤镜效果后，单击选项面板中的"自定义滤镜"按钮，在弹出的对话框中可以设置滤镜特效的相关属性，使制作的视频滤镜更符合用户的需求。

进入会声会影X8编辑器，在故事板中插入一幅素材图像，应用"云雾"滤镜后，在"属性"选项面板中单击"自定义滤镜"按钮，弹出"云彩"对话框，如图14-4所示。

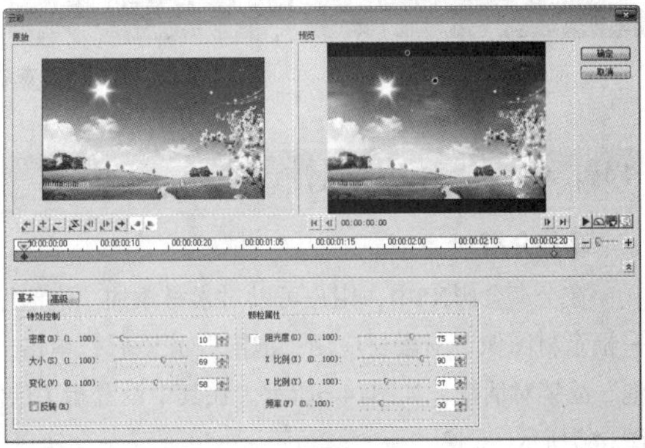

参数详解

在"云彩"对话框中，各主要选项含义如下。

图14-4　"云彩"对话框

❖ 原图：该区域显示的是图像未应用视频滤镜前的效果。

❖ 预览：该区域显示的是图像应用视频滤镜后的效果。

❖ 转到上一个关键帧◀：单击该按钮，可以使上一个关键帧处于编辑状态。

❖ 添加关键帧＋：单击该按钮，可以将当前帧设置为关键帧。

❖ 删除关键帧－：单击该按钮，可以删除已经存在的关键帧。

❖ 翻转关键帧⊠：单击该按钮，可以翻转时间轴中关键帧的顺序。视频序列将从终止关键帧开始到起始关键帧结束。

❖ 将关键帧移到左边◀|：单击该按钮，可以将关键帧向左侧移动一帧。

❖ 将关键帧移到右边|▶：单击该按钮，可以将关键帧向右侧移动一帧。

❖ 转到下一个关键帧 ：单击该按钮，可以使下一个关键帧处于编辑状态。

❖ 淡入 ：单击该按钮，可以设置视频滤镜的淡入效果。

❖ 淡出 ：单击该按钮，可以设置视频滤镜的淡出效果。

❖ 密度：在该数值框中输入相应参数后，可以设置云彩的显示数目、密度。

❖ 大小：在该数值框中输入相应参数后，可以设置单个云彩大小的上限。

❖ 变化：在该数值框中输入相应参数后，可以控制云彩大小的变化。

❖ 反相：选中该复选框，可以使云彩的透明和非透明区域反相。

❖ 阻光度：在该数值框中输入相应参数后，可以控制云彩的透明度。

❖ X比例：在该数值框中输入相应参数后，可以控制水平方向的平滑程度。设置的值越低，图像显得越破碎。

❖ Y比例：在该数值框中输入相应参数后，可以控制垂直方向的平滑程度。设置的值越低，图像显得越破碎。

❖ 频率：在该数值框中输入相应参数后，可以设置破碎云彩或颗粒的数目。设置的值越高，破碎云彩的数量就越多；设置的值越低，云彩就越大、越平滑。

在其中设置相关的滤镜属性后，在预览窗口中可以查看图像素材效果，如图14-5所示。

图14-5　查看图像素材效果

14.1.4　"泡泡"属性

功能介绍

在会声会影X8中，用户可以对素材添加"泡泡"滤镜特效，进入会声会影X8编辑器，在故事板中插入一幅素材图像，对素材应用"泡泡"滤镜后，单击"属性"选项面板中的"自定义滤镜"按钮，弹出"气泡"滤镜对话框，如图14-6所示。在其中设置相关的滤镜属性后，在预览窗口中可以查看图像素材效果，如图14-7所示。

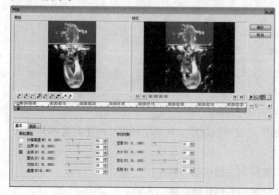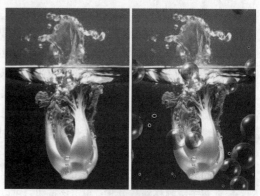

图14-6　"气泡"滤镜对话框　　　　　　　　　　图14-7　查看图像素材效果

提示

在"气泡"对话框的"高级"选项卡中，用户需要选中"动作类型"选项区中的"发散"单选按钮，这3个选项才能处于可设置状态。

参数详解

在"气泡"对话框的"基本"选项卡中，各选项含义如下。

❖ 外部：在该数值框中输入相应参数后，可以控制外部光线。

❖ 边界：在该数值框中输入相应参数后，可以设置边缘或边框的色彩。

❖ 主体：在该数值框中输入相应参数后，可以设置内部或主体的色彩。

❖ 聚光：在该数值框中输入相应参数后，可以设置聚光的强度。

❖ 方向：在该数值框中输入相应参数后，可以设置光线照射的角度。

❖ 高度：在该数值框中输入相应参数后，可以调整光源相对于Z轴的高度。

❖ 密度：在该数值框中输入相应参数后，可以控制气泡的数量。

❖ 大小：在该数值框中输入相应参数后，可以设置最大气泡的尺寸上限。

❖ 变化：在该数值框中输入相应参数后，可以控制气泡大小的变化。

❖ 反射：在该数值框中输入相应参数后，可以调整强光在气泡表面的反射方式。

在"气泡"对话框中，单击下方的"高级"标签，切换至"高级"选项卡，如图14-8所示。

图14-8 "高级"选项卡

在"气泡"对话框的"高级"选项卡中，各选项含义如下。

❖ 方向：选中该单选按钮，气泡随机运动。

❖ 发散：选中该单选按钮，气泡从中央区域向外发散运动。

❖ 调整大小的类型：在该数值框中输入相应参数后，可以指定发散时气泡大小的变化。

❖ 速度：在该数值框中输入相应参数后，可以控制气泡的加速度。

❖ 移动方向：在该数值框中输入相应参数后，可以指定气泡的移动角度。

❖ 湍流：在该数值框中输入相应参数后，可以控制气泡从移动方向上偏离的变化程度。

❖ 振动：在该数值框中输入相应参数后，可以控制气泡摇摆运动的强度。

❖ 区间：在该数值框中输入相应参数后，可以为每个气泡指定动画周期。

❖ 发散宽度：在该数值框中输入相应参数后，可以控制气泡发散的区域宽度。

❖ 发散高度：在该数值框中输入相应参数后，可以控制气泡发散的区域高度。

14.1.5 "闪电"属性

功能介绍

在会声会影X8中，用户可以对素材应用"闪电"滤镜特效，进入会声会影X8编辑器，在故事板中插入一幅素材图像，对素材应用"闪电"滤镜后，单击"属性"选项面板中的"自定义滤镜"按钮，弹出"闪电"滤镜对话框，如图14-9所示。

在其中设置相关的滤镜属性后，在预览窗口中可以查看图像素材效果，如图14-10所示。

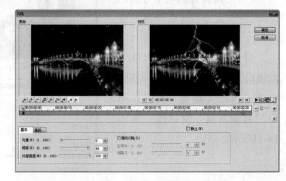

图14-9 "闪电"滤镜对话框

图14-10　查看图像素材效果

参数详解

在"闪电"对话框的"基本"选项卡中，各选项含义如下。

❖　原图：拖动"原图"窗口中的十字标记，可以调整闪电的中心位置和方向。

❖　光晕：在该数值框中输入相应参数后，可以设置闪电发散出的光晕大小。

❖　频率：在该数值框中输入相应参数后，可以设置闪电旋转扭曲的次数，较高的值可以产生较多的分叉。

❖　外部光线：在该数值框中输入相应参数后，可以设置闪电对周围环境的照亮程度，数值越大，环境光越强。

❖　随机闪电：选中该复选框，将随机地生成动态的闪电效果。

❖　区间：在该数值框中输入相应参数后，可以以"帧"为单位设置闪电的出现频率。

❖　间隔：在该数值框中输入相应参数后，可以以"秒"为单位设置闪电的出现频率。

在"闪电"对话框的"高级"选项卡中，各选项含义如下。

❖　闪电色彩：单击右侧的色块，在弹出的"Corel色彩选取器"对话框中可以设置闪电的颜色（默认色为白色）。

❖　因子：拖动滑块可以随机改变闪电的方向。

❖　幅度：在该数值框中输入相应参数后，可以调整闪电振幅，从而设置分支移动的范围。

❖　亮度：向右拖动滑块可以增强闪电的亮度。

❖　阻光度：在该数值框中输入相应参数后，可以设置闪电混合到图像上的方式。较低的值使闪电更透明，较高的值使其更不透明。

❖　长度：在该数值框中输入相应参数后，可以设置闪电中分支的大小，选取较高的值可以增加其尺寸。

对素材应用"自动素描"滤镜后，单击"属性"选项面板中的"自定义滤镜"按钮，弹出"自动素描"对话框，如图14-11所示。

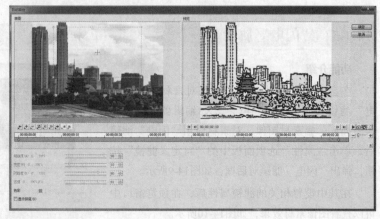

图14-11　"自动素描"对话框

在"自动素描"对话框中，各主要选项含义如下。

❖ 精确度：在该数值框中输入相应参数后，可以调整绘制的笔触的精细程度，数值越大，线条越细，效果越接近于原始画面。

❖ 宽度：在该数值框中输入相应参数后，可以调整绘制的线条宽度，数值越大，线条越粗。

❖ 阴暗度：在该数值框中输入相应参数后，可以调整画面的线条明暗比例，数值越大，暗色区域越多，阴影越浓重。

❖ 进度：可以设置素描动画的播放进度。

❖ 色彩：单击右侧的色块，在弹出的"Corel色彩选取器"对话框中可以选择使用的画笔色彩。

❖ 显示钢笔：选中该复选框，可以在自动素描的过程中显示钢笔绘图，如图14-12所示。

图14-12 显示钢笔绘图

14.1.6 "视频平移和缩放"属性

功能介绍

在会声会影X8中，用户可以对素材应用"视频平移和缩放"滤镜特效。进入会声会影X8编辑器，在故事板中插入一幅素材图像，对视频素材应用"视频平移和缩放"滤镜后，单击"属性"面板中的"自定义滤镜"按钮，弹出"视频平移和缩放"对话框，如图14-13所示。

在其中设置相关的滤镜属性后，在预览窗口中可以查看图像素材效果，如图14-14所示。

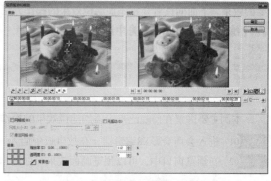

图14-13 "视频平移和缩放"对话框

图14-14 查看图像素材效果

参数详解

在"视频平移和缩放"对话框中，各主要选项含义如下。

❖ "原图"窗口中的红色十字标记：表示当前位置的设置可以调整，以产生摇动和缩放效果。

❖ "原图"窗口中的黄色控制点：拖曳"原图"窗口中的黄色控制点，可以调整要缩放的主题区域。

❖ 网格线：选中"网格线"复选框，可以在原图窗口中显示网格效果，以便于用户更精确地定位视频画面的位置。

❖ 停靠：单击"停靠"框中的一个小方格，可以在固定方位移动"原图"窗口中的选取框。

❖ 缩放率：指定一个关键帧后，调整该窗口下方的参数可以自定义缩放效果。

❖ 透明度：要同时实现淡入效果或淡出效果，应调整"透明度"参数，这样，图像将淡化到背景色。

❖ 无摇动：要放大或缩小固定区域而不摇动图像，应选中"无摇动"复选框。

❖ 背景色：单击"背景色"右侧的色块，可以设置背景色。

14.2 滤镜的基本操作

在会声会影X8中，为用户提供了多种滤镜效果，对视频素材进行编辑时，可以将它们应用到视频素材上。本节主要向读者介绍视频滤镜的基础内容，主要包括了解视频滤镜、掌握视频选项面板，以及熟悉常用滤镜属性设置等。

14.2.1 滤镜效果的添加

功能介绍

若用户需要制作特殊的视频效果，则可以为视频素材添加相应的视频滤镜，使视频素材产生符合用户需要的效果。下面向读者介绍添加滤镜效果的操作方法。

【练习14-1】在傍晚泛舟中添加滤镜效果

素材位置	素材\第14章\傍晚泛舟.jpg
效果位置	效果\第14章\傍晚泛舟.vsp
视频位置	视频\第14章\【练习14-1】在傍晚泛舟中添加滤镜效果.mp4
技术掌握	掌握在傍晚泛舟中添加滤镜效果的操作

本例主要讲解在傍晚泛舟中添加滤镜效果的操作方法。

Step 01 进入会声会影X8编辑器，在故事板中插入一段视频素材，如图14-15所示。

Step 02 在预览窗口中，可以预览画面效果，如图14-16所示。

图14-15　插入视频素材　　　　　　　　图14-16　预览画面效果

Step 03 在素材库的左侧，单击"滤镜"按钮，如图14-17所示。

Step 04 切换至"滤镜"选项卡，单击窗口上方的"画廊"按钮，在弹出的列表框中选择"相机镜头"选项，如图14-18所示。

图14-17　单击"滤镜"按钮

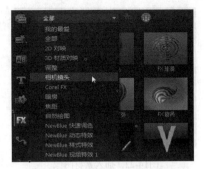

图14-18　选择"相机镜头"选项

Step 05 打开"相机镜头"素材库,选择"光芒"滤镜效果,如图14-19所示。

Step 06 在选择的滤镜效果上,单击鼠标左键并将其拖曳至故事板中的视频素材上,此时鼠标右下角将显示一个加号,释放鼠标左键,即可添加视频滤镜效果,如图14-20所示。

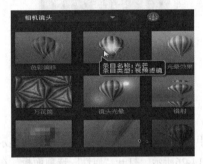

图14-19　选择"光芒"滤镜效果

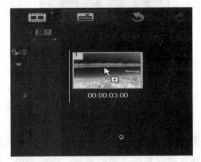

图14-20　添加视频滤镜效果

Step 07 在导览面板中单击"播放"按钮,预览添加的视频滤镜效果,如图14-21所示。

图14-21　预览视频滤镜效果

14.2.2　多个滤镜效果的添加

功能介绍

在会声会影X8中,当一个图像素材应用多个视频滤镜时,所产生的效果是多个视频滤镜效果的叠加。

进入会声会影X8编辑器,在故事板中插入一幅素材图像,如图14-22所示。在预览窗口中,可以预览视频的画面效果,如图14-23所示。

图14-22　插入素材图像

图14-23　预览画面效果

切换至"滤镜"选项卡，单击窗口上方的"画廊"按钮，在弹出的列表框中选择"相机镜头"选项，如图14-24所示。打开"相机镜头"素材库，选择"镜头光晕"滤镜效果，如图14-25所示。

图14-24　选择"相机镜头"选项

图14-25　选择"镜头光晕"滤镜效果

在选择的滤镜效果上，单击鼠标左键并将其拖曳至故事板中的视频素材上，此时鼠标右下角将显示一个加号，释放鼠标左键，即可添加"镜头光晕"滤镜效果，如图14-26所示。打开"属性"选项面板，在"可用滤镜"列表框中显示了添加的"镜头光晕"滤镜效果，如图14-27所示。

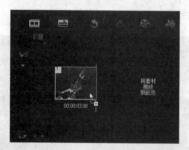

图14-26　添加"镜头光晕"滤镜效果

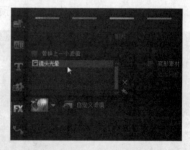

图14-27　显示添加的滤镜效果

单击窗口上方的"画廊"按钮，在弹出的列表框中选择"特殊"选项，如图14-28所示。打开"特殊"素材库，选择"泡泡"滤镜效果，如图14-29所示。

图14-28　选择"特殊"选项

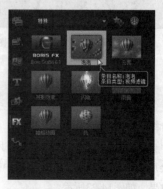

图14-29　选择"泡泡"滤镜效果

将选择的滤镜效果添加至故事板中的素材上，在"属性"选项面板的"可用滤镜"列表框中显示了刚添加的"泡泡"视频滤镜，如图14-30所示。

在导览面板中单击"播放"按钮，预览添加的多个视频滤镜效果，如图14-31所示。

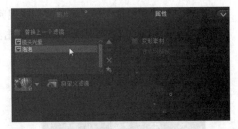

图14-30 显示添加的视频滤镜

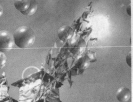

图14-31 预览多个视频滤镜效果

问： 为什么我无法添加多个视频滤镜？添加的滤镜总是只有一个在视频中？

答： 出现这种情况，是因为用户在"属性"选项面板中选中了"替换上一个滤镜"复选框，当用户选中该复选框时，再次添加的新视频滤镜将替换之前用户添加的视频滤镜。如果用户需要在视频中添加多个视频滤镜效果，此时应该取消选中"替换上一个滤镜"复选框，这样就可以在视频中添加多个视频滤镜效果了。

14.2.3 滤镜效果的删除

功能介绍

当用户为一个视频素材添加了多个滤镜效果后，若发现某个滤镜并未达到自己所需要的效果，则可以将该滤镜效果删除。

进入会声会影编辑器，单击"文件"|"打开项目"命令，打开一个项目文件，单击"播放"按钮，预览画面效果，如图14-32所示。

图14-32 预览画面效果

提示

在会声会影X8中为图像应用多个滤镜效果后，可以在"属性"选项面板中单击"上移滤镜"按钮或"下移滤镜"按钮，移动变换滤镜效果。

在故事板中，使用鼠标左键双击需要删除视频滤镜的素材文件，如图14-33所示。展开"属性"选项面板，在滤镜列表框中选择"裁剪"视频滤镜，单击滤镜列表框右下方的"删除滤镜"按钮，如图14-34所示。

图14-33　双击素材文件

图14-34　单击"删除滤镜"按钮

执行操作后，即可删除选择的滤镜效果，如图14-35所示。在预览窗口中，可以预览删除视频滤镜后的视频画面效果，如图14-36所示。

图14-35　删除选择的滤镜效果

图14-36　预览画面效果

提示

在会声会影X8的"属性"选项面板中，单击滤镜名称前面的 按钮，可以查看素材没有应用滤镜前的初始效果。

14.2.4　滤镜效果的替换

功能介绍

用户为视频素材添加视频滤镜后，如果发现素材添加的滤镜所产生的效果并不是自己所需要的，则可以选择其他视频滤镜来替换现有的视频滤镜。下面向读者介绍替换视频滤镜的操作方法。

【练习14-2】在漂亮鹦鹉中替换滤镜效果

素材位置	素材\第14章\漂亮鹦鹉.vsp
效果位置	效果\第14章\漂亮鹦鹉.vsp
视频位置	视频\第14章\【练习14-2】在漂亮鹦鹉中替换滤镜效果.mp4
技术掌握	掌握在漂亮鹦鹉中替换滤镜效果的操作

本例主要讲解在漂亮鹦鹉中替换滤镜效果的操作方法。

Step 01　进入会声会影编辑器，单击"文件"|"打开项目"命令，打开一个项目文件，如图14-37所示。

Step 02　单击"播放"按钮，预览画面效果，如图14-38所示。

图14-37　打开项目文件

图14-38　预览画面效果

Step 03 打开"属性"选项面板，选中"替换上一个滤镜"复选框，如图14-39所示。

Step 04 打开"自然绘图"滤镜组，在其中选择"自动素描"滤镜效果，如图14-40所示。

图14-39　选中复选框

图14-40　选择滤镜效果

—— 提示 ——

在会声会影X8中，替换视频滤镜效果时，一定要确认"属性"选项面板中的"替换上一个滤镜"复选框处于选中状态，因为如果该复选框没有选中的话，那么系统并不会用新添加的视频滤镜效果替换之前添加的滤镜效果，而是同时使用两个滤镜效果。为图像应用滤镜后，如果不再需要该滤镜效果，则可以在"属性"选项面板中选择该滤镜，单击"删除"按钮，将其删除。

Step 05 将选择的滤镜效果添加至故事板中的素材上，在导览面板中单击"播放"按钮，预览替换的视频滤镜效果，如图14-41所示。

图14-41　预览替换的视频滤镜效果

14.3　自定义滤镜

在会声会影X8中，为素材图像添加需要的视频滤镜后，用户还可以为视频滤镜指定滤镜预设模式或者自定义视频滤镜效果，使制作的视频画面更加专业、美观，使视频更具吸引力。本节主要向读者介绍自定义视频滤镜样式的操作方法。

14.3.1 预设模式

功能介绍

在会声会影X8中，每一个视频滤镜都会提供多个预设的滤镜样式。进入会声会影编辑器，单击"文件"|"打开项目"命令，打开一个项目文件，如图14-42所示。

图14-42　打开项目文件

在故事板中，选择需要设置滤镜样式的素材文件，如图14-43所示。在"属性"选项面板中，单击"自定义滤镜"左侧的下三角按钮，在弹出的列表框中选择第1排第3个滤镜预设样式，如图14-44所示。

图14-43　选择素材文件

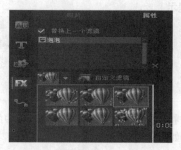

图14-44　选择滤镜预设样式

执行上述操作后，即可为素材图像指定滤镜预设模式，单击导览面板中的"播放"按钮，预览视频滤镜预设样式，如图14-45所示。

图14-45　预览视频滤镜预设样式

提示

所谓预设模式，是指会声会影X8通过对滤镜效果的某些参数进行调整后，形成一种固定的效果，并嵌套在系统中。用户可以通过直接选择这些预设模式，快速地对滤镜效果进行设置。选择不同的预设模式，所产生的画面效果也会不同。

14.3.2 自定义滤镜

功能介绍

在会声会影X8中，对视频滤镜效果进行自定义操作，可以制作出更加精美的画面效果。下面向读者介绍自定义视频滤镜效果的操作方法。

【练习14-3】在两朵小花中自定义滤镜效果

素材位置	素材\第14章\两朵小花.jpg
效果位置	效果\第14章\两朵小花.vsp
视频位置	视频\第14章\【练习14-3】在两朵小花中自定义滤镜效果.mp4
技术掌握	掌握在两朵小花中自定义滤镜效果的操作

本例主要讲解在两朵小花中自定义滤镜效果的操作方法。

Step 01 进入会声会影X8编辑器，在故事板中插入一幅素材图像，如图14-46所示。

Step 02 为图像素材添加"光芒"滤镜效果，如图14-47所示。

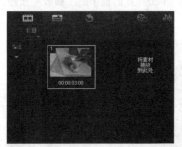

图14-46 插入素材图像

图14-47 添加"光芒"滤镜效果

Step 03 展开"属性"选项面板，单击"自定义滤镜"按钮，如图14-48所示。

Step 04 弹出"光芒"对话框，选择第1个关键帧，设置"半径"为26、"长度"为56、"宽度"为5、"阻光度"为80，如图14-49所示。

图14-48 单击"自定义滤镜"按钮

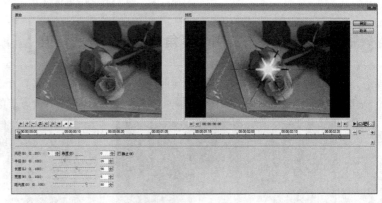

图14-49 设置参数（1）

提示

在自定义视频滤镜操作过程中，由于会声会影X8每一种视频滤镜的参数均会有所不同，因此相应的自定义对话框也会有很大的差别，但对这些属性的调节方法大同小异。

Step 05 选择第2个关键帧，设置"半径"为60、"长度"为40、"宽度"为10、"阻光度"为70，如图

14-50所示。

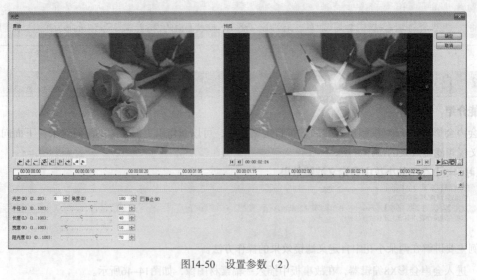

图14-50 设置参数（2）

Step 06 设置完成后，单击"确定"按钮，即可自定义滤镜效果，单击导览面板中的"播放"按钮，预览视频滤镜预设样式，如图14-51所示。

图14-51 预览视频滤镜预设样式

技术专题 制作多角"光芒"滤镜特效

默认情况下，光芒滤镜效果是六角的形状，用户可以在"光芒"对话框中，设置"光芒"的数量，来增加或减少光芒发光的形状，制作多角光芒特效。图14-52为四角与十角的光芒形状。

图14-52 四角与十角的光芒形状

14.4 "2D对映"滤镜的应用

在会声会影X8的"2D对映"滤镜组中，包括6种视频滤镜特效，如"裁剪""翻转""涟漪""丢掷石块""水流"以及"漩涡"视频滤镜效果。本节主要向读者详细介绍应用"2D对映"视频滤镜效果的操作方法。

14.4.1 "剪裁"滤镜

功能介绍

在会声会影X8中，应用"剪裁"滤镜，可以对视频素材或图像素材进行剪裁。进入会声会影X8编辑器，在故事板中插入一幅素材图像，如图14-53所示。在预览窗口中，可以预览视频的画面效果，如图14-54所示。

图14-53　插入素材图像

图14-54　预览画面效果

单击"滤镜"按钮，切换至"滤镜"选项卡，单击"画廊"按钮，在弹出的列表框中选择"2D对映"选项，如图14-55所示。在"2D对映"滤镜组中选择"剪裁"滤镜，如图14-56所示。

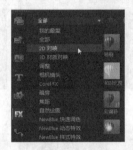

图14-55　选择"2D对映"选项

图14-56　选择"剪裁"滤镜

单击鼠标左键，并将其拖曳至视频轨中的素材上，释放鼠标左键，即可添加"剪裁"滤镜，单击导览面板中的"播放"按钮，即可预览"剪裁"滤镜效果，如图14-57所示。

图14-57　预览"剪裁"滤镜效果

技术专题 〔**多种"剪裁"预设滤镜样式**〕

在"属性"选项面板中，单击"自定义滤镜"
左侧的下三角按钮，在弹出的列表框中，提供了多
种"剪裁"预设滤镜样式，选择相应的滤镜样式，
将显示不同的视频剪裁特效，如图14-58所示。

"剪裁"预设样式一

"剪裁"预设样式二

"剪裁"预设样式三

"剪裁"预设样式四

图14-58　显示不同的视频剪裁特效

14.4.2　"翻转"滤镜

功能介绍

在会声会影X8中，添加"翻转"滤镜后并不会影响到原来的视频影片，只是将素材的方向翻转。进入
会声会影X8编辑器，在故事板中插入一幅素材图像，如图14-59所示。在预览窗口中，可以预览视频的画面

效果，如图14-60所示。

图14-59 插入素材图像   图14-60 预览画面效果

单击"滤镜"按钮，切换至"滤镜"选项卡，在"2D对映"滤镜组中选择"翻转"滤镜，如图14-61所示。单击鼠标左键，并将其拖曳至故事板中的素材上，如图14-62所示。

图14-61 选择"翻转"滤镜   图14-62 拖曳至素材

释放鼠标左键，即可添加"翻转"滤镜，单击导览面板中的"播放"按钮，即可预览"翻转"滤镜效果，如图14-63所示。

> **提示**
>
> 在会声会影X8中，"翻转"视频滤镜没有任何预设样式供用户选择。

图14-63 预览"翻转"滤镜效果

14.4.3 "涟漪"滤镜

功能介绍

"涟漪"滤镜用于在图像上添加涟漪效果，从而产生仿佛是通过水面来查看画面的效果，类似于水流动时产生的涟漪效果。

【练习14-4】在水中鱼儿中添加涟漪滤镜效果

素材位置　　素材\第14章\水中鱼儿.jpg
效果位置　　效果\第14章\水中鱼儿.vsp
视频位置　　视频\第14章\【练习14-4】在水中鱼儿中添加涟漪滤镜效果.mp4
技术掌握　　掌握在水中鱼儿中添加涟漪滤镜效果的操作

本例主要讲解在水中鱼儿中添加涟漪滤镜效果的操作方法。

Step 01 进入会声会影X8编辑器，在故事板中插入一幅素材图像，如图14-64所示。

Step 02 在预览窗口中，可以预览视频的画面效果，如图14-65所示。

图14-64　插入素材图像

图14-65　预览画面效果

Step 03 单击"滤镜"按钮，切换至"滤镜"选项卡，在"2D对映"滤镜组中选择"涟漪"滤镜，如图14-66所示。

Step 04 单击鼠标左键，并将其拖曳至故事板中的素材上，如图14-67所示。

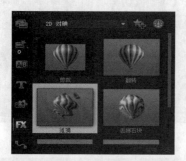

图14-66　选择"涟漪"滤镜

图14-67　拖曳至素材

Step 05 释放鼠标左键，即可添加"涟漪"滤镜，单击导览面板中的"播放"按钮，即可预览"涟漪"滤镜效果，如图14-68所示。

图14-68　预览"涟漪"滤镜效果

技术专题 **［多种"涟漪"预设滤镜样式］**

在"属性"选项面板中，单击"自定义滤镜"左侧的下三角按钮，在弹出的列表框中，提供了多种"涟漪"预设滤镜样式，选择相应的滤镜样式，将显示不同的视频涟漪特效，如图14-69所示。

"涟漪"预设样式一

"涟漪"预设样式二　　　　　　　　　　　　　　"涟漪"预设样式三

图14-69　显示不同的视频涟漪特效

14.4.4　"丢掷石块"滤镜

功能介绍

在会声会影X8中，"丢掷石块"滤镜主要用于在图像上添加丢掷石块，从而产生类似于透过滚动的波纹查看画面的效果。进入会声会影X8编辑器，在故事板中插入一幅素材图像，如图14-70所示。在预览窗口中，可以预览视频的画面效果，如图14-71所示。

图14-70　插入素材图像　　　　　　　　　　　　　图14-71　预览画面效果

单击"滤镜"按钮，切换至"滤镜"选项卡，在"2D对映"滤镜组中选择"丢掷石块"滤镜，如图14-72所示。单击鼠标左键，并将其拖曳至故事板中的素材上，如图14-73所示。

图14-72　选择"丢掷石块"滤镜　　　　　　　　　图14-73　拖曳至素材上

释放鼠标左键，即可添加"丢掷石块"滤镜，单击导览面板中的"播放"按钮，即可预览"丢掷石块"滤镜效果，如图14-74所示。

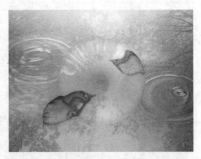

图14-74　预览"丢掷石块"滤镜效果

技术专题　[多种"丢掷石块"预设滤镜样式]

在"属性"选项面板中，单击"自定义滤镜"左侧的下三角按钮，在弹出的列表框中，提供了多种"丢掷石块"预设滤镜样式，选择相应的滤镜样式，将显示不同的视频丢掷石块特效，如图14-75所示。

"丢掷石块"预设样式一　　　　　　　　　　　　　　"丢掷石块"预设样式二

"丢掷石块"预设样式三　　　　　　　　　　　　　　"丢掷石块"预设样式四

"丢掷石块"预设样式五　　　　　　　　　　　　　　"丢掷石块"预设样式六

图14-75　显示不同的视频丢掷石块特效

14.4.5 "水流"滤镜

功能介绍

在会声会影X8中，"水流"滤镜主要用于在视频画面上添加流水效果，仿佛通过流动的水观看图像。下面向读者介绍添加滤镜效果的操作方法。

【练习14-5】在海底世界中添加水流滤镜效果

素材位置	素材\第14章\海底世界.jpg
效果位置	效果\第14章\海底世界.vsp
视频位置	视频\第14章\【练习14-5】在海底世界中添加水流滤镜效果.mp4
技术掌握	掌握在海底世界中添加水流滤镜效果的操作

本例主要讲解在海底世界中添加水流滤镜效果的操作方法。

Step 01 进入会声会影X8编辑器，在故事板中插入一幅素材图像，如图14-76所示。

Step 02 在预览窗口中，可以预览视频的画面效果，如图14-77所示。

图14-76 插入素材图像

图14-77 预览画面效果

Step 03 单击"滤镜"按钮，切换至"滤镜"选项卡，在"2D对映"滤镜组中选择"水流"滤镜，如图14-78所示。

Step 04 单击鼠标左键，并将其拖曳至故事板中的素材上，如图14-79所示。

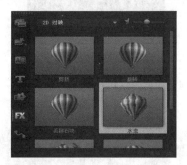

图14-78 选择"水流"滤镜

图14-79 拖曳至素材上

Step 05 释放鼠标左键，即可添加"水流"滤镜，单击导览面板中的"播放"按钮，即可预览"水流"滤镜效果，如图14-80所示。

图14-80 预览"水流"滤镜效果

14.4.6 "漩涡"滤镜

功能介绍

"漩涡"滤镜是指为素材添加一个螺旋形的水涡，按顺时针方向旋转的一种效果，主要是运用旋转扭曲的效果来制作梦幻般的彩色漩涡画面。

进入会声会影X8编辑器，在故事板中插入一幅素材图像，如图14-81所示。在预览窗口中，可以预览视频的画面效果，如图14-82所示。

图14-81 插入素材图像

图14-82 预览画面效果

单击"滤镜"按钮，切换至"滤镜"选项卡，在"2D对映"滤镜组中选择"漩涡"滤镜，如图14-83所示。单击鼠标左键，并将其拖曳至故事板中的素材上，如图14-84所示。

图14-83 选择"漩涡"滤镜

图14-84 拖曳至素材上

释放鼠标左键，即可添加"漩涡"滤镜，单击导览面板中的"播放"按钮，即可预览"漩涡"滤镜效果，如图14-85所示。

图14-85 预览"漩涡"滤镜效果

14.5 "3D材质对映"滤镜的应用

在会声会影X8的"3D材质对映"滤镜组中，包括3种视频滤镜特效，如"鱼眼""往内挤压"以及"往外扩张"视频滤镜效果。本节主要向读者详细介绍应用"3D材质对映"视频滤镜效果的操作方法。

14.5.1 "鱼眼镜头"滤镜

功能介绍

在会声会影X8中，"鱼眼"滤镜主要是模仿鱼眼，当素材图像添加该效果后，会像鱼眼一样放大突出显示出来。

进入会声会影X8编辑器，在故事板中插入一幅素材图像，如图14-86所示。在预览窗口中，可以预览视频的画面效果，如图14-87所示。

图14-86 插入素材图像

图14-87 预览画面效果

单击"滤镜"按钮，切换至"滤镜"选项卡，在"3D材质对映"滤镜组中选择"鱼眼镜头"滤镜，如图14-88所示。单击鼠标左键，并将其拖曳至故事板中的素材上，如图14-89所示。

图14-88 选择"鱼眼"滤镜

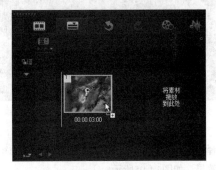

图14-89 拖曳至素材上

释放鼠标左键，即可添加"鱼眼"滤镜，单击导览面板中的"播放"按钮，即可预览"鱼眼"滤镜效果，如图14-90所示。

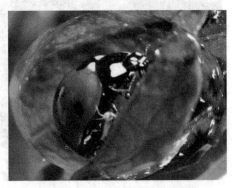

图14-90 预览"鱼眼"滤镜效果

14.5.2 "往内挤压"滤镜

功能介绍

在会声会影X8中,"往内挤压"滤镜主要是将视频画面制作出类似往内挤压的效果。进入会声会影X8编辑器,在故事板中插入一幅素材图像,如图14-91所示。在预览窗口中,可以预览视频的画面效果,如图14-92所示。

图14-91 插入素材图像

图14-92 预览画面效果

单击"滤镜"按钮,切换至"滤镜"选项卡,在"3D材质对映"滤镜组中选择"往内挤压"滤镜,如图14-93所示。单击鼠标左键,并将其拖曳至故事板中的素材上,如图14-94所示。

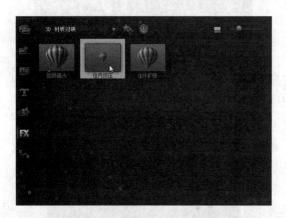

图14-93 选择"往内挤压"滤镜

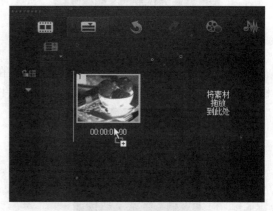

图14-94 拖曳至素材上

释放鼠标左键,即可添加"往内挤压"滤镜,单击导览面板中的"播放"按钮,即可预览"往内挤压"滤镜效果,如图14-95所示。

图14-95 预览"往内挤压"滤镜效果

14.5.3 "往外扩张"滤镜

功能介绍

在会声会影X8中，"往外扩展"滤镜主要是指从图像中心向外扩张变形，给人带来强烈的视觉冲击。下面向读者介绍应用"往外扩张"视频滤镜的操作方法。

【练习14-6】在彩笔中添加往外扩张滤镜效果

素材位置	素材\第14章\彩笔.jpg
效果位置	效果\第14章\彩笔.vsp
视频位置	视频\第14章\【练习14-6】在彩笔中添加往外扩张滤镜效果.mp4
技术掌握	掌握在彩笔中添加往外扩张滤镜效果的操作

本例主要讲解在彩笔中添加往外扩张滤镜效果的操作方法。

Step 01 进入会声会影X8编辑器，在故事板中插入一幅素材图像，如图14-96所示。

Step 02 在预览窗口中，可以预览视频的画面效果，如图14-97所示。

图14-96 插入素材图像

图14-97 预览画面效果

Step 03 单击"滤镜"按钮，切换至"滤镜"选项卡，在"3D材质对映"滤镜组中选择"往外扩张"滤镜，如图14-98所示。

Step 04 单击鼠标左键，并将其拖曳至故事板中的素材上，如图14-99所示。

图14-98 选择"往外扩张"滤镜

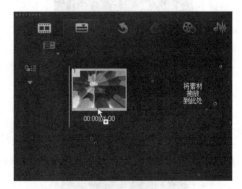

图14-99 拖曳至素材上

Step 05 释放鼠标左键，即可添加"往外扩张"滤镜，单击导览面板中的"播放"按钮，即可预览"往外扩张"滤镜效果，如图14-100所示。

图14-100　预览"往外扩张"滤镜效果

14.6　"调整"滤镜的应用

在会声会影X8的"调整"滤镜组中，包括7种视频滤镜特效，如"进阶消除杂讯""防手震""画面优化""消除杂讯""消除雪花""改善光线"以及"视频平移和缩放"视频滤镜效果。本节主要向读者详细介绍"调整"滤镜组中两种视频滤镜效果的应用方法。

14.6.1　"进阶消除杂讯"滤镜

功能介绍

在会声会影X8中，"进阶消除杂讯"视频滤镜可以去除视频中的噪点，使画面更加柔和。进入会声会影X8编辑器，在故事板中插入一幅素材图像，如图14-101所示。在预览窗口中，可以预览视频的画面效果，如图14-102所示。

图14-101　插入素材图像

图14-102　预览画面效果

单击"滤镜"按钮，切换至"滤镜"选项卡，在"调整"滤镜组中选择"进阶消除杂讯"滤镜，如图14-103所示。单击鼠标左键，并将其拖曳至故事板中的素材上，如图14-104所示。

图14-103　选择"进阶消除杂讯"滤镜

图14-104　拖曳至素材上

释放鼠标左键，即可添加"进阶消除杂讯"滤镜，单击导览面板中的"播放"按钮，即可预览"进阶消除杂讯"滤镜效果，如图14-105所示。

图14-105　预览"进阶消除杂讯"滤镜效果

14.6.2　"视频平移和缩放"滤镜

功能介绍

在会声会影X8中，运用"视频平移和缩放"滤镜，可以使图像显出由于镜头运动而产生的摇动和缩放的效果，让用户产生视觉上的缩放感。进入会声会影X8编辑器，在故事板中插入一幅素材图像，如图14-106所示。在预览窗口中，可以预览画面效果，如图14-107所示。

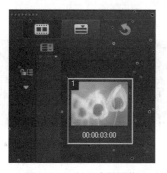

图14-106　插入素材图像

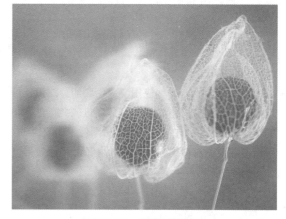

图14-107　预览画面效果

单击"滤镜"按钮，切换至"滤镜"选项卡，在"调整"滤镜组中选择"视频平移和缩放"滤镜，如图14-108所示。单击鼠标左键，并将其拖曳至故事板中的素材上，如图14-109所示，释放鼠标左键。

图14-108　选择"视频平移和缩放"滤镜

图14-109　拖曳至素材上

添加"视频平移和缩放"滤镜，单击导览面板中的"播放"按钮，即可预览"视频平移和缩放"滤镜效果，如图14-110所示。

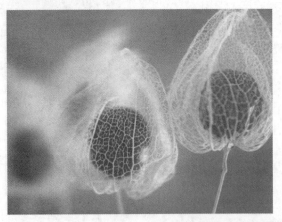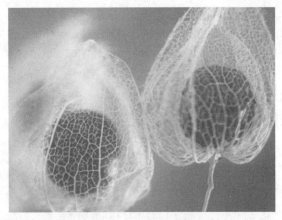

图14-110　预览"视频平移和缩放"滤镜效果

14.7　"相机镜头"滤镜的应用

在会声会影X8的"相机镜头"滤镜组中，包括14种视频滤镜特效，如"色彩偏移""光芒""光晕效果""双色套印""万花筒""镜头光晕"以及"镜射"等视频滤镜效果。本节主要向读者详细介绍"相机镜头"滤镜组中部分视频滤镜效果的应用方法。

14.7.1　"双色套印"滤镜

功能介绍

在会声会影X8中，应用"双色套印"滤镜，可以将视频图像转换为双色套印模式。进入会声会影X8编辑器，在故事板中插入一幅素材图像，如图14-111所示。在预览窗口中，可以预览视频的画面效果，如图14-112所示。

图14-111　插入素材图像

图14-112　预览画面效果

单击"滤镜"按钮，切换至"滤镜"选项卡，在"相机镜头"滤镜组中选择"双色套印"滤镜，如图14-113所示。单击鼠标左键，并将其拖曳至故事板中的素材上，如图14-114所示。

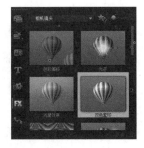

图14-113　选择"双色套印"滤镜

图14-114　拖曳至素材上

释放鼠标左键，即可添加"双色套印"滤镜，单击导览面板中的"播放"按钮，即可预览"双色套印"滤镜效果，如图14-115所示。

图14-115　预览"双色套印"滤镜效果

技术专题　**多种"双色套印"滤镜特效**

在"双色套印"预设滤镜列表框中，选择相应的滤镜样式，将显示不同的视频双色套印特效，如图14-116所示。

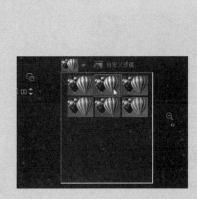

"双色套印"预设样式一

"双色套印"预设样式二

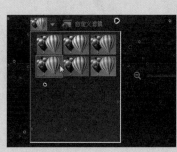

"双色套印"预设样式三

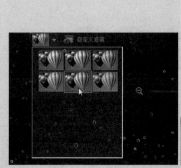

"双色套印"预设样式四

图14-116　显示不同的视频双色套印特效

14.7.2　"光晕效果"滤镜

功能介绍

在会声会影X8中，应用"光晕效果"滤镜，可以制作出视频画面的光晕特效。进入会声会影X8编辑器，在故事板中插入一幅素材图像，如图14-117所示。在预览窗口中，可以预览视频的画面效果，如图14-118所示。

图14-117　插入素材图像

图14-118　预览画面效果

单击"滤镜"按钮，切换至"滤镜"选项卡，在"相机镜头"滤镜组中选择"光晕效果"滤镜，如图14-119所示。单击鼠标左键，并将其拖曳至故事板中的素材上，如图14-120所示。

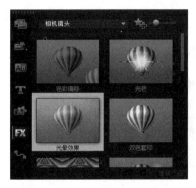

图14-119　选择"光晕效果"滤镜

图14-120　拖曳至素材上

释放鼠标左键，即可添加"光晕效果"滤镜，单击导览面板中的"播放"按钮，即可预览"光晕效果"滤镜效果，如图14-121所示。

图14-121　预览"光晕效果"滤镜效果

14.7.3 "万花筒"滤镜

功能介绍

在会声会影X8中，应用"万花筒"滤镜，可以制作出视频画面呈万花筒的特效。下面向读者介绍应用"万花筒"滤镜的操作方法。

【练习14-7】在绿叶白花中添加万花筒滤镜效果

素材位置	素材\第14章\绿叶白花.jpg
效果位置	效果\第14章\绿叶白花.vsp
视频位置	视频\第14章\【练习14-7】在绿叶白花中添加万花筒滤镜效果.mp4
技术掌握	掌握在绿叶白花中添加万花筒滤镜效果的操作

本例主要讲解在绿叶白花中添加万花筒滤镜效果的操作方法。

Step 01 进入会声会影X8编辑器，在故事板中插入一幅素材图像，如图14-122所示。

Step 02 在预览窗口中，可以预览视频的画面效果，如图14-123所示。

图14-122　插入素材图像

图14-123　预览画面效果

Step 03 单击"滤镜"按钮，切换至"滤镜"选项卡，在"相机镜头"滤镜组中选择"万花筒"滤镜，如图14-124所示。

Step 04 单击鼠标左键，并将其拖曳至故事板中的素材上，如图14-125所示。

图14-124　选择"万花筒"滤镜

图14-125　拖曳至素材上

Step 05 释放鼠标左键，即可添加"万花筒"滤镜，单击导览面板中的"播放"按钮，即可预览"万花筒"滤镜效果，如图14-126所示。

图14-126　预览"万花筒"滤镜效果

14.7.4 "镜射"滤镜

功能介绍

在会声会影X8中，"镜射"滤镜可以将画面分割、重复，在同一画面上显示多个副本。进入会声会影X8编辑器，在故事板中插入一幅素材图像，如图14-127所示。在预览窗口中，可以预览视频的画面效果，如图14-128所示。

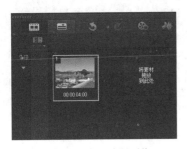

图14-127 插入素材图像

图14-128 预览画面效果

单击"滤镜"按钮，切换至"滤镜"选项卡，在"相机镜头"滤镜组中选择"镜射"滤镜，如图14-129所示。单击鼠标左键，并将其拖曳至故事板中的素材上，如图14-130所示。

图14-129 选择"镜射"滤镜

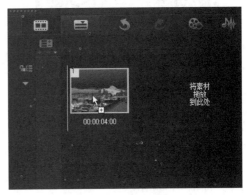

图14-130 拖曳至素材上

释放鼠标左键，即可添加"镜射"滤镜，单击导览面板中的"播放"按钮，即可预览"镜射"滤镜效果，如图14-131所示。

图14-131 预览"镜射"滤镜效果

14.7.5 "单色"滤镜

功能介绍

在会声会影X8中，"单色"滤镜可以将画面颜色变为单色呈现给观众。进入会声会影X8编辑器，在故事板中插入一幅素材图像，如图14-132所示。在预览窗口中，可以预览视频的画面效果，如图14-133所示。

图14-132 插入素材图像

图14-133 预览画面效果

单击"滤镜"按钮，切换至"滤镜"选项卡，在"相机镜头"滤镜组中选择"单色"滤镜，如图14-134所示。单击鼠标左键，并将其拖曳至故事板中的素材上，如图14-135所示。

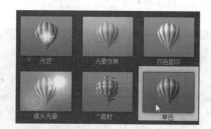

图14-134 选择"单色"滤镜

图14-135 拖曳至素材上

释放鼠标左键，即可添加"单色"滤镜，单击导览面板中的"播放"按钮，即可预览"单色"滤镜效果，如图14-136所示。

图14-136 预览"单色"滤镜效果

14.7.6 "马赛克"滤镜

功能介绍

在会声会影X8中，"马赛克"滤镜可以使视频画面产生马赛克的效果。下面向读者介绍应用"马赛克"滤镜的操作方法。

【练习14-8】在素馨风情中添加马赛克滤镜效果

素材位置　　素材\第14章\素馨风情.jpg
效果位置　　效果\第14章\素馨风情.vsp
视频位置　　视频\第14章\【练习14-8】在素馨风情中添加马赛克滤镜效果.mp4
技术掌握　　掌握在素馨风情中添加马赛克滤镜效果的操作

本例主要讲解在素馨风情中添加马赛克滤镜效果的操作方法。

Step 01 进入会声会影X8编辑器，在故事板中插入一幅素材图像，如图14-137所示。

Step 02 在预览窗口中，可以预览视频的画面效果，如图14-138所示。

图14-137　插入素材图像

图14-138　预览画面效果

Step 03 单击"滤镜"按钮，切换至"滤镜"选项卡，在"相机镜头"滤镜组中选择"马赛克"滤镜，如图14-139所示。

Step 04 单击鼠标左键，并将其拖曳至故事板中的素材上，如图14-140所示。

图14-139　选择"马赛克"滤镜

图14-140　拖曳至素材上

Step 05 释放鼠标左键，即可添加"马赛克"滤镜，单击导览面板中的"播放"按钮，即可预览"马赛克"滤镜效果，如图14-141所示。

图14-141　预览"马赛克"滤镜效果

14.7.7 "旧底片"滤镜

功能介绍

应用"旧底片"滤镜可以创建色彩单一的画面,播放时会出现抖动、刮痕以及光线变化忽明忽暗的画面效果,使制作的影片充满怀旧的气氛。

进入会声会影X8编辑器,在故事板中插入一幅素材图像,如图14-142所示。在预览窗口中,可以预览视频的画面效果,如图14-143所示。

图14-142 插入素材图像

图14-143 预览画面效果

单击"滤镜"按钮,切换至"滤镜"选项卡,在"相机镜头"滤镜组中选择"旧底片"滤镜,如图14-144所示。单击鼠标左键,并将其拖曳至故事板中的素材上,如图14-145所示。

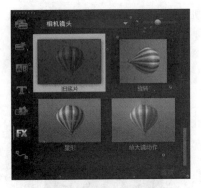

图14-144 选择"旧底片"滤镜

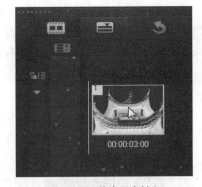

图14-145 拖曳至素材上

释放鼠标左键,即可添加"旧底片"滤镜,单击导览面板中的"播放"按钮,即可预览"旧底片"滤镜效果,如图14-146所示。

图14-146 预览"旧底片"滤镜效果

14.7.8　"镜头光晕"滤镜

功能介绍

在会声会影X8中，应用"镜头光晕"滤镜，可以制作出类似镜头光晕的视频特效。进入会声会影X8编辑器，在故事板中插入一幅素材图像，如图14-147所示。在预览窗口中，可以预览视频的画面效果，如图14-148所示。

图14-147　插入素材图像

图14-148　预览画面效果

单击"滤镜"按钮，切换至"滤镜"选项卡，在"相机镜头"滤镜组中选择"镜头光晕"滤镜，如图14-149所示。单击鼠标左键，并将其拖曳至故事板中的素材上，如图14-150所示。

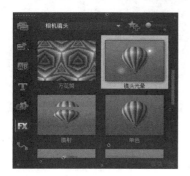

图14-149　选择"镜头光晕"滤镜

图14-150　拖曳至素材上

释放鼠标左键，即可添加"镜头光晕"滤镜，单击导览面板中的"播放"按钮，即可预览"镜头光晕"滤镜效果，如图14-151所示。

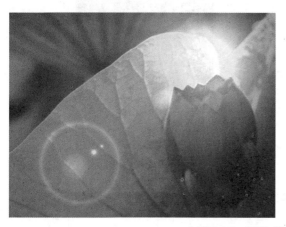

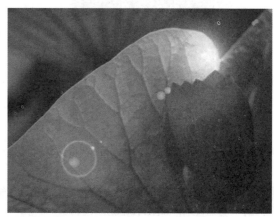

图14-151　预览"镜头光晕"滤镜效果

14.7.9 "放大镜动作"滤镜

功能介绍

在会声会影X8中，应用"放大镜动作"滤镜，可以制作出视频画面缩放的运动特效。下面向读者介绍应用"放大镜动作"滤镜的操作方法。

【练习14-9】在幸福双心中添加放大镜动作滤镜效果

素材位置	素材\第14章\幸福双心.jpg
效果位置	效果\第14章\幸福双心.vsp
视频位置	视频\第14章\【练习14-9】在幸福双心中添加放大镜动作滤镜效果.mp4
技术掌握	掌握在幸福双心中添加放大镜动作滤镜效果的操作

本例主要讲解在幸福双心中添加放大镜动作滤镜效果的操作方法。

Step 01 进入会声会影X8编辑器，在故事板中插入一幅素材图像，如图14-152所示。

Step 02 在预览窗口中，可以预览视频的画面效果，如图14-153所示。

图14-152　插入素材图像

图14-153　预览画面效果

Step 03 单击"滤镜"按钮，切换至"滤镜"选项卡，在"相机镜头"滤镜组中选择"放大镜动作"滤镜，如图14-154所示。

Step 04 单击鼠标左键，并将其拖曳至故事板中的素材上，如图14-155所示。

图14-154　选择"放大镜动作"滤镜

图14-155　拖曳至素材上

Step 05 释放鼠标左键，即可添加"放大镜动作"滤镜，单击导览面板中的"播放"按钮，即可预览"放大镜动作"滤镜效果，如图14-156所示。

图14-156　预览"放大镜动作"滤镜效果

14.8　Corel FX滤镜的应用

在会声会影X8的Corel FX滤镜组中，包括5种视频滤镜特效，如"FX单色""FX马赛克""FX往内挤压""FX往外扩张""FX涟漪""FX速写"以及"FX漩涡"等视频滤镜效果。本节主要向读者详细介绍Corel FX滤镜组中部分视频滤镜效果的应用方法。

14.8.1　"FX马赛克"滤镜

功能介绍

在会声会影X8中，应用"FX马赛克"滤镜，可以在视频画面中应用马赛克效果。进入会声会影X8编辑器，在故事板中插入一幅素材图像，如图14-157所示。在预览窗口中，可以预览视频的画面效果，如图14-158所示。

图14-157　插入素材图像

图14-158　预览画面效果

单击"滤镜"按钮，切换至"滤镜"选项卡，在Corel FX滤镜组中选择"FX马赛克"滤镜，如图14-159所示。单击鼠标左键，并将其拖曳至故事板中的素材上，如图14-160所示。

提示

Corel FX滤镜组中的"FX马赛克"滤镜与"相机镜头"滤镜组中的"马赛克"滤镜效果类似，都是为视频画面添加马赛克效果。

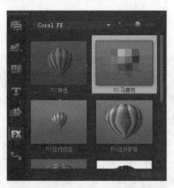

图14-159　选择"FX马赛克"滤镜

图14-160　拖曳至素材上

　　释放鼠标左键，即可添加"FX马赛克"滤镜，单击导览面板中的"播放"按钮，即可预览"FX马赛克"滤镜效果，如图14-161所示。

图14-161　预览"FX马赛克"滤镜效果

14.8.2　"FX往外扩张"滤镜

功能介绍

　　在会声会影X8中，应用"FX往外扩张"滤镜，可以将视频以中心位置往外扩张画面。下面介绍应用"FX往外扩张"滤镜的操作方法。

　　进入会声会影X8编辑器，在故事板中插入一幅素材图像，如图14-162所示。在预览窗口中，可以预览视频的画面效果，如图14-163所示。

图14-162　插入素材图像

图14-163　预览画面效果

　　单击"滤镜"按钮，切换至"滤镜"选项卡，在Corel FX滤镜组中选择"FX往外扩张"滤镜，如图14-164所示。单击鼠标左键，并将其拖曳至故事板中的素材上，如图14-165所示。

图14-164　选择"FX往外扩张"滤镜

图14-165　拖曳至素材上

　　释放鼠标左键，即可添加"FX往外扩张"滤镜，单击导览面板中的"播放"按钮，即可预览"FX往外扩张"滤镜效果，如图14-166所示。

图14-166　预览"FX往外扩张"滤镜效果

14.8.3　"FX漩涡"滤镜

功能介绍

　　在会声会影X8中，应用"FX漩涡"滤镜，可以在视频画面中制作类似漩涡的效果。进入会声会影X8编辑器，在故事板中插入一幅素材图像，如图14-167所示。在预览窗口中，可以预览视频的画面效果，如图14-168所示。

图14-167　插入素材图像

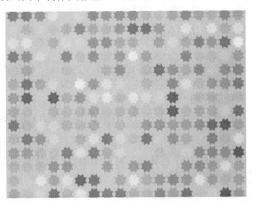

图14-168　预览画面效果

单击"滤镜"按钮，切换至"滤镜"选项卡，在Corel FX滤镜组中选择"FX漩涡"滤镜，如图14-169所示。单击鼠标左键，并将其拖曳至故事板中的素材上，如图14-170所示。

图14-169　选择"FX漩涡"滤镜

图14-170　拖曳至素材上

释放鼠标左键，即可添加"FX漩涡"滤镜，单击导览面板中的"播放"按钮，即可预览"FX漩涡"滤镜效果，如图14-171所示。

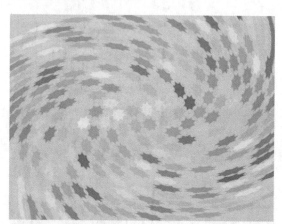

图14-171　预览"FX漩涡"滤镜效果

14.9　"暗房"滤镜的应用

在会声会影X8的"暗房"滤镜组中，包括9种视频滤镜特效，如"自动曝光""自动调配""亮度和对比度""色彩平衡""浮雕""光线"以及"肖像画"等视频滤镜效果。本节主要向读者详细介绍"暗房"滤镜组中部分视频滤镜效果的应用方法。

14.9.1　"自动曝光"滤镜

功能介绍

在会声会影X8中，"自动曝光"滤镜只有一种滤镜预设模式，它最主要的作用便是通过调整图像的光线来达到曝光的效果，主要适合在光线比较暗的视频素材画面上使用。

【练习14-10】在花样茶杯中添加自动曝光滤镜效果

素材位置	素材\第14章\花样茶杯.jpg
效果位置	效果\第14章\花样茶杯.vsp
视频位置	视频\第14章\【练习14-10】在花样茶杯中添加自动曝光滤镜效果.mp4
技术掌握	掌握在花样茶杯中添加自动曝光滤镜效果的操作

本例主要讲解在花样茶杯中添加自动曝光滤镜效果的操作方法。

Step 01 进入会声会影X8编辑器，在故事板中插入一幅素材图像，如图14-172所示。

Step 02 在预览窗口中，可以预览视频的画面效果，如图14-173所示。

图14-172 插入素材图像

图14-173 预览画面效果

Step 03 单击"滤镜"按钮，切换至"滤镜"选项卡，在"暗房"滤镜组中选择"自动曝光"滤镜，如图14-174所示。

图14-174 选择"自动曝光"滤镜

Step 04 单击鼠标左键，并将其拖曳至故事板中的素材上，如图14-175所示。

Step 05 释放鼠标左键，即可添加"自动曝光"滤镜，单击导览面板中的"播放"按钮，即可预览"自动曝光"滤镜效果，如图14-176所示。

图14-175 拖曳至素材上

图14-176 预览"自动曝光"滤镜效果

14.9.2 "亮度和对比度"滤镜

功能介绍

电视机屏幕中播放的画面要比电脑屏幕中的亮一些，若制作的影片最终在电视机中播放，用户需要应用"亮度和对比度"滤镜对视频进行调节。

进入会声会影X8编辑器，在故事板中插入一幅素材图像，如图14-177所示。在预览窗口中，可以预览视频的画面效果，如图14-178所示。

图14-177　插入素材图像

提示

在选项面板中，软件提供了8种"亮度和对比度"预设样式，用户可以根据需要进行选择与应用。在会声会影X8中，"暗房"素材库中的"亮度和对比度"滤镜效果主要是调整图像的亮度和对比度。

图14-178　预览画面效果

单击"滤镜"按钮，切换至"滤镜"选项卡，在"暗房"滤镜组中选择"亮度和对比度"滤镜，如图14-179所示。单击鼠标左键，并将其拖曳至故事板中的素材上，如图14-180所示。

释放鼠标左键，即可添加"亮度和对比度"滤镜，单击导览面板中的"播放"按钮，即可预览"亮度和对比度"滤镜效果，如图14-181所示。

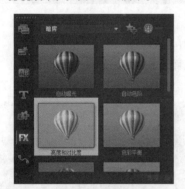

图14-179　选择"亮度和对比度"滤镜

图14-180　拖曳至素材上

图14-181　预览"亮度和对比度"滤镜效果

14.9.3 "色相与饱和度"滤镜

功能介绍

在会声会影X8中，应用"色相与饱和度"滤镜，可以改变素材画面的色相与饱和度效果。进入会声会影X8编辑器，在故事板中插入一幅素材图像，如图14-182所示。在预览窗口中，可以预览视频的画面效果，如图14-183所示。

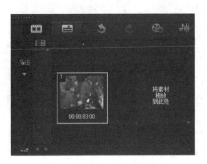

图14-182 插入素材图像

图14-183 预览画面效果

单击"滤镜"按钮，切换至"滤镜"选项卡，在"暗房"滤镜组中选择"色相与饱和度"滤镜，如图14-184所示。单击鼠标左键，并将其拖曳至故事板中的素材上，如图14-185所示。

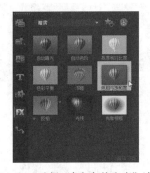

图14-184 选择"色相与饱和度"滤镜

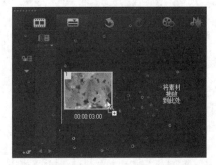

图14-185 拖曳至素材上

释放鼠标左键，即可添加"色相与饱和度"滤镜，单击导览面板中的"播放"按钮，即可预览"色相与饱和度"滤镜效果，如图14-186所示。

图14-186 预览"色相与饱和度"滤镜效果

14.9.4 "反相"滤镜

功能介绍

在会声会影X8中，应用"反相"滤镜，可以反相素材画面的颜色，制作出类似底片的效果。进入会声会影X8编辑器，在故事板中插入一幅素材图像，如图14-187所示。在预览窗口中，可以预览视频的画面效果，如图14-188所示。

图14-187 插入素材图像

图14-188 预览画面效果

单击"滤镜"按钮，切换至"滤镜"选项卡，在"暗房"滤镜组中选择"反相"滤镜，如图14-189所示。单击鼠标左键，并将其拖曳至故事板中的素材上，如图14-190所示。

图14-189 选择"反相"滤镜

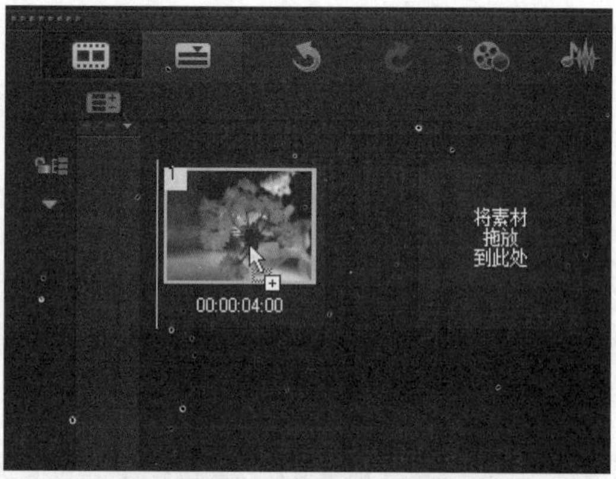

图14-190 拖曳至素材上

释放鼠标左键，即可添加"反相"滤镜，单击导览面板中的"播放"按钮，即可预览"反相"滤镜效果，如图14-191所示。

图14-191 预览"反相"滤镜效果

14.9.5 "光线"滤镜

功能介绍

在会声会影X8中，应用"光线"滤镜，可以在视频画面中制作类似于光线照耀的效果。进入会声会影X8编辑器，在故事板中插入一幅素材图像，如图14-192所示。在预览窗口中，可以预览视频的画面效果，如图14-193所示。

图14-192 插入素材图像

图14-193 预览画面效果

单击"滤镜"按钮，切换至"滤镜"选项卡，在"暗房"滤镜组中选择"光线"滤镜，如图14-194所示。单击鼠标左键，并将其拖曳至故事板中的素材上，释放鼠标左键，即可添加"光线"滤镜，预览窗口中的画面效果如图14-195所示。

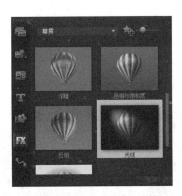

图14-194 选择"光线"滤镜

图14-195 预览画面效果

在"属性"选项面板中，单击"自定义滤镜"左侧的下三角按钮，在弹出的列表框中选择第1排第3个预设滤镜样式，如图14-196所示。

在导览面板中单击"播放"按钮，预览"光线"视频滤镜效果，如图14-197所示。

图14-196 选择预设滤镜样式

图14-197 预览"光线"视频滤镜效果

14.9.6 "肖像相框"滤镜

功能介绍

在会声会影X8中，"肖像相框"滤镜主要用于描述人物肖像画，运用该滤镜，不仅可以产生唯美、浪漫的感觉，还可以使画面更加简洁，从而起到突出人物主体的作用。下面向读者介绍应用"肖像相框"滤镜的方法。

【练习14-11】在油漆孩子中添加肖像相框滤镜效果

素材位置	素材\第14章\油漆孩子.jpg
效果位置	效果\第14章\油漆孩子.vsp
视频位置	视频\第14章\【练习14-11】在油漆孩子中添加肖像相框滤镜效果.mp4
技术掌握	掌握在油漆孩子中添加肖像相框滤镜效果的操作

本例主要讲解在油漆孩子中添加肖像相框滤镜效果的操作方法。

Step 01 进入会声会影X8编辑器，在故事板中插入一幅素材图像，如图14-198所示。

Step 02 在预览窗口中，可以预览视频的画面效果，如图14-199所示。

图14-198 插入素材图像

图14-199 预览画面效果

Step 03 单击"滤镜"按钮，切换至"滤镜"选项卡，在"暗房"滤镜组中选择"肖像相框"滤镜，如图14-200所示。

Step 04 单击鼠标左键，并将其拖曳至故事板中的素材上，释放鼠标左键，即可添加"肖像相框"滤镜，在预览窗口中可以预览"肖像相框"视频滤镜效果，如图14-201所示。

图14-200　选择"肖像相框"滤镜

图14-201　预览"肖像相框"视频滤镜效果

—— 提示 ——

在选项面板中，单击"自定义滤镜"按钮，在弹出的"肖像相框"对话框中，可以对镂空罩色彩、形状、柔和度进行设置。在会声会影X8中的"属性"选项面板中，提供了多种"肖像相框"滤镜预设样式，用户可根据需要进行相应选择。运用"肖像相框"滤镜，不仅可以产生唯美、浪漫的感觉，还可以使画面更加简洁，从而起到突出人物主体的作用。

14.10　"焦距"滤镜的应用

在会声会影X8的"焦距"滤镜组中，包括3种视频滤镜特效，如"平均""模糊"以及"锐利化"等画面焦距类视频滤镜，它们主要使视频画面产生像素化、模糊以及锐利化的效果。本节主要向读者详细介绍"焦距"滤镜组中视频滤镜效果的应用方法。

14.10.1　"平均"滤镜

功能介绍

在会声会影X8中，应用"平均"滤镜，可以平均视频画面中的像素，产生模糊的画面效果。进入会声会影X8编辑器，在故事板中插入一幅素材图像，如图14-202所示。在预览窗口中，可以预览视频的画面效果，如图14-203所示。

图14-202　插入素材图像

图14-203　预览画面效果

单击"滤镜"按钮，切换至"滤镜"选项卡，在"焦距"滤镜组中选择"平均"滤镜，如图14-204所示。

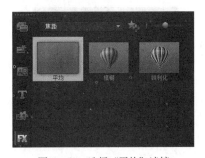

图14-204　选择"平均"滤镜

单击鼠标左键，并将其拖曳至故事板中的素材上，释放鼠标左键，即可添加"平均"滤镜，在导览面板中单击"播放"按钮，预览"平均"视频滤镜效果，如图14-205所示。

图14-205 预览"平均"视频滤镜效果

14.10.2 "模糊"滤镜

功能介绍

在会声会影X8中，应用"模糊"滤镜，可以模糊视频画面中的像素，产生模糊效果。进入会声会影X8编辑器，在故事板中插入一幅素材图像，如图14-206所示。在预览窗口中，可以预览视频的画面效果，如图14-207所示。

图14-206 插入素材图像   图14-207 预览画面效果

单击"滤镜"按钮，切换至"滤镜"选项卡，在"焦距"滤镜组中选择"模糊"滤镜，如图14-208所示。单击鼠标左键，并将其拖曳至故事板中的素材上，释放鼠标左键，即可添加"模糊"滤镜，在导览面板中单击"播放"按钮，预览"模糊"视频滤镜效果，如图14-209所示。

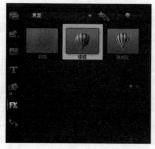

图14-208 选择"模糊"滤镜   图14-209 预览"模糊"视频滤镜效果

14.10.3 "锐利化"滤镜

功能介绍

在会声会影X8中，应用"锐利化"滤镜，可以锐利化视频画面中的像素，使画面产生清晰效果。下面向读者介绍应用"锐利化"滤镜的方法。

【练习14-12】在木制玩具中添加锐利化滤镜效果

素材位置	素材\第14章\木制玩具.jpg
效果位置	效果\第14章\木制玩具.vsp
视频位置	视频\第14章\【练习14-12】在木制玩具中添加锐利化滤镜效果.mp4
技术掌握	掌握在木制玩具中添加锐利化滤镜效果的操作

本例主要讲解在木制玩具中添加锐利化滤镜效果的操作方法。

Step 01 进入会声会影X8编辑器，在故事板中插入一幅素材图像，如图14-210所示。

Step 02 在预览窗口中，可以预览视频的画面效果，如图14-211所示。

图14-210　插入素材图像

图14-211　预览画面效果

Step 03 单击"滤镜"按钮，切换至"滤镜"选项卡，在"焦距"滤镜组中选择"锐利化"滤镜，如图14-212所示。

Step 04 单击鼠标左键，并将其拖曳至故事板中的素材上，释放鼠标左键，即可添加"锐利化"滤镜，在导览面板中单击"播放"按钮，预览"锐利化"视频滤镜效果，如图14-213所示。

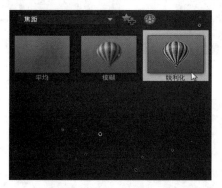

图14-212　选择"锐利化"滤镜

图14-213　预览"锐利化"视频滤镜效果

14.11 "自然绘图"滤镜的应用

在会声会影X8的"自然绘图"滤镜组中，包括7种视频滤镜特效，如"自动素描""炭笔""彩色笔""旋转草绘"以及"水彩"等视频滤镜效果，这些滤镜效果可以制作出类似绘图的效果。本节主要向读者详细介绍"自然绘图"滤镜组中部分视频滤镜效果的应用方法。

14.11.1 "自动素描"滤镜

功能介绍

"自动素描"滤镜主要展现的是绘画的过程,即从素描到初步上色,最后到定色绘画完成。下面向读者介绍应用"自动素描"滤镜的方法。

【练习14-13】在喇叭花蕊中添加自动素描滤镜效果

素材位置	素材\第14章\喇叭花蕊.jpg
效果位置	效果\第14章\喇叭花蕊.vsp
视频位置	视频\第14章\【练习14-13】在喇叭花蕊中添加自动素描滤镜效果.mp4
技术掌握	掌握在喇叭花蕊中添加自动素描滤镜效果的操作

本例主要讲解在喇叭花蕊中添加自动素描滤镜效果的操作方法。

Step 01 进入会声会影X8编辑器,在故事板中插入一幅素材图像,如图14-214所示。

Step 02 在预览窗口中,可以预览视频的画面效果,如图14-215所示。

图14-214 插入素材图像

图14-215 预览画面效果

Step 03 单击"滤镜"按钮,切换至"滤镜"选项卡,在"自然绘图"滤镜组中选择"自动素描"滤镜,如图14-216所示。

Step 04 单击鼠标左键,并将其拖曳至故事板中的素材上,释放鼠标左键,即可添加"自动素描"滤镜,在导览面板中单击"播放"按钮,预览"自动素描"视频滤镜效果,如图14-217所示。

图14-216 选择"自动素描"滤镜

图14-217 预览"自动素描"视频滤镜效果

14.11.2 "彩色笔"滤镜

功能介绍

在会声会影X8中，"彩色笔"滤镜可以展现运用彩色铅笔绘画的效果。进入会声会影X8编辑器，在故事板中插入一幅素材图像，如图14-218所示。在预览窗口中，可以预览视频的画面效果，如图14-219所示。

图14-218 插入素材图像

图14-219 预览画面效果

单击"滤镜"按钮，切换至"滤镜"选项卡，在"自然绘图"滤镜组中选择"彩色笔"滤镜，如图14-220所示。

单击鼠标左键，并将其拖曳至故事板中的素材上，释放鼠标左键，即可添加"彩色笔"滤镜，在导览面板中单击"播放"按钮，预览"彩色笔"视频滤镜效果，如图14-221所示。

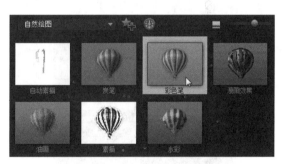

图14-220 选择"彩色笔"滤镜

图14-221 预览"彩色笔"视频滤镜效果

14.11.3 "油画"滤镜

功能介绍

在会声会影X8中，使用"油画"滤镜效果可以为画面带来一种朦胧的意境美。进入会声会影X8编辑器，在故事板中插入一幅素材图像，如图14-222所示。在预览窗口中，可以预览视频的画面效果，如图14-223所示。

图14-222 插入素材图像

图14-223 预览画面效果

单击"滤镜"按钮，切换至"滤镜"选项卡，在"自然绘图"滤镜组中选择"油画"滤镜，如图14-224所示。单击鼠标左键，并将其拖曳至故事板中的素材上，释放鼠标左键，即可添加"油画"滤镜，在导览面板中单击"播放"按钮，预览"油画"视频滤镜效果，如图14-225所示。

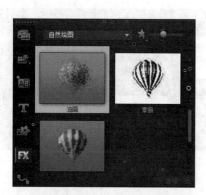

图14-224 选择"油画"滤镜

图14-225 预览"油画"视频滤镜效果

14.12 "NewBlue样式特效"滤镜的应用

在会声会影X8的"NewBlue样式特效"滤镜组中，包括5种视频滤镜特效，如"主动式相机""喷刷""裁剪边框""强化细部"以及"水彩"等视频滤镜效果。本节主要向读者详细介绍"NewBlue样式特效"滤镜组中部分视频滤镜效果的应用方法。

14.12.1 "主动式相机"滤镜

功能介绍

在会声会影X8中，"主动式相机"滤镜主要展现的是摄影机在拍摄的过程中不断的活动，而导致影片效果不断晃动。进入会声会影X8编辑器，在故事板中插入一幅素材图像，如图14-226所示。在预览窗口中，可以预览视频的画面效果，如图14-227所示。

图14-226　插入素材图像

图14-227　预览画面效果

单击"滤镜"按钮，切换至"滤镜"选项卡，在"NewBlue样式特效"滤镜组中选择"主动式相机"滤镜，如图14-228所示。

单击鼠标左键，并将其拖曳至故事板中的素材文件上，释放鼠标左键，即可添加"主动式相机"滤镜，在导览面板中单击"播放"按钮，预览"主动式相机"视频滤镜效果，如图14-229所示。

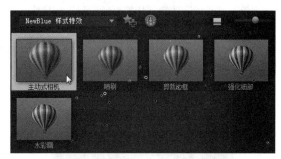

图14-228　选择"主动式相机"滤镜

图14-229　预览"主动式相机"视频滤镜效果

14.12.2　"喷刷"滤镜

功能介绍

在会声会影X8中，"喷刷"滤镜主要在视频画面中制作类似喷刷的效果。下面向读者介绍应用"喷刷"滤镜的方法。

进入会声会影X8编辑器，在故事板中插入一幅素材图像，如图14-230所示。在预览窗口中，可以预览视频的画面效果，如图14-231所示。

图14-230　插入素材图像

图14-231　预览画面效果

单击"滤镜"按钮，切换至"滤镜"选项卡，在"NewBlue样式特效"滤镜组中选择"喷刷"滤镜，如图14-232所示。单击鼠标左键，并将其拖曳至故事板中的素材上，释放鼠标左键，即可添加"喷刷"滤镜，在导览面板中单击"播放"按钮，预览"喷刷"视频滤镜效果，如图14-233所示。

图14-232　选择"喷刷"滤镜

图14-233　预览"喷刷"视频滤镜效果

14.12.3　"强化细部"滤镜

功能介绍

在会声会影X8中，"强化细部"滤镜主要是用来增强素材画面中的细节部分，使画面纹理更清晰。下面向读者介绍应用"强化细部"滤镜的方法。

【练习14-14】在袋鼠中添加强化细部滤镜效果

素材位置	素材\第14章\袋鼠.jpg
效果位置	效果\第14章\袋鼠.vsp
视频位置	视频\第14章\【练习14-14】在袋鼠中添加强化细部滤镜效果.mp4
技术掌握	掌握在袋鼠中添加强化细部滤镜效果的操作

本例主要讲解在袋鼠中添加强化细部滤镜效果的操作方法。

Step 01　进入会声会影X8编辑器，在故事板中插入一幅素材图像，如图14-234所示。

Step 02　在预览窗口中，可以预览视频的画面效果，如图14-235所示。

图14-234 插入素材图像

图14-235 预览画面效果

Step 03 单击"滤镜"按钮，切换至"滤镜"选项卡，在"NewBlue样式特效"滤镜组中选择"强化细部"滤镜，如图14-236所示。

Step 04 单击鼠标左键，并将其拖曳至故事板中的素材上，如图14-237所示。

Step 05 释放鼠标左键，即可添加"强化细部"滤镜，在导览面板中单击"播放"按钮，预览"强化细部"视频滤镜效果，如图14-238所示。

图14-236 选择"强化细部"滤镜

图14-237 拖曳至素材上

图14-238 预览"强化细部"视频滤镜效果

14.12.4 "水彩画"滤镜

功能介绍

在会声会影X8中，"水彩画"滤镜主要在视频画面中制作类似水彩的效果。进入会声会影X8编辑器，在故事板中插入一幅素材图像，如图14-239所示。在预览窗口中，可以预览视频的画面效果，如图14-240所示。

图14-239　插入素材图像

图14-240　预览画面效果

　　单击"滤镜"按钮，切换至"滤镜"选项卡，在"NewBlue样式特效"滤镜组中选择"水彩画"滤镜，如图14-241所示。单击鼠标左键，并将其拖曳至故事板中的素材上，释放鼠标左键，即可添加"水彩画"滤镜，在导览面板中单击"播放"按钮，即可预览"水彩"视频滤镜效果，如图14-242所示。

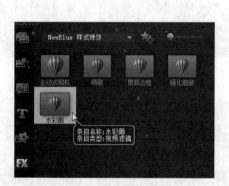

图14-241　选择"水彩画"滤镜

图14-242　预览"水彩画"视频滤镜效果

14.13　"特殊"滤镜的应用

　　在会声会影X8的"特殊"滤镜组中，包括7种视频滤镜特效，如"泡泡""云雾""残影效果""闪电"以及"雨滴"等视频滤镜效果。本节主要向读者详细介绍"特殊"滤镜组中部分视频滤镜效果的应用方法。

14.13.1　"泡泡"滤镜

功能介绍

　　在会声会影X8中，应用"泡泡"滤镜，可以在画面中添加许多气泡。下面向读者介绍应用"泡泡"滤镜的操作方法。

　　进入会声会影X8编辑器，在故事板中插入一幅素材图像，如图14-243所示。在预览窗口中，可以预览视频的画面效果，如图14-244所示。

图14-243　插入素材图像

图14-244　预览画面效果

单击"滤镜"按钮，切换至"滤镜"选项卡，在"特殊"滤镜组中选择"泡泡"滤镜，如图14-245所示。

图14-245　选择"泡泡"滤镜

单击鼠标左键，并将其拖曳至故事板中的素材上，释放鼠标左键，即可添加"泡泡"滤镜，在导览面板中单击"播放"按钮，预览"泡泡"视频滤镜效果，如图14-246所示。

图14-246　预览"泡泡"视频滤镜效果

14.13.2　"云雾"滤镜

功能介绍

　　在会声会影X8中，"云雾"滤镜用于在视频画面上添加流动的云彩效果，可以模仿天空中的云彩。进入会声会影X8编辑器，在故事板中插入一幅素材图像，如图14-247所示。在预览窗口中，可以预览视频的画面效果，如图14-248所示。

图14-247 插入素材图像

图14-248 预览画面效果

单击"滤镜"按钮，切换至"滤镜"选项卡，在"特殊"滤镜组中选择"云雾"滤镜，如图14-249所示。单击鼠标左键，并将其拖曳至故事板中的素材上，释放鼠标左键，即可添加"云雾"滤镜，在导览面板中单击"播放"按钮，预览"云雾"视频滤镜效果，如图14-250所示。

图14-249 选择"云雾"滤镜

图14-250 预览"云雾"视频滤镜效果

提示

在选项面板中，软件向用户提供了12种不同的"云雾"预设滤镜效果，每种预设效果都有云彩流动的特色，用户可根据实际需要进行应用。

14.13.3 "残影效果"滤镜

功能介绍

在会声会影X8中，"残影效果"滤镜用于在视频画面上添加残影的效果。进入会声会影X8编辑器，在故事板中插入一幅素材图像，如图14-251所示。在预览窗口中，可以预览视频的画面效果，如图14-252所示。

图14-251　插入素材图像

图14-252　预览画面效果

单击"滤镜"按钮，切换至"滤镜"选项卡，在"特殊"滤镜组中选择"残影效果"滤镜，如图14-253所示。

单击鼠标左键，并将其拖曳至故事板中的素材上，释放鼠标左键，即可添加"残影效果"滤镜，在导览面板中单击"播放"按钮，预览"残影效果"视频滤镜效果，如图14-254所示。

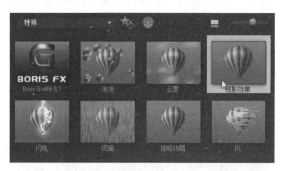

图14-253　选择"残影效果"滤镜

图14-254　预览"残影效果"视频滤镜效果

14.13.4　"闪电"滤镜

功能介绍

在会声会影X8中，"闪电"滤镜可以模仿大自然中闪电照射的效果。下面向读者介绍应用"闪电"滤镜的操作方法。

进入会声会影X8编辑器，在故事板中插入一幅素材图像，如图14-255所示。在预览窗口中，可以预览视频的画面效果，如图14-256所示。

图14-255　插入素材图像

图14-256　预览画面效果

单击"滤镜"按钮，切换至"滤镜"选项卡，在"特殊"滤镜组中选择"闪电"滤镜，如图14-257所示。单击鼠标左键，并将其拖曳至故事板中的素材上，释放鼠标左键，即可添加"闪电"滤镜，在导览面板中单击"播放"按钮，预览"闪电"视频滤镜效果，如图14-258所示。

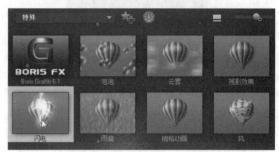

图14-257　选择"闪电"滤镜

图14-258　预览"闪电"视频滤镜效果

14.13.5 "雨滴"滤镜

功能介绍

在会声会影X8中,应用"雨滴"滤镜,可以在画面上添加雨丝的效果,模仿大自然中下雨的场景。下面向读者介绍应用"雨滴"滤镜的操作方法。

【练习14-15】在雨中荷叶中添加雨滴滤镜效果

素材位置	素材\第14章\雨中荷叶.jpg
效果位置	效果\第14章\雨中荷叶.vsp
视频位置	视频\第14章\【练习14-15】在雨中荷叶中添加雨滴滤镜效果.mp4
技术掌握	掌握在雨中荷叶中添加雨滴滤镜效果的操作

本例主要讲解在雨中荷叶中添加雨滴滤镜效果的操作方法。

Step 01 进入会声会影X8编辑器,在故事板中插入一幅素材图像,如图14-259所示。

Step 02 在预览窗口中,可以预览视频的画面效果,如图14-260所示。

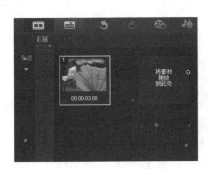

图14-259 插入素材图像

图14-260 预览画面效果

Step 03 单击"滤镜"按钮,切换至"滤镜"选项卡,在"特殊"滤镜组中选择"雨滴"滤镜,如图14-261所示。

Step 04 单击鼠标左键,并将其拖曳至故事板中的素材上,释放鼠标左键,即可添加"雨滴"滤镜,在导览面板中单击"播放"按钮,预览"雨滴"视频滤镜效果,如图14-262所示。

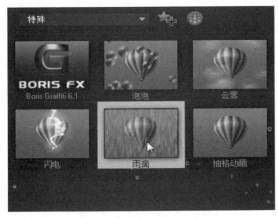

图14-261 选择"雨滴"滤镜

图14-262 预览"雨滴"视频滤镜效果

转场特效的制作

本章导读

镜头之间的过渡或者素材之间的转换称为转场，它使用一些特殊的效果，在素材与素材之间产生自然、流畅和平滑的过渡。会声会影X8为用户提供了上百种转场效果，运用这些转场效果，可以让素材之间过渡得更加完美，从而制作出绚丽多彩的视频作品。本章主要介绍视频转场特效的制作。

15.1 转场效果简介

如果用户有效、合理地使用转场，可以使制作的影片呈现出专业的视频效果。从本质上讲，影片剪辑就是选取所需的图像以及视频片段进行重新排列组合，而转场效果就是连接这些素材的方式，所以转场效果的应用在视频编辑领域中占有很重要的地位。

15.1.1 转场效果

功能介绍

会声会影为用户提供了18个大类上百种的转场效果，如图15-1所示。合理地运用这些转场效果，可以使素材与素材之间过渡得更加生动、自然，从而制作出绚丽多彩的视频作品。

"3D"转场库

"筛选"转场库

"底片"转场库

"剥落"转场库

"滑动"转场库

"擦拭"转场库

图15-1 转场素材库

在视频编辑操作中，最长使用的切换方式是一个素材与另一个素材紧密连接，使其直接过渡，这种方法称为"硬切换"；另一种就是使用一些特殊效果，在素材与素材之间产生自然、流畅以及平滑的过渡，这种方法被称为"软切换"，如图15-2所示。

"剥落"转场效果

"筛选"转场效果

"擦拭"转场效果

图15-2 "软切换"转场样式

15.1.2 "转场"选项面板

功能介绍

在会声会影X8中，用户可以通过"转场"选项面板来调整转场的各项参数，如调整各转场效果的区间长度、设置转场的边框效果、设置转场的边框颜色以及设置转场的柔花边缘属性等，如图15-3所示。不同的转场效果，在选项面板中的选项也会有所不同。

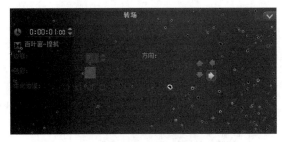

图15-3 "转场"选项面板

参数详解

在该对选项面板中，各主要选项含义如下。

❖ "区间"数值框 `0:00:01:00` ：该数值框用于调整转场的播放时间长度，并显示当前播放转场所需的时间值，单击数值框右侧的微调按钮，可以调整数值的大小，也可单击数值框中的数值，待数值处于闪烁状态时，输入所需的数字后，按【Enter】键确认，也可改变当前转场的播放时间长度。

❖ "边框"数值框：在该数值框中，用户可以输入所需的数值，来改变转场边框的宽度，单击其右侧的微调按钮，也可从调整边框数值的大小。

❖ "色彩"色块：单击该选项右侧的色块，在弹出的颜色面板中，用户可以根据需要选择转场边框的颜色。

❖ "柔化边缘"选项：在该选项右侧有4个按钮，代表转场的4种柔化边缘程度，用户可以根据需要单击相应的按钮，设置不同的柔滑边缘效果。

❖ "方向"选项区：在该选项区中，单击不同的方向按钮，可以设置转场效果的播放效果。

15.2 转场的基本操作

在会声会影X8中，影片剪辑就是选取要用的视频片段并重新排列组合，而转场就是连接两段视频的方式，所以转场效果的应用在视频编辑领域中占有很重要的地位。本节主要向读者介绍添加视频转场效果的操作方法，希望读者熟练掌握本节内容。

15.2.1 自动添加转场

功能介绍

自动添加转场效果是指将照片或视频素材导入会声会影项目中时，软件已经在各段素材中添加了转场效果。当用户需要将大量的静态图像制作成视频相册时，使用自动添加转场效果最为方便。下面向读者介绍自动添加转场效果的操作方法。

参数详解

在"自定随机转场"对话框中，右侧的按钮含义如下。

❖ "全部移除"按钮：单击该按钮，可以取消下拉列表框中用户之前选择的任何转场效果，使随机特效呈空白状态。

❖ "全部选取"按钮：单击该按钮，可以选择下拉列表框中列出的所有转场效果，都列为可自动添加的随机转场效果。

🎵【练习15-1】在绿色盆栽中添加自动转场

素材位置	素材\第15章\绿色盆栽1.jpg、绿色盆栽2.jpg
效果位置	效果\第15章\绿色盆栽.vsp
视频位置	视频\第15章\【练习15-1】在绿色盆栽中添加自动转场.mp4
技术掌握	掌握在绿色盆栽中添加自动转场的操作

本例主要讲解在绿色盆栽中添加自动转场的操作方法。

Step 01 进入会声会影编辑器，单击"设置"|"参数选择"命令，如图15-4所示。

Step 02 弹出"参数选择"对话框，单击"编辑"标签，如图15-5所示。

图15-4 单击"设置"|"参数选择"命令

图15-5 单击"编辑"标签

提示

在"转场效果"选项区中，"默认转场效果的区间"选项是指自动添加转场效果后的转场区间长度，在右侧的数值框中手动输入转场效果区间长度即可，单位为秒。

Step 03 切换至"编辑"选项卡，选中"自动添加转场效果"复选框，单击"自定义"按钮，如图15-6所示。

Step 04 弹出"自定随机转场"对话框，在中间的下拉列表框中选择"闪光-炫光"复选框，如图15-7所示。

图15-6 单击"自定义"按钮

图15-7 选择"闪光-炫光"复选框

问：自动添加转场有哪些优点和缺点？

答：自动添加转场效果的优点是提高了添加转场效果的操作效率，而缺点是转场效果添加后，部分转场效果可能会与画面有些不协调，没有将两个画面很好地融合在一起。

Step 05 自定义转场设置完成后，依次单击"确定"按钮，返回会声会影编辑器，在故事板中的空白位置上，单击鼠标右键，在弹出的快捷菜单中选择"插入照片"选项，如图15-8所示。

Step 06 弹出"浏览照片"对话框，在其中选择需要添加的媒体素材，如图15-9所示。

图15-8　选择"插入照片"选项

图15-9　选择媒体素材

Step 07　单击"打开"按钮，即可导入媒体素材到故事板中，此时素材之间已经添加了默认的转场效果，如图15-10所示。

Step 08　在导览面板中单击"播放"按钮，预览自动添加的转场效果，如图15-11所示。

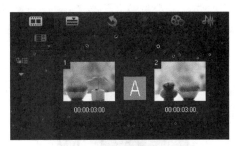

图15-10　添加默认转场效果

图15-11　预览自动添加的转场效果

— 提示 —

　　使用默认的转场效果主要用于帮助初学者快速且方便地添加转场效果，若要灵活地控制转场效果，则需取消选中"自动添加转场效果"复选框。

15.2.2　手动添加转场

功能介绍

　　从"转场"素材库中通过手动拖曳的方式，将转场效果拖曳至视频轨中的两段素材之间，然后释放鼠标左键，即可实现影片播放过程中的柔和过渡效果，这就是手动添加转场。

进入会声会影X8编辑器，在故事板中插入两幅素材图像，如图15-12所示。在素材库的左侧，单击"转场"按钮，如图15-13所示。

图15-12　插入两幅素材图像

图15-13　单击"转场"按钮

提示

　　每一个非线性编辑软件都很重视视频转场效果的设计，若转场效果运用得当，可以增加影片的观赏性和流畅性，从而提高影片的艺术档次。在视频编辑工作中，素材与素材之间的连接称为切换。

　　切换至"转场"素材库，单击素材库上方的"画廊"按钮，在弹出的下拉列表中选择3D选项，如图15-14所示。打开3D转场组，在其中选择"对开门"转场效果，如图15-15所示。

图15-14　选择3D选项

图15-15　选择"对开门"转场效果

提示

　　进入"转场"素材库后，默认状态下显示"我的最爱"转场组，用户还可以将其他类别中常用的转场效果添加至"我的最爱"转场组中，方便以后调用到其他视频素材之间，提高视频编辑效率。

　　单击鼠标左键并将其拖曳至故事板中两幅素材图像之间的方格中，如图15-16所示。释放鼠标左键，即可添加"对开门"转场效果，如图15-17所示。

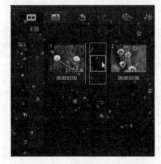

图15-16　拖曳至两幅素材图像之间

图15-17　添加"对开门"转场效果

在导览面板中单击"播放"按钮，预览手动添加的转场效果，如图15-18所示。

图15-18 预览手动添加的转场效果

技术专题 **[区间长度和边框颜色的调整]**

在会声会影X8中，除了通过"区间"数值框更改转场效果的区间长度外，用户还可以在视频轨中，选择需要调整区间的转场效果，将鼠标移至右端的黄色竖线上，待鼠标指针呈双向箭头形状时，单击鼠标左键并向左或向右拖曳，如图15-19所示，也可以手动调整转场的区间长度，如图15-20所示。

图15-19 单击鼠标左键向右拖曳　　　　　图15-20 手动调整转场的区间长度

单击"色彩"右侧的色块，在弹出的颜色面板中，用户可以根据需要改变转场边框的颜色。图15-21所示为改变转场边框颜色后的视频画面效果。

图15-21 改变转场边框颜色后的视频画面效果

15.2.3 随机转场

功能介绍

在会声会影X8中，将随机效果应用于整个项目时，程序将随机挑选转场效果，并应用到当前项目的素材之间。

进入会声会影X8编辑器，在故事板中插入两幅素材图像，如图15-22所示。在素材库的左侧，单击"转场"按钮，如图15-23所示。

图15-22 插入两幅素材图像

图15-23 单击"转场"按钮

切换至"转场"素材库，单击"对视频轨应用随机效果"按钮，如图15-24所示。执行操作后，即可在素材图像之间添加随机转场效果，如图15-25所示。

图15-24 单击按钮

图15-25 添加随机转场效果

在导览面板中单击"播放"按钮，预览随机添加的转场效果，如图15-26所示。

图15-26 预览随机添加的转场效果

提示

　　用户每一次单击"对视频轨应用随机效果"按钮时，在素材之间添加的转场效果都会不一样，因为这是软件随机挑选的转场效果。

技术专题 ［对已存在的转场应用随机效果］

　　在会声会影X8中，若项目之间已经添加转场效果，再应用随机效果，则会弹出信息提示对话框，如图15-27所示。

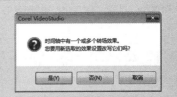

图15-27 信息提示对话框

　　若要替换原有的转场效果，单击"是"按钮即可；若单击"否"按钮，则保留原先的转场效果，并在其他素材之间添加选择的转场效果。

15.2.4 当前转场

功能介绍

　　单击"对视频轨应用当前效果"按钮，程序将把当前选中的转场效果应用到当前项目的所有素材之间。下面向读者介绍应用当前转场效果的操作方法。

【练习15-2】在国宝熊猫中添加当前转场效果

素材位置	素材\第15章\国宝熊猫1.jpg、国宝熊猫2.jpg
效果位置	效果\第15章\国宝熊猫.vsp
视频位置	视频\第15章\【练习15-2】在国宝熊猫中添加当前转场效果.mp4
技术掌握	掌握在国宝熊猫中添加当前转场效果的操作

　　本例主要讲解在国宝熊猫中添加当前转场效果的操作方法。

Step 01 进入会声会影X8编辑器，在故事板中插入两幅素材图像，如图15-28所示。

Step 02 切换至"转场"素材库，单击素材库上方的"画廊"按钮，在弹出的下拉列表中选择"筛选"选项，如图15-29所示。

图15-28　插入两幅素材图像

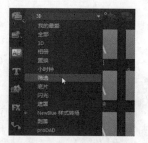

图15-29　选择"筛选"选项

Step 03 打开"筛选"转场组，在其中选择"交错淡化"转场效果，如图15-30所示。

Step 04 单击素材库上方的"对视频轨应用当前效果"按钮，如图15-31所示。

图15-30　选择"交错淡化"转场效果

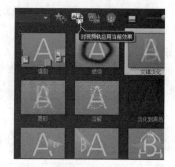

图15-31　单击按钮

提示

在会声会影X8中，用户在"转场"素材库中选择相应的转场效果后，还可以直接拖曳当前选择的转场效果到故事板中的两段素材之间，直接应用。

Step 05 在导览面板中单击"播放"按钮，预览添加的转场效果，如图15-32所示。

图15-32　预览添加的转场效果

当用户在"转场"素材库中选择需要的转场效果后，单击鼠标右键，在弹出的快捷菜单中选择"对视频轨应用当前效果"选项，如图15-33所示，也可以快速在各视频中间添加选择的转场效果。

图15-33　选择"对视频轨应用当前效果"选项

15.3　转场效果的编辑

在会声会影X8中，用户不仅可以根据自己的意愿快速替换或删除转场效果，还可以将常用的转场效果添加至我的最爱中，在需要运用的时候，可以快速从我的最爱中找到所需的转场，并将其运用到视频编辑中。本节主要向读者介绍管理转场效果的操作方法。

15.3.1　添加到我的最爱

功能介绍

在会声会影X8中，如果用户需要经常使用某个转场效果，可以将其添加到我的最爱中，以便日后使用。

进入会声会影编辑器，单击"转场"按钮，切换至"转场"素材库，单击窗口上方的"画廊"按钮，在弹出的列表框中选择"底片"选项，如图15-34所示。打开"底片"素材库，在其中选择"对开门"转场效果，如图15-35所示。

提示

在会声会影X8中，选择需要添加到我的最爱的转场效果后，单击鼠标右键，在弹出的快捷菜单中选择"添加到我的最爱"选项，也可将转场效果添加至我的最爱中。

图15-34　选择"底片"选项

图15-35　选择"对开门"转场效果

单击窗口上方的"添加到我的最爱"按钮，如图15-36所示。执行操作后，打开"我的最爱"素材库，可以查看添加的"对开门"转场效果，如图15-37所示。

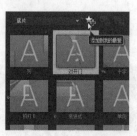

图15-36　单击"添加到我的最爱"按钮

图15-37　查看"对开门"转场效果

15.3.2　从我的最爱中删除转场

功能介绍

在会声会影X8中，将转场效果添加至我的最爱后，如果不再需要该转场效果，可以将其从我的最爱中删除。

进入会声会影编辑器，切换至"转场"素材库，进入"我的最爱"素材库，在其中选择需要删除的转场效果，单击鼠标右键，在弹出的快捷菜单中选择"删除"选项，如图15-38所示。执行操作后，弹出提示信息框，提示是否删除此略图，如图15-39所示，单击"是"按钮，即可从我的最爱中删除该转场效果。

图15-38　选择"删除"选项

图15-39　弹出提示信息框

提示

在会声会影X8中，除了可以运用以上方法删除转场效果外，用户还可以在"我的最爱"转场素材库中选择相应转场效果，然后按【Delete】键，也可以快速从我的最爱中删除选择的转场效果。

15.3.3　转场效果的替换

功能介绍

在会声会影X8中，在图像素材之间添加相应的转场效果后，如果用户对该转场效果不满意，则可以对其进行替换。下面介绍替换转场效果的操作方法。

【练习15-3】在舞动夕阳中替换当前转场效果

素材位置	素材\第15章\舞动夕阳1.jpg、舞动夕阳2.jpg
效果位置	效果\第15章\舞动夕阳.vsp
视频位置	视频\第15章\【练习15-3】在舞动夕阳中替换当前转场效果.mp4
技术掌握	掌握在舞动夕阳中替换当前转场效果的操作

本例主要讲解在舞动夕阳中替换当前转场效果的操作方法。

Step 01　进入会声会影编辑器，单击"文件"|"打开项目"命令，打开一个项目文件，如图15-40所示。

图15-40　打开项目文件

Step 02　在导览面板中单击"播放"按钮，预览现有的转场效果，如图15-41所示。

图15-41　预览现有的转场效果

Step 03　切换至"转场"素材库，单击窗口上方的"画廊"按钮，在弹出的列表框中选择"筛选"选项，如图15-42所示。

Step 04　打开"筛选"转场组，在其中选择"爆裂"转场效果，如图15-43所示。

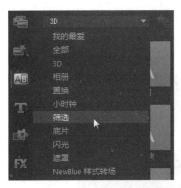

图15-42　选择"筛选"选项

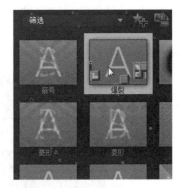

图15-43　选择"爆裂"转场效果

Step 05　在选择的转场效果上，单击鼠标左键并拖曳至视频轨中的两幅图像素材之间已有的转场效果上方，如图15-44所示。

Step 06　释放鼠标左键，即可替换之前添加的转场效果，如图15-45所示。

图15-44 拖曳至两幅图像素材之间

图15-45 替换之前添加的转场效果

Step 07 在导览面板中单击"播放"按钮，预览替换之后的转场效果，如图15-46所示。

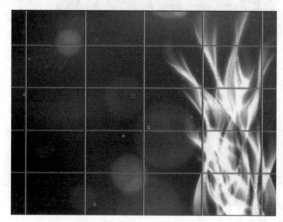

图15-46 预览替换之后的转场效果

15.3.4 转场效果的移动

功能介绍

在会声会影X8中，若用户需要调整转场效果的位置，则可先选择需要移动的转场效果，然后再将其拖曳至合适位置。

进入会声会影编辑器，单击"文件"|"打开项目"命令，打开一个项目文件，如图15-47所示。

图15-47 打开项目文件

在导览面板中单击"播放"按钮，预览视频转场效果，如图15-48所示。

图15-48 预览视频转场效果

在视频轨中选择第1张图像与第2张图像之间的转场效果，单击鼠标左键并拖曳至第2张图像与第3张图像之间，如图15-49所示。释放鼠标左键，即可移动转场效果，如图15-50所示。

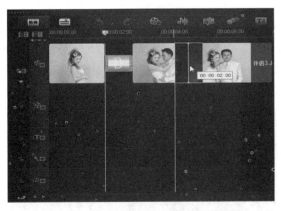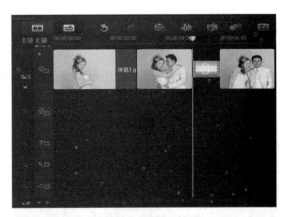

图15-49 拖曳至第2张图像与第3张图像之间　　　　　　　图15-50 移动转场效果

在导览面板中单击"播放"按钮，预览移动转场效果后的视频画面，如图15-51所示。

图15-51　预览移动转场效果后的视频画面

15.3.5　转场效果的删除

功能介绍

　　在会声会影X8中，为素材添加转场效果后，若用户对添加的转场效果不满意，则可以将其删除。下面向读者介绍删除转场效果的操作方法。

　　在视频轨中，选择需要删除的转场效果，单击鼠标右键，在弹出的快捷菜单中选择"删除"选项，如图15-52所示。执行操作后，即可删除选择的转场效果，如图15-53所示。

 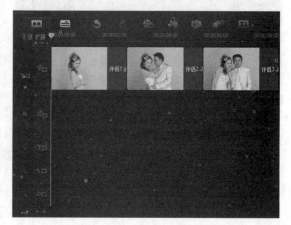

图15-52　选择"删除"选项　　　　　　　　　　　图15-53　删除选择的转场效果

15.4 转场边框属性与方向

在会声会影X8中，在图像素材之间添加转场效果后，可以通过选项面板设置转场的属性，如设置转场边框效果、改变转场边框色彩以及调整转场的时间长度等。本节主要向读者介绍设置转场边框属性与方向的操作方法。

15.4.1 转场的边框

功能介绍

在会声会影X8中，可以为转场效果设置相应的边框样式，从而为转场效果锦上添花，加强效果的审美度。下面向读者介绍设置转场边框的方法。

【练习15-4】在美妆广告中设置转场的边框

素材位置	素材\第15章\美妆广告1.jpg、美妆广告2.jpg
效果位置	效果\第15章\美妆广告.vsp
视频位置	视频\第15章\【练习15-4】在美妆广告中设置转场的边框.mp4
技术掌握	掌握在美妆广告中设置转场的边框的操作

本例主要讲解在美妆广告中设置转场的边框的操作方法。

Step 01 进入会声会影X8编辑器，在故事板中插入两幅素材图像，如图15-54所示。

Step 02 在两幅素材图像之间添加"筛选-虹膜"转场效果，如图15-55所示。

图15-54 插入两幅素材图像　　　　　　图15-55 添加"筛选-虹膜"转场效果

Step 03 在导览面板中单击"播放"按钮，预览视频转场效果，如图15-56所示。

图15-56 预览视频转场效果

Step 04 在"转场"选项面板的"边框"数值框中，输入2，设置边框大小，如图15-57所示。

图15-57　设置边框大小

—— 提示 ——

在会声会影X8中，转场边框宽度的取值范围为0～10之间。

Step 05 在导览面板中单击"播放"按钮，预览设置边框后的转场效果，如图15-58所示。

图15-58　预览设置边框后的转场效果

15.4.2　边框的颜色

功能介绍

在会声会影X8中，"转场"选项面板中的"色彩"选项区主要用于设置转场效果的边框颜色。该选项提供了多种颜色样式，用户可根据需要进行相应的选择。下面向读者介绍改变转场边框色彩的操作方法。

进入会声会影编辑器，单击"文件"|"打开项目"命令，打开一个项目文件，如图15-59所示。

图15-59　打开项目文件

在导览面板中单击"播放"按钮，预览视频转场效果，如图15-60所示。

图15-60　预览视频转场效果

在故事板中选择需要设置的转场效果，如图15-61所示。在"转场"选项面板中，单击"色彩"选项右侧的色块，在弹出的颜色面板中选择Corel Color Picker（Corel色彩选取器）选项，如图15-62所示。

图15-61　选择需要设置的转场效果

图15-62　选择"Corel色彩选取器"选项

执行操作后，弹出"Corel色彩选择工具"对话框，如图15-63所示。在对话框上方单击绿色色块，在中间的颜色方格中选择第一排最后一个青色，如图15-64所示。

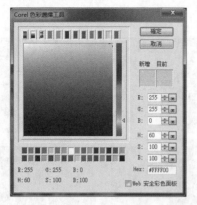
图15-63　弹出对话框

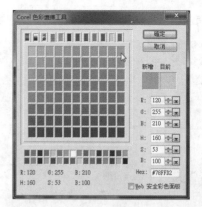
图15-64　选择第一排最后一个青色

设置完成后，单击"确定"按钮，即可设置转场边框的颜色，在导览面板中单击"播放"按钮，预览设置转场边框颜色后的视频画面，如图15-65所示。

图15-65　预览视频画面

15.4.3　转场的方向

功能介绍

在会声会影X8中，选择不同的转场效果，其"方向"选项区中的转场"方向"选项会不一样。下面向读者介绍改变转场方向的操作方法。

【练习15-5】在动画场景中设置转场的方向

素材位置	素材\第15章\动画场景.vsp
效果位置	效果\第15章\动画场景.vsp、动画场景1.vsp、动画场景2.vsp
视频位置	视频第15章\【练习15-5】在动画场景中设置转场的方向.mp4
技术掌握	掌握在动画场景中设置转场的边框的操作

本例主要讲解在动画场景中设置转场的边框的操作方法。

Step 01　进入会声会影编辑器，单击"文件"|"打开项目"命令，打开一个项目文件，如图15-66所示。

图15-66　打开项目文件

Step 02 在导览面板中单击"播放"按钮，预览视频转场效果，如图15-67所示。

图15-67 预览视频转场效果

Step 03 在故事板中选择需要设置方向的转场效果，如图15-68所示。
Step 04 在"转场"选项面板的"方向"选项区中，单击"四门垂直运动"按钮，如图15-69所示。

图15-68 选择需要设置方向的转场效果　　图15-69 单击"四门垂直运动"按钮

Step 05 执行操作后，即可改变转场效果的运动方向，在导览面板中单击"播放"按钮，预览更改方向后的转场效果，如图15-70所示。

Step 06 在"转场"选项面板中，单击"四门水平运动"按钮，将以水平运动的方式改变转场效果的运动方向，效果如图15-71所示。

Step 07 在"转场"选项面板中，单击"打开-四门水平运动"按钮，将以对角相反的方向分割画面，改变转场效果的运动方向，如图15-72所示。

图15-70 预览更改方向后的转场效果

图15-71 改变转场效果的运动方向（1）

图15-72 改变转场效果的运动方向（2）

15.5 制作"我的最爱"转场效果

在会声会影X8中，"我的最爱"转场组中包含"神奇波纹""神奇大理石"以及"神奇多彩"等多个转场效果，这些转场效果是会声会影中用户使用最多的转场效果。本节主要向读者介绍应用"我的最爱"转场效果的操作方法。

15.5.1 "神奇波纹"转场

功能介绍

在会声会影X8中，"神奇波纹"转场效果是指素材A和素材B以波纹的方式进行切换。进入会声会影X8编辑器，在故事板中插入两幅素材图像，如图15-73所示。单击"转场"按钮，切换至"转场"素材库，在"我的最爱"转场组中选择"神奇波纹"转场效果，如图15-74所示。

图15-73 插入两幅素材图像

图15-74 选择"神奇波纹"转场效果

单击鼠标左键并拖曳至故事板中的两幅图像素材之间，如图15-75所示。释放鼠标左键，即可添加"神奇波纹"转场效果，如图15-76所示。

提示

在会声会影X8中，神奇波纹转场效果具有神奇的效果，它能够使画面更加绚丽，一点一点地荡漾至读者心中。

图15-75 拖曳至两幅图像素材之间

图15-76 添加"神奇波纹"转场效果

在导览面板中单击"播放"按钮，预览"溶解"转场效果，如图15-77所示。

图15-77 预览"溶解"转场效果

15.5.2 "神奇多彩"转场

功能介绍

在会声会影X8中，"神奇多彩"的转场效果是以素材B的颜色多彩变化造成的效果替换了转场过程中的空白转换。

【练习15-6】在时光中设置神奇多彩转场效果

素材位置	素材\第15章\时光1.jpg、时光2.jpg
效果位置	效果\第15章\时光.vsp
视频位置	视频\第15章\【练习15-6】在时光中设置神奇多彩转场效果.mp4
技术掌握	掌握在时光中设置神奇多彩转场效果的操作

本例主要讲解在时光中设置神奇多彩转场效果的操作方法。

Step 01 进入会声会影X8编辑器，在故事板中插入两幅素材图像，如图15-78所示。

Step 02 单击"转场"按钮，切换至"转场"素材库，在"我的最爱"转场组中选择"神奇多彩"转场效果，如图15-79所示。

图15-78 插入两幅素材图像

图15-79 选择"神奇多彩"转场效果

Step 03 单击鼠标左键并拖曳至故事板中的两幅图像素材之间，如图15-80所示。

Step 04 释放鼠标左键，即可添加"神奇多彩"转场效果，如图15-81所示。

图15-80 拖曳至两幅图像素材之间

图15-81 添加"神奇多彩"转场效果

Step 05 在导览面板中单击"播放"按钮，预览"神奇多彩"转场效果，如图15-82所示。

图15-82　预览"神奇多彩"转场效果

技术专题　**[运用"转场效果做视频海市蜃楼效果]**

　　在会声会影X8中，用户不仅可以为视频轨中的素材添加转场效果，还可以为覆叠轨中的素材添加转场效果，制作出视频画面如海市蜃楼般的效果，如图15-83所示。

图15-83　海市蜃楼般的效果

15.5.3　"神奇大理石"转场

功能介绍

　　在会声会影X8中，"神奇大理石"转场效果是指素材A以大理石卷动并逐渐显示素材B。进入会声会影X8编辑器，在故事板中插入两幅素材图像，如图15-84所示。单击"转场"按钮，切换至"转场"素材库，在"我的最爱"转场组中选择"神奇大理石"转场效果，如图15-85所示。

图15-84 插入两幅素材图像　　　　　　图15-85 选择"神奇大理石"转场效果

单击鼠标左键并拖曳至故事板中的两幅图像素材之间，如图15-86所示。释放鼠标左键，即可添加"神奇大理石"转场效果，如图15-87所示。

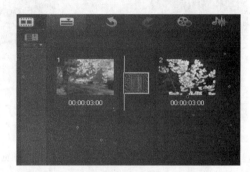

图15-86 拖曳至两幅图像素材之间　　　　　图15-87 添加"神奇大理石"转场效果

在导览面板中单击"播放"按钮，预览"神奇大理石"转场效果，如图15-88所示。

图15-88 预览"神奇大理石"转场效果

15.6　制作3D转场效果

在会声会影X8的3D转场组中，包括15种视频转场特效，如"手风琴""对开门""百叶窗""外观""飞行木板""飞行翻转"以及"折叠盒"等视频转场效果。本节主要向读者详细介绍应用3D视频转场效果的操作方法。

15.6.1　"飞行方块"转场

功能介绍

在会声会影X8中，"飞行方块"转场效果是将素材A以飞行方块的形式显示素材B画面。

进入会声会影X8编辑器，在故事板中插入两幅素材图像，如图15-89所示。单击"转场"按钮，切换至"转场"素材库，单击窗口上方的"画廊"按钮，在弹出的列表框中选择3D选项，如图15-90所示。

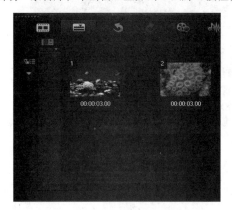

图15-89　插入两幅素材图像

图15-90　选择3D选项

打开3D转场组，在其中选择"飞行方块"转场效果，如图15-91所示。单击鼠标左键并拖曳至故事板中的两幅图像素材之间，添加"飞行方块"转场效果，如图15-92所示。

图15-91　选择"飞行方块"转场效果

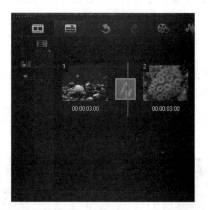

图15-92　添加"飞行方块"转场效果

在导览面板中单击"播放"按钮，预览"飞行方块"转场效果，如图15-93所示。

图15-93　预览"飞行方块"转场效果

15.6.2 "折叠盒"转场

功能介绍

在会声会影X8中，运用"折叠盒"转场是将素材A以折叠的形式折成立体的长方体盒子，然后再显示素材B。下面向读者介绍应用"折叠盒"转场的方法。

【练习15-7】在小狗中设置折叠盒转场效果

素材位置	素材\第15章\小狗1.jpg、小狗2.jpg
效果位置	效果\第15章\小狗.vsp
视频位置	视频\第15章\【练习15-7】在小狗中设置折叠盒转场效果.mp4
技术掌握	掌握在小狗中设置折叠盒转场效果的操作

本例主要讲解在小狗中设置折叠盒转场效果的操作方法。

Step 01 进入会声会影X8编辑器，在故事板中插入两幅素材图像，如图15-94所示。

Step 02 单击"转场"按钮，切换至"转场"素材库，在3D转场组中选择"折叠盒"转场效果，如图15-95所示。

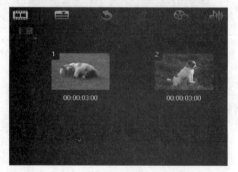

图15-94　插入两幅素材图像

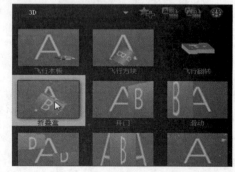

图15-95　选择"折叠盒"转场效果

Step 03 单击鼠标左键并拖曳至故事板中的两幅图像素材之间，如图15-96所示。

Step 04 释放鼠标左键，即可添加"折叠盒"转场效果，如图15-97所示。

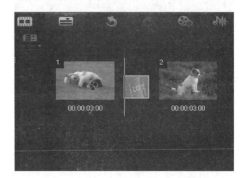

图15-96　拖曳至两幅图像素材之间　　　　　　　　图15-97　添加"折叠盒"转场效果

Step 05 在导览面板中单击"播放"按钮，预览"折叠盒"转场效果，如图15-98所示。

图15-98　预览"折叠盒"转场效果

15.6.3　"飞行翻转"转场

功能介绍

　　在会声会影X8中，"飞行翻转"转场是将素材A以飞行翻转的形式显示素材B的画面。进入会声会影X8编辑器，在故事板中插入两幅素材图像，如图15-99所示。单击"转场"按钮，切换至"转场"素材库，在3D转场组中选择"飞行翻转"转场效果，如图15-100所示。

会声会影 X8 技术大全

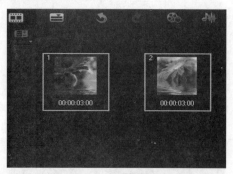

图15-99　插入两幅素材图像

图15-100　选择"飞行翻转"转场效果

单击鼠标左键并拖曳至故事板中的两幅图像素材之间，如图15-101所示。释放鼠标左键，即可添加"飞行翻转"转场效果，如图15-102所示。

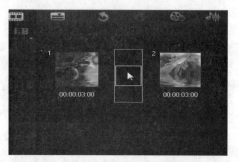

图15-101　拖曳至两幅图像素材之间

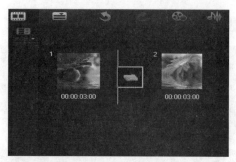

图15-102　添加"飞行翻转"转场效果

在导览面板中单击"播放"按钮，预览"飞行翻转"转场效果，如图15-103所示。

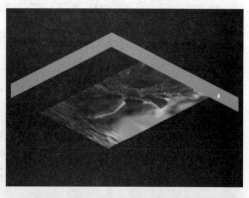

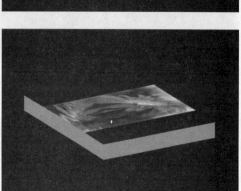

图15-103　预览"飞行翻转"转场效果

484

15.6.4 "开门"转场

功能介绍

在会声会影X8中，"开门"转场是将素材A以开门运动的形式显示素材B的画面。进入会声会影X8编辑器，在故事板中插入两幅素材图像，如图15-104所示。单击"转场"按钮，切换至"转场"素材库，在3D转场组中选择"开门"转场效果，如图15-105所示。

图15-104 插入两幅素材图像

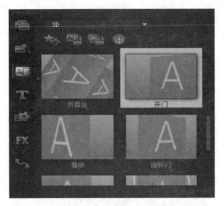

图15-105 选择"开门"转场效果

单击鼠标左键并拖曳至故事板中的两幅图像素材之间，如图15-106所示。释放鼠标左键，即可添加"开门"转场效果，如图15-107所示。

图15-106 拖曳至两幅图像素材之间

图15-107 添加"开门"转场效果

在导览面板中单击"播放"按钮，预览"开门"转场效果，如图15-108所示。

图15-108　预览"开门"转场效果

15.6.5 "旋转门"转场

功能介绍

　　在会声会影X8中，运用"旋转门"转场是将素材A以旋转门运动的形式显示素材B的画面。进入会声会影X8编辑器，在故事板中插入两幅素材图像，如图15-109所示。单击"转场"按钮，切换至"转场"素材库，在3D转场组中选择"旋转门"转场效果，如图15-110所示。

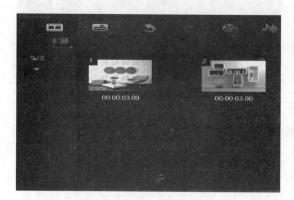
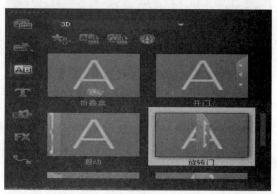

图15-109　插入两幅素材图像　　　　　　　　图15-110　选择"旋转门"转场效果

单击鼠标左键并拖曳至故事板中的两幅图像素材之间，如图15-111所示。释放鼠标左键，即可添加"旋转门"转场效果，如图15-112所示。

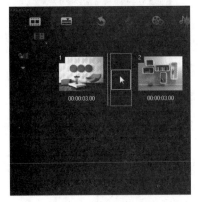

图15-111 拖曳至两幅图像素材之间　　　　　图15-112 添加"旋转门"转场效果

在导览面板中单击"播放"按钮，预览"旋转门"转场效果，如图15-113所示。

图15-113 预览"旋转门"转场效果

15.6.6 "漩涡"转场

功能介绍

在会声会影X8中，"漩涡"转场是将素材A以类似于碎片飘落的方式飞行，然后再显示素材B。下面向读者介绍应用"漩涡"转场的方法。

进入会声会影X8编辑器，在故事板中插入两幅素材图像，如图15-114所示。单击"转场"按钮，切换至"转场"素材库，在3D转场组中选择"漩涡"转场效果，如图15-115所示。

图15-114　插入两幅素材图像

图15-115　选择"漩涡"转场效果

　　单击鼠标左键并拖曳至故事板中的两幅图像素材之间，如图15-116所示。释放鼠标左键，即可添加"漩涡"转场效果，如图15-117所示。

图15-116　拖曳至两幅图像素材之间

图15-117　添加"漩涡"转场效果

　　在导览面板中单击"播放"按钮，预览"漩涡"转场效果，如图15-118所示。

图15-118　预览"漩涡"转场效果

15.7 制作"置换"转场效果

在会声会影X8的"置换"转场组中，包括5种视频转场特效，即"棋盘""对角""螺旋""交错"以及"墙壁"。本节主要向读者详细介绍应用"置换"视频转场效果的操作方法。

15.7.1 "棋盘"转场

功能介绍

在会声会影X8中，"棋盘"转场效果是将素材B以国际棋盘样式逐渐置换素材A。进入会声会影X8编辑器，在故事板中插入两幅素材图像，如图15-119所示。单击"转场"按钮，切换至"转场"素材库，在"置换"转场组中选择"棋盘"转场效果，如图15-120所示。

图15-119 插入两幅素材图像

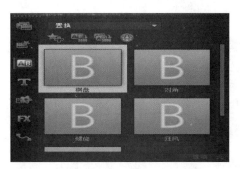

图15-120 选择"棋盘"转场效果

单击鼠标左键并拖曳至故事板中的两幅图像素材之间，如图15-121所示。释放鼠标左键，即可添加"棋盘"转场效果，如图15-122所示。

图15-121 拖曳至两幅图像素材之间

图15-122 添加"棋盘"转场效果

在导览面板中单击"播放"按钮，预览"棋盘"转场效果，如图15-123所示。

图15-123　预览"棋盘"转场效果

15.7.2　"对角"转场

功能介绍

在会声会影X8中，"对角"转场效果是指素材A由某一方以方块消失的形式消失到对立的另一方，从而显示素材B。进入会声会影X8编辑器，在故事板中插入两幅素材图像，如图15-124所示。单击"转场"按钮，切换至"转场"素材库，在"置换"转场组中选择"对角"转场效果，如图15-125所示。

图15-124　插入两幅素材图像

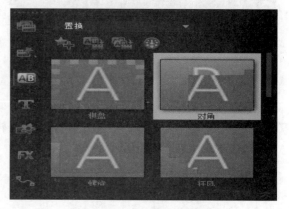

图15-125　选择"对角"转场效果

单击鼠标左键并拖曳至故事板中的两幅图像素材之间，如图15-126所示。释放鼠标左键，即可添加"对角"转场效果，如图15-127所示。

图15-126　拖曳至两幅图像素材之间

图15-127　添加"对角"转场效果

在导览面板中单击"播放"按钮，预览"对角"转场效果，如图15-128所示。

图15-128　预览"对角"转场效果

15.7.3　"螺旋"转场

功能介绍

在会声会影X8中，"螺旋"转场效果是指素材A由某一方以方块的形式呈螺旋一样逐渐消失，从而显示素材B。

⚙ 【练习15-8】在红花中设置螺旋转场效果

素材位置	素材\第15章\红花1.jpg、红花2.jpg
效果位置	效果\第15章\红花.vsp
视频位置	视频\第15章\【练习15-8】在红花中设置螺旋转场效果.mp4
技术掌握	掌握在红花中设置螺旋转场效果的操作

本例主要讲解在红花中设置螺旋转场效果的操作方法。

Step 01 进入会声会影X8编辑器，在故事板中插入两幅素材图像，如图15-129所示。

Step 02 单击"转场"按钮，切换至"转场"素材库，在"置换"转场组中选择"螺旋"转场效果，如图15-130所示。

图15-129 插入两幅素材图像

图15-130 选择"螺旋"转场效果

Step 03 单击鼠标左键并拖曳至故事板中的两幅图像素材之间，如图15-131所示。

Step 04 释放鼠标左键，即可添加"螺旋"转场效果，如图15-132所示。

图15-131 拖曳至两幅图像素材之间

图15-132 添加"螺旋"转场效果

Step 05 单击导览面板中的"播放"按钮，预览"螺旋"转场效果，如图15-133所示。

图15-133 预览"螺旋"转场效果

15.7.4 "狂风"转场

功能介绍

在会声会影X8中, "狂风"转场效果是指素材B以海浪前进的形式覆盖素材A的运动效果。进入会声会影X8编辑器, 在故事板中插入两幅素材图像, 如图15-134所示。单击"转场"按钮, 切换至"转场"素材库, 在"置换"转场组中选择"狂风"转场效果, 如图15-135所示。

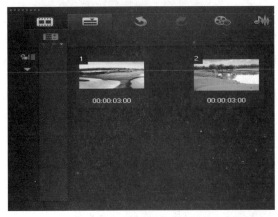

图15-134 插入两幅素材图像

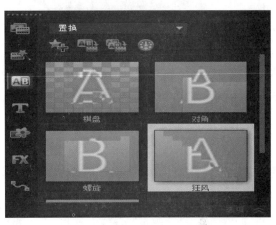

图15-135 选择"狂风"转场效果

单击鼠标左键并拖曳至故事板中的两幅图像素材之间, 如图15-136所示。释放鼠标左键, 即可添加"狂风"转场效果, 如图15-137所示。

图15-136 拖曳至两幅图像素材之间

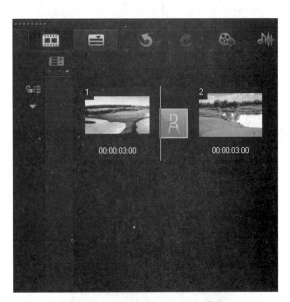

图15-137 添加"狂风"转场效果

在导览面板中单击"播放"按钮, 预览"狂风"转场效果, 如图15-138所示。

图15-138　预览"狂风"转场效果

15.7.5 "墙"转场

功能介绍

在会声会影X8中，"墙"转场效果是指素材B以墙壁堆积的形式覆盖素材A的运动效果。下面向读者介绍添加"墙"转场效果的操作方法。

【练习15-9】在夏日清晨中设置墙转场效果

素材位置	素材\第15章\夏日清晨1.jpg、夏日清晨2.jpg
效果位置	效果\第15章\夏日清晨.vsp
视频位置	视频\第15章\【练习15-9】在夏日清晨中设置墙转场效果.mp4
技术掌握	掌握在夏日清晨中设置墙转场效果的操作

本例主要讲解在夏日清晨中设置墙转场效果的操作方法。

Step 01 进入会声会影X8编辑器，在故事板中插入两幅素材图像，如图15-139所示。

Step 02 单击"转场"按钮，切换至"转场"素材库，在"置换"转场组中选择"墙"转场效果，如图15-140所示。

图15-139　插入两幅素材图像

图15-140　选择"墙"转场效果

Step 03 单击鼠标左键并拖曳至故事板中的两幅图像素材之间，如图15-141所示。

Step 04 释放鼠标左键，即可添加"墙"转场效果，如图15-142所示。

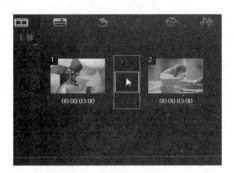 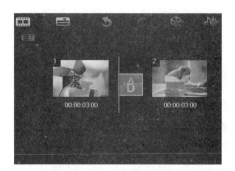

图15-141 拖曳至两幅图像素材之间　　　　　　　图15-142 添加"墙"转场效果

Step 05 在导览面板中单击"播放"按钮，预览"墙"转场效果，如图15-143所示。

图15-143 预览"墙"转场效果

提示

在会声会影X8中，当用户为素材图像添加"墙"转场效果后，此时在"转场"选项面板中，向读者提供了4种"墙"运动方向，用户可根据实际需要进行选择与应用。

15.8 制作"小时钟"转场效果

在会声会影X8的"小时钟"转场组中，包括7种视频转场特效，即"中央""单轴""单向""分割""清除""翻转"以及"扭曲"。本节主要向读者详细介绍应用"小时钟"视频转场效果的操作方法。

15.8.1 "中央"转场

功能介绍

在会声会影X8中，"中央"转场效果是将素材A分别以小时钟的12点和6点为中心，分别向两边旋转至3点和9点合并消失，从而显示素材B。

进入会声会影X8编辑器，在故事板中插入两幅素材图像，如图15-144所示。单击"转场"按钮，切换至"转场"素材库，在"小时钟"转场组中选择"中央"转场效果，如图15-145所示。

图15-144　插入两幅素材图像

图15-145　选择"中央"转场效果

提示

"中央"转场效果与"分割"转场效果是"小时钟"转场效果中没有方向选项的转场效果。

单击鼠标左键并拖曳至故事板中的两幅图像素材之间，如图15-146所示。释放鼠标左键，即可添加"中央"转场效果，如图15-147所示。

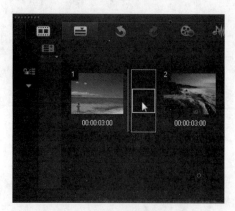

图15-146　拖曳至两幅图像素材之间

图15-147　添加"中央"转场效果

在导览面板中单击"播放"按钮，预览"中央"转场效果，如图15-148所示。

图15-148　预览"中央"转场效果

15.8.2　"分割"转场

功能介绍

"分割"转场是指素材A以小时钟的12点为中心分别向两边旋转至6点合并消失，显示素材B。下面向读者介绍添加"分割"转场效果的操作方法。

【练习15-10】在主流色彩中设置分割转场效果

素材位置	素材\第15章\主流色彩1.jpg、主流色彩2.jpg
效果位置	效果\第15章\主流色彩.vsp
视频位置	视频\第15章\【练习15-10】在主流色彩中设置分割转场效果.mp4
技术掌握	掌握在主流色彩中设置分割转场效果的操作

本例主要讲解在主流色彩中设置分割转场效果的操作方法。

Step 01　进入会声会影X8编辑器，在故事板中插入两幅素材图像，如图15-149所示。

Step 02　单击"转场"按钮，切换至"转场"素材库，在"小时钟"转场组中选择"分割"转场效果，如图15-150所示。

图15-149　插入两幅素材图像　　　　　　图15-150　选择"分割"转场效果

Step 03 单击鼠标左键并拖曳至故事板中的两幅图像素材之间，如图15-151所示。

Step 04 释放鼠标左键，即可添加"分割"转场效果，如图15-152所示。

图15-151　拖曳至两幅图像素材之间

图15-152　添加"分割"转场效果

Step 05 在导览面板中单击"播放"按钮，预览"分割"转场效果，如图15-153所示。

图15-153　预览"分割"转场效果

15.8.3　"清除"转场

功能介绍

在会声会影X8中，"清除"转场效果是指素材A以擦除画面的方式消失，显示素材B。下面向读者介绍添加"清除"转场效果的操作方法。

进入会声会影X8编辑器，在故事板中插入两幅素材图像，如图15-154所示。单击"转场"按钮，切换至"转场"素材库，在"小时钟"转场组中选择"清除"转场效果，如图15-155所示。

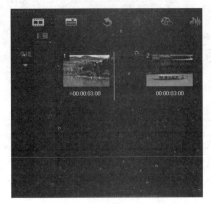

图15-154 插入两幅素材图像

图15-155 选择"清除"转场效果

单击鼠标左键并拖曳至故事板中的两幅图像素材之间，如图15-156所示。释放鼠标左键，即可添加"清除"转场效果，如图15-157所示。

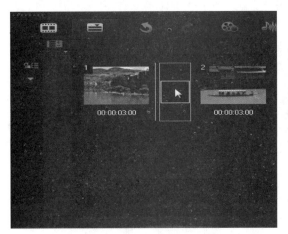

图15-156 拖曳至两幅图像素材之间

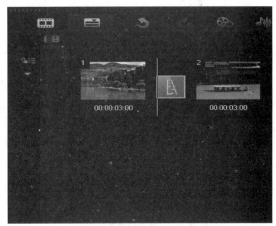

图15-157 添加"清除"转场效果

在导览面板中单击"播放"按钮，预览"清除"转场效果，如图15-158所示。

图15-158 预览"清除"转场效果

图15-158　预览"清除"转场效果（续）

15.8.4 "扭曲"转场

功能介绍

　　"扭曲"转场效果是指素材A以风车的形式进行回旋，然后再显示素材B。进入会声会影X8编辑器，在故事板中插入两幅素材图像，如图15-159所示。单击"转场"按钮，切换至"转场"素材库，在"小时钟"转场组中选择"扭曲"转场效果，如图15-160所示。

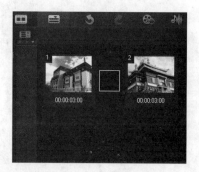

图15-159　插入两幅素材图像

图15-160　选择"扭曲"转场效果

　　单击鼠标左键并拖曳至故事板中的两幅图像素材之间，如图15-161所示。释放鼠标左键，即可添加"扭曲"转场效果，如图15-162所示。

图15-161　拖曳至两幅图像素材之间

图15-162　添加"扭曲"转场效果

　　在导览面板中单击"播放"按钮，预览"扭曲"转场效果，如图15-163所示。

图15-163 预览"扭曲"转场效果

15.9 制作"筛选"转场效果

在会声会影X8的"筛选"转场组中，包括20种视频转场特效，如"箭号""爆裂""燃烧""交错淡化""遮罩""打碎"以及"锯齿状淡化"等视频转场效果。本节主要向读者详细介绍应用"筛选"视频转场效果的操作方法。

15.9.1 "燃烧"转场

功能介绍

在会声会影X8中，"燃烧"转场效果是指素材A以燃烧的形状过渡，显示素材B。

进入会声会影X8编辑器，在故事板中插入两幅素材图像，如图15-164所示。单击"转场"按钮，切换至"转场"素材库，在"筛选"转场组中选择"燃烧"转场效果，如图15-165所示。

图15-164 插入两幅素材图像 　　　　图15-165 选择"燃烧"转场效果

单击鼠标左键并拖曳至故事板中的两幅图像素材之间，如图15-166所示。释放鼠标左键，即可添加"燃烧"转场效果，如图15-167所示。

图15-166　拖曳至两幅图像素材之间　　　　　　图15-167　添加"燃烧"转场效果

在导览面板中单击"播放"按钮，预览"燃烧"转场效果，如图15-168所示。

图15-168　预览"燃烧"转场效果

15.9.2 "菱形"转场

功能介绍

在会声会影X8中，"菱形"转场效果是指素材A以菱形的形状过渡，显示素材B。进入会声会影X8编辑器，在故事板中插入两幅素材图像，如图15-169所示。单击"转场"按钮，切换至"转场"素材库，在"筛选"转场组中选择"菱形"转场效果，如图15-170所示。

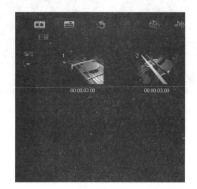

图15-169 插入两幅素材图像

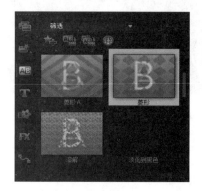

图15-170 选择"菱形"转场效果

单击鼠标左键并拖曳至故事板中的两幅图像素材之间，如图15-171所示。释放鼠标左键，即可添加"菱形"转场效果，如图15-172所示。

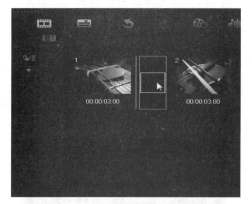

图15-171 拖曳至两幅图像素材之间

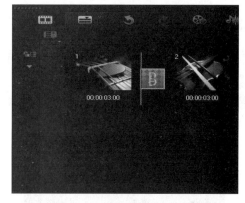

图15-172 添加"菱形"转场效果

在导览面板中单击"播放"按钮，预览"菱形"转场效果，如图15-173所示。

图15-173 预览"菱形"转场效果

 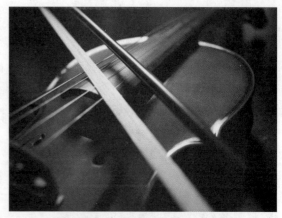

图15-173　预览"菱形"转场效果（续）

15.9.3 "漏斗"转场

功能介绍

在会声会影X8中，"漏斗"转场效果是指素材A以漏斗缩放的形状过渡，显示素材B。下面向读者介绍应用"漏斗"转场效果的操作方法。

【练习15-11】在爱晚亭中设置漏斗转场效果

素材位置	素材\第15章\爱晚亭1.jpg、爱晚亭2.jpg
效果位置	效果\第15章\爱晚亭.vsp
视频位置	视频\第15章\【练习15-11】在爱晚亭中设置漏斗转场效果.mp4
技术掌握	掌握在爱晚亭中设置漏斗转场效果的操作

本例主要讲解在爱晚亭中设置漏斗转场效果的操作方法。

Step 01　进入会声会影X8编辑器，在故事板中插入两幅素材图像，如图15-174所示。

Step 02　单击"转场"按钮，切换至"转场"素材库，在"筛选"转场组中选择"漏斗"转场效果，如图15-175所示。

图15-174　插入两幅素材图像 　 图15-175　选择"漏斗"转场效果

Step 03　单击鼠标左键并拖曳至故事板中的两幅图像素材之间，如图15-176所示。

Step 04　释放鼠标左键，即可添加"漏斗"转场效果，如图15-177所示。

图15-176　拖曳至两幅图像素材之间 　 图15-177　添加"漏斗"转场效果

Step 05 在导览面板中单击"播放"按钮,预览"漏斗"转场效果,如图15-178所示。

图15-178 预览"漏斗"转场效果

提示

在会声会影X8中,"漏斗"转场效果默认的方向是由左到右,用户还可以选择由下到上等3种不同的方向。

15.9.4 "打碎"转场

功能介绍

在会声会影X8中,"打碎"转场效果是指素材A以打碎缩放的形状过渡,显示素材B。进入会声会影X8编辑器,在故事板中插入两幅素材图像,如图15-179所示。单击"转场"按钮,切换至"转场"素材库,在"筛选"转场组中选择"打碎"转场效果,如图15-180所示。

图15-179 插入两幅素材图像

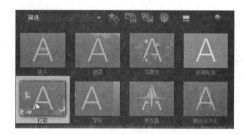

图15-180 选择"打碎"转场效果

单击鼠标左键并拖曳至故事板中的两幅图像素材之间，如图15-181所示。释放鼠标左键，即可添加"打碎"转场效果，如图15-182所示。

图15-181　拖曳至两幅图像素材之间　　　　　　　图15-182　添加"打碎"转场效果

在导览面板中单击"播放"按钮，预览"打碎"转场效果，如图15-183所示。

图15-183　预览"打碎"转场效果

提示

为素材文件添加"打碎"转场效果后，在选项面板中无法设置转场的边框、柔化边缘以及方向等属性。

15.10 制作"底片"转场效果

在会声会影X8的"底片"转场组中，包括13种视频转场特效，如"十字""对开门""分半""拉链""单向""分割"以及"扭曲"等视频转场效果。本节主要向读者详细介绍应用"底片"视频转场效果的操作方法。

15.10.1 "对开门"转场

功能介绍

在会声会影X8中，"对开门"转场效果是指素材A以底片对开门的形状显示素材B。下面向读者介绍应用"对开门"转场效果的操作方法。

【练习15-12】在公园中设置对开门转场效果

素材位置	素材\第15章\公园1.jpg、公园2.jpg
效果位置	效果\第15章\公园.vsp
视频位置	视频\第15章\【练习15-12】在公园中设置对开门转场效果.mp4
技术掌握	掌握在公园中设置对开门转场效果的操作

本例主要讲解在公园中设置对开门转场效果的操作方法。

Step 01 进入会声会影X8编辑器，在故事板中插入两幅素材图像，如图15-184所示。

Step 02 单击"转场"按钮，切换至"转场"素材库，在"底片"转场组中选择"对开门"转场效果，如图15-185所示。

图15-184　插入两幅素材图像

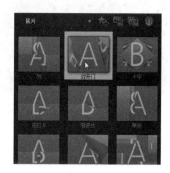

图15-185　选择"对开门"转场效果

Step 03 单击鼠标左键并拖曳至故事板中的两幅图像素材之间，如图15-186所示。

Step 04 释放鼠标左键，即可添加"对开门"转场效果，如图15-187所示。

图15-186　拖曳至两幅图像素材之间

图15-187　添加"对开门"转场效果

提示

在"转场"选项面板中，"对开门"转场效果有4种不同的方向供用户选择和使用。

Step 05 在导览面板中单击"播放"按钮，预览"对开门"转场效果，如图15-188所示。

图15-188 预览"对开门"转场效果

15.10.2 "分半"转场

功能介绍

在会声会影X8中，"分半"转场效果是指素材A以底片分割的形状显示素材B。进入会声会影X8编辑器，在故事板中插入两幅素材图像，如图15-189所示。单击"转场"按钮，切换至"转场"素材库，在"底片"转场组中选择"分半"转场效果，如图15-190所示。

图15-189 插入两幅素材图像

图15-190 选择"分半"转场效果

单击鼠标左键并拖曳至故事板中的两幅图像素材之间，如图15-191所示。释放鼠标左键，即可添加"分半"转场效果，如图15-192所示。

图15-191 拖曳至两幅图像素材之间

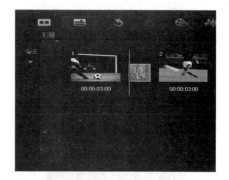

图15-192 添加"分半"转场效果

在导览面板中单击"播放"按钮,预览"分半"转场效果,如图15-193所示。

图15-193 预览"分半"转场效果

15.10.3 "翻页"转场

功能介绍

在会声会影X8中,"翻页"转场效果是指素材A以底片翻页的形状显示素材B。进入会声会影X8编辑器,在故事板中插入两幅素材图像,如图15-194所示。单击"转场"按钮,切换至"转场"素材库,在"底片"转场组中选择"翻页"转场效果,如图15-195所示。

图15-194 插入两幅素材图像

图15-195 选择"翻页"转场效果

单击鼠标左键并拖曳至故事板中的两幅图像素材之间，如图15-196所示。释放鼠标左键，即可添加"翻页"转场效果，如图15-197所示。

图15-196　拖曳至两幅图像素材之间　　　　　　　　图15-197　添加"翻页"转场效果

在导览面板中单击"播放"按钮，预览"翻页"转场效果，如图15-198所示。

图15-198　预览"翻页"转场效果

15.10.4　"拉链"转场

功能介绍

在会声会影X8中，"拉链"转场效果是指素材A以底片拉链的形状显示素材B。下面向读者介绍应用"拉链"转场效果的操作方法。

【练习15-13】在两只兔子中设置拉链转场效果

素材位置	素材\第15章\两只兔子1.jpg、两只兔子2.jpg
效果位置	效果\第15章\两只兔子1.vsp
视频位置	视频\第15章\【练习15-13】在两只兔子中设置拉链转场效果.mp4
技术掌握	掌握在两只兔子中设置拉链转场效果的操作

本例主要讲解在两只兔子中设置拉链转场效果的操作方法。

Step 01 进入会声会影X8编辑器，在故事板中插入两幅素材图像，如图15-199所示。

Step 02 单击"转场"按钮，切换至"转场"素材库，在"底片"转场组中选择"拉链"转场效果，如图15-200所示。

图15-199 插入两幅素材图像

图15-200 选择"拉链"转场效果

Step 03 单击鼠标左键并拖曳至故事板中的两幅图像素材之间，如图15-201所示。

Step 04 释放鼠标左键，即可添加"拉链"转场效果，如图15-202所示。

图15-201 拖曳至两幅图像素材之间

图15-202 添加"拉链"转场效果

Step 05 在导览面板中单击"播放"按钮，预览"拉链"转场效果，如图15-203所示。

图15-203 预览"拉链"转场效果

15.11 制作"剥落"转场效果

在会声会影X8的"剥落"转场组中，包括6种视频转场特效，即"对开门""十字""拍打A""飞去B""翻页"以及"拉链"。本节主要向读者详细介绍应用"剥落"视频转场效果的操作方法。

15.11.1 "十字"转场

功能介绍

在会声会影X8中，"十字"转场效果是指素材A以剥落交叉的形状显示素材B。进入会声会影X8编辑器，在故事板中插入两幅素材图像，如图15-204所示。单击"转场"按钮，切换至"转场"素材库，在"剥落"转场组中选择"十字"转场效果，如图15-205所示。

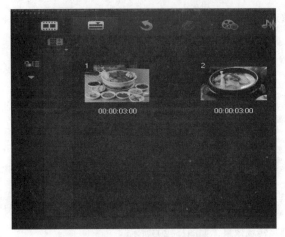

图15-204 插入两幅素材图像

图15-205 选择"十字"转场效果

单击鼠标左键并拖曳至故事板中的两幅图像素材之间，如图15-206所示。释放鼠标左键，即可添加"十字"转场效果，如图15-207所示。

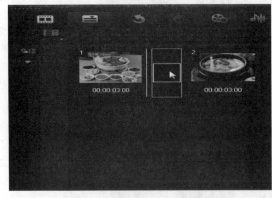

图15-206 拖曳至两幅图像素材之间

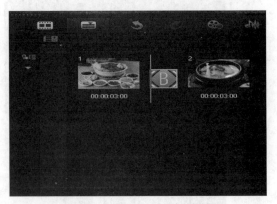

图15-207 添加"十字"转场效果

在导览面板中单击"播放"按钮，预览"十字"转场效果，如图15-208所示。

图15-208 预览"十字"转场效果

15.11.2 "拍打A"转场

功能介绍

在会声会影X8中,"拍打A"转场效果是指素材A以剥落从左至右飞走的形状显示素材B。下面向读者介绍应用"拍打A"转场效果的方法。

进入会声会影X8编辑器,在故事板中插入两幅素材图像,如图15-209所示。单击"转场"按钮,切换至"转场"素材库,在"剥落"转场组中选择"拍打A"转场效果,如图15-210所示。

图15-209 插入两幅素材图像

图15-210 选择"拍打A"转场效果

单击鼠标左键并拖曳至故事板中的两幅图像素材之间,如图15-211所示。释放鼠标左键,即可添加"拍打A"转场效果,如图15-212所示。

图15-211　拖曳至两幅图像素材之间

图15-212　添加"拍打A"转场效果

在导览面板中单击"播放"按钮，预览"拍打A"转场效果，如图15-213所示。

图15-213　预览"拍打A"转场效果

提示

在会声会影X8的"剥落"转场组中，还有一个"拍打B"转场效果，该转场效果的运动方式与"飞入A"转场效果的运动方式一样，都是以飞走的方式显示素材画面来进行筛选，只是"拍打B"转场效果是指素材A以剥落从右至左飞走的形状显示素材B。

15.11.3　"拉链"转场

功能介绍

在会声会影X8中，"拉链"转场效果是指素材A以拉链的运动形状显示素材B。

进入会声会影X8编辑器，在故事板中插入两幅素材图像，如图15-214所示。单击"转场"按钮，切换至"转场"素材库，在"剥落"转场组中选择"拉链"转场效果，如图15-215所示。

图15-214 插入两幅素材图像

图15-215 选择"拉链"转场效果

单击鼠标左键并拖曳至故事板中的两幅图像素材之间，如图15-216所示。释放鼠标左键，即可添加"拉链"转场效果，如图15-217所示。

图15-216 拖曳至两幅图像素材之间

图15-217 添加"拉链"转场效果

在导览面板中单击"播放"按钮，预览"拉链"转场效果，如图15-218所示。

图15-218 预览"拉链"转场效果

15.12 制作"擦拭"转场效果

在会声会影X8的"擦拭"转场组中，包括19种视频转场特效，如"百叶窗""方块""棋盘""圆形""胶泥"以及"对角"等视频转场效果。本节主要向读者详细介绍应用"擦拭"视频转场效果的操作方法。

15.12.1 "百叶窗"转场

功能介绍

在会声会影X8中，"百叶窗"转场效果是指素材A以百叶窗运动的方式进行过渡，显示素材B。下面向读者介绍应用"百叶窗"转场效果的操作方法。

【练习15-14】在孤独船只中设置百叶窗转场效果

素材位置	素材\第15章\孤独船只1.jpg、孤独船只2.jpg
效果位置	效果\第15章\孤独船只.vsp
视频位置	视频\第15章\【练习15-14】在孤独船只中设置百叶窗转场效果.mp4
技术掌握	掌握在孤独船只中设置百叶窗转场效果的操作

本例主要讲解在孤独船只中设置百叶窗转场效果的操作方法。

Step 01 进入会声会影X8编辑器，在故事板中插入两幅素材图像，如图15-219所示。

Step 02 单击"转场"按钮，切换至"转场"素材库，在"擦拭"转场组中选择"百叶窗"转场效果，如图15-220所示。

 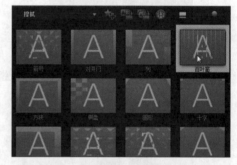

图15-219 插入两幅素材图像　　　　　图15-220 选择"百叶窗"转场效果

Step 03 单击鼠标左键并拖曳至故事板中的两幅图像素材之间，如图15-221所示。

Step 04 释放鼠标左键，即可添加"百叶窗"转场效果，如图15-222所示。

图15-221 拖曳至两幅图像素材之间　　　　　图15-222 添加"百叶窗"转场效果

Step 05 在导览面板中单击"播放"按钮，预览"百叶窗"转场效果，如图15-223所示。

图15-223 预览"百叶窗"转场效果

15.12.2 "网孔"转场

功能介绍

在会声会影X8中，"圆形"转场效果是指素材A以网孔运动的方式进行过渡，显示素材B。进入会声会影X8编辑器，在故事板中插入两幅素材图像，如图15-224所示。单击"转场"按钮，切换至"转场"素材库，在"擦拭"转场组中选择"网孔"转场效果，如图15-225所示。

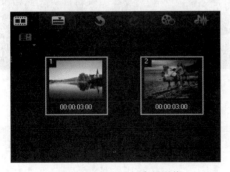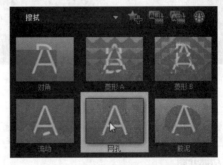

图15-224 插入两幅素材图像　　　　图15-225 选择"网孔"转场效果

单击鼠标左键并拖曳至故事板中的两幅图像素材之间，如图15-226所示。释放鼠标左键，即可添加"网孔"转场效果，如图15-227所示。

图15-226　拖曳至两幅图像素材之间　　　　　图15-227　添加"网孔"转场效果

在导览面板中单击"播放"按钮，预览"网孔"转场效果，如图15-228所示。

图15-228　预览"网孔"转场效果

15.12.3　"星形"转场

功能介绍

在会声会影X8中，"星形"转场效果是指素材A以星形运动的方式进行过渡，显示素材B。

进入会声会影X8编辑器，在故事板中插入两幅素材图像，如图15-229所示。单击"转场"按钮，切换至"转场"素材库，在"擦拭"转场组中选择"星形"转场效果，如图15-230所示。

图15-229 插入两幅素材图像

图15-230 选择"星形"转场效果

单击鼠标左键并拖曳至故事板中的两幅图像素材之间，如图15-231所示。释放鼠标左键，即可添加"星形"转场效果，如图15-232所示。

图15-231 拖曳至两幅图像素材之间

图15-232 添加"星形"转场效果

在导览面板中单击"播放"按钮，预览"星形"转场效果，如图15-233所示。

图15-233 预览"星形"转场效果

15.12.4 "条形"转场

功能介绍

在会声会影X8中，"条形"转场效果是指素材A以条形运动的方式进行过渡，显示素材B。

进入会声会影X8编辑器，在故事板中插入两幅素材图像，如图15-234所示。单击"转场"按钮，切换至"转场"素材库，在"擦拭"转场组中选择"条形"转场效果，如图15-235所示。

图15-234 插入两幅素材图像

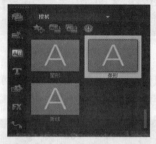

图15-235 选择"条形"转场效果

单击鼠标左键并拖曳至故事板中的两幅图像素材之间，如图15-236所示。释放鼠标左键，即可添加"条形"转场效果，如图15-237所示。

图15-236 拖曳至两幅图像素材之间

图15-237 添加"条形"转场效果

在导览面板中单击"播放"按钮，预览"条形"转场效果，如图15-238所示。

图15-238 预览"条形"转场效果

15.13　制作"遮罩"转场效果

功能介绍

　　"遮罩"转场是指素材A以画面遮罩的方式进行运动,然后显示素材B的过渡效果。在会声会影X8中,"遮罩"转场素材库中包括遮罩A、遮罩B、遮罩C、遮罩D、遮罩E以及遮罩F6种转场类型。下面介绍添加"遮罩"转场的操作方法。

【练习15-15】在旋转风车中设置遮罩转场效果

素材位置	素材\第15章\旋转风车1.jpg、旋转风车2.jpg
效果位置	效果\第15章\旋转风车.vsp
视频位置	视频\第15章\【练习15-15】 在旋转风车中设置遮罩转场效果.mp4
技术掌握	掌握在旋转风车中设置遮罩转场效果的操作

　　本例主要讲解在旋转风车中设置遮罩转场效果的操作方法。

Step 01 进入会声会影编辑器,在故事板中插入两幅图像素材,如图15-239所示。

Step 02 单击"转场"按钮,切换至"转场"选项卡,单击窗口上方的"画廊"按钮,在弹出的列表框中选择"遮罩"选项,如图15-240所示。

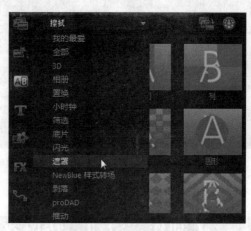

图15-239　插入图像素材　　　　　　　　　　　　图15-240　选择"遮罩"选项

Step 03 打开"遮罩"素材库,选择"遮罩C"转场效果,如图15-241所示。

Step 04 单击鼠标左键并拖曳至故事板中的两幅图像素材之间,添加"遮罩C"转场效果,如图15-242所示。

图15-241　选择"遮罩C"转场效果　　　　　　　图15-242　添加"遮罩C"转场效果

Step 05 执行上述操作后,单击导览面板中的"播放"按钮,预览"遮罩C"转场效果,如图15-243所示。

图15-243　预览"遮罩C"转场效果

15.14 制作"滑动"转场效果

功能介绍

在会声会影X8中，"滑动"转场素材库中包括"对开门""列""十字""对角"以及"网孔"等7种转场类型，这类转场的特征是将镜头A以滑动的形式移出画面，从而将镜头B显示出来。下面介绍添加"滑动"转场的操作方法。

【练习15-16】在黄色小鸡中设置滑动转场效果

素材位置	素材\第15章\黄色小鸡1.jpg、黄色小鸡2.jpg
效果位置	效果\第15章\黄色小鸡.vsp
视频位置	视频\第15章\【练习15-16】在黄色小鸡中设置滑动转场效果.mp4
技术掌握	掌握在黄色小鸡中设置滑动转场效果的操作

本例主要讲解在黄色小鸡中设置滑动转场效果的操作方法。

Step 01 进入会声会影编辑器，在故事板中插入两幅图像素材，如图15-244所示。

Step 02 单击"转场"按钮，切换至"转场"选项卡，单击窗口上方的"画廊"按钮，在弹出的列表框中选择"滑动"选项，如图15-245所示。

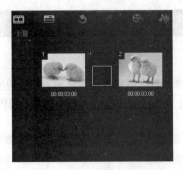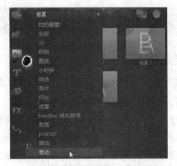

图15-244 插入图像素材　　　　　　图15-245 选择"滑动"选项

Step 03 打开"滑动"素材库，选择"对角"转场效果，如图15-246所示。

Step 04 单击鼠标左键并拖曳至故事板中的两幅图像素材之间，添加"对角"转场效果，如图15-247所示。

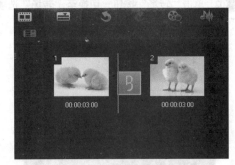

图15-246 选择"对角"转场效果　　　　　　图15-247 添加"对角"转场效果

Step 05 执行上述操作后，单击导览面板中的"播放"按钮，即可预览"对角"转场效果，如图15-248所示。

图15-248 预览"对角"转场效果

15.15 制作"相册"转场效果

功能介绍

在会声会影X8中，"相册"转场效果是以相册翻动的方式来展现视频或静态画面的。相册转场的参数设置丰富，可以选择多种相册布局、封面、背景、大小和位置等。下面介绍添加"相册"转场的操作方法。

【练习15-17】在绘画天鹅中设置相册转场效果

素材位置	素材\第15章\绘画天鹅1.jpg、绘画天鹅2.jpg
效果位置	效果\第15章\绘画天鹅.vsp
视频位置	视频\第15章\【练习15-17】在绘画天鹅中设置相册转场效果.mp4
技术掌握	掌握在绘画天鹅中设置相册转场效果的操作

本例主要讲解在绘画天鹅中设置相册转场效果的操作方法。

Step 01 进入会声会影编辑器，在故事板中插入两幅图像素材，如图15-249所示。

Step 02 单击"转场"按钮，切换至"转场"选项卡，单击窗口上方的"画廊"按钮，在弹出的列表框中选择"相册"选项，如图15-250所示。

图15-249 插入图像素材

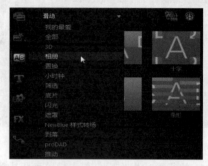

图15-250 选择"相册"选项

Step 03 打开"相册"素材库，选择"翻转"转场效果，如图15-251所示。

Step 04 单击鼠标左键并拖曳至故事板中的两幅图像素材之间，添加"翻转"转场效果，如图15-252所示。

图15-251 选择"翻转"转场效果

图15-252 添加"翻转"转场效果

Step 05 执行上述操作后，单击导览面板中的"播放"按钮，即可预览"翻转"转场效果，如图15-253所示。

图15-253 预览"翻转"转场效果

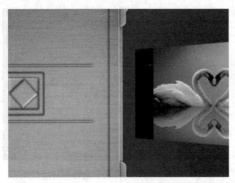

图15-253 预览"翻转"转场效果（续）

15.16 制作"旋转"转场效果

功能介绍

在会声会影X8中，"旋转"转场素材库中包括"对半""单轴""旋转"以及"分割轴"4种转场类型，这类转场的特征是将素材A以旋转的形式移出画面，从而将素材B显示出来。下面介绍添加"旋转"转场的操作方法。

【练习15-18】在豪华宾馆中设置旋转转场效果

素材位置	素材\第15章\豪华宾馆1.jpg、豪华宾馆2.jpg
效果位置	效果\第15章\豪华宾馆.vsp
视频位置	视频\第15章\【练习15-18】在豪华宾馆中设置旋转转场效果.mp4
技术掌握	掌握在豪华宾馆中设置旋转转场效果的操作

本例主要讲解在豪华宾馆中设置旋转转场效果的操作方法。

Step 01 进入会声会影编辑器，在故事板中插入两幅图像素材，如图15-254所示。

Step 02 单击"转场"按钮，切换至"转场"选项卡，单击窗口上方的"画廊"按钮，在弹出的列表框中选择"旋转"选项，如图15-255所示。

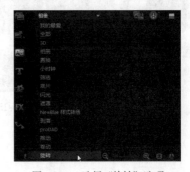

图15-254 插入图像素材　　　　　图15-255 选择"旋转"选项

Step 03 打开"旋转"素材库，选择"旋转"转场效果，如图15-256所示。

Step 04 单击鼠标左键并拖曳至故事板中的两幅图像素材之间，添加"旋转"转场效果，如图15-257所示。

Step 05 执行上述操作后，单击导览面板中的"播放"按钮，即可预览"旋转"转场效果，如图15-258所示。

图15-256 选择"旋转"转场效果

图15-257 添加"旋转"转场效果

图15-258 预览"旋转"转场效果

覆叠特效的制作

本章导读

　　在电视或电影中，我们经常会看到在播放一段视频的同时，往往还嵌套播放另一段视频，这就是常说的画中画，即覆叠效果。应用画中画视频技术，可以在有限的画面空间中，创造出更加丰富的画面内容。通过会声会影X8中的覆叠功能，可以很轻松地制作出静态以及动态的画中画效果，从而使视频作品更具观赏性。本章主要介绍视频覆叠特效的制作。

16.1　覆叠动画简介

　　所谓覆叠功能，是指会声会影X8提供的一种视频编辑方法，它将视频素材添加到时间轴视图中的覆叠轨之后，可以对视频素材进行淡入淡出、进入退出以及停靠位置等设置，从而产生视频叠加的效果，为影片增添更多精彩。本节主要向读者介绍覆叠动画的基础知识，包括覆叠属性的设置技巧。

16.1.1　掌握"属性"选项面板

功能介绍

　　运用会声会影X8的覆叠功能，可以使用户在编辑视频的过程中具有更多的表现方式。选择覆叠轨中的相关素材文件，在"属性"选项面板中可以设置覆叠素材的相关属性与运动特效，如图16-1所示。

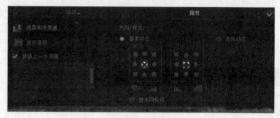

图16-1　"属性"选项面板

参数详解

　　在"属性"选项面板中，各主要选项的具体含义如下。

- ❖　遮罩和色度键：单击该按钮，在弹出的选项面板中可以设置覆叠素材的透明度、边框、覆叠类型和相似度等。
- ❖　对齐选项：单击该按钮，在弹出的下拉列表中可以设置当前视频的位置以及视频对象的宽高比。
- ❖　替换上一个滤镜：选中该复选框，新的滤镜将替换素材原来的滤镜效果，并应用到覆叠素材上。若用户需要在覆叠素材中应用多个滤镜效果，则可以取消选中该复选框。
- ❖　自定义滤镜：单击该按钮，用户可以根据需要对当前添加的滤镜进行自定义设置。
- ❖　进入/退出：设置素材进入和离开屏幕时的方向。
- ❖　淡入动画效果▅▅▅：单击该按钮，可以将淡入效果添加到当前素材中。
- ❖　淡出动画效果▅▅▅：单击该按钮，可以将淡出效果添加到当前素材中。
- ❖　暂停区间前旋转▅/暂停区间后旋转▅：单击相应的按钮，可以在覆叠画面进入或离开屏幕时应用旋转效果，同时可在导览面板中设置旋转之前或之后的暂停区间。
- ❖　显示网格线：选中该复选框，可以在视频中添加网格线。
- ❖　高级运动：选中该单选按钮，可以设置覆叠素材的路径运动效果。
- ❖　在选项面板的"方向/样式"选项区中，各主要按钮含义如下。
- ❖　"从左上方进入"按钮▅：单击该按钮，素材将从左上方进入视频动画。
- ❖　"进入"选项区中的"静止"按钮▅：单击该按钮，可以取消为素材添加的进入动画效果。
- ❖　"退出"选项区中的"静止"按钮▅：单击该按钮，可以取消为素材添加的退出动画效果。
- ❖　"从右上方进入"按钮▅：单击该按钮，素材将从右上方进入视频动画。
- ❖　"从左上方退出"按钮▅：单击该按钮，素材将从左上方退出视频动画。
- ❖　"从右上方退出"按钮▅：单击该按钮，素材将从右上方退出视频动画。

16.1.2　掌握遮罩和色度键设置

功能介绍

　　在"属性"选项面板中，单击"遮罩和色度键"按钮▅，将展开"遮罩和色度键"选项面板，在其中可以设置覆叠素材的透明度、边框和遮罩特效，如图16-2所示。

参数详解

在"遮罩和色度键"选项面板中，各主要选项含义如下。

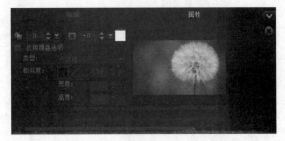

图16-2 展开"遮罩和色度键"选项面板

❖ 透明度■：在该数值框中输入相应的参数，或者拖动滑块，可以设置素材的透明度。

❖ 边框■：在该数值框中输入相应的参数，或者拖动滑块，可以设置边框的厚度，单击右侧的颜色色块，可以选择边框的颜色。

❖ 应用覆叠选项：选中该复选框，可以指定覆叠素材将被渲染的透明程度。

❖ 类型：选择是否在覆叠素材上应用预设的遮罩，或指定要渲染为透明的颜色。

❖ 相似度：指定要渲染为透明的色彩选择范围。单击右侧的颜色色块，可以选择要渲染为透明的颜色。单击✎按钮，可以在覆叠素材中选取色彩参数。

❖ 宽度/高度：从覆叠素材中修剪不需要的边框，可设置要修剪素材的高度和宽度。

❖ 覆叠预览：会声会影为覆叠选项窗口提供了预览功能，使用户能够同时查看素材调整之前的原貌，方便比较调整后的效果。

16.2 覆叠效果的基本操作

使用覆叠功能，可以将视频素材添加到覆叠轨中，然后对视频素材的大小、位置以及透明度等属性进行调整，从而产生视频叠加效果。本节主要介绍添加与删除覆叠图像的方法。

16.2.1 覆叠图像的添加

功能介绍

在会声会影X8中，用户可以根据需要在视频轨中添加相应的覆叠素材，从而制作出更具观赏性的视频作品。下面介绍添加覆叠素材的操作方法。

❖❖【练习16-1】制作快乐起航覆叠效果

素材位置	素材\第16章\快乐起航.jpg、快乐起航.png
效果位置	效果\第16章\快乐起航.vsp
视频位置	视频\第16章\【练习16-1】制作快乐起航覆叠效果.mp4
技术掌握	掌握制作快乐起航覆叠效果的操作

本例主要讲解制作快乐起航覆叠效果的操作方法。

Step 01 进入会声会影X8编辑器，在视频轨中插入一幅素材图像，如图16-3所示。

Step 02 在覆叠轨中的适当位置，单击鼠标右键，在弹出的快捷菜单中选择"插入照片"选项，如图16-4所示。

图16-3 插入素材图像

图16-4 选择"插入照片"选项

图16-5 选择照片素材文件

Step 03 弹出"浏览照片"对话框，在其中选择相应的照片素材"快乐起航.png"文件，如图16-5所示。

Step 04 单击"打开"按钮，即可在覆叠轨中添加相应的覆叠素材，如图16-6所示。

图16-6 添加覆叠素材

提示

用户还可以直接将计算机中自己喜欢的素材图像直接拖曳至会声会影X8软件的覆叠轨中，释放鼠标左键，也可以快速添加覆叠素材。

Step 05 在预览窗口中，拖曳素材四周的控制柄，可以调整覆叠素材的位置和大小，如图16-7所示。

Step 06 执行上述操作后，即可完成覆叠素材的添加，单击导览面板中的"播放"按钮，预览覆叠效果，如图16-8所示。

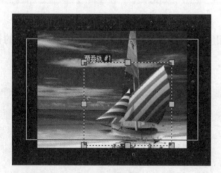

图16-7 调整覆叠素材的位置和大小

图16-8 预览覆叠效果

技术专题 [添加淡入淡出动画]

运用会声会影X8的覆叠功能，可以使用户在编辑视频的过程中具有更多的表现方式。选择覆叠轨中的素材，在"属性"选项面板中可以设置覆叠素材的相关属性与运动特效。

单击淡入动画效果▄▄，可以将淡入效果添加到当前素材中，覆叠淡入效果如图16-9所示。

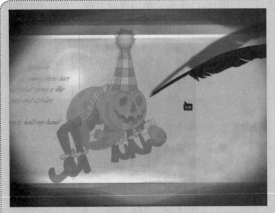

图16-9 覆叠淡入效果

单击淡出动画效果 ，可以将淡出效果添加到当前素材中，覆叠淡出效果如图16-10所示。

图16-10 覆叠淡出效果

16.2.2 覆叠图像的删除

功能介绍

在会声会影X8中，如果用户不需要覆叠轨中的素材，可以将其删除。进入会声会影编辑器，单击"文件"|"打开项目"命令，打开一个项目文件，如图16-11所示。在预览窗口中，预览打开的项目效果，如图16-12所示。

图16-11 打开项目文件　　　　　　　图16-12 预览打开的项目效果

在时间轴面板的覆叠轨中，选择需要删除的覆叠素材，如图16-13所示。单击鼠标右键，在弹出的快捷菜单中选择"删除"选项，如图16-14所示。

图16-13 选择需要删除的覆叠素材

图16-14 选择"删除"选项

执行上述操作后，即可删除覆叠轨中的素材，如图16-15所示。在预览窗口中，可以预览删除覆叠素材后的效果，如图16-16所示。

图16-15 删除覆叠轨中的素材

图16-16 预览删除覆叠素材后的效果

技术专题 ［删除覆叠素材的其他方法］

在会声会影X8中，用户还可以通过以下两种方法删除覆叠素材。
❖ 选择需要删除的覆叠素材，在菜单栏中单击"编辑"|"删除"命令，即可删除覆叠素材。
❖ 选择需要删除的覆叠素材，按【Delete】键，即可删除覆叠素材。

16.3 覆叠动画属性

当用户将覆叠素材添加到覆叠轨中后，可以设置素材的进入与退出动画，淡入淡出动画及素材的对齐方式，使制作的覆叠合成画面更符合用户的需求。本节主要向读者介绍设置覆叠动画属性的方法。

16.3.1 进入动画

功能介绍

在"进入"选项区中包括"从左上方进入""从上方进入""从右上方进入"等8个不同的进入方向和一个"静止"选项，用户可以设置覆叠素材的进入动画效果。

【练习16-2】制作风筝飞舞覆叠效果

素材位置	素材\第16章\风筝飞舞.jpg、风筝飞舞.png
效果位置	效果\第16章\风筝飞舞.vsp
视频位置	视频\第16章\【练习16-2】制作风筝飞舞覆叠效果.mp4
技术掌握	掌握制作风筝飞舞覆叠效果的操作

本例主要讲解制作风筝飞舞覆叠效果的操作方法。

Step 01　进入会声会影编辑器，单击"文件"|"打开项目"命令，打开一个项目文件，如图16-17所示。

Step 02　选择需要设置进入动画的覆叠素材，如图16-18所示。

图16-17　打开项目文件　　　　　　　　　　　　　　　　图16-18　选择覆叠素材

问：如何取消覆叠素材的进入动画效果？

答：在会声会影X8中，如果用户不需要为覆叠素材设置进入动画效果，此时可以在选项面板的"进入"
　　选项区中，单击"静止"按钮，即可取消覆叠素材的进入动画效果。

Step 03　单击"选项"按钮，如图16-19所示，即可打开"选项"面板。

Step 04　在"属性"面板的"进入"选项区中，单击"从下方进入"按钮，如图16-20所示。

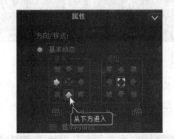

图16-19　单击"选项"按钮　　　　　　　　　　　　　　图16-20　单击"从下方进入"按钮

Step 05　即可设置覆叠素材的进入动画效果，在导览面板中单击"播放"按钮，预览设置的进入动画，如图
16-21所示。

图16-21　预览设置的进入动画

16.3.2 退出动画

功能介绍

在"退出"选项区中包括"从左上方退出""从上方退出""从右上方退出"等8个不同的退出方向和一个"静止"选项，用户可以设置覆叠素材的退出动画效果。

【练习16-3】制作彩绘花朵覆叠效果

素材位置	素材\第16章\花瓣.jpg、彩绘.png
效果位置	效果\第16章\彩绘花朵.vsp
视频位置	视频\第16章\【练习16-3】制作彩绘花朵覆叠效果.mp4
技术掌握	掌握制作彩绘花朵覆叠效果的操作

本例主要讲解制作彩绘花朵覆叠效果的操作方法。

Step 01 进入会声会影编辑器，单击"文件"|"打开项目"命令，打开一个项目文件，如图16-22所示。

Step 02 选择需要设置退出动画的覆叠素材，如图16-23所示。

图16-22　打开项目文件

图16-23　选择覆叠素材

Step 03 单击"选项"按钮，如图16-24所示，即可打开"选项"面板。

Step 04 在"属性"面板的"退出"选项区中，单击"从右边退出"按钮，如图16-25所示。

图16-24　单击"选项"按钮

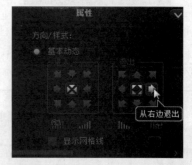

图16-25　单击"从上方退出"按钮

Step 05 即可设置覆叠素材的退出动画效果，在导览面板中单击"播放"按钮，即可预览设置的退出动画，如图16-26所示。

提示

在会声会影X8的覆叠轨中添加覆叠素材，在预览窗口中可以调整素材的大小和位置。

图16-26 预览设置的退出动画

16.3.3 淡入淡出效果

功能介绍

在会声会影X8中，用户可以制作画中画视频的淡入淡出效果，使视频画面播放起来更加协调、流畅。下面向读者介绍制作视频淡入淡出特效的操作方法。

【练习16-4】制作天空遐想淡入淡出效果

素材位置	素材\第16章\天空.jpg、遐想.jpg
效果位置	效果\第16章\天空遐想.vsp
视频位置	视频\第16章\【练习16-4】制作天空遐想淡入淡出效果.mp4
技术掌握	掌握制作天空遐想淡入淡出效果的操作

本例主要讲解制作天空遐想淡入淡出效果的操作方法。

Step 01 进入会声会影编辑器，单击"文件"|"打开项目"命令，打开一个项目文件，如图16-27所示。

Step 02 选择需要设置淡入与淡出动画的覆叠素材，如图16-28所示。

图16-27 打开项目文件

图16-28 选择覆叠素材

会声会影 X8 技术大全

Step 03 单击"选项"按钮，如图16-29所示，即可打开"选项"面板。

Step 04 在"属性"选项面板中，分别单击"淡入动画效果"按钮 和"淡出动画效果"按钮 ，如图16-30所示。

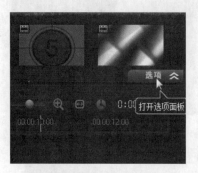

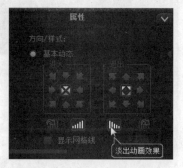

图16-29　单击"选项"按钮　　　　　　　　　　　　图16-30　单击按钮

Step 05 即可设置覆叠素材的淡入淡出动画效果，在导览面板中单击"播放"按钮，即可预览设置的淡入淡出动画效果，如图16-31所示。

图16-31　预览淡入淡出动画效果

16.3.4　覆叠对齐方式

功能介绍

在"属性"选项面板中，单击"对齐选项"按钮，在弹出的列表框中包含3种不同类型的对齐方式，用户可根据需要进行相应设置。

进入会声会影编辑器，单击"文件"|"打开项目"命令，打开一个项目文件，如图16-32所示。在预览窗口中，预览打开的项目效果，如图16-33所示。

图16-32 打开项目文件

图16-33 预览打开的项目效果

在覆叠轨中，选择需要设置对齐方式的覆叠素材，如图16-34所示。打开"属性"选项面板，单击"对齐选项"按钮，在弹出的列表框中选择"停靠在中央"|"居中"选项，如图16-35所示。

图16-34 选择覆叠素材

图16-35 选择"停靠在中央"|"居中"选项

即可设置覆叠素材的对齐方式，在预览窗口中可以预览视频效果，如图16-36所示。

图16-36 预览视频效果

 技术专题 【其他多种覆叠对齐方式】

在会声会影X8中，提供了多种不同位置的覆叠对齐方式，在"对齐选项"列表框中选择不同的选项，将显示不同的对齐效果，如图16-37和图16-38所示。

"停靠在顶部：居左"效果　　　　　　　　　　　"停靠在顶部：居中"效果

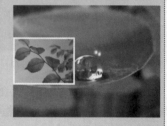

"停靠在顶部：居右"效果　　　　　　　　　　　"停靠在中央：居左"效果

图16-37　显示不同的对齐效果

"停靠在中央：居右"效果　　　　　　　　　　　"停靠在底部：居中"效果

图16-38　显示不同的对齐效果

16.4　覆叠对象属性

在会声会影X8中，用户还可以根据需要设置覆叠素材的透明度，将素材以半透明的形式进行重叠，显示出若隐若现的效果。边框是为影片添加装饰的另一种简单而实用的方式，它能够让枯燥的画面变得生动。本节主要向读者介绍设置覆叠素材透明度与边框效果的操作方法。

16.4.1　覆叠透明度

功能介绍

在"透明度"数值框中，输入相应的数值，即可设置覆叠素材的透明度效果。下面向读者介绍设置覆叠素材透明度的操作方法。

【练习16-5】制作蜡烛覆叠透明度效果

素材位置	素材\第16章\空间.jpg、蜡烛.png
效果位置	效果\第16章\蜡烛.vsp
视频位置	视频\第16章\【练习16-5】制作蜡烛覆叠透明度效果.mp4
技术掌握	掌握制作蜡烛覆叠透明度效果的操作

本例主要讲解制作蜡烛覆叠透明度效果的操作方法。

Step 01　进入会声会影编辑器，单击"文件"|"打开项目"命令，打开一个项目文件，如图16-39所示。

Step 02　在预览窗口中，预览打开的项目效果，如图16-40所示。

图16-39　打开项目文件

图16-40　预览打开的项目效果

Step 03　在覆叠轨中，选择需要设置透明度的覆叠素材，如图16-41所示。

Step 04　打开"属性"选项面板，单击"遮罩和色度键"按钮，如图16-42所示。

图16-41　选择覆叠素材

图16-42　单击"遮罩和色度键"按钮

Step 05　执行操作后，打开"遮罩和色度键"选项面板，在"透明度"数值框中输入50，如图16-43所示，执行操作后，即可设置覆叠素材的透明度效果。

Step 06　在预览窗口中可以预览视频效果，如图16-44所示。

图16-43　输入"透明度"数值

图16-44　预览视频效果

技术专题 　**[通过拖曳滑块调整覆叠素材的透明度]**

单击"属性"选项面板中的"遮罩和色度键"按钮，在弹出的选项面板中单击"透明度"数值框右侧的下三角按钮，弹出透明度滑块，在滑块上单击鼠标左键的同时向右拖曳滑块，如图16-45所示，至合适的位置后释放鼠标左键，也可调整覆叠素材的透明度效果。

图16-45　向右拖曳滑块

16.4.2　覆叠边框

功能介绍

为了更好地突出覆叠素材，可以为所添加的覆叠素材设置边框。下面介绍在会声会影X8中，设置覆叠素材边框的操作方法。

【练习16-6】制作美丽自然覆叠边框效果

素材位置	素材\第16章\美丽.jpg、自然.jpg
效果位置	效果\第16章\美丽自然.vsp
视频位置	视频\第16章\【练习16-6】制作美丽自然覆叠边框效果.mp4
技术掌握	掌握制作美丽自然覆叠边框效果的操作

本例主要讲解制作美丽自然覆叠边框效果的操作方法。

Step 01 进入会声会影编辑器，单击"文件"|"打开项目"命令，打开一个项目文件，如图16-46所示。

Step 02 在预览窗口中，预览打开的项目效果，如图16-47所示。

图16-46　打开项目文件

图16-47　预览打开的项目效果

Step 03 在覆叠轨中，选择需要设置边框效果的覆叠素材，如图16-48所示。

Step 04 打开"属性"选项面板，单击"遮罩和色度键"按钮，如图16-49所示。

图16-48　选择覆叠素材

图16-49　单击"遮罩和色度键"按钮

单击"属性"选项面板中的"遮罩和色度键"按钮，在弹出的选项面板中单击"边框"数值框右侧的下三角按钮，弹出透明度滑块，在滑块上单击鼠标左键的同时向右拖曳滑块，至合适的位置后释放鼠标左键，也可调整覆叠素材的边框效果。

Step 05 打开"遮罩和色度键"选项面板，在"边框"数值框中输入4，如图16-50所示，执行操作后，即可设置覆叠素材的边框效果。

Step 06 在预览窗口中可以预览视频效果，如图16-51所示。

图16-50　在"边框"数值框中输入4

图16-51　预览视频效果

用户在会声会影X8中设置覆叠素材边框效果时，在选项面板中的"边框"数值框中，只能输入0～10之间的整数。

16.4.3　边框颜色

功能介绍

为了使覆叠素材的边框效果更加丰富多彩，用户可以手动设置覆叠素材边框的颜色，使制作的视频画面更符合用户的要求。

进入会声会影编辑器，单击"文件"|"打开项目"命令，打开一个项目文件，如图16-52所示。在预览窗口中，预览打开的项目效果，如图16-53所示。

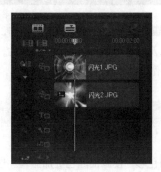

图16-52　打开项目文件

图16-53　预览打开的项目效果

在覆叠轨中，选择需要设置边框颜色的覆叠素材，如图16-54所示。打开"属性"选项面板，单击"遮罩和色度键"按钮，如图16-55所示。

图16-54　选择覆叠素材

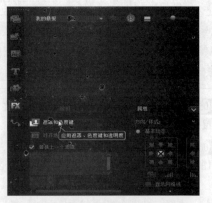

图16-55　单击"遮罩和色度键"按钮

　　打开"遮罩和色度键"选项面板，单击"边框色彩"色块，在弹出的颜色面板中选择黄色，如图16-56所示。执行操作后，即可更改覆叠素材的边框颜色，在预览窗口中可以预览视频效果，如图16-57所示。

图16-56　选择黄色

图16-57　预览视频效果

16.5　覆叠素材的编辑

　　在会声会影X8中，当用户为视频添加覆叠素材后，还可以对覆叠素材进行相应的编辑操作，包括设置覆叠遮罩的色彩、设置遮罩的色彩相似度、修剪覆叠素材的高度以及修剪覆叠素材的宽度等属性，使制作的覆叠素材更加美观。本节主要向读者介绍设置与修剪覆叠素材的操作方法。

16.5.1　遮罩的色彩

功能介绍

　　当用户为覆叠素材设置遮罩效果后，此时可以设置覆叠遮罩的色彩，使画面颜色更加协调。进入会声会影编辑器，单击"文件"|"打开项目"命令，打开一个项目文件，如图16-58所示。在预览窗口中，预览打开的项目效果，如图16-59所示。

图16-58　打开项目文件

图16-59　预览打开的项目效果

在覆叠轨中，选择需要设置覆叠遮罩色彩的覆叠素材，如图16-60所示。打开"属性"选项面板，单击"遮罩和色度键"按钮，如图16-61所示。

图16-60　选择覆叠素材

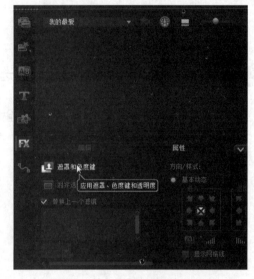

图16-61　单击"遮罩和色度键"按钮

打开"遮罩和色度键"选项面板，选中"应用覆叠选项"复选框，如图16-62所示。单击"覆叠遮罩的色彩"色块右侧的吸管按钮，在预览窗口中的合适位置，单击鼠标左键吸取颜色，并设置"针对遮罩的色彩相似度"为70，如图16-63所示。

图16-62　选中"应用覆叠选项"复选框

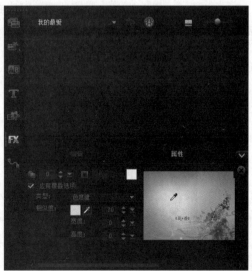

图16-63　设置"针对遮罩的色彩相似度"

执行操作后，即可将覆叠遮罩的色彩设置为吸取的颜色，效果如图16-64所示。

图16-64　将覆叠遮罩的色彩设置为吸取的颜色

技术专题　[通过颜色面板选取遮罩色彩]

用户可单击"覆叠遮罩的色彩"色块，在弹出的颜色面板中快速选择需要遮罩的颜色，如图16-65所示。

图16-65　选择需要遮罩的颜色

16.5.2　覆叠的高度

功能介绍

在会声会影X8中，如果覆叠素材过高，则用户可以修剪覆叠素材的高度，使其符合用户的需求。

进入会声会影编辑器，单击"文件"|"打开项目"命令，打开一个项目文件，如图16-66所示。在预览窗口中，预览打开的项目效果，如图16-67所示。

图16-66　打开项目文件

图16-67　预览打开的项目效果

在覆叠轨中，选择需要修剪高度的覆叠素材，如图16-68所示。打开"属性"选项面板，单击"遮罩和色度键"按钮，打开相应选项面板，在"高度"右侧的数值框中输入30，如图16-69所示。

图16-68　选择覆叠素材

图16-69　输入数值

执行操作后，即可修剪覆叠素材的高度，在预览窗口中可以预览修剪后的视频效果，如图16-70所示。

图16-70　预览修剪后的视频效果

问： 修剪覆叠素材高度还有哪些其他方法？

答： 在"遮罩和色度键"选项面板中单击"高度"数值框右侧的下三角按钮，弹出高度滑块，单击鼠标左键的同时向右拖曳滑块至合适的位置后释放鼠标左键，也可以调整覆叠对象的高度。用户还可以单击"高度"数值框右侧的上下微调按钮，对"高度"参数进行微调操作，使设置的参数更加精确。

16.5.3　覆叠的宽度

功能介绍

在会声会影X8中，如果用户对覆叠素材的宽度不满意，此时可以对覆叠素材的宽度进行修剪操作。下面向读者介绍修剪覆叠素材宽度的方法。

【练习16-7】制作景色迷人覆叠的宽度效果

素材位置	素材\第16章\景色.jpg、迷人.jpg
效果位置	效果\第16章\景色迷人.vsp
视频位置	视频\第16章\【练习16-7】制作景色迷人覆叠的宽度效果.mp4
技术掌握	掌握制作景色迷人覆叠的宽度效果的操作

本例主要讲解制作景色迷人覆叠的宽度效果的操作方法。

Step 01 进入会声会影编辑器，单击"文件"|"打开项目"命令，打开一个项目文件，如图16-71所示。

Step 02 在预览窗口中，预览打开的项目效果，如图16-72所示。

图16-71　打开项目文件

图16-72　预览打开的项目效果

Step 03 在覆叠轨中，选择需要修剪宽度的覆叠素材，如图16-73所示。

Step 04 打开"属性"选项面板，单击"遮罩和色度键"按钮，打开相应选项面板，在"宽度"右侧的数值框中输入20，如图16-74所示。

图16-73　选择覆叠素材

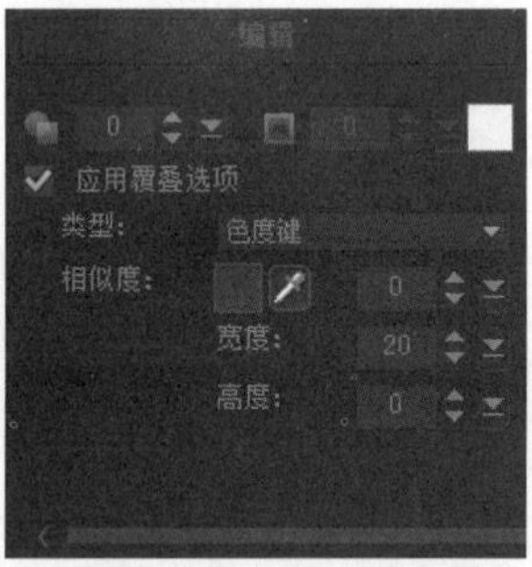

图16-74　输入数值

Step 05 执行操作后，即可修剪覆叠素材的宽度，在预览窗口中可以预览修剪后的视频效果，如图16-75所示。

图16-75　预览修剪后的视频效果

16.6　覆叠遮罩效果的制作

在会声会影X8中，用户还可以根据需要在覆叠轨中设置覆叠对象的遮罩效果，使制作的视频作品更美观。本节主要向读者详细介绍设置覆叠素材遮罩效果的方法，主要包括制作椭圆遮罩效果、矩形遮罩效果、日历遮罩效果以及胶卷遮罩效果等。

16.6.1 椭圆遮罩特效

功能介绍

在会声会影X8中，椭圆遮罩效果是指覆叠轨中的素材以椭圆的性质遮罩在视频轨中素材的上方。进入会声会影编辑器，单击"文件"|"打开项目"命令，打开一个项目文件，如图16-76所示。在预览窗口中，预览打开的项目效果，如图16-77所示。

图16-76 打开项目文件

图16-77 预览打开的项目效果

在覆叠轨中，选择需要设置椭圆遮罩特效的覆叠素材，如图16-78所示。打开"属性"选项面板，单击"遮罩和色度键"按钮，打开相应选项面板，选中"应用覆叠选项"复选框，如图16-79所示。

图16-78 选择覆叠素材

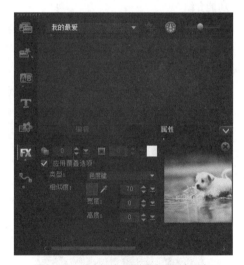

图16-79 选中"应用覆叠选项"复选框

单击"类型"下拉按钮，在弹出的列表框中选择"遮罩帧"选项，如图16-80所示。打开覆叠遮罩列表，在其中选择椭圆遮罩效果，如图16-81所示。

图16-80 选择"遮罩帧"选项

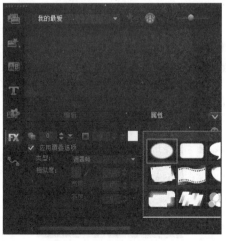

图16-81 选择椭圆遮罩效果

此时，即可设置覆叠素材为椭圆遮罩样式，如图16-82所示。在导览面板中单击"播放"按钮，预览视频中的椭圆遮罩效果，如图16-83所示。

图16-82　设置椭圆遮罩样式

图16-83　预览椭圆遮罩效果

16.6.2　矩形遮罩特效

功能介绍

在会声会影X8中，矩形遮罩效果是指覆叠轨中的素材以矩形的形状遮罩在视频轨中素材的上方。进入会声会影编辑器，单击"文件"|"打开项目"命令，打开一个项目文件，如图16-84所示。在预览窗口中，预览打开的项目效果，如图16-85所示。

图16-84　打开项目文件

图16-85　预览项目效果

选择覆叠素材，打开"属性"选项面板，单击"遮罩和色度键"按钮，打开相应选项面板，选中"应用覆叠选项"复选框，如图16-86所示。单击"类型"下拉按钮，在弹出的列表框中选择"遮罩帧"选项，打开覆叠遮罩列表，在其中选择矩形遮罩效果，如图16-87所示。

图16-86　选中"应用覆叠选项"复选框

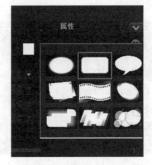

图16-87　选择矩形遮罩效果

　　此时，即可设置覆叠素材为矩形遮罩样式，如图16-88所示。在导览面板中单击"播放"按钮，预览视频中的矩形遮罩效果，如图16-89所示。

图16-88　设置矩形遮罩样式　　　　　　　　　　　　图16-89　预览矩形遮罩效果

16.6.3　花瓣遮罩特效

功能介绍

　　在会声会影X8中，花瓣遮罩效果是指覆叠轨中的素材以花瓣的性质遮罩在视频轨中素材的上方。下面介绍设置花瓣遮罩效果的操作方法。

【练习16-8】制作绿藤红花花瓣遮罩效果

素材位置	素材\第16章\绿藤.jpg、红花.jpg
效果位置	效果\第16章\绿藤红花.vsp
视频位置	视频\第16章\【练习16-8】制作绿藤红花花瓣遮罩效果.mp4
技术掌握	掌握制作绿藤红花花瓣遮罩效果的操作

　　本例主要讲解制作绿藤红花花瓣遮罩效果的操作方法。

Step 01 进入会声会影编辑器，单击"文件"｜"打开项目"命令，打开一个项目文件，如图16-90所示。

Step 02 在预览窗口中，预览打开的项目效果，如图16-91所示。

图16-90　打开项目文件

图16-91　预览项目效果

Step 03 选择覆叠素材，打开"属性"选项面板，单击"遮罩和色度键"按钮，打开相应选项面板，选中"应用覆叠选项"复选框，如图16-92所示。

Step 04 单击"类型"下拉按钮，在弹出的列表框中选择"遮罩帧"选项，打开覆叠遮罩列表，在其中选择花瓣遮罩效果，如图16-93所示。

图16-92　选中"应用覆叠选项"复选框

图16-93　选择花瓣遮罩效果

Step 05　此时，即可设置覆叠素材为花瓣遮罩样式，如图16-94所示。

Step 06　在导览面板中单击"播放"按钮，预览视频中的花瓣遮罩效果，如图16-95所示。

图16-94　设置为花瓣遮罩样式

图16-95　预览花瓣遮罩效果

16.6.4　心形遮罩特效

功能介绍

在会声会影X8中，心形遮罩效果是指覆叠轨中的素材以心形的形状遮罩在视频轨中素材的上方。进入会声会影编辑器，单击"文件"|"打开项目"命令，打开一个项目文件，如图16-96所示。在预览窗口中，预览打开的项目效果，如图16-97所示。

图16-96　打开项目文件

图16-97　预览项目效果

选择覆叠素材，打开"属性"选项面板，单击"遮罩和色度键"按钮，打开相应选项面板，选中"应用覆叠选项"复选框，如图16-98所示。单击"类型"下拉按钮，在弹出的列表框中选择"遮罩帧"选项，打开覆叠遮罩列表，在其中选择心形遮罩效果，如图16-99所示。

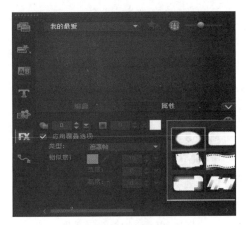

图16-98 选中"应用覆叠选项"复选框

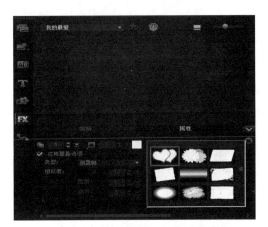

图16-99 选择心形遮罩效果

此时，即可设置覆叠素材为心形遮罩样式，如图16-100所示。在导览面板中单击"播放"按钮，预览视频中的心形遮罩效果，如图16-101所示。

图16-100 设为心形遮罩样式

图16-101 预览心形遮罩效果

16.6.5 涂抹遮罩特效

功能介绍

在会声会影X8中，涂抹遮罩效果是指覆叠轨中的素材以画笔涂抹的方式覆叠在视频轨中素材上方。进入会声会影编辑器，单击"文件"|"打开项目"命令，打开一个项目文件，如图16-102所示。在预览窗口中，预览打开的项目效果，如图16-103所示。

图16-102 打开项目文件

图16-103 预览项目效果

选择覆叠素材，打开"属性"选项面板，单击"遮罩和色度键"按钮，打开相应选项面板，选中"应用覆叠选项"复选框，如图16-104所示。单击"类型"下拉按钮，在弹出的列表框中选择"遮罩帧"选项，打开覆叠遮罩列表，在其中选择涂抹遮罩效果，如图16-105所示。

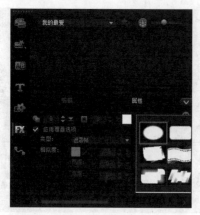
图16-104　选中"应用覆叠选项"复选框

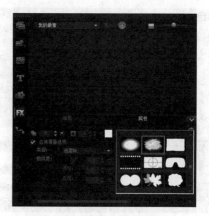
图16-105　选择涂抹遮罩效果

此时，即可设置覆叠素材为涂抹遮罩样式，如图16-106所示。在导览面板中单击"播放"按钮，预览视频中的涂抹遮罩效果，如图16-107所示。

图16-106　设置为涂抹遮罩样式

图16-107　预览涂抹遮罩效果

16.6.6　水波遮罩特效

功能介绍

在会声会影X8中，水波遮罩效果是指覆叠轨中的素材以水波的方式覆叠在视频轨中的素材上方。下面介绍设置水波遮罩效果的操作方法。

【练习16-9】制作动物世界水波遮罩效果

素材位置	素材\第16章\动物.jpg、世界.jpg
效果位置	效果\第16章\动物世界.vsp
视频位置	视频\第16章\【练习16-9】制作动物世界水波遮罩效果.mp4
技术掌握	掌握制作动物世界水波遮罩效果的操作

本例主要讲解制作动物世界水波遮罩效果的操作方法。

Step 01　进入会声会影编辑器，单击"文件"|"打开项目"命令，打开一个项目文件，如图16-108所示。

Step 02　在预览窗口中，预览打开的项目效果，如图16-109所示。

图16-108 打开项目文件

图16-109 预览项目效果

Step 03 选择覆叠素材，打开"属性"选项面板，单击"遮罩和色度键"按钮，打开相应选项面板，选中"应用覆叠选项"复选框，如图16-110所示。

Step 04 单击"类型"下拉按钮，在弹出的列表框中选择"遮罩帧"选项，打开覆叠遮罩列表，在其中选择水波遮罩效果，如图16-111所示。

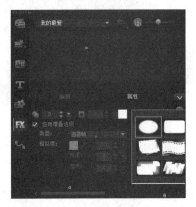

图16-110 选中"应用覆叠选项"复选框

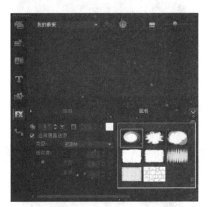

图16-111 选择水波遮罩效果

Step 05 此时，即可设置覆叠素材为水波遮罩样式，如图16-112所示。

Step 06 在导览面板中单击"播放"按钮，预览视频中的水波遮罩效果，如图16-113所示。

图16-112 设置为水波遮罩样式

图16-113 预览水波遮罩效果

提示

在会声会影X8中，用户还可以加载外部的遮罩样式，只需在覆叠遮罩列表的右侧，单击"添加遮罩项"按钮，弹出"浏览照片"对话框，在其中选择相应的遮罩素材，即可加载外部的遮罩样式。

16.7 视频合成效果的制作

在会声会影X8中，覆叠有多种编辑方式，如制作若隐若现效果、精美相册特效、覆叠转场特效、带边框画中画效果、装饰图案效果、覆叠遮罩特效以及覆叠滤镜特效等。本节主要向读者介绍通过覆叠功能制作视频合成特效的操作方法。

16.7.1 若隐若现叠加

功能介绍

在会声会影X8中，对覆叠轨中的图像素材应用淡入和淡出动画效果，它可以使素材显示若隐若现效果。

进入会声会影X8编辑器，在视频轨中插入一幅素材图像，如图16-114所示。在预览窗口中，可以预览素材图像画面效果，如图16-115所示。

图16-114　插入素材图像

图16-115　预览素材图像画面效果

在覆叠轨中插入一幅素材图像"喜迎中秋.png"文件，如图16-116所示。在预览窗口中，可以预览覆叠素材画面效果，如图16-117所示。

图16-116　插入素材图像

图16-117　预览覆叠素材画面效果

提示

用户通过拖曳覆叠素材四周的黄色控制柄，也可以等比例对覆叠素材进行缩放操作。

在预览窗口中的覆叠素材上，单击鼠标右键，在弹出的快捷菜单中选择"调整到屏幕大小"选项，如图16-118所示。执行操作后，即可调整覆叠素材的大小，如图16-119所示。

在覆叠轨中，选择需要制作若隐若现画面的覆叠素材，如图16-120所示。在"属性"选项面板中单击"淡入动画效果"按钮 和"淡出动画效果"按钮 ，如图16-121所示。

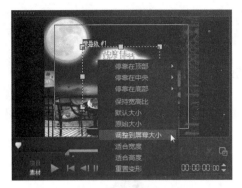
图16-118 选择"调整到屏幕大小"选项

图16-119 调整覆叠素材的大小

图16-120 选择覆叠素材

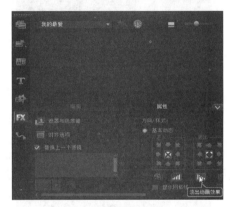
图16-121 单击按钮

即可制作覆叠素材若隐若现效果,在导览面板中单击"播放"按钮,即可预览制作的若隐若现动画效果,如图16-122所示。

图16-122 预览若隐若现动画效果

16.7.2　精美相框特效

功能介绍

在会声会影X8中，为照片添加相框是一种简单而实用的装饰方式，它可以使视频画面更具有吸引力和观赏性。

进入会声会影X8编辑器，在视频轨中插入一幅素材图像，如图16-123所示。在预览窗口中，可以预览素材图像画面效果，如图16-124所示。

图16-123　插入素材图像　　　　　　　　　　　　图16-124　预览素材图像画面效果

在覆叠轨中插入一幅素材图像"女孩遐想.png"文件，如图16-125所示。在预览窗口中，可以预览覆叠素材画面效果，如图16-126所示。

图16-125　插入素材图像　　　　　　　　　　　　图16-126　预览覆叠素材画面效果

在预览窗口中的覆叠素材上，单击鼠标右键，在弹出的快捷菜单中选择"调整到屏幕大小"选项，如图16-127所示。执行操作后，即可调整覆叠素材的大小，如图16-128所示。

图16-127　选择"调整到屏幕大小"选项　　　　　　图16-128　调整覆叠素材的大小

在导览面板中单击"播放"按钮，预览制作的精美相框特效，如图16-129所示。

图16-129 预览精美相框特效

---- 提示 ----

在会声会影X8中，用户制作精美相框特效时，建议用户使用的覆叠素材为png格式的透明素材，这样覆叠素材与视频轨中的图像才能很好的合成一张画面。

16.7.3 覆叠转场效果

功能介绍

在会声会影X8中，用户不仅可以为视频轨中的素材添加转场效果，还可以为覆叠轨中的素材添加转场效果。下面向读者介绍制作覆叠转场效果的操作方法。

【练习16-10】制作清新水果覆叠转场效果

素材位置	素材\第16章\清新.jpg、水果1.jpg、水果2.jpg
效果位置	效果\第16章\清新水果.vsp
视频位置	视频\第16章\【练习16-10】制作清新水果覆叠转场效果.mp4
技术掌握	掌握制作清新水果覆叠转场效果的操作

本例主要讲解制作清新水果覆叠转场效果的操作方法。

Step 01 进入会声会影X8编辑器，在视频轨中插入一幅素材图像，如图16-130所示。

Step 02 打开"照片"选项面板，在其中设置"照片区间"为0:00:05:00，如图16-131所示，更改素材区间长度。

图16-130 插入素材图像

图16-131 设置"照片区间"

Step 03 在时间轴面板的视频轨中，可以查看更改区间长度后的素材图像，如图16-132所示。

Step 04 在覆叠轨中插入两幅素材图像"水果1.jpg、水果2.jpg"文件，如图16-133所示。

图16-132 查看素材图像

图16-133 插入两幅素材图像

Step 05 在预览窗口中，可以预览覆叠素材画面效果，如图16-134所示。

Step 06 打开"转场"素材库，单击窗口上方的"画廊"按钮，在弹出的列表框中选择"剥落"选项，进入"剥落"转场组，在其中选择"十字"转场效果，如图16-135所示。

图16-134 预览覆叠素材画面效果

图16-135 选择"十字"转场效果

Step 07 将选择的转场效果拖曳至时间轴面板的覆叠轨中的两幅素材图像之间，如图16-136所示。

Step 08 释放鼠标左键，即可在覆叠轨中为覆叠素材添加转场效果，如图16-137所示。

图16-136 拖曳至两幅素材图像之间

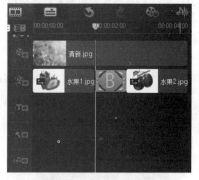

图16-137 为覆叠素材添加转场效果

Step 09 在导览面板中单击"播放"按钮，预览制作的覆叠转场特效，如图16-138所示。

图16-138 预览覆叠转场特效

提示

用户还可以手动拖曳视频轨中素材右侧的黄色标记来更改素材的区间长度。

16.7.4 画中画效果

功能介绍

运用会声会影X8的覆叠功能,可以在画面中制作出多重画面的效果。用户还可以根据需要为画中画添加边框、透明度和动画等效果。

进入会声会影X8编辑器,在视频轨中插入一幅素材图像,如图16-139所示。在预览窗口中,可以预览素材图像画面效果,如图16-140所示。

图16-139 插入素材图像

图16-140 预览素材图像画面效果

在覆叠轨中插入一幅素材图像"莲花1.jpg"文件,如图16-141所示。在预览窗口中,可以预览覆叠素材画面效果,如图16-142所示。

图16-141 插入素材图像

图16-142 预览覆叠素材画面效果

单击"选项"按钮,打开"选项"面板,展开"属性"选项面板,如图16-143所示。在"进入"选项组中单击"从左边进入"按钮,如图16-144所示。

图16-143 展开"属性"选项面板

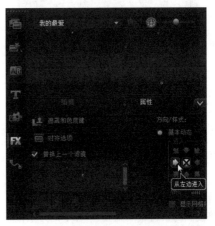

图16-144 单击"从左边进入"按钮

在预览窗口中，调整覆叠素材的大小，并拖曳素材至合适位置，如图16-145所示。在导览面板中，调整覆叠素材暂停区间的长度，如图16-146所示。

图16-145　拖曳素材至合适位置

图16-146　调整覆叠素材暂停区间的长度

在菜单栏中，单击"设置"|"轨道管理器"命令，如图16-147所示。弹出"轨道管理器"对话框，单击"覆叠轨"右侧的下拉按钮，在弹出的下拉列表中选择3选项，如图16-148所示。

图16-147　单击命令

图16-148　选择3选项

单击"确定"按钮，即可在时间轴面板中新增3条覆叠轨道，如图16-149所示。选择覆叠轨1中的素材后，单击鼠标右键，在弹出的快捷菜单中选择"复制"选项，如图16-150所示。

图16-149　新增3条覆叠轨道

图16-150　选择"复制"选项

将复制的素材粘贴到覆叠轨2中的开始位置，如图16-151所示。用与上述相同的方法，将覆叠轨1中的素材粘贴到覆叠轨3中，如图16-152所示。

图16-151　粘贴到覆叠轨2中

图16-152　粘贴到覆叠轨3中

选择覆叠轨2中的素材，单击鼠标右键，在弹出的快捷菜单中选择"替换素材"|"照片"选项，如图16-153所示。弹出相应对话框，在该对话框中选择需要替换的素材图像"莲花2.jpg"文件，如图16-154所示。

图16-153　选择选项

图16-154　选择需要替换的素材图像

单击"打开"按钮，即可替换覆叠轨2中的原素材，如图16-155所示。在预览窗口中，将覆叠轨2中的素材拖曳至合适位置，并调整素材的大小与暂停区间的长度，如图16-156所示。

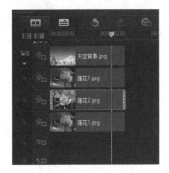

图16-155　替换原素材

图16-156　调整暂停区间长度

用与上述相同的方法，替换覆叠轨3中的素材图像为"莲花3.jpg"文件，如图16-157所示。在预览窗口中，将覆叠轨3中的素材拖曳至合适位置，并调整素材的大小与暂停区间的长度，如图16-158所示。

图16-157　替换覆叠轨3中的素材图像

图16-158　调整暂停区间长度

选择覆叠轨1中的素材，展开"属性"选项面板，单击"遮罩和色度键"按钮，在展开的选项面板中设置"边框"为3，如图16-159所示。在预览窗口中，可以预览设置边框后的覆叠效果，如图16-160所示。

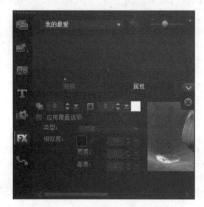

图16-159　设置"边框"为3

图16-160　预览设置边框后的覆叠效果（1）

用与上述相同的方法，在选项面板中设置覆叠轨2中的素材"边框"为3，在预览窗口中可以预览设置边框后的覆叠效果，如图16-161所示。用与上述相同的方法，在选项面板中设置覆叠轨3中的素材"边框"为3，在预览窗口中可以预览设置边框后的覆叠效果，如图16-162所示。

图16-161　预览设置边框后的覆叠效果（2）

图16-162　预览设置边框后的覆叠效果（3）

在导览面板中单击"播放"按钮，预览制作的覆叠画中画特效，如图16-163所示。

图16-163　预览覆叠画中画特效

16.7.5　装饰图案效果

功能介绍

在会声会影X8中，如果用户想使画面变得丰富多彩，则可在画面中添加符合视频的装饰图案。下面向读者介绍添加装饰图案的操作方法。

【练习16-11】制作快乐气球装饰图案效果

素材位置	素材\第16章\快乐气球.jpg、气球.png
效果位置	效果\第16章\快乐气球.vsp
视频位置	视频\第16章\【练习16-11】制作快乐气球装饰图案效果.mp4
技术掌握	掌握制作快乐气球装饰图案效果的操作

本例主要讲解制作快乐气球装饰图案效果的操作方法。

Step 01　进入会声会影X8编辑器，在视频轨中插入一幅素材图像，如图16-164所示。

Step 02　在预览窗口中，可以预览素材图像画面效果，如图16-165所示。

图16-164　插入素材图像

图16-165　预览素材图像画面效果

Step 03 在覆叠轨中插入一幅素材图像，如图16-166所示。

Step 04 在预览窗口中，可以预览覆叠素材画面效果，如图16-167所示。

图16-166 插入素材图像

图16-167 预览覆叠素材画面效果

Step 05 在预览窗口中的覆叠素材上，拖曳素材四周的控制柄，如图16-168所示。

Step 06 执行操作后，即可调整覆叠素材的大小，如图16-169所示。

图16-168 选择"调整到屏幕大小"选项

图16-169 调整覆叠素材的大小

Step 07 在导览面板中单击"播放"按钮，预览制作的装饰图案特效，如图16-170所示。

图16-170 预览装饰图案特效

16.7.6 覆叠遮罩效果

功能介绍

在会声会影X8中，遮罩可以使视频轨和覆叠轨中的素材局部透空叠加。进入会声会影编辑器，单击"文件"|"打开项目"命令，打开一个项目文件，如图16-171所示。在预览窗口中，预览打开的项目效果，如图16-172所示。

在覆叠轨中，选择需要设置遮罩特效的覆叠素材，如图16-173所示。打开"属性"选项面板，单击"遮罩和色度键"按钮，打开相应选项面板，选中"应用覆叠选项"复选框，如图16-174所示。

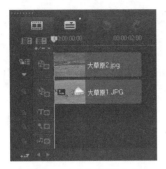

图16-171　打开项目文件

图16-172　预览打开的项目效果

图16-173　选择覆叠素材

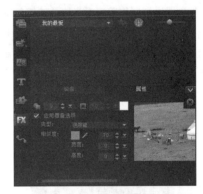

图16-174　选中"应用覆叠选项"复选框

单击"类型"下拉按钮，在弹出的列表框中选择"遮罩帧"选项，如图16-175所示。打开覆叠遮罩列表，在其中选择相应的遮罩效果，如图16-176所示。

图16-175　选择"遮罩帧"选项

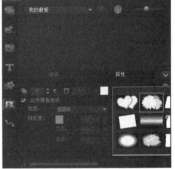

图16-176　选择相应的遮罩效果

此时，即可设置覆叠素材的遮罩样式，如图16-177所示。在导览面板中单击"播放"按钮，预览视频中的遮罩效果，如图16-178所示。

图16-177　设置覆叠素材的遮罩样式

图16-178　预览遮罩效果

16.7.7　覆叠滤镜效果

功能介绍

在会声会影X8中，用户不仅可以为视频轨中的图像素材添加滤镜效果，还可以为覆叠轨中的图像素材应用多种滤镜特效。下面向读者介绍制作覆叠滤镜特效的操作方法。

【练习16-12】制作美好时光覆叠滤镜效果

素材位置	素材\第16章\美好.jpg、时光.jpg
效果位置	效果\第16章\美好时光.vsp
视频位置	视频\第16章\【练习16-12】制作美好时光覆叠滤镜效果.mp4
技术掌握	掌握制作美好时光覆叠滤镜效果的操作

本例主要讲解制作美好时光覆叠滤镜效果的操作方法。

Step 01　进入会声会影X8编辑器，在视频轨中插入一幅素材图像，如图16-179所示。

Step 02　在预览窗口中，可以预览素材图像画面效果，如图16-180所示。

图16-179　插入素材图像

图16-180　预览素材图像画面效果

Step 03　在覆叠轨中插入一幅素材图像，如图16-181所示。

Step 04　在预览窗口中，可以预览覆叠素材画面效果，如图16-182所示。

图16-181　插入一幅素材图像

图16-182　预览覆叠素材画面效果

Step 05　在预览窗口中，拖曳覆叠素材四周的黄色控制柄，调整覆叠素材的大小和位置，如图16-183所示。

Step 06　打开"滤镜"素材库，单击窗口上方的"画廊"按钮，在弹出的列表框中选择"暗房"选项，如图16-184所示。

图16-183　调整覆叠素材的大小和位置

图16-184　选择"暗房"选项

Step 07　打开"暗房"滤镜组，在其中选择"色相与饱和度"滤镜效果，如图16-185所示。

Step 08　将选择的滤镜效果拖曳至覆叠轨中的素材上，如图16-186所示，释放鼠标左键，即可添加"色相和饱和度"滤镜。

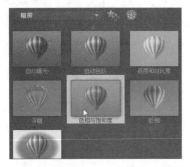
图16-185　选择"色相与饱和度"滤镜效果

图16-186　拖曳至覆叠轨中的素材上

Step 09　在导览面板中单击"播放"按钮，预览制作的覆叠滤镜特效，如图16-187所示。

图16-187　预览覆叠滤镜特效

16.7.8　让覆叠素材动起来

功能介绍

在会声会影X8中，为覆叠轨中的素材应用摇动和缩放效果，可以制作出覆叠动画效果。进入会声会影编辑器，打开一个项目文件，如图16-188所示。选择覆叠素材，展开"编辑"选项面板，在其中选中"应用摇动和缩放"复选框，如图16-189所示。

图16-188　打开项目文件

图16-189　选中"应用摇动和缩放"复选框

执行上述操作后，即可为覆叠素材应用摇动和缩放效果，单击导览面板中的"播放"按钮，预览覆叠动画效果，如图16-190所示。

图16-190 预览覆叠动画效果

在"编辑"选项面板中，单击"自定义"按钮，可以自定义摇动和缩放效果。

16.7.9 Flash动画的添加

功能介绍

在会声会影X8中，用户可以根据需要在覆叠轨中添加Flash动画，进入会声会影编辑器，在视频轨中插入一幅图像素材，如图16-191所示。展开"照片"选项面板，设置"照片区间"为0:00:08:00，如图16-192所示。

图16-191 插入图像素材   图16-192 设置照片区间

单击"图形"按钮，切换至"图形"素材库，单击窗口上方的"画廊"按钮，在弹出的列表框中选择"Flash动画"选项，如图16-193所示。打开"Flash动画"素材库，在其中选择需要添加的Flash动画素材FL-F19，如图16-194所示。

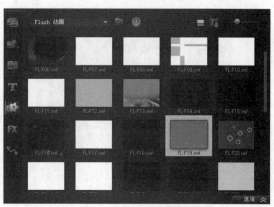

图16-193 选择"Flash动画"选项   图16-194 选择Flash动画素材

　　单击鼠标左键并拖曳至覆叠轨中的开始位置，即可添加Flash动画，单击导览面板中的"播放"按钮，预览Flash动画效果，如图16-195所示。

图16-195　预览Flash动画效果

字幕特效的制作

本章导读

　　字幕是现代影片中的重要组成部分，其用途是向用户传递一些视频画面所无法表达或难以表现的内容，以便观众能够更好地理解影片的含义。本章主要向读者介绍制作影片字幕特效的各种操作方法，希望读者学完以后，可以轻松制作出各种精美的字幕。本章主要介绍视频字幕特效的制作。

17.1 字幕特效简介

字幕是现代影片中的重要组成部分，其用途是向用户传递一些视频画面所无法表达或难以表现的内容，以便观众能够更好地理解影片的含义。本章主要向读者介绍制作影片字幕特效的各种操作方法，希望读者学完以后，可以轻松制作出各种精美的字幕。本节主要向读者介绍视频字幕的基本知识，包括认识字幕选项面板以及字幕的基本设置技巧等内容。

17.1.1 标题字幕

功能介绍

字幕是以各种字体、样式以及动画等形式出现在画面中的文字总称，如电视或电影的片头、演员表、对白以及片尾字幕等。字幕制作在视频编辑中是一种重要的艺术手段，好的标题字幕不仅可以传达画面以外的信息，还能够增强影片的艺术效果，如图17-1所示为使用会声会影X8制作的标题字幕效果。

图17-1 标题字幕效果

提示

在会声会影X8的"标题"素材库中，向读者提供了多达34种标题模版字幕动画特效，每一种字幕特效的动画样式都不同，用户可根据需要进行选择与应用。

17.1.2 掌握"编辑"选项面板

功能介绍

在"标题"素材库中，可以看到系统为用户提供的多种预设的标题样式，如图17-2所示，用户可根据需要选择相应的预设标题字幕。

参数详解

在"标题"素材库中，各主要部分含义如下。

❶ "标题"素材库：在该素材库中向读者提供了多达34种标题模版字幕动画特效，每一种字幕特效的动画样式都不同，用户可根据需要进行选择与应用。

❷ "添加到我的最爱"按钮：单击该按钮，可以将喜欢的字幕添加至我的最爱。

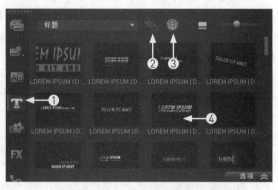

图17-2　"标题"素材库

❸ "获取更多内容"按钮：单击该按钮，可以在官方网站中获取或下载会声会影自带的多种字体动画模版与字体包文件。

❹ 字幕特效文件：选择相应的字幕特效文件后，在预览窗口中可以预览该字幕的动画效果，单击鼠标左键并拖曳至时间轴面板中，即可应用字幕文件。

功能介绍

在学习制作标题字幕前，先介绍一下"编辑"与"属性"选项面板中各选项的设置，熟悉这些设置对制作标题字幕有着事半功倍的效果。

在"编辑"选项面板中，主要是设置标题字幕的属性，如设置标题字幕的大小、颜色以及行间距等，如图17-3所示。

图17-3　"编辑"选项面板

参数详解

在"编辑"选项面板中，各主要选项的具体含义如下。

❖ "区间"数值框：该数值框用于调整标题字幕播放时间的长度，显示了当前播放所选标题字幕所需的时间，时间码上的数字代表"小时:分钟:秒:帧"，单击其右侧的微调按钮，可以调整数值的大小，也可以单击时间码上的数字，待数字处于闪烁状态时，输入新的数字后按【Enter】键确认，即可改变原来标题字幕的播放时间长度。如图17-4所示为更改区间后的前后对比效果。

图17-4　更改区间后的前后对比效果

提示

在会声会影X8中，用户除了可以通过"区间"数值框来更改字幕的时间长度，还可以将鼠标移至标题轨字幕右侧的黄色标记上，待鼠标指针呈双向箭头形状时，单击鼠标左键并向左或向右拖曳，即可手动调整标题字幕的时间长度。

❖ "字体"列表框：单击"字体"右侧的下拉按钮，在弹出的列表框中显示了系统中所有的字体类型，用户可以根据需要选择相应的字体选项。
❖ "字体大小"列表框：单击"字体大小"右侧的下拉按钮，在弹出的列表框中选择相应的大小选项，即可调整字体的大小。如图17-5所示为调整字幕变大后的前后对比效果。

图17-5　调整字幕变大后的前后对比效果

❖ "色彩"色块：单击该色块，在弹出的颜色面板中，可以设置字体的颜色。
❖ "行间距"列表框：单击"行间距"右侧的下拉按钮，在弹出的列表框中选择相应的选项，可以设置文本的行间距。如图17-6所示为调整字幕行间距后的前后对比效果。

图17-6　调整字幕行间距后的前后对比效果

❖ "按角度旋转"数值框：该数值框主要用于设置文本的旋转角度。
❖ "多个标题"单选按钮：选中该单选按钮，即可在预览窗口中输入多个标题。
❖ "单个标题"单选按钮：选中该单选按钮，只能在预览窗口中输入单个标题。
❖ "文字背景"复选框：选中该复选框，可以为文字添加背景效果。
❖ "边框/阴影/透明度"按钮 T：单击该按钮，在弹出的对话框中用户可根据需要设置文本的边框、阴影以及透明度等效果。

提示

单击"边框/阴影/透明度"按钮后，将弹出"边框/阴影/透明度"对话框，其中包含两个重要的选项卡，含义如下。

❖ "边框"选项卡：在该选项卡中，用户可以设置字幕的透明度、描边效果、描边线条样式以及线条颜色等属性。

❖ "阴影"选项卡：在该选项卡中，用户可以根据需要制作字幕的光晕效果、突起效果以及下垂阴影效果等。

❖ "将方向更改为垂直"按钮 ：单击该按钮，即可将文本进行垂直对齐操作，若再次单击该按钮，即可将文本进行水平对齐操作。

❖ "对齐"按钮组：该组中提供了 3 个对齐按钮，分别为"左对齐"按钮 、"居中"按钮 以及"右对齐"按钮 ，单击相应的按钮，即可将文本进行相应对齐操作。

17.1.3 掌握"属性"选项面板

功能介绍

在"属性"选项面板中，主要设置标题字幕的动画效果，如淡化、弹出、翻转、飞行、缩放以及下降等字幕动画效果，如图17-7所示。

图17-7 "属性"选项面板

参数详解

在"属性"选项面板中，各主要选项的具体含义如下。

❖ "动画"单选按钮：选中该单选按钮，即可设置文本的动画效果。

❖ "应用"复选框：选中该复选框，即可在下方设置文本的动画样式。如图17-8所示为应用字幕动画后的特殊效果。

图17-8 应用字幕动画后的特殊效果

❖ "选取动画类型"列表框：单击"选取动画类型"右侧的下拉按钮，在弹出的列表框中选择相应的选项，如图17-9所示，即可显示相应的动画类型。

❖ "自定义动画属性"按钮 ：单击该按钮，在弹出的对话框中即可自定义动画的属性。

❖ "滤镜"单选按钮：选中该单选按钮，在下方即可为文本添加相应的滤镜效果。如

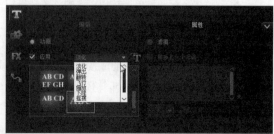

图17-9 单击下拉按钮

图17-10所示为应用滤镜后的字幕动画效果。

图17-10 应用滤镜后的字幕动画效果

❖ "替换上一个滤镜"复选框：选中该复选框后，如果用户再次为标题添加相应滤镜效果时，系统将自动替换上一次添加的滤镜效果。如果不选中该复选框，则可以在"滤镜"列表框中添加多个滤镜。

问：创建的字幕可以插入到其他轨道吗？

答：在会声会影X8中，默认情况下，用户创建的字幕会自动添加到标题轨中，如果用户需要添加多个字幕，可以在时间轴面板中新增多条标题轨道。除此之外，用户还可以将字幕添加至覆叠轨中，还可以对覆叠轨中的标题字幕进行编辑操作。

17.2 标题字幕的基本操作

字幕是影视作品的重要组成部分，在影片中加入一些说明性文字，能够有效地帮助观众理解影片的内容；同时，字幕也是视频作品中一项重要的视觉元素。本节主要向读者介绍添加与删除标题字幕的操作方法，希望读者可以熟练掌握本节内容。

17.2.1 单个标题的添加

功能介绍

标题字幕设计与书写是视频编辑的艺术手段之一，好的标题字幕可以起到美化视频的作用。下面将向读者介绍创建单个标题字幕的方法。

【练习17-1】给玫瑰花香添加单个标题

素材位置	素材\第17章\玫瑰花香.jpg
效果位置	效果\第17章\玫瑰花香.vsp
视频位置	视频\第17章\【练习17-1】给玫瑰花香添加单个标题.mp4
技术掌握	掌握给玫瑰花香添加单个标题的操作

本例主要讲解给玫瑰花香添加单个标题的操作方法。

Step 01 进入会声会影X8编辑器，在视频轨中插入一幅素材图像，如图17-11所示。

Step 02 在预览窗口中，可以预览素材图像画面效果，如图17-12所示。

图17-11　插入一幅素材图像

图17-12　预览素材图像画面效果

Step 03 在素材库的左侧，单击"标题"按钮，如图17-13所示。

Step 04 切换至"标题"素材库，此时预览窗口中显示"双击这里可以添加标题"字样，如图17-14所示。

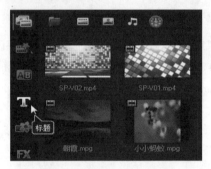

图17-13　单击"标题"按钮

图17-14　显示"双击这里可以添加标题"字样

—— 提示 ——

进入"标题"素材库，输入文字时，在预览窗口中有一个矩形框标出的区域，它表示标题的安全区域，即程序允许输入标题的范围。在该范围内输入的文字才能在电视上播放时正确显示，超出该范围的标题字幕将无法播放显示出来。

Step 05 在显示的字样上，双击鼠标左键，出现一个文本输入框，其中有光标不停地闪烁，如图17-15所示。

Step 06 在"编辑"选项面板中，选中"单个标题"单选按钮，如图17-16所示。

图17-15　光标不停地闪烁

图17-16　选中"单个标题"单选按钮

Step 07 在预览窗口中再次双击鼠标左键，输入文本"玫瑰花香"，如图17-17所示。

Step 08 在"编辑"选项面板中设置"字体"为"方正舒体"、"字体大小"为57、"色彩"为红色，如图17-18所示。

图17-17　输入文本"玫瑰花香"

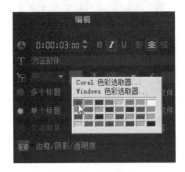

图17-18　设置参数

Step 09　输入完成后，在标题轨中显示新建的字幕文件，如图17-19所示。

Step 10　在预览窗口中多次按【Enter】键换行，调整字幕位置，执行上述操作后，预览创建的单个标题字幕效果，如图17-20所示。

图17-19　显示新建的字幕文件

图17-20　预览标题字幕效果

👆 **技术专题**　　**[在同一个画面中添加多种单行文字]**

在会声会影X8中，用户可根据画面的需要，在同一个视频画面中添加多种文字效果。其方法很简单，首先单击"设置"|"轨道管理器"命令，弹出"轨道管理器"对话框，在其中设置标题轨的数量，数量的多少代表标题轨在时间轴中总共的数量值。当用户增加了多条标题轨道后，就可以选择不同的轨道，然后切换至"标题"素材库，在预览窗口中视频的相应画面上，输入相应的字幕内容，这样就可以将输入的字幕创建至相应的标题轨道上，完成在同一个视频画面中添加多种文字的操作。

17.2.2　多个标题的添加

功能介绍

在会声会影X8中，多个标题不仅可以应用动画和背景效果，还可以在同一帧中建立多个标题字幕效果。

进入会声会影X8编辑器，在视频轨中插入一幅素材图像，如图17-21所示。在预览窗口中，可以预览素材图像画面效果，如图17-22所示。

图17-21 插入一幅素材图像

图17-22 预览素材图像画面效果

切换至"标题"素材库，在"编辑"选项面板中，选中"多个标题"单选按钮，如图17-23所示。在预览窗口中的适当位置，输入文本"影音留念"，如图17-24所示。

图17-23 选中"多个标题"单选按钮

图17-24 输入文本"影音留念"

提示

当用户在标题轨中创建好标题字幕文件之后，系统会为创建的标题字幕设置一个默认的播放时间长度，用户可以通过对标题字幕的调节，从而改变这一默认的播放时间长度来完善视频效果。在预览窗口中，当用户创建好多个标题文字后，用户可以根据需要调整标题字幕的位置，使制作的视频更加符合用户的需求，用户只需要在要移动的标题文字上，单击鼠标左键并拖曳，即可移动标题字幕的位置。

在"编辑"选项面板中设置"字体"为"黑体"、"字体大小"为57、"色彩"为白色，并移动文本至合适位置处，如图17-25所示。在预览窗口中预览创建的字幕效果，如图17-26所示。

图17-25 设置参数

图17-26 预览字幕效果

用与上同样的方法，再次在预览窗口中输入文本内容为"旅游心得"，并设置相应的文本属性，效果如图17-27所示。在导览面板中单击"播放"按钮，预览标题字幕效果，如图17-28所示。

图17-27 设置参数

图17-28 预览标题字幕效果

提示

在会声会影X8中，预览窗口中有一个矩形框标出的区域，它表示标题的安全区域，即允许输入标题的范围，在该范围内输入的文字才会在播放时正确显示。在会声会影X8中，"多个标题"模式可以更灵活地将不同单词或文字放至视频帧的任何位置，并且可以排列文字，使之有秩序。

17.2.3 模版标题的添加

功能介绍

会声会影X8的"标题"素材库中提供了丰富的预设标题，用户可以直接将其添加到标题轨上，再根据需要修改标题的内容，使预设的标题能够与影片融为一体。下面向读者介绍添加模版标题字幕的操作方法。

【练习17-2】给惬意生活添加模版标题

素材位置	素材\第17章\惬意生活.jpg
效果位置	效果\第17章\惬意生活.vsp
视频位置	视频\第17章\【练习17-2】给惬意生活添加模版标题.mp4
技术掌握	掌握给惬意生活添加模版标题的操作

本例主要讲解给惬意生活添加模版标题的操作方法。

Step 01 进入会声会影X8编辑器，在视频轨中插入一幅素材图像，如图17-29所示。

Step 02 在预览窗口中，可以预览素材图像画面效果，如图17-30所示。

图17-29 插入一幅素材图像

图17-30 预览素材图像画面效果

Step 03 单击"标题"按钮，切换至"标题"选项卡，在右侧的列表框中显示了多种标题预设样式，选择第1排第2个标题样式，如图17-31所示。

Step 04 在预设标题字幕的上方，单击鼠标左键并拖曳至标题轨中的适当位置，释放鼠标左键，即可添加标题字幕，如图17-32所示。

图17-31　选择相应的标题样式　　　　　　　　　图17-32　添加标题字幕

Step 05 在导览面板中，使用鼠标左键双击添加的标题字幕，进行选择，如图17-33所示。

Step 06 在预览窗口中更改文本的内容，并调整标题文本的位置，如图17-34所示。

图17-33　进行选择　　　　　　　　　　　　图17-34　调整标题文本的位置

提示

在会声会影X8中，向读者提供了44种标题字幕的模版，每一种模版都有其相应的字体以及动画属性，用户可以将适合的标题字幕添加到视频中，可以提高用户编辑视频的效率。

Step 07 在导览面板中单击"播放"按钮，预览标题字幕效果，如图17-35所示。

图17-35　预览标题字幕效果

17.2.4 标题字幕的删除

功能介绍

在会声会影X8中，如果用户对于添加的标题字幕不满意，此时可以将标题字幕进行删除操作，然后再重新创建满意的字幕内容。

以上一例的效果为例，在视频轨中，选择需要删除的标题字幕，单击鼠标右键，在弹出的快捷菜单中选择"删除"选项，如图17-36所示，即可删除选择的标题字幕，如图17-37所示。

图17-36 选择"删除"选项

图17-37 删除选择的标题字幕

> **提示**
>
> 在菜单栏中，单击"编辑"|"删除"命令，也可以快速删除选择的标题字幕。

17.3 字幕编辑器制作文字

字幕编辑器是会声会影X8新增的功能，在字幕编辑器中用户可以更加精确地为视频素材添加字幕效果。用户需要注意的是，字幕编辑器不能使用在静态的素材图像上，只能使用在动态的媒体素材上。本节主要向读者介绍应用字幕编辑器制作文字效果的操作方法。

17.3.1 字幕编辑器

功能介绍

在会声会影X8中，字幕编辑器是用来在视频中的帧位置创建字幕文件的。

进入会声会影X8编辑器，打开一个项目文件，在视频轨中选择需要创建字幕的视频文件，在时间轴面板上方单击"字幕编辑器"按钮，如图17-38所示。执行操作后，即可打开"字幕编辑器"窗口，如图17-39所示。

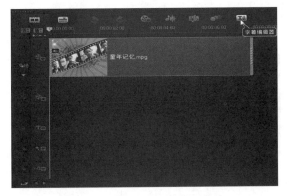

图17-38 单击"字幕编辑器"按钮

图17-39 打开"字幕编辑器"窗口

参数详解

在"字幕编辑器"窗口中，各主要选项和按钮含义如下。

❖ "设置编辑开始时间"按钮：在视频中标记画面的开始时间位置。

❖ "设置标记结束时间"按钮：在视频中标记画面的结束时间位置。

❖ "分割"按钮：单击该按钮，将分割视频文件。

❖ "语音录音品质"选项：显示视频中的语音品质信息。

❖ "灵敏度"选项：设置扫描的灵敏度，包括高、中、低3个选项。

❖ "扫描"按钮：单击该按钮，可以扫描视频中需要添加的字幕数量。

❖ "波形显示"按钮：单击该按钮，可以在音乐波形与视频画面之间进行切换，如图17-40所示。

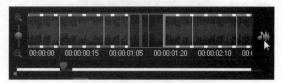

图17-40 视频画面缩略图与音频波形图

❖ "播放选定的字幕区域"按钮：单击该按钮，可以播放当前选择的字幕文件。

❖ "新增字幕"按钮：单击该按钮，可以在视频中新增一个字幕文件。

❖ "删除选定字幕"按钮：单击该按钮，可以在视频中删除选择的字幕文件。

❖ "合并字幕"按钮：单击该按钮，可以合并字幕文件。

❖ "时间偏移"按钮：单击该按钮，可以设置字幕的时间偏移属性。

❖ "导入字幕文件"按钮：单击该按钮，可以导入字幕文件。

❖ "导出字幕文件"按钮：单击该按钮，可以导出字幕文件。

❖ "文本选项"按钮：单击该按钮，在弹出的对话框中，用户可以设置文本的属性，包括字体类型、字幕大小、字幕颜色以及对齐方式等属性。

17.3.2 视频中插入字幕

功能介绍

在视频中插入字幕的方法很简单，首先用户需要选择相应的视频文件，这样才可以创建字幕。下面向读者介绍在"字幕编辑器"窗口中创建字幕文件的操作方法。

【练习17-3】在烛台灯光视频中插入字幕

素材位置	素材\第17章\烛台灯光.mpg
效果位置	效果\第17章\烛台灯光.vsp
视频位置	视频\第17章\【练习17-3】在烛台灯光视频中插入字幕.mp4
技术掌握	掌握在烛台灯光视频中插入字幕的操作

本例主要讲解在烛台灯光视频中插入字幕的操作方法。

Step 01 进入会声会影X8编辑器，在视频轨中插入一段视频素材，如图17-41所示。

Step 02 在预览窗口中，预览视频画面效果，如图17-42所示。

图17-41 插入一段视频素材

图17-42　预览视频画面效果

Step 03 在时间轴面板的上方，单击"字幕编辑器"按钮，如图17-43所示。

Step 04 执行操作后，打开"字幕编辑器"窗口，如图17-44所示。

图17-43　单击"字幕编辑器"按钮

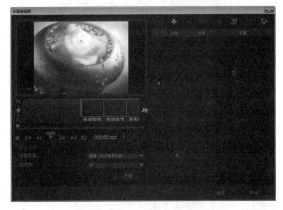

图17-44　打开"字幕编辑器"窗口

Step 05 在窗口的右上方，单击"新增字幕"按钮，如图17-45所示。

Step 06 执行操作后，即可在下方新增一个标题字幕文件，如图17-46所示。

图17-45　单击"新增字幕"按钮

图17-46　新增标题字幕文件

Step 07 在"字幕"一列中，单击鼠标左键，输入字幕内容为"烛台灯光"，如图17-47所示。

Step 08 在预览窗口中即可预览创建的标题字幕内容，如图17-48所示。

图17-47 输入字幕内容

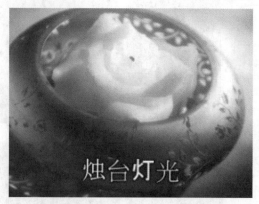

图17-48 预览创建的标题字幕内容

Step 09 在"字幕编辑器"窗口中，单击"文字选项"按钮，如图17-49所示。

Step 10 执行操作后，弹出"文字选项"对话框，如图17-50所示。

图17-49 单击"文本选项"按钮

图17-50 弹出"文字选项"对话框

Step 11 单击"字型"选项右侧的下三角按钮，在弹出的列表框中选择"华文琥珀"选项，如图17-51所示。

Step 12 单击"字体大小"选项右侧的下三角按钮，在弹出的列表框中选择68选项；单击"字型与色彩"右侧的色块，在弹出的颜色面板中选择黄色，设置标题字幕属性，如图17-52所示。

图17-51 选择"华文琥珀"选项

图17-52 选择黄色

Step ⑬ 单击"确定"按钮，返回"字幕编辑器"窗口，单击"确定"按钮，返回会声会影编辑器，在标题轨中显示了刚创建的字幕内容，如图17–53所示。

Step ⑭ 在导览面板中单击"播放"按钮，预览标题字幕效果，如图17–54所示。

图17-53　显示刚创建的字幕内容

图17-54　预览标题字幕效果

技术专题　[字幕对齐方式]

在"字幕编辑器"窗口的"文字选项"对话框中，提供了3种不同的对齐方式供用户选择，如左对齐、居中对齐和右对齐，单击相应的按钮，可以将字幕放在视频中合适的位置上。

❖ 左对齐字幕：在"文字选项"对话框中，单击"左对齐"按钮，即可将文本进行左对齐，如图17-55所示。

图17-55　将文本进行左对齐

❖ 居中对齐字幕：在"文字选项"对话框中，单击"居中对齐"按钮，即可将文本进行居中对齐，如图17-56所示。

图17-56　将文本进行居中对齐

❖ 右对齐字幕：在"文字选项"对话框中，单击"右对齐"按钮，即可将文本进行右对齐，如图17-57所示。

图17-57　将文本进行右对齐

17.3.3　选定字幕对象的删除

功能介绍

在"字幕编辑器"窗口中，如果用户对于创建的字幕不满意，此时可以将字幕对象进行删除操作。进入会声会影X8编辑器，打开"字幕编辑器"窗口，选择需要删除的字幕对象，单击"删除选取的字幕"按钮，如图17-58所示。

执行上述操作后，即可删除字幕，如图17-59所示。

图17-58　单击"删除选取的字幕"按钮　　　　　图17-59　删除字幕

17.4　转换标题

在会声会影X8中，用户还可以根据需要将单个标题与多个标题相互转换，得到用户想要的字幕效果。本节主要向读者介绍转换单个标题与多个标题的操作方法。

17.4.1　多个标题转换为单个标题

功能介绍

会声会影X8的单个标题功能主要用于制作片尾的长段字幕，一般情况下，建议用户使用多个标题功能。下面介绍将多个标题转换为单个标题的操作方法。

【练习17-4】在花样女孩中将多个标题转为单个标题

素材位置	素材\第17章\花样女孩.vsp
效果位置	效果\第17章\花样女孩.vsp
视频位置	视频\第17章\【练习17-4】在花样女孩中将多个标题转为单个标题.mp4
技术掌握	掌握在花样女孩中将多个标题转为单个标题的操作

本例主要讲解在花样女孩中将多个标题转为单个标题的操作方法。

Step 01 进入会声会影编辑器，单击"文件"|"打开项目"命令，打开一个项目文件，如图17-60所示。

Step 02 在标题轨中，使用鼠标左键双击需要转换的标题字幕，如图17-61所示。

图17-60　打开项目文件

图17-61　双击需要转换的标题字幕

Step 03 在"编辑"选项面板中选中"单个标题"单选按钮，如图17-62所示。

Step 04 弹出提示信息框，提示用户是否继续操作，如图17-63所示。

图17-62　选中"单个标题"单选按钮

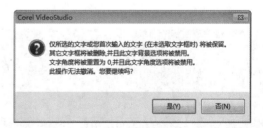

图17-63　弹出提示信息框

Step 05 单击"是"按钮，即可将多个标题转换为单个标题，如图17-64所示。

Step 06 在标题前多次按【Enter】键，在"编辑"选项面板中单击"居中"按钮，如图17-65所示。

Step 07 即可设置单个标题的格式，效果如图17-66所示，完成字幕的转换操作。

Step 08 在导览面板中单击"播放"按钮，预览标题字幕效果，如图17-67所示。

图17-64 转换为单个标题

图17-65 单击"居中"按钮

图17-66 设置单个标题的格式

图17-67 预览标题字幕效果

提示

在会声会影X8中，无论标题文字有多长，单个标题都是一个标题，不能对单个标题应用背景效果，标题位置不能移动。

17.4.2 单个标题转换为多个标题

功能介绍

标题字幕设计与书写是视频编辑的艺术手段之一，好的标题字幕可以起到美化视频的作用。

进入会声会影编辑器，单击"文件"|"打开项目"命令，打开一个项目文件，如图17-68所示。在标题轨中，使用鼠标左键双击需要转换的标题字幕，如图17-69所示。

图17-68 打开项目文件

图17-69 双击需要转换的标题字幕

在"编辑"选项面板中选中"多个标题"单选按钮，如图17-70所示。弹出提示信息框，提示用户是否继续操作，如图16-71所示。

图17-70 选中"多个标题"单选按钮

图17-71 弹出提示信息框

单击"是"按钮，即可将单个标题转换为多个标题，如图17-72所示。在导览面板中单击"播放"按钮，预览标题字幕效果，如图17-73所示。

图17-72 转换为多个标题

图17-73 预览标题字幕效果

17.5 编辑影视中的标题字幕

会声会影X8中的字幕编辑功能与Word等文字处理软件相似，提供了较为完善的字幕编辑和设置功能，用户可以对文本或其他字幕对象进行编辑和美化操作。本节主要向读者介绍编辑标题属性的各种操作方法。

17.5.1 行间距

功能介绍

在会声会影X8中，用户可根据需要对标题字幕的行间距进行相应设置，行间距的取值范围为60～999之间的整数。下面向读者介绍设置字幕行间距的操作方法。

进入会声会影编辑器，单击"文件"|"打开项目"命令，打开一个项目文件，如图17-74所示。在预览窗口中可以预览打开的项目效果，如图17-75所示。

提示

在"编辑"选项面板中的"行间距"数值框中，用户还可以手动输入需要的参数，来设置标题字幕的行间距效果。在会声会影X8中，用户可根据需要对标题字幕的行间距进行相应设置，行间距的取值范围为60～999之间的整数。在"编辑"选项面板中单击"行间距"右侧的下拉按钮，在弹出的下拉列表框中可以设置行间距的参数。

图17-74　打开项目文件

图17-75　双击需要设置行间距的标题字幕

　　单击"编辑"选项面板中的"行间距"按钮，在弹出的下拉列表框中选择120选项，如图17-76所示。执行操作后，即可设置标题字体的行间距，效果如图17-77所示。

图17-76　选择120选项

图17-77　设置标题字体的行间距

17.5.2　标题区间

功能介绍

　　在会声会影X8中，为了使标题字幕与视频同步播放，用户可根据需要调整标题字幕的区间长度。下面向读者介绍设置标题区间的操作方法。

【练习17-5】在梦幻意境中设置标题区间

素材位置	素材\第17章\梦幻意境.vsp
效果位置	效果\第17章\梦幻意境.vsp
视频位置	视频\第17章\【练习17-5】在梦幻意境中设置标题区间.mp4
技术掌握	掌握在梦幻意境中设置标题区间的操作

　　本例主要讲解在梦幻意境中设置标题区间的操作方法。

Step 01 进入会声会影编辑器，单击"文件"|"打开项目"命令，打开一个项目文件，如图17-78所示。

Step 02 在标题轨中，使用鼠标左键双击需要设置区间的标题字幕，如图17-79所示。

图17-78 打开项目文件

图17-79 双击标题字幕

提示

在会声会影X8中，除了运用上述方法可以调整标题字幕的区间长度外，用户还可以将鼠标移至标题字幕右侧的黄色控制柄上，单击鼠标左键并向左或向右拖曳，至合适位置后释放鼠标左键，也可以快速调整标题字体的区间长度。

Step 03 在"编辑"选项面板中，设置标题字幕的"区间"为0:00:04:00，如图17-80所示。

Step 04 执行操作后，按【Enter】键确认，即可设置标题字幕的区间长度，如图17-81所示，单击"播放"按钮，预览字幕效果。

图17-80 设置标题字幕的"区间"

图17-81 设置标题字幕的区间长度

技术专题 【通过拖曳黄色标记调整区间】

在会声会影X8中，拖曳标题轨中字幕文件右侧的黄色标记，拖曳的终点位置将会显示一条竖线，表示与视频轨中的素材在同一帧上，释放鼠标左键，即可调整标题字幕的区间长度，如图17-82所示。

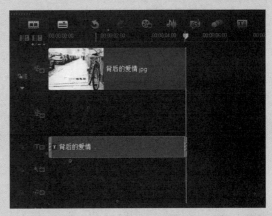

图17-82 调整标题字幕的区间长度

17.5.3　标题字体

功能介绍

在会声会影X8中，用户可根据需要对标题轨中的标题字体类型进行更改操作，使其在视频中的显示效果更佳。

进入会声会影编辑器，单击"文件"|"打开项目"命令，打开一个项目文件，如图17-83所示。在标题轨中，使用鼠标左键双击需要设置字体的标题字幕，如图17-84所示。

图17-83　打开项目文件

图17-84　双击标题字幕

在"编辑"选项面板中，单击"字体"右侧的下三角按钮，在弹出的下拉列表框中选择"方正超粗黑简体"选项，如图17-85所示。执行操作后，即可更改标题字体，单击"播放"按钮，预览字幕效果，如图17-86所示。

图17-85　选择"方正超粗黑简体"选项

图17-86　预览字幕效果

17.5.4　字体大小

功能介绍

在会声会影X8中，如果用户对标题轨中的字体大小不满意，此时可以对字体大小进行更改操作。下面向读者介绍设置标题字体大小的方法。

【练习17-6】在生活味道中设置字体大小

素材位置	素材\第17章\生活的味道.vsp
效果位置	效果\第17章\生活的味道.vsp
视频位置	视频\第17章\【练习17-6】在生活味道中设置字体大小.mp4
技术掌握	掌握在生活味道中设置字体大小的操作

本例主要讲解在生活味道中设置字体大小的操作方法。

Step 01　进入会声会影编辑器，单击"文件"|"打开项目"命令，打开一个项目文件，如图17-87所示。

Step 02　在标题轨中，使用鼠标左键双击需要设置字体大小的标题字幕，如图17-88所示。

图17-87 打开项目文件

图17-88 双击标题字幕

Step 03 此时，预览窗口中的标题字幕为选中状态，如图17-89所示。

Step 04 在"编辑"选项面板中设置"字体大小"为60，按【Enter】键确认，如图17-90所示。

图17-89 选中状态

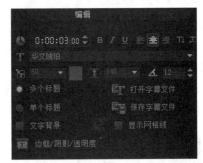

图17-90 输入60

Step 05 执行操作后，即可更改标题字体大小，如图17-91所示。

Step 06 在导览面板中单击"播放"按钮，预览标题字幕效果，如图17-92所示。

图17-91 更改标题字体大小

图17-92 预览标题字幕效果

技术专题 【通过拖曳黄色控制柄调整大小】

在预览窗口中选择需要调整大小的标题字幕，拖曳标题四周的控制柄，也可以快速调整字体大小，如图17-93所示。

图17-93　快速调整字体大小

17.5.5　字体颜色

功能介绍

在会声会影X8中，用户可根据素材与标题字幕的匹配程度，更改标题字体的颜色效果。除了可以运用色彩选项中的颜色外，用户还可以运用Corel色彩选取器和Windows色彩选取器中的颜色。

进入会声会影编辑器，单击"文件"|"打开项目"命令，打开一个项目文件，如图17-94所示。在标题轨中，使用鼠标左键双击需要设置字体颜色的标题字幕，如图17-95所示。

图17-94　打开项目文件

图17-95　双击标题字幕

此时，预览窗口中的标题字幕为选中状态，如图17-96所示。在"编辑"选项面板中单击"色彩"色块，在弹出的颜色面板中选择靛色（第1排第3个），如图17-97所示。

图17-96　选中状态

图17-97　选择靛色

执行操作后，即可更改标题字体颜色，如图17-98所示。在导览面板中单击"播放"按钮，预览标题字幕效果，如图17-99所示。

图17-98 更改标题字体颜色

图17-99 预览标题字幕效果

17.5.6 文本显示方向

功能介绍

在会声会影X8中，用户可以根据需要更改标题字幕的显示方向。进入会声会影编辑器，单击"文件"|"打开项目"命令，打开一个项目文件，如图17-100所示。在标题轨中，使用鼠标左键双击需要设置文本显示方向的标题字幕，如图17-101所示。

图17-100 打开项目文件

图17-101 双击标题字幕

此时，预览窗口中的标题字幕为选中状态，如图17-102所示。在"编辑"选项面板中，单击"将方向更改为垂直"按钮，如图17-103所示。

执行上述操作后，即可更改文本的显示方向，在预览窗口中调整字幕的位置，如图17-104所示。

图17-102 选中状态

图17-103 单击"将方向更改为垂直"按钮

在导览面板中单击"播放"按钮，预览标题字幕效果，如图17-105所示。

图17-104　调整字幕的位置

图17-105　预览标题字幕效果

17.5.7　文本背景色

功能介绍

在会声会影X8中，用户可以根据需要设置标题字幕的背景颜色，使字幕更加显眼。下面向读者介绍设置文本背景色的操作方法。

【练习17-7】在弥足珍贵中设置文本背景色

素材位置	素材\第17章\弥足珍贵.vsp
效果位置	效果\第17章\弥足珍贵.vsp
视频位置	视频\第17章\【练习17-7】在弥足珍贵中设置文本背景色.mp4
技术掌握	掌握在弥足珍贵中设置文本背景色的操作

本例主要讲解在弥足珍贵中设置文本背景色的操作方法。

Step 01　进入会声会影编辑器，单击"文件"|"打开项目"命令，打开一个项目文件，如图17-106所示。

Step 02　在标题轨中，使用鼠标左键双击需要设置文本背景色的标题字幕，如图17-107所示。

图17-106　打开项目文件

图17-107　双击标题字幕

Step 03　此时，预览窗口中的标题字幕为选中状态，如图17-108所示。

Step 04　在"编辑"选项面板中，选中"文字背景"复选框，如图17-109所示。

图17-108　选中状态

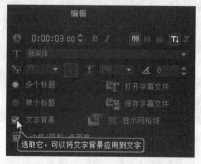

图17-109　选中"文字背景"复选框

Step 05　单击"自定义文字背景的属性"按钮，如图17-110所示。

Step 06　弹出"文字背景"对话框，单击"随文字自动调整"下方的下拉按钮，在弹出的列表框中选择"椭圆"选项，如图17-111所示。

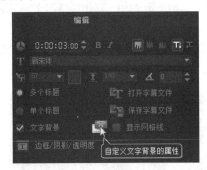

图17-110　单击按钮

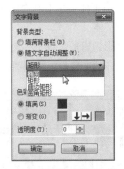

图17-111　选择"椭圆"选项

Step 07　在"放大"右侧的数值框中输入30，如图17-112所示。

Step 08　在"色彩设置"选项区中，选中"渐变"单选按钮，如图17-113所示。

图17-112　输入30

图17-113　选中"渐变"单选按钮

Step 09　在右侧设置第1个色块的颜色为粉红色，在下方设置"透明度"为30，如图17-114所示。

Step 10　设置完成后，单击"确定"按钮，即可设置文本背景色，单击"播放"按钮，预览标题字幕效果，如图17-115所示。

图17-114　设置"透明度"为30

图17-115　预览标题字幕效果

17.6　特殊字幕效果

在会声会影X8中，除了改变文字的字体、大小和颜色等属性外，还可以为文字添加一些装饰因素，从而使其更加出彩。本节主要向读者介绍制作视频中特殊字幕效果的操作方法，包括制作镂空字幕、突起字幕、描边字幕以及透明字幕特效等。

会声会影 X8 技术大全

17.6.1 镂空字幕特效

功能介绍

镂空字体是指字体呈空心状态，只显示字体的外部边界。在会声会影X8中，运用"透明文字"复选框可以制作出镂空字体。

进入会声会影编辑器，单击"文件"|"打开项目"命令，打开一个项目文件，如图17-116所示。在预览窗口中，预览打开的项目效果，如图17-117所示。

图17-116　打开项目文件

图17-117　预览打开的项目效果

在标题轨中，使用鼠标左键双击需要制作镂空特效的标题字幕，此时预览窗口中的标题字幕为选中状态，如图17-118所示。在"编辑"选项面板中单击"边框/阴影/透明度"按钮，如图17-119所示。

图17-118　标题字幕为选中状态

图17-119　单击"边框/阴影/透明度"按钮

执行操作后，弹出"边框/阴影/透明度"对话框，选中"透明文字"复选框，如图17-120所示。在下方选中"外部边界"复选框，设置"边框宽度"为4，如图17-121所示。

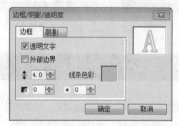
图17-120　选中"透明文字"复选框

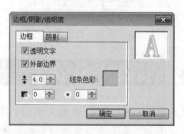
图17-121　设置"边框宽度"为4

参数详解

在"边框/阴影/透明度"对话框中,各主要选项含义如下。

❖ "透明文字"复选框:选中该复选框,创建的标题文字将呈透明,只有边框可见。

❖ "外部边界"复选框:选中该复选框,创建的标题文字将显示边框。

❖ "边框宽度"数值框:在该选项右侧数值框中输入数值,可以设置文字边框线条的宽度。

❖ "文字透明度"数值框:在该选项右侧数值框中输入所需的数值,可以设置文字可见度。

❖ "线条色彩"选项:单击该选项右侧的色块,在弹出的颜色面板中,可以设置字体边框线条的颜色。

❖ "柔化边缘"数值框:在该选项右侧数值框中输入所需的数值,可以设置文字的边缘混合程度。

提示

打开"边框/阴影/透明度"对话框,在其中的"边框宽度"数值框中,只能输入0至99之间的整数。

执行上述操作后,单击"确定"按钮,即可设置镂空字体,如图17-122所示。在导览面板中单击"播放"按钮,预览标题字幕效果,如图17-123所示。

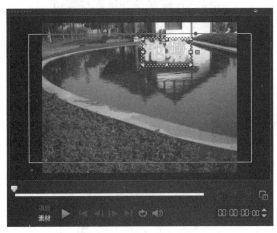

图17-122 设置镂空字体

图17-123 预览标题字幕效果

17.6.2 描边字幕特效

功能介绍

在会声会影X8中,为了使标题字幕样式丰富多彩,用户可以为标题字幕设置描边效果。下面向读者介绍制作描边字幕的操作方法。

【练习17-8】在亭中福音中设置描边字幕特效

素材位置	素材\第17章\亭中福音.vsp
效果位置	效果\第17章\亭中福音.vsp
视频位置	视频\第17章\【练习17-8】在亭中福音中设置描边字幕特效.mp4
技术掌握	掌握在亭中福音中设置描边字幕特效的操作

本例主要讲解在亭中福音中设置描边字幕特效的操作方法。

Step 01 进入会声会影编辑器,单击"文件"|"打开项目"命令,打开一个项目文件,如图17-124所示。

Step 02 在预览窗口中,预览打开的项目效果,如图17-125所示。

Step 03 在标题轨中,使用鼠标左键双击需要制作描边特效的标题字幕,此时预览窗口中的标题字幕为选中状态,如图17-126所示。

Step 04 在"编辑"选项面板中单击"边框/阴影/透明度"按钮,如图17-127所示。

图17-124 打开项目文件

图17-125 预览打开的项目效果

图17-126 标题字幕为选中状态

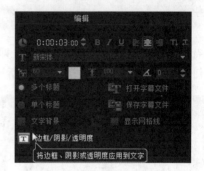

图17-127 单击"边框/阴影/透明度"按钮

Step 05 弹出"边框/阴影/透明度"对话框，选中"外部边界"复选框，设置"边框宽度"为4.0，如图17-128所示。

Step 06 在右侧设置"线条色彩"为黑色，如图17-129所示。

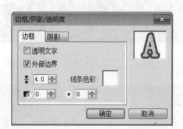

图17-128 设置"边框宽度"为4.0

图17-129 设置"线条色彩"为黑色

Step 07 执行上述操作后，单击"确定"按钮，即可设置描边字体，如图17-130所示。

Step 08 在导览面板中单击"播放"按钮，预览描边标题字幕效果，如图17-131所示。

图17-130 设置描边字体

图17-131 预览描边字幕效果

17.6.3　突起字幕特效

功能介绍

在会声会影X8中，为标题字幕设置突起特效，可以使标题字幕在视频中更加突出、明显。下面向读者介绍制作突起字幕的操作方法。

参数详解

在"阴影"选项卡中，各主要选项含义如下。

❖　"无阴影"按钮：单击该按钮，可以取消设置文字的阴影效果。

❖　"下垂阴影"按钮：单击该按钮，可为文字设置下垂阴影效果。

❖　"光晕阴影"按钮：单击该按钮，可为文字设置光晕阴影效果。

❖　"水平阴影偏移量"数值框：在该选项右侧的数值框中输入相应的数值，可以设置水平阴影的偏移量。

❖　"垂直阴影偏移量"数值框：在该选项右侧的数值框中输入相应的数值，可以设置垂直阴影的偏移量。

❖　"突起阴影色彩"色块：单击该色块，在弹出的颜色面板中，即可设置字体突起阴影的颜色。

【练习17-9】在倾听自然中设置突起字幕特效

素材位置	素材\第17章\倾听自然.vsp
效果位置	效果\第17章\倾听自然.vsp
视频位置	视频\第17章\【练习17-9】在倾听自然中设置突起字幕特效.mp4
技术掌握	掌握在倾听自然中设置突起字幕特效的操作

本例主要讲解在倾听自然中设置突起字幕特效的操作方法。

Step 01 进入会声会影编辑器，单击"文件"|"打开项目"命令，打开一个项目文件，如图17-132所示。

Step 02 在预览窗口中，预览打开的项目效果，如图17-133所示。

图17-132　打开的项目

图17-133　预览打开的项目效果

Step 03 在标题轨中，使用鼠标左键双击需要制作突起特效的标题字幕，此时预览窗口中的标题字幕为选中状态，如图17-134所示。

Step 04 在"编辑"选项面板中单击"边框/阴影/透明度"按钮，弹出"边框/阴影/透明度"对话框，切换至"阴影"选项卡，如图17-135所示。

图17-134　标题字幕为选中状态

图17-135　"阴影"选项卡

Step 05 在选项卡中单击"突起阴影"按钮，如图17-136所示。

Step 06 在下方设置X为10.0、Y为10.0、"颜色"为白色，如图17-137所示。

图17-136　单击"突起阴影"按钮

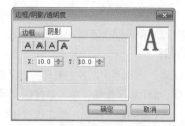

图17-137　设置参数

Step 07 执行上述操作后，单击"确定"按钮，即可制作突起字幕，如图17-138所示。

Step 08 在导览面板中单击"播放"按钮，预览突起字幕效果，如图17-139所示。

图17-138　制作突起字幕

图17-139　预览突起字幕效果

17.6.4　光晕字幕特效

功能介绍

在会声会影X8中，用户可以为标题字幕添加光晕特效，使其更加精彩夺目。进入会声会影编辑器，单击"文件"|"打开项目"命令，打开一个项目文件，如图17-140所示。在预览窗口中，预览打开的项目效果，如图17-141所示。

图17-140　打开项目文件

图17-141　预览打开的项目效果

在标题轨中，使用鼠标左键双击需要制作光晕特效的标题字幕，此时预览窗口中的标题字幕为选中状态，如图17-142所示。在"编辑"选项面板中单击"边框/阴影/透明度"按钮，弹出"边框/阴影/透明度"对话框，切换至"阴影"选项卡，如图17-143所示。

图17-142 标题字幕为选中状态

图17-143 切换至"阴影"选项卡

在选项卡中，单击"光晕阴影"按钮，在预览窗口中可以预览字幕效果，如图17-144所示。

图17-144 预览字幕效果

在其中设置"强度"为10.0、"光晕阴影色彩"为棕色（第2排第4个）、"光晕阴影柔化"为60，对话框与字幕效果如图17-145所示。

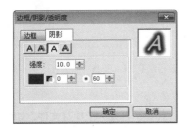

图17-145 对话框与字幕效果

—— 提示 ——

打开"边框/阴影/透明度"对话框，进入"阴影"选项卡，在"光晕阴影柔化"数值框中，只能输入0至100之间的整数。

执行上述操作后，单击"确定"按钮，即可制作光晕字幕，如图17-146所示。在导览面板中单击"播放"按钮，预览光晕字幕效果，如图17-147所示。

图17-146 制作光晕字幕

图17-147 预览光晕字幕效果

技术专题 　[**手动缩放字幕光晕的大小**]

　　当用户为字幕添加光晕特效后，在预览窗口中有一个蓝色的控制柄，在该控制柄上单击鼠标左键并拖曳，可以手动对字幕的光晕大小进行缩放操作，如图17-148所示。

图17-148　手动进行缩放操作

17.6.5　下垂字幕特效

功能介绍

　　在会声会影X8中，为了让标题字幕更加美观，用户可以为标题字幕添加下垂阴影效果。下面向读者介绍制作下垂字幕的操作方法。

【练习17-10】在信手涂鸦中设置下垂字幕特效

素材位置	素材\第17章\信手涂鸦.vsp
效果位置	效果\第17章\信手涂鸦.vsp
视频位置	视频\第17章\【练习17-10】在信手涂鸦中设置下垂字幕特效.mp4
技术掌握	掌握在信手涂鸦中设置下垂字幕特效的操作

　　本例主要讲解在信手涂鸦中设置下垂字幕特效的操作方法。

Step 01 进入会声会影编辑器，单击"文件"|"打开项目"命令，打开一个项目文件，如图17-149所示。

Step 02 在预览窗口中，预览打开的项目效果，如图17-150所示。

图17-149　打开项目文件

图17-150　预览打开的项目效果

Step 03 在标题轨中，使用鼠标左键双击需要制作下垂特效的标题字幕，此时预览窗口中的标题字幕为选中状态，如图17-151所示。

Step 04 在"编辑"选项面板中单击"边框/阴影/透明度"按钮，弹出"边框/阴影/透明度"对话框，切换至"阴影"选项卡，如图17-152所示。

图17-151 标题字幕为选中状态

图17-152 切换至"阴影"选项卡

Step 05 单击"下垂阴影"按钮,在其中设置X为5.0、Y为5.0、"下垂阴影色彩"为黑色,如图17-153所示。

Step 06 执行上述操作后,单击"确定"按钮,即可制作下垂字幕,在预览窗口中可以预览下垂字幕效果,如图17-154所示。

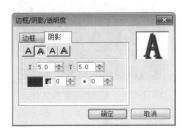

图17-153 设置参数

图17-154 预览下垂字幕效果

17.7 字幕动画特效

在影片中创建标题后,会声会影X8还可以为标题添加动画效果。用户可以套用83种生动活泼、动感十足的标题动画。本节主要向读者介绍字幕动画特效的制作方法,主要包括淡化动画、弹出动画、翻转动画、飞行动画、缩放动画以及下降动画等。

17.7.1 淡化动画特效

功能介绍

淡入淡出效果是在当前的各种影视节目中最为常见的字幕效果。进入会声会影编辑器,单击"文件"|"打开项目"命令,打开一个项目文件,如图17-155所示。在标题轨中,使用鼠标左键双击需要制作淡化特效的标题字幕,此时预览窗口中的标题字幕为选中状态,如图17-156所示。

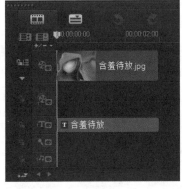

图17-155 打开项目文件

图17-156 标题字幕为选中状态

提示

　　用户还可以运用淡化特效制作字幕交叉淡化效果。在"属性"选项面板中选择字幕淡化样式后，单击右侧的"自定义动画属性"按钮，弹出"淡化动画"对话框，在"淡化样式"选项区中，选中"交叉淡化"单选按钮，单击"确定"按钮，即可制作字幕的交叉淡化样式。

　　切换至"属性"选项面板，在其中选中"动画"单选按钮和"应用"复选框，如图17-157所示。在下方的预设动画类型中选择第1排第2个淡化样式，如图17-158所示。

图17-157　选中"应用"复选框

图17-158　选择相应的淡化样式

　　在导览面板中单击"播放"按钮，预览字幕淡化动画特效，如图17-159所示。

图17-159　预览字幕淡化动画特效

技术专题　[制作交叉淡化字幕特效]

　　在会声会影X8中，用户还可以运用淡化特效制作字幕交叉淡化效果。在"属性"选项面板中选择字幕淡化样式后，单击右侧的"自定义动画属性"按钮，如图17-160所示。

　　执行操作后，弹出"淡化动画"对话框，在"淡化样式"选项区中，选中"交叉淡化"单选按钮，如图17-161所示。

图17-160　单击"自定义动画属性"按钮

图17-161　选中"交叉淡化"单选按钮

即可制作字幕的交叉淡化样式，效果如图17-162所示。

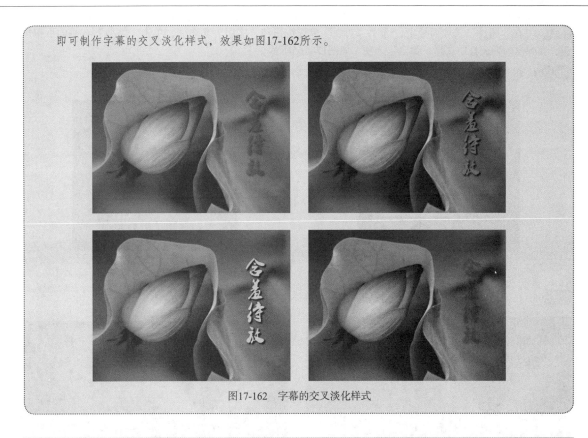

图17-162　字幕的交叉淡化样式

17.7.2　弹出动画特效

功能介绍

在会声会影X8中，弹出效果是指可以使文字产生由画面上的某个分界线弹出显示的动画效果。下面介绍制作弹出动画的操作方法。

♣♣【练习17-11】在天使之翼中应用弹出动画特效

素材位置	素材\第17章\天使之翼.vsp
效果位置	效果\第17章\天使之翼.vsp
视频位置	视频\第17章\【练习17-11】在天使之翼中应用弹出动画特效.mp4
技术掌握	掌握在天使之翼中应用弹出动画特效的操作

本例主要讲解在天使之翼中应用弹出动画特效的操作方法。

Step 01　进入会声会影编辑器，单击"文件"|"打开项目"命令，打开一个项目文件，如图17-163所示。

Step 02　在标题轨中，使用鼠标左键双击需要制作弹出特效的标题字幕，此时预览窗口中的标题字幕为选中状态，如图17-164所示。

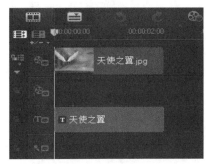

图17-163　打开项目文件

图17-164　标题字幕为选中状态

Step 03 在"属性"选项面板中，选中"动画"单选按钮和"应用"复选框，单击"类型"右侧的下拉按钮，在弹出的列表框中选择"弹出"选项，如图17-165所示。

Step 04 在下方的预设动画类型中选择第1排第2个弹出样式，如图17-166所示。

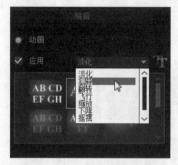

图17-165 选择"弹出"选项

图17-166 选择相应的弹出样式

Step 05 在导览面板中单击"播放"按钮，预览字幕弹出动画特效，如图17-167所示。

图17-167 预览字幕弹出动画特效

技术专题 **[更改字幕弹出方向]**

　　当用户为字幕添加弹出动画特效后，在"属性"选项面板中单击"自定义动画属性"按钮，将弹出"弹出动画"对话框，在"方向"选项区中可以选择字幕弹出的方向，如图17-168所示。在"单位"和"暂停"列表框中，用户还可以设置字幕的单位属性和暂停时间等。

图17-168 选择字幕弹出的方向

如图17-169所示为更改字幕弹出方向后的字幕动画特效。

图17-169 更改字幕弹出方向后的字幕动画特效

17.7.3 翻转动画特效

功能介绍

在会声会影X8中，翻转动画可以使文字产生翻转回旋的动画效果。

进入会声会影编辑器，单击"文件"|"打开项目"命令，打开一个项目文件，如图17-170所示。在标题轨中，使用鼠标左键双击需要制作翻转特效的标题字幕，此时预览窗口中的标题字幕为选中状态，如图17-171所示。

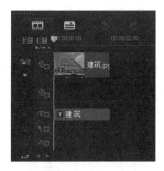

图17-170 打开项目文件

图17-171 标题字幕为选中状态

在"属性"选项面板中，选中"动画"单选按钮和"应用"复选框，单击"类型"右侧的下拉按钮，在弹出的列表框中选择"翻转"选项，如图17-172所示。在下方的预设动画类型中，选择第1个翻转动画样式，如图17-173所示。

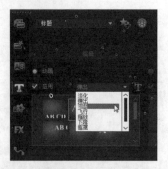

图17-172 选择"翻转"选项

图17-173 选择相应的翻转动画样式

在导览面板中单击"播放"按钮,预览字幕翻转动画特效,如图17-174所示。

图17-174 预览字幕翻转动画特效

提示

当用户为字幕添加翻转动画特效后,在"属性"选项面板中单击"自定义动画属性"按钮,在弹出的"翻转动画"对话框中,用户也可以设置字幕的翻转动画属性。

17.7.4 飞行动画特效

功能介绍

在会声会影X8中,飞行动画可以使视频效果中的标题字幕或者单词沿着一定的路径飞行。下面向读者介绍制作飞行动画的操作方法。

【练习17-12】在乡村生活中应用飞行动画特效

素材位置	素材\第17章\乡村生活.vsp
效果位置	效果\第17章\乡村生活.vsp
视频位置	视频\第17章\【练习17-12】在乡村生活中应用飞行动画特效.mp4
技术掌握	掌握在乡村生活中应用飞行动画特效的操作

本例主要讲解在乡村生活中应用飞行动画特效的操作方法。

Step 01 进入会声会影编辑器,单击"文件"|"打开项目"命令,打开一个项目文件,如图17-175所示。

Step 02 在标题轨中,使用鼠标左键双击需要制作飞行特效的标题字幕,此时预览窗口中的标题字幕为选中状态,如图17-176所示。

图17-175 打开项目文件

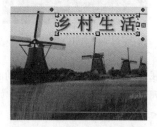

图17-176 标题字幕为选中状态

Step 03 在"属性"选项面板中，选中"动画"单选按钮和"应用"复选框，单击"类型"右侧的下拉按钮，在弹出的列表框中选择"飞行"选项，如图17-177所示。

Step 04 在下方的预设动画类型中，选择第1排第2个飞行动画样式，如图17-178所示。

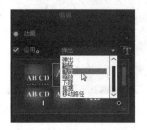

图17-177　选择"飞行"选项

图17-178　选择相应的飞行动画样式

--- **提示** ---

在标题轨中双击需要编辑的标题字幕，在"属性"选项面板中单击"自定义动画属性"按钮，在弹出的对话框中，用户可根据需要编辑"飞行"标题字幕。

Step 05 在导览面板中单击"播放"按钮，预览字幕飞行动画特效，如图17-179所示。

图17-179　预览字幕飞行动画特效

17.7.5　缩放动画特效

功能介绍

在会声会影X8中，缩放动画可以使文字在运动的过程中产生放大或缩小的变化。进入会声会影编辑器，单击"文件"|"打开项目"命令，打开一个项目文件，如图17-180所示。在标题轨中，使用鼠标左键双击需要制作缩放特效的标题字幕，此时预览窗口中的标题字幕为选中状态，如图17-181所示。

图17-180　打开项目文件

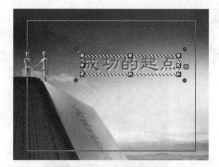

图17-181　标题字幕为选中状态

在"属性"选项面板中，选中"动画"单选按钮和"应用"复选框，单击"类型"右侧的下拉按钮，在弹出的列表框中选择"缩放"选项，如图17-182所示。在下方的预设动画类型中，选择第1个缩放动画样式，如图17-183所示。

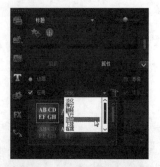

图17-182　选择"缩放"选项

图17-183　选择第1个缩放动画样式

在导览面板中单击"播放"按钮，预览字幕缩放动画特效，如图17-184所示。

图17-184　预览字幕缩放动画特效

17.7.6 下降动画特效

功能介绍

在会声会影X8中，下降动画可以使文字在运动过程中由大到小逐渐变化。下面向读者介绍制作下降动画的操作方法。

【练习17-13】在烛光晚餐中应用下降动画特效

素材位置	素材\第17章\烛光晚餐.vsp
效果位置	效果\第17章\烛光晚餐.vsp
视频位置	视频\第17章\【练习17-13】在烛光晚餐中应用下降动画特效.mp4
技术掌握	掌握在烛光晚餐中应用下降动画特效的操作

本例主要讲解在烛光晚餐中应用下降动画特效的操作方法。

Step 01 进入会声会影编辑器，单击"文件"|"打开项目"命令，打开一个项目文件，如图17-185所示。

Step 02 在标题轨中，使用鼠标左键双击需要制作下降特效的标题字幕，此时预览窗口中的标题字幕为选中状态，如图17-186所示。

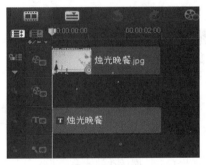

图17-185　打开项目文件

图17-186　标题字幕为选中状态

Step 03 在"属性"选项面板中，选中"动画"单选按钮和"应用"复选框，单击"类型"右侧的下拉按钮，在弹出的列表框中选择"下降"选项，如图17-187所示。

Step 04 在下方的预设动画类型中，选择第1排第2个下降动画样式，如图17-188所示。

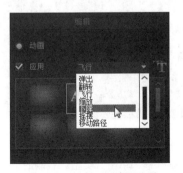

图17-187　选择"下降"选项

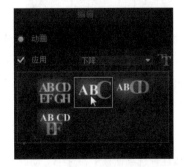

图17-188　选择相应的下降动画样式

Step 05 在导览面板中单击"播放"按钮，预览字幕下降动画特效，如图17-189所示。

图17-189　预览字幕下降动画特效

17.7.7　摇摆动画特效

功能介绍

在会声会影X8中，摇摆动画可以使视频效果中的标题字幕产生左右摇摆运动的效果。进入会声会影编辑器，单击"文件"|"打开项目"命令，打开一个项目文件，如图17-190所示。在标题轨中，使用鼠标左键双击需要制作摇摆特效的标题字幕，此时预览窗口中的标题字幕为选中状态，如图17-191所示。

图17-190　打开项目文件

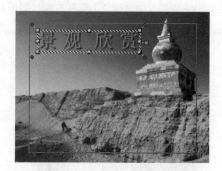

图17-191　标题字幕为选中状态

在"属性"选项面板中，选中"动画"单选按钮和"应用"复选框，单击"类型"右侧的下拉按钮，在弹出的列表框中选择"摇摆"选项，如图17-192所示。在下方的预设动画类型中，选择第1个摇摆动画样式，如图17-193所示。

图17-192　选择"摇摆"选项

图17-193　选择相应的摇摆动画样式

在导览面板中单击"播放"按钮，预览字幕摇摆动画特效，如图17-194所示。

图17-194　预览字幕摇摆动画特效

—— 提示 ——

当用户为字幕添加摇摆动画特效后，在"属性"选项面板中，单击"自定义动画属性"按钮，在弹出的"摇摆动画"对话框中，可以设置摇摆字幕动画的进入和离开方式，以及摇摆角度等属性。

17.7.8　移动路径特效

功能介绍

在会声会影X8中，移动路径动画可以使视频效果中的标题字幕产生沿指定路径运动的效果。下面向读者介绍制作移动路径动画的操作方法。

❖【练习17-14】在动漫卡通中应用移动动画特效

素材位置	素材\第17章\动漫卡通.vsp
效果位置	效果\第17章\动漫卡通.vsp
视频位置	视频\第17章\【练习17-14】在动漫卡通中应用移动动画特效.mp4
技术掌握	掌握在动漫卡通中应用移动动画特效的操作

本例主要讲解在动漫卡通中应用移动动画特效的操作方法。

Step 01 进入会声会影编辑器，单击"文件"|"打开项目"命令，打开一个项目文件，如图17-195所示。

Step 02 在标题轨中，使用鼠标左键双击需要制作移动路径特效的标题字幕，此时预览窗口中的标题字幕为选中状态，如图17-196所示。

图17-195　打开项目文件　　　　　　　　　　图17-196　标题字幕为选中状态

Step 03 在"属性"选项面板中，选中"动画"单选按钮和"应用"复选框，单击"类型"右侧的下拉按钮，在弹出的列表框中选择"移动路径"选项，如图17-197所示。

Step 04 在下方的预设动画类型中，选择第1个移动路径动画样式，如图17-198所示。

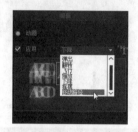

图17-197　选择"移动路径"选项　　　　　　图17-198　选择移动路径动画样式

提示

在会声会影X8中，提供了多种不同的移动路径动画样式，用户可根据需要进行选择。不同的移动路径动画有不同的效果，它使得图像或者视频的字幕更加具有灵活性，使得整个图像或者视频更加有画面感。

Step 05 在导览面板中单击"播放"按钮，预览字幕移动路径动画特效，如图17-199所示。

图17-199　预览字幕移动路径动画特效

背景音乐特效的制作

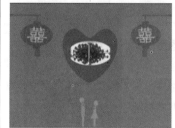

本章导读

音频特效，简单地说就是声音特效。影视作品是一门声画艺术，音频在影片中是一个不可或缺的元素，如果一部影片缺少了声音，再优美的画面也将黯然失色。优美动听的背景音乐和深情款款的配音不仅可以为影片起到锦上添花的作用，更可使影片颇具感染力，从而使影片更上一个台阶。本章主要介绍视频背景音乐特效的制作。

18.1 背景音乐的添加

在会声会影X8中，提供了简单的方法向影片中加入背景音乐和语音。用户可以首先将自己的音频文件添加到素材库扩充，以便以后能够快速调用。除此之外，用户还可以在会声会影X8中为视频录制旁白声音。本节主要向读者介绍添加与录制音频素材的操作方法。

18.1.1 "音乐和语音"面板简介

功能介绍

在会声会影X8中，音频视图中包括两个选项面板，分别为"音乐和语音"选项面板和"自动音乐"选项面板。在"音乐和语音"选项面板中，用户可以调整音频素材的区间长度、音量大小、淡入淡出特效以及将音频滤镜应用到音乐轨等，如图18-1所示。

图18-1　"音乐和语音"选项面板

参数详解

在"音乐和语音"选项面板中，各主要选项含义如下。

❖　"区间"数值框 0:00:50:01 ：该数值框以"时:分:秒:帧"的形式显示音频的区间。可以输入一个区间值来预设录音的长度或者调整音频素材的长度。单击其右侧的微调按钮，可以调整数值的大小，也可以单击时间码上的数字，待数字处于闪烁状态时，输入新的数字后按【Enter】键确认，即可改变原来音频素材的播放时间长度。图18-2所示为音频素材原图与调整区间长度后的音频效果。

图18-2　调整区间长度的前后对比

❖　"素材音量"数值框 100 ：该数值框中的100表示原始声音的大小。单击右侧的下三角按钮，在弹出的音量调节器中可以通过拖曳滑块以百分比的形式调整视频和音频素材的音量；也可以直接在数值框中输入一个数值，调整素材的音量。

❖　"淡入"按钮 ：单击该按钮，可以使所选择的声音素材的开始部分音量逐渐增大。

❖　"淡出"按钮 ：单击该按钮，可以使所选择的声音素材的结束部分音量逐渐减小。

❖　"速度/时间流逝"按钮 ：单击该按钮，弹出"速度/时间流逝"对话框，如图18-3所示，在弹出的对话框中，用户可以根据需要调整视频的播放速度。

❖　"音频滤镜"按钮 ：单击该按钮，即可弹出"音频滤镜"对话框，如图18-4所示，通过该对话框可以将音频滤镜应用到所选的音频素材上。

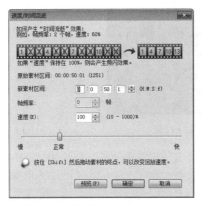

图18-3　"速度/时间流逝"对话框

图18-4　"音频滤镜"对话框

18.1.2　"自动音乐"面板简介

功能介绍

在"自动音乐"选项面板中，用户可以根据需要在其中选择相应的选项，然后单击"添加到时间轴"按钮，将选择的音频素材添加至时间轴中。图18-5所示为"自动音乐"选项面板。

图18-5　"自动音乐"选项面板

参数详解

在"自动音乐"选项面板中，各主要选项的具体含义如下。

❖　"区间"数值框：该数值框用于显示所选音乐的总长度。

❖　"素材音量"数值框：该数值框用于调整所选音乐的音量，当值为100时，则可以保留音乐的原始音量。

❖　"淡入"按钮▐▐▐：单击该按钮，可以使自动音乐的开始部分音量逐渐增大。

❖　"淡出"按钮▐▐▐：单击该按钮，可以使自动音乐的结束部分音量逐渐减小。

❖　"类别"列表框：用户可以指定音乐文件的类别、范围。

❖　"歌曲"列表框：在该列表框中，用户可以选取用于添加到项目中的音乐文件，根据类别选择的不同歌曲也会不同。

❖　"版本"列表框：在该列表框中，可以选择不同版本的乐器和节奏，并将它应用于所选择的音乐中。

❖　"播放选取的歌曲"按钮：单击该按钮，可以播放应用了"变化"效果后的音乐。

❖　"添加到时间轴"按钮：当用户在"自动音乐"选项面板中，选择类别、歌曲和版本后，单击"播放选取的歌曲"按钮，播放完成后单击"停止"按钮，然后单击"添加到时间轴"按钮，即可将播放的歌曲添加到时间轴面板中。

❖　"自动修剪"复选框：选中该复选框，将基于飞梭栏的位置自动修剪音频素材，使它与视频相配合。

—— 提示 ——

在"自动音乐"面板中也可选择合适的"歌曲""版本""类别"，单击"播放选取的歌曲"按钮，如图18-6所示，即可聆听音乐。

图18-6　单击"播放选取的歌曲"按钮

18.1.3　应用素材库声音

功能介绍

添加素材库中的音频是最常用的添加音频素材的方法，会声会影X8提供了多种不同类型的音频素材，用户可以根据需要从素材库中选择所需的音频素材。

【练习18-1】给热带乡村添加素材库声音

素材位置	素材\第18章\热带乡村.jpg
效果位置	效果\第18章\热带乡村.vsp
视频位置	视频\第18章\【练习18-1】给热带乡村添加素材库声音.mp4
技术掌握	掌握给热带乡村添加素材库声音的操作

本例主要讲解给热带乡村添加素材库声音的操作方法。

Step 01　进入会声会影X8编辑器，在视频轨中插入一幅素材图像，如图18-7所示。

Step 02　在预览窗口中，可以预览插入的素材图像效果，如图18-8所示。

图18-7　插入一幅素材图像

图18-8　预览素材图像效果

Step 03　在"媒体"素材库中，单击"显示音频文件"按钮，如图18-9所示。

Step 04　执行操作后，即可显示素材库中的音频素材，选择相应的音频素材，如图18-10所示。

图18-9　单击"显示音频文件"按钮

图18-10　选择需要的音频素材

Step 05　在音频素材上，单击鼠标左键并拖曳至语音轨中的开始位置，如图18-11所示。

Step 06　释放鼠标左键，即可添加音频素材文件，如图18-12所示，单击"播放"按钮，试听音频效果。

图18-11 拖曳至语音轨中的开始位置

图18-12 添加音频素材

👆 技术专题 【通过复制的方式添加音频素材】

　　用户在媒体素材库中，选择需要添加到时间轴面板中的音频素材，在音频素材上，单击鼠标右键，在弹出的快捷菜单中选择"复制"选项，然后将鼠标移至语音轨或音乐轨中，单击鼠标左键，即可将素材库中的音频素材粘贴到时间轴面板的轨道中，并应用音频素材。

18.1.4 应用硬盘中声音

功能介绍

　　在会声会影X8中，可以将硬盘中的音频文件直接添加至当前的语音轨或音乐轨中。下面向读者介绍从硬盘文件夹中添加音频的操作方法。

🔹【练习18-2】给鸟语花香添加硬盘中的声音

素材位置	素材\第18章\鸟语花香.jpg、鸟语花香.mp3
效果位置	效果\第18章\鸟语花香.vsp
视频位置	视频\第18章\【练习18-2】给鸟语花香添加硬盘中的声音.mp4
技术掌握	掌握给鸟语花香添加硬盘中的声音的操作

　　本例主要讲解给鸟语花香添加硬盘中的声音的操作方法。

Step 01 进入会声会影X8编辑器，在视频轨中插入一幅素材图像，如图18-13所示。

Step 02 在预览窗口中，可以预览插入的素材图像效果，如图18-14所示。

图18-13 插入一幅素材图像

图18-14 预览素材图像效果

Step 03 在时间轴面板中，将鼠标移至空白位置处，如图18-15所示。

Step 04 单击鼠标右键，在弹出的快捷菜单中选择"插入音频"|"到语音轨"选项，如图18-16所示。

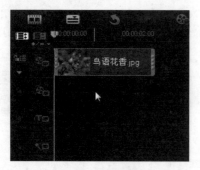

图18-15　移动鼠标

图18-16　选择"插入音频"|"到语音轨"选项

Step 05　弹出相应对话框，选择音频文件"鸟语花香.mp3"文件，如图18-17所示。

Step 06　单击"打开"按钮，即可从硬盘文件夹中将音频文件添加至语音轨中，如图18-18所示。

图18-17　选择音频文件

图18-18　将音频文件添加至语音轨中

提示

在会声会影X8中的时间轴空白位置上，单击鼠标右键，在弹出的快捷菜单中选择"插入音频"|"到音乐轨"选项，还可以将硬盘中的音频文件添加至时间轴面板的音乐轨中。

技术专题　[**通过素材库导入硬盘中的音频**]

在会声会影X8的"媒体"素材库中，显示素材库中的音频素材后，可以单击"导入媒体文件"按钮，在弹出的"浏览媒体文件"对话框中，选择硬盘中已经存在的音频文件，单击"打开"按钮，即可将需要的音频素材导入"媒体"素材库中。

18.1.5　应用自动音乐

功能介绍

自动音乐是会声会影X8自带的一个音频素材库，同一个音乐有许多变化的风格供用户选择，从而使素材更加丰富。下面向读者介绍添加自动音乐的操作方法。

进入会声会影X8编辑器，单击"自动音乐"按钮，展开"自动音乐"选项面板，在"类别"选项中，选择一种风格，如图18-19所示。

在"歌曲"选项中选择一种音乐，在弹出的"版本"列表框中选择一种格式，如图18-20所示。

图18-19 选择一种风格

图18-20 选择一种格式

单击"自动音乐"选项面板中的"播放选取的歌曲"按钮，如图18-21所示。

播放至合适位置后，单击"停止"按钮，如图18-22所示。

图18-21 单击"播放选取的歌曲"按钮

图18-22 单击"停止"按钮

取消选中"自动音乐"选项面板中的"自动修剪"复选框，然后单击"添加到时间轴"按钮，如图18-23所示。

执行上述操作后，即可在时间轴面板的音乐轨中添加自动音乐，如图18-24所示。

图18-23 单击"添加到时间轴"按钮

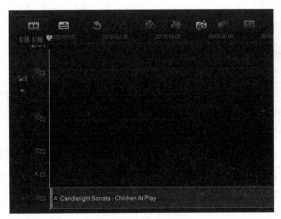

图18-24 添加自动音乐

18.1.6 应用U盘音乐

功能介绍

在会声会影X8中，用户不仅可以添加CD光盘中的音乐，还可以将移动U盘或移动硬盘中的背景音乐添加到影片中。

进入会声会影X8编辑器，在时间轴面板中，将鼠标移至空白位置处，如图18-25所示。单击鼠标右键，在弹出的快捷菜单中选择"插入音频"|"到音乐轨"选项，如图18-26所示。

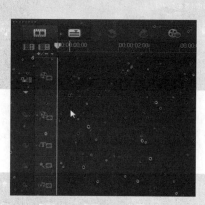

图18-25　将鼠标移至空白位置处

图18-26　选择选项

执行操作后，弹出相应对话框，在其中选择U盘中的音频文件，如图18-27所示。单击"打开"按钮，即可从移动U盘中将音频文件添加至时间轴面板的音乐轨中，如图18-28所示。

图18-27　选择U盘中的音频文件

图18-28　添加至时间轴面板的音乐轨中

提示

用户可以通过"计算机"窗口，打开U盘文件夹，在其中选择需要的音乐文件后，将音乐文件直接拖曳至会声会影X8编辑器的语音轨或音乐轨中，也可以快速应用音乐文件。

18.2　麦克风录制旁白

在会声会影X8中，制作影片效果时，用户可以运用麦克风录制旁白。本节主要向读者介绍设置录音选项以及录制声音旁白的操作方法。

18.2.1　录音选项

功能介绍

在会声会影中录音前，用户需要将麦克风插入到Linein或Mic接口上，然后再对系统进行相应的设置。

将麦克风插头插入声卡的Linein或Mic接口后，使用鼠标右键单击Windows快捷方式栏中的音量图标，在弹出的快捷菜单中选择"录音设备"选项，弹出"声音"对话框，选择"麦克风"选项，如图18-29所示。单击"属性"按钮，弹出"麦克风属性"对话框，切换至"级别"选项卡，设置麦克风音量为50，即可完成录音选项的设置，如图18-30所示。

图18-29　选择"麦克风"选项

图18-30　设置录音选项

18.2.2　声音旁白的录制

功能介绍

在会声会影X8中，用户不仅可以从硬盘或CD光盘中获取音频，还可以使用会声会影软件录制声音旁白。将麦克风插入用户的计算机中，进入会声会影编辑器，在时间轴面板上单击"录制/捕获选项"按钮，如图18-31所示。

图18-31　单击"录制/捕获选项"按钮

弹出"录制/捕获选项"对话框，单击"画外音"按钮，如图18-32所示。弹出"调整音量"对话框，单击"开始"按钮，如图18-33所示。

图18-32 单击"画外音"按钮

图18-33 单击"开始"按钮

执行操作后，开始录音，录制完成后，按
【ESC】键停止录制，录制的音频即可添加至语音轨
中，如图18-34所示。

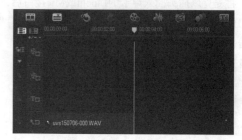

图18-34 添加至语音轨中

技术专题 　[拖曳滑块调整整段音乐]

在"音乐和语音"选项面板中，单击"素
材音量"右侧的下三角按钮，在弹出的面板中
拖曳滑块，可以调节整段音频的音量，如图
18-35所示。

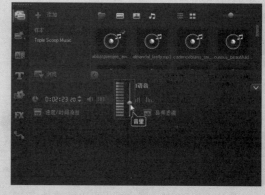

图18-35 调节整段音频的音量

18.3　管理音频素材库

通过对前面知识点的学习，读者已经基本掌握了音频素材的添加与修整方法。本节主要介绍管理音频素
材的方法，包括重命名素材和删除音频素材的方法。

18.3.1　重命名素材

功能介绍

在会声会影X8中，为了便于音频素材的管理，用户可以将素材库中的音频文件进行重命名操作。进入
会声会影编辑器，在"媒体"素材库中，选择所需的音频素材，如图18-36所示，在音频素材的名称处，

单击鼠标左键。此时名称呈可编辑状态，输入文字"音乐01"，按【Enter】键确认，即可进行修改，如图18-37所示。

图18-36　选择音频素材

图18-37　修改文字

18.3.2　删除音乐素材

功能介绍

在会声会影X8的音乐轨或语音轨中，用户可以根据需要将不常用的音频素材文件进行删除操作。下面向读者介绍删除音乐素材的操作方法。

【练习18-3】删除音乐素材

素材位置	无
效果位置	无
视频位置	视频\第18章\【练习18-3】删除音乐素材.mp4
技术掌握	掌握删除音乐素材的操作

本例主要讲解删除音乐素材的操作方法。

Step 01 进入会声会影编辑器，在"媒体"素材库中，选择需要删除的音频素材，如图18-38所示，单击鼠标右键。

Step 02 在弹出的快捷菜单中选择"删除"选项，如图18-39所示，弹出信息提示框，提示用户是否删除此缩略图，单击"是"按钮，即可删除音乐素材。

----- 提示 -----

在会声会影X8中，当用户在素材库面板中选择不需要的音频文件后，按【Delete】键，也可以直接将音频文件进行删除操作。

图18-38　选择音频素材

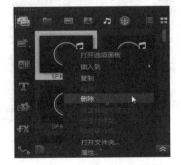

图18-39　选择"删除"选项

18.4　音频素材的编辑与修整

在会声会影X8中，将声音或背景音乐添加到音乐轨或语音轨中后，用户可以根据需要对音频素材的音量进行调节，还可以对音频文件进行修整操作，使制作的背景音乐更加符合用户的需求。本节主要向读者介绍编辑与修整音频素材的操作方法。

18.4.1 整段音频音量的调节

功能介绍

在会声会影X8中，调节整段素材音量，可分别选择时间轴中的各个轨，然后在选项面板中对相应的音量控制选项进行调节。下面介绍调节整段音频的音量的操作方法。

【练习18-4】给魅力春天调节整段音频的音量

素材位置	素材\第18章\魅力春天.vsp
效果位置	效果\第18章\魅力春天.vsp
视频位置	视频\第18章\【练习18-4】给魅力春天调节整段音频的音量.mp4
技术掌握	掌握给魅力春天调节整段音频的音量的操作

本例主要讲解给魅力春天调节整段音频的音量的操作方法。

Step 01 进入会声会影编辑器，单击"文件"|"打开项目"命令，打开一个项目文件，如图18-40所示。

Step 02 在预览窗口中预览打开的项目效果，如图18-41所示。

图18-40　打开项目文件

图18-41　预览打开的项目效果

Step 03 在时间轴面板中，选择语音轨中的音频素材，如图18-42所示。

Step 04 展开"音乐和语音"选项面板，在"素材音量"右侧的数值框中，输入200，如图18-43所示，即可调整素材音量，单击"播放"按钮，试听音频效果。

图18-42　选择音频文件

图18-43　输入数值

问： 如何设置默认轨道数量？

答： 在会声会影X8中，音量素材本身的音量大小为100，如果用户需要还原素材本身的音量大小，此时可以在"素材音量"右侧的数值框中输入100，即可还原素材音量。设置素材音量时，当用户设置为100以上的音量时，表示将整段音频音量放大；当用户设置为100以下的音量时，表示将整段音频音量调小。

18.4.2 调节线调节音量

功能介绍

在会声会影X8中，用户不仅可以通过选项面板调整音频的音量，还可以通过调节线调整音量。

进入会声会影编辑器，单击"文件"|"打开项目"命令，打开一个项目文件，如图18-44所示。在预览窗口中预览打开的项目效果，如图18-45所示。

图18-44 打开项目文件

图18-45 预览打开的项目效果

在时间轴面板的语音轨中，选择音频文件，单击"混音器"按钮，如图18-46所示。切换至混音器视图，将鼠标指针移至音频文件中间的黄色音量调节线上，此时鼠标指针呈向上箭头形状，如图18-47所示。

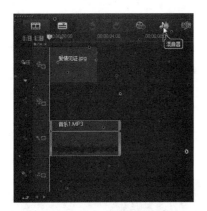

图18-46 单击"混音器"按钮

图18-47 鼠标指针呈向上箭头形状

单击鼠标左键并向上拖曳，至合适位置后释放鼠标左键，即可在音频中添加关键帧点，放大音频的音量，如图18-48所示。将鼠标移至另一个位置，单击鼠标左键并向下拖曳，添加第二个关键帧点，调小音频的音量。如图18-49所示。

图18-48 添加关键帧点（1）

图18-49 添加关键帧点（2）

用与上同样的方法，添加另外两个关键帧点，
如图18-50所示，即可完成使用音量调节线调节音量
的操作。

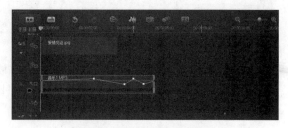

图18-50　添加另外两个关键帧点

提示

　　在会声会影X8中，音量调节线是轨道中央的水平线条，仅在混音器视图中可以看到，在这条线上可以添加关键帧，
关键帧点的高低决定着该处音频的音量大小。关键帧向上拖曳时，表示将音频的音量放大；关键帧向下拖曳时，表示将
音频的音量调小。

18.4.3　混音器调节音量

功能介绍

　　在会声会影X8中，混音器可以动态调整音量调节线，它允许在播放影片项目的同时，实时调整某个轨
道素材任意一点的音量。如果用户的乐感很好，借助混音器可以像专业混音师一样混合影片的精彩声响效
果。下面向读者介绍使用混音器调节素材音量的操作方法。

【练习18-5】运用混音器调节素材的音量

素材位置　　素材\第18章\白色的花.vsp
效果位置　　效果\第18章\白色的花.vsp
视频位置　　视频\第18章\【练习18-5】运用混音器调节素材的音量.mp4
技术掌握　　掌握给白色的花调节混音器调节的音量的操作

　　本例主要讲解运用混音器调节素材的音量的操作方法。

Step 01　进入会声会影编辑器，单击"文件"|"打开项目"命令，打开一个项目文件，如图18-51所示。

Step 02　在预览窗口中可以预览打开的项目效果，如图18-52所示。

图18-51　打开项目文件

图18-52　预览打开的项目效果

Step 03　单击时间轴面板上方的"混音器"按钮，切换至混音器视图，在"环绕混音"选项面板中，单击
"语音轨"按钮，如图18-53所示。

Step 04　执行上述操作后，即可选择要调节的音频轨道，在"环绕混音"选项面板中单击"播放"按钮，如
图18-54所示。

图18-53 单击"语音轨"按钮

图18-54 单击"播放"按钮

Step 05 开始试听选择的轨道中的音频效果，并且在混音器中可以查看音量起伏的变化，如图18-55所示。

Step 06 单击"环绕混音"选项面板的"音量"按钮，并向下拖曳鼠标，如图18-56所示。

图18-55 查看音量起伏的变化

图18-56 向下拖曳鼠标

提示

混音器是一种"动态"调整音量调节线的方式，它允许在播放影片项目的同时，实时调整音乐轨道素材任意一点的音量。

Step 07 执行上述操作后，即可播放并实时调节音量，在语音轨中可查看音频调节效果，如图18-57所示。

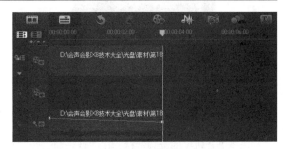

图18-57 查看音频调节效果

👆 **技术专题** 〖**调节左右声道大小的技巧**〗

在会声会影X8中的"环绕混音"选项面板中，调整完音频文件的左声道后，可以重置音频文件，再调整其右声道的音量。

在立体声中左声道和右声道能够分别播出相同或不同的声音，产生从左到右或从右到左的立体声音变化效果。在卡拉OK中左声道和右声道分别是主音乐声道和主人声声道，关闭其中任何一个声道，你将听到以音乐为主或以人声为主的声音。

在单声道中左声道和右声道没有什么区别。在2.1、4.1、6.1等声场模式中，左声道和右声道还可以分前置左、右声道，后置左、右声道，环绕左、右声道，以及中置和低音炮等。

在会声会影X8中，用户还可以根据需要调整音频左右声道的大小，调整音量后播放试听时音频会有所变化。调节左右声道大小的方法很简单，用户首先进入混音器视图，选择音频素材，在"环绕混音"选项面板中单击"播放"按钮，然后单击右侧窗口中的滑块并向左拖曳，如图18-58所示，表示调整左声道音量。在滑块上单击鼠标左键并向右拖曳，如图18-59所示，表示调整右声道音量。

图18-58　向左拖曳

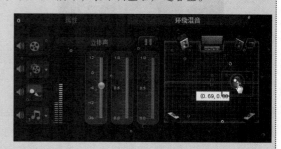

图18-59　向右拖曳

18.4.4　区间修整音频

功能介绍

在会声会影X8中，使用区间修整音频可以精确控制声音或音乐的播放时间。下面向读者介绍使用区间修整音频的操作方法。

进入会声会影编辑器，单击"文件"|"打开项目"命令，打开一个项目文件，如图18-60所示。在预览窗口可以预览打开的项目效果，如图18-61所示。

图18-60　打开项目文件

图18-61　预览打开的项目效果

选择语音轨中的音频素材，在"音乐和语音"选项面板中设置"区间"为0:00:05:00，如图18-62所示。执行上述操作后，即可使用区间修整音频，在时间轴面板中可以查看修整后的效果，如图18-63所示。

图18-62　设置"区间"

图18-63　查看修整后的效果

18.4.5　标记修整音频

功能介绍

在会声会影X8中，拖曳音频素材右侧的黄色标记来修整音频素材是最为快捷和直观的修整方式，但它的缺点是不容易精确地控制修剪的位置。下面向读者介绍使用标记修整音频的操作方法。

进入会声会影编辑器，单击"文件"|"打开项目"命令，打开一个项目文件，如图18-64所示。在语音轨中，选择需要进行修整的音频素材，将鼠标移至素材右侧的黄色标记上，如图18-65所示。

图18-64　打开项目文件

图18-65　移至黄色标记上

单击鼠标左键，并向右侧拖曳，如图18-66所示。至合适位置后，释放鼠标左键，即可使用黄色标记修整音频，效果如图18-67所示。

图18-66　向右侧拖曳

图18-67　使用黄色标记修整音频

单击"播放"按钮，试听修整后的音频文件，并查看视频画面效果，如图18-68所示。

图18-68　查看视频画面效果

18.4.6　修整栏修整音频

功能介绍

在会声会影X8中，用户还可以通过修整栏修整音频素材，下面向读者介绍使用修整栏修整音频素材的操作方法。

【练习18-6】给创意手掌用修整栏修整音频

素材位置	素材\第18章\创意手掌.vsp
效果位置	效果\第18章\创意手掌.vsp
视频位置	视频\第18章\【练习18-6】给创意手掌用修整栏修整音频.mp4
技术掌握	掌握给创意手掌用修整栏修整音频的操作

本例主要讲解给创意手掌用修整栏修整音频的操作方法。

Step 01 进入会声会影编辑器，单击"文件"|"打开项目"命令，打开一个项目文件，如图18-69所示。

Step 02 在导览面板中，将鼠标移至结束修整标记上，此时鼠标指针呈黑色双向箭头形状，如图18-70所示。

图18-69　打开项目文件

图18-70　鼠标指针呈黑色双向箭头形状

Step 03 在结束修整标记上，单击鼠标左键并向左侧拖曳，直至时间标记显示为00:00:05:00为止，如图18-71所示，修整音频结束位置的区间长度。

Step 04 将鼠标移至开始修整标记上，单击鼠标左键并向右拖曳，直至时间标记显示为00:00:01:00为止，如图18-72所示，修整音频开始区间长度。

图18-71　时间标记显示为00:00:05:00

图18-72　时间标记显示为00:00:01:00

Step 05 在时间轴面板中，可以查看修整后的音频区间，如图18-73所示。

Step 06 单击"播放"按钮，试听修整后的音频文件，并查看视频画面效果，如图18-74所示。

图18-73　查看修整后的音频区间

图18-74　查看视频画面效果

18.4.7 音频播放速度的调整

功能介绍

在会声会影X8中，用户可以设置音乐的速度和时间流逝，使它能够与影片更好地相配合。

进入会声会影编辑器，单击"文件"|"打开项目"命令，打开一个项目文件，如图18-75所示。在语音轨中，使用鼠标左键双击音频文件，如图18-76所示。

图18-75 打开项目文件

图18-76 双击音频文件

即可展开"音乐和语音"选项面板，单击"速度/时间流逝"按钮，如图18-77所示。弹出"速度/时间流逝"对话框，在其中设置"速度"为279，如图18-78所示。

图18-77 单击"速度/时间流逝"按钮

图18-78 设置参数值

单击"确定"按钮，即可调整音频的播放速度，如图18-79所示。单击"播放"按钮，试听修整后的音频文件，并查看视频画面效果，如图18-80所示。

图18-79 调整音频的播放速度

图18-80 查看视频画面效果

18.5　音频滤镜基本操作

在会声会影X8中，用户可以根据需要将音乐滤镜添加到轨道中的音乐素材上，使制作的音乐声音效果更加动听、完美。添加音频滤镜后，如果音频滤镜的声效无法满足用户的需求，则用户可以将添加的音频滤镜进行删除操作。本节主要向读者介绍添加与删除音频滤镜的操作方法。

18.5.1　淡入淡出滤镜

功能介绍

在会声会影X8中，使用淡入淡出的音频效果，可以避免音乐的突然出现和突然消失，使音乐能够有一种自然的过渡效果。下面向读者介绍添加淡入淡出音频滤镜的操作方法。

【练习18-7】添加淡入淡出滤镜

素材位置	无
效果位置	效果\第18章\淡入淡出滤镜.vsp
视频位置	视频\第18章\【练习18-7】添加淡入淡出滤镜.mp4
技术掌握	掌握淡入淡出滤镜的操作

本例主要讲解添加淡入淡出滤镜的操作方法。

Step 01　进入会声会影编辑器，打开媒体素材库，如图18-81所示。

Step 02　单击"显示音频文件"按钮，在其中选择SP-M02音频素材，如图18-82所示。

图18-81　打开媒体素材库

图18-82　选择SP-M02音频素材

> **提示**
>
> 音乐的淡入淡出效果是指一段音乐在开始时，音量由小渐大直到以正常的音量播放，而在即将结束时，则由正常的音量逐渐变小直至消失。这是一种常用的音频编辑效果，使用这种编辑效果，避免了音乐的突然出现和突然消失，使音乐能够有一种自然的过渡效果。

Step 03　在选择的音频素材上，单击鼠标左键并拖曳至时间轴面板的语音轨道中，添加音频素材，如图18-83所示。

Step 04　打开"音乐和语音"选项面板，在其中单击"淡入"按钮和"淡出"按钮，如图18-84所示。

图18-83　添加音频素材

图18-84　单击按钮

Step 05 为音频添加淡入淡出特效，在时间轴面板上方，单击"混音器"按钮，如图18-85所示。

Step 06 打开混音器视图，在其中可以查看淡入淡出的两个关键帧，如图18-86所示。

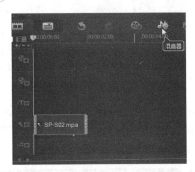

图18-85　单击"混音器"按钮

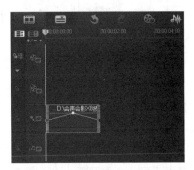

图18-86　查看两个关键帧

18.5.2　音频滤镜

功能介绍

在会声会影X8中，除了淡入淡出音频滤镜外，还向读者提供了多种其他的音频滤镜。

进入会声会影编辑器，打开媒体素材库，显示音频文件，在其中选择SP-M03音频素材，如图18-87所示。在选择的音频素材上，单击鼠标左键并拖曳至时间轴面板的语音轨道中，添加音频素材，如图18-88所示。

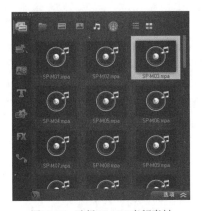

图18-87　选择SP-M03音频素材

图18-88　添加音频素材

打开"音乐和语音"选项面板，单击"音频滤镜"按钮，如图18-89所示。执行操作后，弹出"音频滤镜"对话框，在"可用滤镜"列表框中选择"减弱杂讯"音频滤镜，如图18-90所示。

图18-89　单击"音频滤镜"按钮

图18-90　选择"减弱杂讯"音频滤镜

单击中间的"添加"按钮，选择的音频滤镜样式即可显示在"已用滤镜"列表框中，如图18-91所示。继续在"可用滤镜"列表框中选择"音频润饰"音频滤镜，如图18-92所示。

图18-91　显示在"已用滤镜"列表框中

图18-92　选择"音频润饰"音频滤镜

　　单击中间的"添加"按钮，选择的第2个音频滤镜样式即可显示在"已用滤镜"列表框中，如图18-93所示。滤镜添加完成后，单击"确定"按钮，即可为语音轨中的音频文件添加滤镜效果。此时音频文件的开始位置将显示滤镜图标，如图18-94所示，表示该音频文件已经添加了音频滤镜。

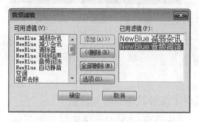

图18-93　显示在"已用滤镜"列表框中

图18-94　显示滤镜图标

18.5.3　滤镜选项的设置

功能介绍

　　在"音频滤镜"对话框中，用户选择了相应滤镜后，还可以设置所选滤镜的选项，使用鼠标左键双击语音轨中的音频文件，在"音乐和语音"面板中单击"音频滤镜"按钮 ，弹出"音频滤镜"对话框，单击"选项"按钮，如图18-95所示。弹出"减弱杂讯"对话框，设置"淡化"为50，如图18-96所示，单击"确定"按钮，返回到"音频滤镜"对话框，单击"确定"按钮，即可完成滤镜选项的设置。

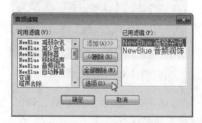

图18-95　单击"选项"按钮

图18-96　设置比例值

提示

　　在"音频滤镜"对话框中，有一个"选项"按钮，当用户在"已用滤镜"列表框中选择相应音频滤镜后，单击"选项"按钮，将弹出相应对话框，在其中用户可以根据需要对添加的音频滤镜进行相关选项设置，使制作的音频更加符合用户的需求。

18.5.4　删除音频滤镜

功能介绍

　　在会声会影X8中，如果用户对于添加的音频滤镜不满意，则可以对音频滤镜进行删除操作。打开"音频滤镜"对话框，在"已用滤镜"列表框中选择需要删除的音频滤镜，如图18-97所示。单击中间的"删除"按钮，即可删除选择的音频滤镜，如图18-98所示。

图18-97　选择需要删除的音频滤镜　　　　　图18-98　删除选择的音频滤镜

18.5.5　删除全部音频滤镜

功能介绍

在会声会影X8中，用户还可以一次性删除音频素材中添加的所有音频滤镜。打开"音频滤镜"对话框，单击中间的"全部删除"按钮，如图18-99所示。执行操作后，即可删除"已用滤镜"列表框中添加的所有音频滤镜，此时该列表框为空，如图18-100所示。

 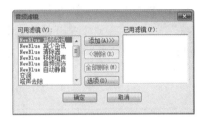

图18-99　单击"全部删除"按钮　　　　　　图18-100　列表框为空

18.6　应用音频滤镜

在会声会影X8中，用户可以将音频滤镜添加到声音或音乐轨的音频素材上，如嘶声降低滤镜、放大滤镜、混响滤镜、延迟滤镜以及变声滤镜等，应用这些音频滤镜，可以使用户制作的背景音乐的音效更加完美、动听。本节主要向读者介绍应用音频滤镜的操作方法。

18.6.1　嘶声降低滤镜

功能介绍

在会声会影X8中，使用嘶声降低滤镜可以减少音频文件中的嘶嘶声，使音频听起来更加清晰。进入会声会影编辑器，单击"文件"|"打开项目"命令，打开一个项目文件，如图18-101所示。在语音轨中，使用鼠标左键双击需要添加音频滤镜的素材，如图18-102所示。

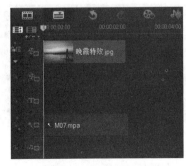 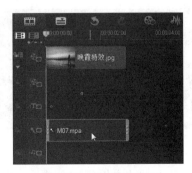

图18-101　打开项目文件　　　　　　　图18-102　双击音频素材

打开"音乐和语音"选项面板，单击"音频滤镜"按钮，如图18-103所示。弹出"音频滤镜"对话框，在"可用滤镜"列表框中选择"嘶声降低"选项，如图18-104所示。

图18-103　单击"音频滤镜"按钮

图18-104　选择"嘶声降低"选项

单击"添加"按钮，选择的滤镜即可显示在"已用滤镜"列表框中，如图18-105所示。单击"确定"和"播放"按钮，试听音频滤镜特效，查看视频画面效果，如图18-106所示。

图18-105　显示在"已用滤镜"列表框中

图18-106　查看视频画面效果

18.6.2　放大滤镜

功能介绍

在会声会影X8中，使用放大音频滤镜可以对音频文件的声音进行放大处理，该滤镜样式适合放在各种音频音量较小的素材中。

【练习18-8】给烟花绽放应用放大滤镜

素材位置	素材\第18章\烟花绽放.vsp
效果位置	效果\第18章\烟花绽放.vsp
视频位置	视频\第18章\【练习18-8】给烟花绽放应用放大滤镜.mp4
技术掌握	掌握给烟花绽放应用放大滤镜的操作

本例主要讲解给烟花绽放应用放大滤镜的操作方法。

Step 01　进入会声会影编辑器，单击"文件"|"打开项目"命令，打开一个项目文件，如图18-107所示。

Step 02　在语音轨中，使用鼠标左键双击需要添加音频滤镜的素材，如图18-108所示。

图18-107　打开项目文件

图18-108　双击音频素材

Step 03　打开"音乐和语音"选项面板，单击"音频滤镜"按钮，如图18-109所示。

Step 04　弹出"音频滤镜"对话框，在"可用滤镜"列表框中选择"放大"选项，如图18-110所示。

图18-109 单击"音频滤镜"按钮

图18-110 选择"放大"选项

Step 05 单击"添加"按钮，选择的滤镜即可显示在"已用滤镜"列表框中，如图18-111所示。

Step 06 单击"确定"和"播放"按钮，试听音频滤镜特效，查看视频画面效果，如图18-112所示。

图18-111 显示在"已用滤镜"列表框中

图18-112 查看视频画面效果

18.6.3 嗒声去除滤镜

功能介绍

在会声会影X8中，使用"嗒声去除"音频滤镜可以对音频文件中点击的声音进行清除处理。

进入会声会影编辑器，单击"文件"|"打开项目"命令，打开一个项目文件，如图18-113所示。在语音轨中，使用鼠标左键双击需要添加音频滤镜的素材，如图18-114所示。

图18-113 打开项目文件

图18-114 双击需要添加音频滤镜的素材

打开"音乐和语音"选项面板，单击"音频滤镜"按钮，弹出"音频滤镜"对话框，在"可用滤镜"列表框中选择"嗒声去除"选项，如图18-115所示。单击"添加"按钮，选择的滤镜即可显示在"已用滤镜"列表框中，如图18-116所示。

图18-115 选择"嗒声去除"选项

图18-116 显示在"已用滤镜"列表框中

单击"确定"和"播放"按钮，试听音频滤镜特效，查看视频画面效果，如图18-117所示。

图18-117　查看视频画面效果

18.6.4　回音滤镜

功能介绍

在会声会影X8中，使用"回音"音频滤镜可以在音频文件中添加回音特效。下面向读者介绍添加回音滤镜的操作方法。

【练习18-9】给甜心巧克力应用回音滤镜

素材位置	素材\第18章\甜心巧克力.vsp
效果位置	效果\第18章\甜心巧克力.vsp
视频位置	视频\第18章\【练习18-9】给甜心巧克力应用回音滤镜.mp4
技术掌握	掌握给甜心巧克力应用回音滤镜的操作

本例主要讲解给甜心巧克力应用回音滤镜的操作方法。

Step 01　进入会声会影编辑器，单击"文件"|"打开项目"命令，打开一个项目文件，如图18-118所示。

Step 02　在语音轨中，使用鼠标左键双击需要添加音频滤镜的素材，如图18-119所示。

图18-118　打开项目文件　　　　　　　图18-119　双击需要添加音频滤镜的素材

Step 03　打开"音乐和语音"选项面板，单击"音频滤镜"按钮，弹出"音频滤镜"对话框，在"可用滤镜"列表框中选择"回音"选项，如图18-120所示。

Step 04　单击"添加"按钮，选择的滤镜即可显示在"已用滤镜"列表框中，如图18-121所示。

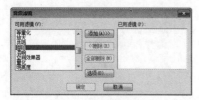

图18-120　选择"回音"选项　　　　　　图18-121　显示在"已用滤镜"列表框中

Step 05 单击"确定"和"播放"按钮，试听音频滤镜特效，查看视频画面效果，如图18-122所示。

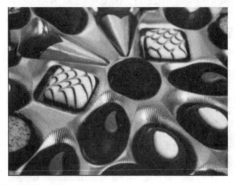

图18-122　查看视频画面效果

18.6.5　长回音滤镜

功能介绍

在会声会影X8中，使用长回音音频滤镜样式可以为音频文件添加回音效果，该滤镜样式适合放在比较梦幻的视频素材当中。

进入会声会影编辑器，单击"文件"|"打开项目"命令，打开一个项目文件，如图18-123所示。在语音轨中，使用鼠标左键双击需要添加音频滤镜的素材，如图18-124所示。

图18-123　打开项目文件　　　　　　　　图18-124　双击需要添加音频滤镜的素材

打开"音乐和语音"选项面板，单击"音频滤镜"按钮，弹出"音频滤镜"对话框，在"可用滤镜"列表框中选择Long Echo（长回音）选项，如图18-125所示。单击"添加"按钮，选择的滤镜即可显示在"已用滤镜"列表框中，如图18-126所示。

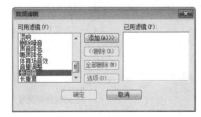

图18-125　选择"长回音"选项　　　　　　图18-126　显示在"已用滤镜"列表框中

单击"确定"和"播放"按钮，试听音频滤镜特效，查看视频画面效果，如图18-127所示。

图18-127　查看视频画面效果

18.6.6　变调滤镜

功能介绍

在会声会影X8中，使用变调音频滤镜可以对现有的音频文件声音进行处理，使其变成另外一种声音特效，即声音变调处理。

【练习18-10】给橙子应用变调滤镜

素材位置	素材\第18章\橙子.vsp
效果位置	效果\第18章\橙子.vsp
视频位置	视频\第18章\【练习18-10】给橙子应用变调滤镜.mp4
技术掌握	掌握给橙子应用变调滤镜的操作

本例主要讲解给橙子应用变调滤镜的操作方法。

Step 01　进入会声会影编辑器，单击"文件"|"打开项目"命令，打开一个项目文件，如图18-128所示。

Step 02　在语音轨中，使用鼠标左键双击需要添加音频滤镜的素材，如图18-129所示。

图18-128　打开项目文件　　　　　　　　　　图18-129　双击需要添加音频滤镜的素材

STEP 03　打开"音乐和语音"选项面板，单击"音频滤镜"按钮，弹出"音频滤镜"对话框，在"可用滤镜"列表框中选择"变调"选项，如图18-130所示。

Step 04　单击"添加"按钮，选择的滤镜即可显示在"已用滤镜"列表框中，如图18-131所示。

图18-130　选择"变调"选项　　　　　　　　图18-131　显示在"已用滤镜"列表框中

Step 05 单击"确定"和"播放"按钮，试听音频滤镜特效，查看视频画面效果，如图18-132所示。

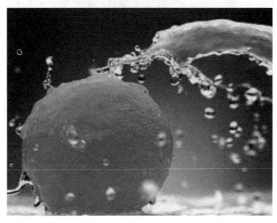

图18-132　查看视频画面效果

18.6.7　删除噪音滤镜

功能介绍

在会声会影X8中，使用"删除噪音"音频滤镜可以对音频文件中的噪声进行处理，该滤镜适合用在有噪音的音频文件中。

进入会声会影编辑器，单击"文件"|"打开项目"命令，打开一个项目文件，如图18-133所示。在语音轨中，使用鼠标左键双击需要添加音频滤镜的素材，如图18-134所示。

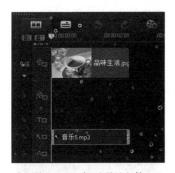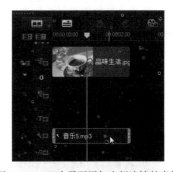

图18-133　打开项目文件　　　　　　图18-134　双击需要添加音频滤镜的素材

打开"音乐和语音"选项面板，单击"音频滤镜"按钮，弹出"音频滤镜"对话框，在"可用滤镜"列表框中选择"删除噪音"选项，如图18-135所示。单击"添加"按钮，选择的滤镜即可显示在"已用滤镜"列表框中，如图18-136所示。

图18-135　选择"删除噪音"选项　　　　　　图18-136　显示在"已用滤镜"列表框中

单击"确定"和"播放"按钮，试听音频滤镜特效，查看视频画面效果，如图18-137所示。

图18-137　查看视频画面效果

18.6.8　混响滤镜

功能介绍

在会声会影X8中，使用混响音频滤镜可以为音频文件添加混响效果，该滤镜样式适合放在比较热闹的视频场景中作为背景音效。

【练习18-11】给微笑美女应用混响滤镜

素材位置	素材\第18章\微笑美女.vsp
效果位置	效果\第18章\微笑美女.vsp
视频位置	视频\第18章\【练习18-11】给微笑美女应用混响滤镜.mp4
技术掌握	掌握给微笑美女应用混响滤镜的操作

本例主要讲解给微笑美女应用混响滤镜的操作方法。

Step 01　进入会声会影编辑器，单击"文件"|"打开项目"命令，打开一个项目文件，如图18-138所示。

Step 02　在语音轨中，使用鼠标左键双击需要添加音频滤镜的素材，如图18-139所示。

图18-138　打开项目文件　　　　　　　　　　图18-139　双击需要添加音频滤镜的素材

Step 03　打开"音乐和语音"选项面板，单击"音频滤镜"按钮，弹出"音频滤镜"对话框，在"可用滤镜"列表框中选择"混响"选项，如图18-140所示。

Step 04　单击"添加"按钮，选择的滤镜即可显示在"已用滤镜"列表框中，如图18-141所示。

图18-140　选择"混响"选项　　　　　　　　图18-141　显示在"已用滤镜"列表框中

Step 05 单击"确定"和"播放"按钮，试听音频滤镜特效，查看视频画面效果，如图18-142所示。

图18-142 查看视频画面效果

18.6.9 体育场音效滤镜

功能介绍

在会声会影X8中，使用"体育场音效"音频滤镜可以为音频文件添加体育场音效特效。进入会声会影编辑器，单击"文件"|"打开项目"命令，打开一个项目文件，如图18-143所示。在语音轨中，使用鼠标左键双击需要添加音频滤镜的素材，如图18-144所示。

图18-143 打开项目文件　　　　　图18-144 双击需要添加音频滤镜的素材

打开"音乐和语音"选项面板，单击"音频滤镜"按钮，弹出"音频滤镜"对话框，在"可用滤镜"列表框中选择"体育场音效"选项，如图18-145所示。单击"添加"按钮，选择的滤镜即可显示在"已用滤镜"列表框中，如图18-146所示。

图18-145 选择"体育场音效"选项　　　　　图18-146 显示在"已用滤镜"列表框中

单击"确定"和"播放"按钮，试听音频滤镜特效，查看视频画面效果，如图18-147所示。

图18-147　查看视频画面效果

18.6.10　自动静音滤镜

功能介绍

在会声会影X8中，使用自动静音音频滤镜可以对音频文件进行静音处理。下面向读者介绍添加自动静音滤镜的操作方法。

【练习18-12】给非常喜庆应用自动静音滤镜

素材位置	素材\第18章\非常喜庆.vsp
效果位置	效果\第18章\非常喜庆.vsp
视频位置	视频\第18章\【练习18-12】给非常喜庆应用自动静音滤镜.mp4
技术掌握	掌握给非常喜庆应用自动静音滤镜的操作

本例主要讲解给非常喜庆应用自动静音滤镜的操作方法。

Step 01 进入会声会影编辑器，单击"文件"|"打开项目"命令，打开一个项目文件，如图18-148所示。

Step 02 在语音轨中，使用鼠标左键双击需要添加音频滤镜的素材，如图18-149所示。

图18-148　打开项目文件　　　　　　　　图18-149　双击需要添加音频滤镜的素材

Step 03 打开"音乐和语音"选项面板，单击"音频滤镜"按钮，弹出"音频滤镜"对话框，在"可用滤镜"列表框中选择"NewBlue自动静音"选项，如图18-150所示。

Step 04 单击"添加"按钮，选择的滤镜即可显示在"已用滤镜"列表框中，如图18-151所示。

图18-150　选择"NewBlue自动静音"选项　　　　图18-151　显示在"已用滤镜"列表框中

单击"确定"和"播放"按钮，试听音频滤镜特效，查看视频画面效果，如图18-152所示。

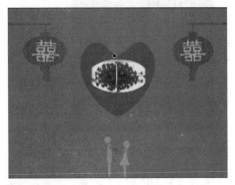

图18-152 查看视频画面效果

18.7 音频混音器使用技巧

混音器可以动态调整音量调节线，允许在播放影片项目的同时，实时调整某个轨道素材任意一点的音量。如果用户的乐感很好，借助混音器可以像专业混音师一样混合影片的精彩声响效果。

18.7.1 选择音频轨道

功能介绍

在会声会影X8中使用混音器调节音量前，首先需要选择调节音量的音轨。

【练习18-13】给商业广告选择音频轨道

素材位置	素材\第18章\商业广告.vsp
效果位置	效果\第18章\商业广告.vsp
视频位置	视频\第18章\【练习18-13】给商业广告选择音频轨道.mp4
技术掌握	掌握给商业广告选择音频轨道的操作

本例主要讲解给商业广告选择音频轨道的操作方法。

Step 01 进入会声会影编辑器，打开一个项目文件，如图18-153所示。

Step 02 单击时间轴面板上方的"混音器"按钮 ，如图18-154所示。

图18-153 打开项目文件　　　　　　图18-154 单击"混音器"按钮

Step 03 切换至混音器视图，在"环绕混音"选项面板中，单击"语音轨"按钮，如图18-155所示。

Step 04 执行上述操作后，即可选择音频轨道，如图18-156所示。

提示

在会声会影X8中的"环绕混音"选项面板中，单击"音乐轨"按钮，可选择音频轨。

图18-155　单击"语音轨"按钮　　　　　　　　　　图18-156　选择音频轨道

18.7.2　设置轨道静音

功能介绍

在会声会影X8中编辑视频文件时，用户可根据需要对语音轨中的音频文件执行静音操作。以上一例的素材为例，如图18-157所示，进入混音器视图中的"环绕混音"选项面板。单击"语音轨"按钮左侧的声音图标，执行上述操作后，即可将音频素材设置为静音，如图18-158所示。

图18-157　打开一个项目文件　　　　　　　　　　图18-158　将音频素材设置为静音

18.7.3　恢复默认音量

功能介绍

在会声会影X8中，使用混音器调节音乐轨道素材的音量后，如果用户不满意效果，则可以将其恢复至原始状态。

进入会声会影编辑器，打开一个项目文件，如图18-159所示。在预览窗口中预览打开的项目效果，如图18-160所示。

图18-159　打开一个项目文件　　　　　　　　　　图18-160　预览打开的项目效果

切换至混音器视图，在语音轨中选择音频文件，单击鼠标右键，在弹出的快捷菜单中选择"重置音量"选项，如图18-161所示。执行上述操作后，即可将音量调节线恢复到原始状态，如图18-162所示。

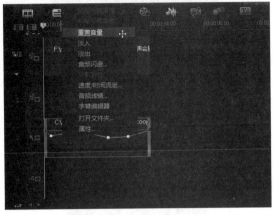

图18-161 选择"重置音量"选项

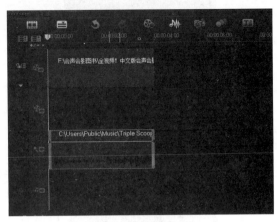

图18-162 恢复到原始状态

提示

在语音轨的音频素材上，选择添加的关键帧，单击鼠标左键并向外拖曳，也可以快速删除关键帧音量，将音量调节线恢复到原始状态。

18.7.4 实时调节音量

功能介绍

在会声会影X8的混音器视图中，播放音频文件时，用户可以对某个轨道上的音频进行音量的调整。

进入会声会影编辑器，打开一个项目文件，如图18-163所示。在预览窗口中预览打开的项目效果，如图18-164所示。

图18-163 打开一个项目文件

图18-164 预览打开的项目效果

选择语音轨中的音频文件，切换至混音器视图，如图18-165所示。单击"环绕混音"选项面板中的"播放"按钮，开始试听选择轨道的音频效果，在混音器中可以看到音量起伏的变化，如图18-166所示。

提示

混音器是一种"动态"调整音量调节线的方式，它允许在播放影片项目的同时，实时调整音乐轨道素材任意一点的音量。

图18-165 混音器视图

图18-166 单击"播放"按钮

单击"环绕混音"选项面板的"音量"按钮，并向下拖曳鼠标，如图18-167所示。执行上述操作后，即可播放并实时调节音量，在语音轨中可以查看音频调节效果，如图18-168所示。

图18-167 向下拖曳鼠标

图18-168 查看音频调节效果

18.7.5 调整左声道音量

功能介绍

在会声会影X8中，如果音频素材播放时，其左声道的音量不能满足用户的需求时，此时可以调整左声道的音量。

【练习18-14】给彩色条带调整音量

素材位置	素材\第18章\彩色条带.vsp
效果位置	效果\第18章\彩色条带.vsp
视频位置	视频\第18章\【练习18-14】给彩色条带调整音量.mp4
技术掌握	掌握给彩色条带调整音量的操作

本例主要讲解给彩色条带调整音量的操作方法。

Step 01 进入会声会影编辑器，打开一个项目文件，如图18-169所示。

Step 02 在预览窗口中可以预览打开的项目效果，如图18-170所示。

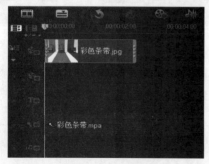

图18-169 选择音频素材

图18-170 单击"播放"按钮

提示

在立体声中左声道和右声道能够分别播出相同或不同的声音，产生从左到右或从右到左的立体声音变化效果。在卡拉OK中左声道和右声道分别是主音乐声道，和主人声声道，关闭其中任何一个声道，你将听到以音乐为主或者以人声为主的声音。在单声道中，左声道和右声道没有什么区别。在2.1、4.1、6.1等声场模式中，左声道和右声道还可以分为前置左、右声道，后置左、右声道，环绕左、右声道，以及中置和低音炮等。

Step 03 进入混音器视图，选择音频素材，在"环绕混音"选项面板中单击"播放"按钮，然后单击右侧窗口中的滑块并向左拖曳，如图18-171所示。

Step 04 执行上述操作后，即可调整左声道的音量大小，在时间轴面板中可以查看调整后的效果，如图18-172所示。

图18-171　调整左声道的音量大小

图18-172　查看音频调节效果

技术专题 　**［调整右声道音量］**

在会声会影X8中，用户还可以根据需要调整音频右声道音量的大小，调整后的音量在播放试听时会有所变化。以上一例的素材为例，选择已添加至语音轨中的音频文件，进入混音器视图，选择音频素材，如图18-173所示。在"环绕混音"选项面板中单击"播放"按钮，如图18-174所示。

图18-173　选择音频素材

图18-174　单击"播放"按钮

单击右侧窗口中的滑块向右拖曳，执行操作后，即可调整右声道的音量大小，如图18-175所示。在语音轨中可查看音频调节效果，如图18-176所示。

图18-175　调整右声道的音量大小

图18-176　查看音频调节效果

视频文件的输出与刻录

本章导读

　　通过会声会影X8中的"输出"步骤选项面板，可以将编辑完成的影片进行渲染以及输出成视频文件。在会声会影X8中，视频编辑完成后，最后的工作就是刻录了，会声会影X8中提供了多种刻录方式，以适合不同用户的需要。用户可以在会声会影X8中直接将视频刻录成光盘，如刻录DVD光盘、AVCHD光盘、蓝光光盘以及将视频镜像刻录ISO文件等，用户也可以使用专业的刻录软件进行光盘的刻录。本章主要介绍渲染与输出视频文件的各种操作方法，包括渲染输出影片、输出影片模版、输出影片音频以及刻录光盘等内容。

19.1　视频文件的输出

　　视频编辑完成后，最后的工作就是输出。会声会影X8提供了多种输出方式，以适合不同用户的需要。本节主要向读者介绍使用会声会影X8渲染与输出视频的各种操作方法，主要包括输出AVI视频、输出MPEG视频、输出MOV视频、输出MP4视频、输出WMV视频以及输出3GPP视频等内容，希望读者熟练掌握本节视频的输出技巧。

19.1.1　AVI视频

功能介绍

　　AVI主要应用在多媒体光盘上，用来保存电视、电影等各种影像信息，它的优点是兼容性好，图像质量好，只是输出的尺寸和容量有点偏大。下面向读者介绍输出AVI视频文件的操作方法。

【练习19-1】　将山水美景输出为AVI视频文件

素材位置	素材\第19章\山水美景vsp
效果位置	效果\第19章\山水美景.AVI
视频位置	视频\第19章\【练习19-1】将山水美景输出为AVI视频文件.mp4
技术掌握	掌握将山水美景输出为AVI视频文件的操作

　　本例主要讲解将山水美景输出为AVI视频文件的操作方法。

Step 01 进入会声会影编辑器，单击"文件"｜"打开项目"命令，打开一个项目文件，如图19-1所示。

Step 02 在导览面板中单击"播放"按钮，预览制作完成的视频画面效果，如图19-2所示。

图19-1　打开一个项目文件

图19-2　预览视频画面效果

提示

　　默认情况下，当用户输出完成视频文件后，在预览窗口中会自动播放输出的视频文件画面，用户可以欣赏输出的视频画面效果。

Step 03 在工作界面的上方，单击"输出"标签，执行操作后，即可切换至"输出"步骤面板，如图19-3所示。

Step 04 在上方面板中，选择AVI选项，如图19-4所示，是指输出AVI视频格式。

图19-3 切换至"输出"步骤面板

图19-4 选择AVI选项

Step 05 在下方面板中，单击"文件位置"右侧的"浏览"按钮，如图19-5所示。

Step 06 弹出"浏览"对话框，在其中设置视频文件的输出名称与输出位置，如图19-6所示。

图19-5 单击"浏览"按钮

图19-6 设置输出名称与输出位置

Step 07 设置完成后，单击"保存"按钮，返回会声会影编辑器，如图19-7所示。

Step 08 单击下方的"开始"按钮，开始渲染视频文件，并显示渲染进度，如图19-8所示。

图19-7 返回会声会影编辑器

图19-8 显示渲染进度

Step 09 稍等片刻待视频文件输出完成后，弹出信息提示框，提示用户视频文件建立成功，如图19-9所示。

Step 10 单击"确定"按钮，完成输出整个项目文件的操作，在视频素材库中查看输出的AVI视频文件，如图19-10所示。

图19-9　弹出信息提示框

图19-10　查看输出的AVI视频文件

19.1.2　MPEG视频

功能介绍

在影视后期输出中，有许多视频文件需要输出MPEG格式，网络上很多视频文件的格式也是MPEG格式的。下面向读者介绍输出MPEG视频文件的操作方法。

进入会声会影编辑器，单击"文件"｜"打开项目"命令，打开一个项目文件，如图19-11所示。在导览面板中单击"播放"按钮，预览制作完成的视频画面效果，如图19-12所示。

图19-11　打开一个项目文件

图19-12　预览视频画面效果

在工作界面的上方，单击"输出"标签，执行操作后，即可切换至"输出"步骤面板，如图19-13所示。在上方面板中，选择MPEG-2选项，如图19-14所示，是指输出MPEG视频格式。

图19-13　切换至"输出"步骤面板

图19-14　选择MPEG-2选项

在下方面板中，单击"文件位置"右侧的"浏览"按钮，如图19-15所示。弹出"浏览"对话框，在其中设置视频文件的输出名称与输出位置，如图19-16所示。

图19-15　单击"浏览"按钮

图19-16　设置输出名称与输出位置

设置完成后，单击"保存"按钮，返回会声会影编辑器，如图19-17所示。单击下方的"开始"按钮，开始渲染视频文件，并显示渲染进度，如图19-18所示。

图19-17　返回会声会影编辑器

图19-18　显示渲染进度

稍等片刻，待视频文件输出完成后，弹出信息提示框，提示用户视频文件建立成功，如图19-19所示。单击"确定"按钮，完成输出整个项目文件的操作，在视频素材库中查看输出的MPEG视频文件，如图19-20所示。

图19-19　弹出信息提示框

图19-20　查看输出的MPEG视频文件

19.1.3　MOV视频

功能介绍

MOV格式是指Quick Time格式，是苹果（Apple）公司创立的一种视频格式。

进入会声会影编辑器，单击"文件"|"打开项目"命令，打开一个项目文件，如图19-21所示。在导览面板中单击"播放"按钮，预览制作完成的视频画面效果，如图19-22所示。

图19-21　打开一个项目文件

图19-22　预览视频画面效果

在工作界面的上方，单击"输出"标签，执行操作后，即可切换至"输出"步骤面板，如图19-23所示。在上方面板中，选择MOV选项，如图19-24所示，是指输出MOV视频格式。

图19-23　切换至"输出"步骤面板

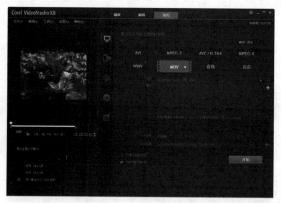

图19-24　选择MOV选项

在下方面板中，单击"文件位置"右侧的"浏览"按钮，如图19-25所示。弹出"浏览"对话框，在其中设置视频文件的输出名称与输出位置，如图19-26所示。

图19-25　单击"浏览"按钮

图19-26　设置输出名称与输出位置

设置完成后，单击"保存"按钮，返回会声会影编辑器，如图19-27所示。单击下方的"开始"按钮，开始渲染视频文件，并显示渲染进度，如图19-28所示。

稍等片刻，待视频文件输出完成后，弹出信息提示框，提示用户视频文件建立成功，如图19-29所示。单击"确定"按钮，完成输出整个项目文件的操作，在视频素材库中查看输出的MOV视频文件，如图19-30所示。

图19-27 返回会声会影编辑器

图19-28 显示渲染进度

图19-29 弹出信息提示框

图19-30 查看输出的MOV视频文件

19.1.4 MP4视频

功能介绍

MP4全称MPEG-4 Part 14，是一种使用MPEG-4的多媒体电脑档案格式，文件格式名为.mp4，MP4格式的优点是应用广泛，这种格式在大多数播放软件、非线性编辑软件以及智能手机中都能播放。下面向读者介绍输出MP4视频文件的操作方法。

【练习19-2】 将纯真童年输出为MP4视频文件

素材位置	素材\第19章\纯真童年.vsp
效果位置	效果\第19章\纯真童年.MP4
视频位置	视频\第19章\【练习19-2】将纯真童年输出为MP4视频文件.mp4
技术掌握	掌握将纯真童年输出为MP4视频文件的操作

本例主要讲解将纯真童年输出为MP4视频文件的操作方法。

Step 01 进入会声会影编辑器，单击"文件"|"打开项目"命令，打开一个项目文件，如图19-31所示。

Step 02 在导览面板中单击"播放"按钮，预览制作完成的视频画面效果，如图19-32所示。

图19-31 打开一个项目文件

图19-32 预览视频画面效果

会声会影 X8 技术大全

Step 03 在工作界面的上方，单击"输出"标签，执行操作后，即可切换至"输出"步骤面板，如图19-33所示。

Step 04 在上方面板中，单击"自定"按钮，单击"项目"右侧的下拉按钮，在其中选择MP4选项，如图19-34所示，是指输出MP4视频格式。

提示

　　在会声会影X8的"输出"面板中，用户还可以输出AVI、WMV以及MPEG-4视频格式，操作方法很简单，用户只需在"输出"面板中选择相应的输出格式即可。

图19-33　切换至"输出"步骤面板

图19-34　选择MP4选项

Step 05 在下方面板中，单击"文件位置"右侧的"浏览"按钮，如图19-35所示。

Step 06 弹出"浏览"对话框，在其中设置视频文件的输出名称与输出位置，如图19-36所示。

图19-35　单击"浏览"按钮

图19-36　设置输出名称与输出位置

Step 07 设置完成后，单击"保存"按钮，返回会声会影编辑器，如图19-37所示。

Step 08 单击下方的"开始"按钮，开始渲染视频文件，并显示渲染进度，如图19-38所示。

图19-37　返回会声会影编辑器

图19-38　显示渲染进度

Step 09 稍等片刻，待视频文件输出完成后，弹出信息提示框，提示用户视频文件建立成功，如图19-39所示。

Step 10 单击"确定"按钮，完成输出整个项目文件的操作，在视频素材库中查看输出的MP4视频文件，如图19-40所示。

图19-39 弹出信息提示框

图19-40 查看输出的MP4视频文件

19.1.5 WMV视频

功能介绍

WMV视频格式在互联网中使用得非常频繁，深受广大用户喜爱。下面向读者介绍输出WMV视频文件的操作方法。

进入会声会影编辑器，单击"文件"|"打开项目"命令，打开一个项目文件，如图19-41所示。在导览面板中单击"播放"按钮，预览制作完成的视频画面效果，如图19-42所示。

图19-41 打开一个项目文件

图19-42 预览视频画面效果

在工作界面的上方，单击"输出"标签，执行操作后，即可切换至"输出"步骤面板，如图19-43所示。在上方面板中，在其中选择WMV选项，如图19-44所示，是指输出WMV视频格式。

图19-43 切换至"输出"步骤面板

图19-44 选择WMV选项

在下方面板中，单击"文件位置"右侧的"浏览"按钮，如图19-45所示。弹出"浏览"对话框，在其中设置视频文件的输出名称与输出位置，如图19-46所示。

图19-45　单击"浏览"按钮

图19-46　设置输出名称与输出位置

设置完成后，单击"保存"按钮，返回会声会影编辑器，如图19-47所示。单击下方的"开始"按钮，开始渲染视频文件，并显示渲染进度，如图19-48所示。

图19-47　返回会声会影编辑器

图19-48　显示渲染进度

提示

在会声会影X8中，渲染输出指定范围影片时，用户还可以按"F3"键，来快速标记影片的开始位置。

稍等片刻，待视频文件输出完成后，弹出信息提示框，提示用户视频文件建立成功，如图19-49所示。单击"确定"按钮，完成输出整个项目文件的操作，在视频素材库中查看输出的WMV视频文件，如图19-50所示。

图19-49　弹出信息提示框

图19-50　查看输出的WMV视频文件

19.1.6　3GP视频

功能介绍

3GP是一种3G流媒体的视频编码格式，它使用户能够发送大量的数据到移动电话网络。3GP是MP4格式的一种简化版本，减少了储存空间并降低了频宽需求，使手机上有限的储存空间得以使用。下面向读者介绍输出3GP视频文件的操作方法。

　　进入会声会影编辑器，单击"文件"|"打开项目"命令，打开一个项目文件，如图19-51所示。在导览面板中单击"播放"按钮，预览制作完成的视频画面效果，如图19-52所示。

图19-51　打开一个项目文件

图19-52　预览视频画面效果

　　在工作界面的上方，单击"输出"标签，执行操作后，即可切换至"输出"步骤面板，如图19-53所示。在上方面板中，单击"自定"按钮，单击"项目"右侧的下拉按钮，在其中选择3GP选项，如图19-54所示，是指输出3GP视频格式。

图19-53　切换至"输出"步骤面板

图19-54　选择3GP选项

　　在下方面板中，单击"文件位置"右侧的"浏览"按钮，如图19-55所示。弹出"浏览"对话框，在其中设置视频文件的输出名称与输出位置，如图19-56所示。

图19-55　单击"浏览"按钮

图19-56　设置输出名称与输出位置

设置完成后，单击"保存"按钮，返回会声会影编辑器，如图19-57所示。单击下方的"开始"按钮，开始渲染视频文件，并显示渲染进度，如图19-58所示。

图19-57　返回会声会影编辑器

图19-58　显示渲染进度

稍等片刻，待视频文件输出完成后，弹出信息提示框，提示用户视频文件建立成功，如图19-59所示。单击"确定"按钮，完成输出整个项目文件的操作，在视频素材库中查看输出的3GP视频文件，如图19-60所示。

图19-59　弹出信息提示框

图19-60　查看输出的3GP视频文件

问：为什么输出的视频文件不会自动播放？

答：如果用户输出视频文件后，在预览窗口中没有自动播放输出的视频画面，可能是用户在输出设置时取消了"创建后播放文件"复选框。此时，用户只需在"创建视频文件"对话框中，单击Options（选项）按钮，弹出Video Save Options（视频保存选项）对话框，在其中选中"创建后播放文件"复选框，再次输出视频文件时，在预览窗口中即可预览输出的视频画面效果。

19.1.7　部分视频

功能介绍

在会声会影X8中渲染视频时，为了更好地查看视频效果，常常需要渲染视频中的部分视频内容。进入会声会影编辑器，单击"文件"|"打开项目"命令，打开一个项目文件，如图19-61所示。在时间轴面板中，将时间线移至00:00:01:00的位置处，如图19-62所示。

图19-61　打开一个项目文件

图19-62　移动时间线

在导览面板中，单击"开始标记"按钮，标记视频的起始点，如图19-63所示。在时间轴面板中，将时间线移至00:00:04:00的位置处，如图19-64所示。

图19-63 标记视频的起始点

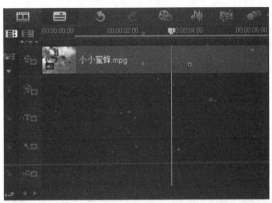

图19-64 移动时间线

在导览面板中，单击"结束标记"按钮，标记视频的结束点，如图19-65所示。单击"输出"标签，切换至"输出"步骤面板，在上方面板中选择MPEG-4选项，是指输出MP4视频格式，如图19-66所示。

图19-65 标记视频的结束点

图19-66 选择MPEG-4选项

单击"文件位置"右侧的"浏览"按钮，弹出"浏览"对话框，在其中设置视频文件的输出名称与输出位置，如图19-67所示。设置完成后，单击"保存"按钮，返回会声会影编辑器，在面板下方选中"仅建立预览范围"复选框，如图19-68所示。

图19-67 设置输出名称与输出位置

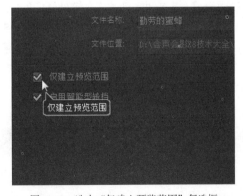

图19-68 选中"仅建立预览范围"复选框

　　单击"开始"按钮，开始渲染视频文件，并显示渲染进度，如图19-69所示，稍等片刻待视频文件输出完成后，弹出信息提示框，提示用户视频文件建立成功，单击"确定"按钮，完成指定影片输出范围的操作，在视频素材库中查看输出的视频文件，如图19-70所示。

图19-69　显示渲染进度　　　　　　　　　　　图19-70　查看输出的视频文件

　　在导览面板中，可以预览输出的视频画面效果，如图19-71所示。

图19-71　预览输出的视频画面效果

问： 如何输出指定区间内的视频？

答： 在会声会影X6中，用户不仅可以输出预览范围内的视频文件，还可以输出视频中指定区间内的视频文件，操作方法很简单，用户只需在Video Save Options（视频保存选项）对话框中，选中"按指定区间创建视频文件"复选框，在下方的"区间"数值框中，输入相应的视频区间参数，依次单击"确定"和"保存"按钮，即可输出指定区间内的视频文件。

19.2　音频文件的输出

　　在会声会影X8中，用户可以单独输出项目文件中的背景音乐素材，并将视频文件中的音频素材单独保存，以便在音频编辑软件中处理或者应用到其他项目文件中。本节主要向读者介绍单独输出项目中的音频文件的操作方法。

19.2.1 WAV音频

功能介绍

WAV格式是微软公司开发的一种声音文件格式，又称之为波形声音文件。进入会声会影编辑器，单击"文件"|"打开项目"命令，打开一个项目文件，如图19-72所示。在导览面板中单击"播放"按钮，预览制作完成的视频画面效果，如图19-73所示。

图19-72 打开一个项目文件

图19-73 预览视频画面效果

在工作界面的上方，单击"输出"标签，切换至"输出"步骤面板，选择"音频"选项，如图19-74所示。在下方的面板中单击"项目"右侧的下三角按钮，在弹出的列表框中选择WAV选项，如图19-75所示，是指输出WAV音频文件。

图19-74 选择"音频"选项

图19-75 选择WAV选项

在"音频"选项的下方面板中，单击"开始"按钮，如图19-76所示。执行上述操作后，开始渲染音频文件，并显示渲染进度，如图19-77所示。

图19-76 单击"开始"按钮

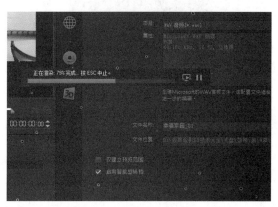
图19-77 显示渲染进度

问：如何指定音频输出的声道类型？

答：输出音频文件时，用户还可以指定音频输出的声道类型，只需在"创建声音文件"对话框中，单击 Options（选项）按钮，弹出 Audio Save Options（音频保存选项）对话框，切换至 Compression（压缩）选项卡，在 Attributes（属性）列表框中，用户可以选择音频的输出声道。

待音频文件渲染完成后，弹出信息提示框，提示用户音频文件创建完成，如图19-78所示。单击"确定"按钮，完成输出整个项目文件的操作，在视频素材库中查看输出的 WAV 音频文件，如图19-79所示。

图19-78　弹出信息提示框

图19-79　查看输出的 WAV 音频文件

19.2.2　WMA 音频

功能介绍

WMA 格式可以通过减少数据流量但保持音质的方法来达到更高压缩率的目的。

进入会声会影编辑器，单击"文件"|"打开项目"命令，打开一个项目文件，如图19-80所示。在导览面板中单击"播放"按钮，预览制作完成的视频画面效果，如图19-81所示。

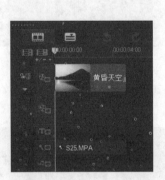

图19-80　打开一个项目文件

图19-81　预览视频画面效果

在工作界面的上方，单击"输出"标签，切换至"输出"步骤面板，选择"音频"选项，如图19-82所示。在下方的面板中单击"项目"右侧的下三角按钮，在弹出的列表框中选择 WMA 选项，如图19-83所示，是指输出 WMA 音频文件。

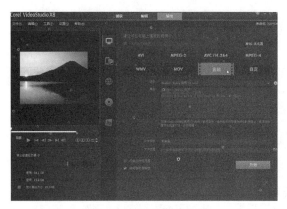

图19-82 选择"音频"选项

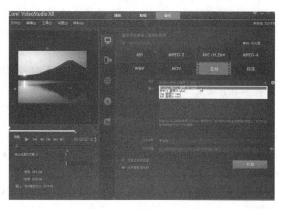

图19-83 选择WMA选项

在"音频"选项的下方面板中，单击"开始"按钮，如图19-84所示。执行上述操作后，开始渲染音频文件，并显示渲染进度，如图19-85所示。

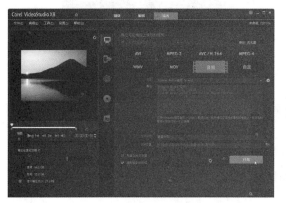

图19-84 单击"开始"按钮

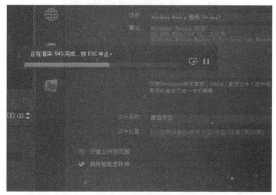

图19-85 显示渲染进度

待音频文件渲染完成后，弹出信息提示框，提示用户音频文件创建完成，如图19-86所示。单击"确定"按钮，完成输出整个项目文件的操作，在视频素材库中查看输出的WMA音频文件，如图19-87所示。

图19-86 弹出信息提示框

图19-87 查看输出的WMA音频文件

提示

在"输出"步骤面板中，设置"保存类型"为Windows Media Audio后，单击Options（选项）按钮，在弹出的对话框中，用户可以针对WMA音频格式的属性进行设置，包括输出的音频范围等。

19.2.3 M4A音频

功能介绍

M4A是MPEG-4 音频标准的文件的扩展名，普通的MPEG-4文件扩展名是.mp4，使用.m4a以区别MPEG4的视频和音频文件。

【练习19-3】 将天真童年输出为M4A音频文件

素材位置	素材\第19章\天真童年.vsp
效果位置	效果\第19章\天真童年.MP4
视频位置	视频\第19章\【练习19-3】将天真童年输出为M4A音频文件.mp4
技术掌握	掌握将天真童年输出为M4A音频文件的操作

本例主要讲解将天真童年输出为M4A音频文件的操作方法。

Step 01 进入会声会影编辑器，单击"文件"|"打开项目"命令，打开一个项目文件，如图19-88所示。

Step 02 在导览面板中单击"播放"按钮，预览制作完成的视频画面效果，如图19-89所示。

图19-88 打开一个项目文件

图19-89 预览视频画面效果

Step 03 在工作界面的上方，单击"输出"标签，切换至"输出"步骤面板，选择"音频"选项，如图19-90所示。

Step 04 在下方的面板中单击"项目"右侧的下三角按钮，在弹出的列表框中选择M4A选项，如图19-91所示，是指输出M4A音频文件。

图19-90 选择"音频"选项

图19-91 选择M4A选项

Step 05 在下方面板中，单击"文件位置"右侧的"浏览"按钮，如图19-92所示。

Step 06 弹出"浏览"对话框，在其中设置音频文件的输出名称与输出位置，如图19-93所示。

图19-92　单击"浏览"按钮　　　　　　　图19-93　设置输出名称与输出位置

Step 07 在"音频"选项的下方面板中，单击"开始"按钮，如图19-94所示。

Step 08 执行上述操作后，开始渲染音频文件，并显示渲染进度，如图19-95所示。

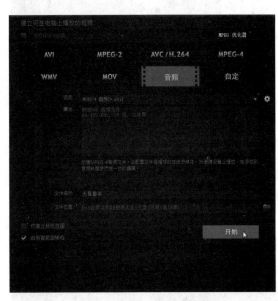

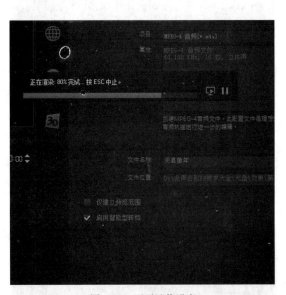

图19-94　单击"开始"按钮　　　　　　　图19-95　显示渲染进度

Step 09 待音频文件渲染完成后，弹出相应的信息提示框，提示用户音频文件创建完成，如图19-96所示。

Step 10 单击"确定"按钮，完成输出整个项目文件的操作，在视频素材库中查看输出的M4A音频文件，如图19-97所示。

图19-96　弹出信息提示框　　　　　　　图19-97　查看输出的M4A音频文件

19.2.4　OGG音频

功能介绍

OGG的全称是OGG Vobis（ogg Vorbis），是一种新的音频压缩格式，类似于MP3等音乐格式。进入会声会影编辑器，单击"文件"|"打开项目"命令，打开一个项目文件，如图19-98所示。在导览面板中单击"播放"按钮，预览制作完成的视频画面效果，如图19-99所示。

图19-98　打开一个项目文件

图19-99　预览视频画面效果

在工作界面的上方，单击"输出"标签，切换至"输出"步骤面板，选择"音频"选项，如图19-100所示。在下方的面板中单击"项目"右侧的下三角按钮，在弹出的列表框中选择OGG选项，如图19-101所示，是指输出OGG音频文件。

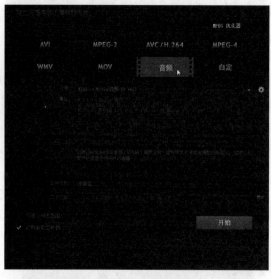

图19-100　选择"音频"选项

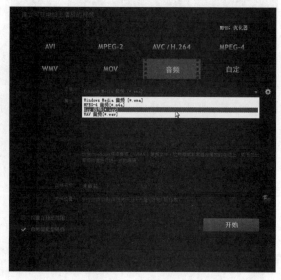

图19-101　选择OGG选项

在下方面板中，单击"文件位置"右侧的"浏览"按钮，如图19-102所示。弹出"浏览"对话框，在其中设置音频文件的输出名称与输出位置，如图19-103所示。

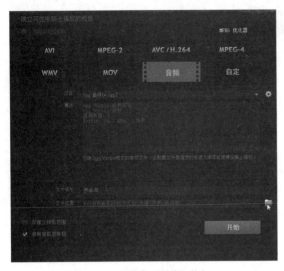

图19-102　单击"浏览"按钮

图19-103　设置输出名称与输出位置

在"音频"选项的下方面板中，单击"开始"按钮，如图19-104所示。执行上述操作后，开始渲染音频文件，并显示渲染进度，如图19-105所示。

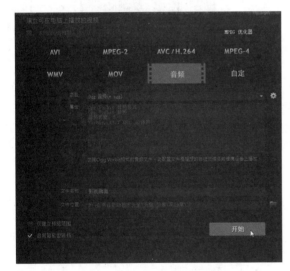

图19-104　单击"开始"按钮

图19-105　显示渲染进度

待音频文件渲染完成后，弹出信息提示框，提示用户音频文件创建完成，如图19-106所示。单击"确定"按钮，完成输出整个项目文件的操作，在音频素材库中查看输出的OGG音频文件，如图19-107所示。

图19-106　弹出信息提示框

图19-107　查看输出的OGG音频文件

19.3 视频模版的输出

会声会影X8预置了一些输出模版，以便于影片输出操作。这些模版定义了几种常用的输出文件格式及压缩编码和质量等输出参数。不过，在实际应用中，这些模版可能太少，无法满足用户的要求。虽然可以进行自定义设置，但是每次都需要打开几个对话框，操作未免太繁琐，此时，就需要自定义视频文件输出模版，以便提高影片输出效率。

19.3.1 PAL DV模版

功能介绍

DV格式是AVI格式的一种，其输出的影像质量几乎没有损失，但文件占用空间非常大。当要以最高质量输出影片时，或要回录到DV当中时，可以选择DV格式。

进入会声会影编辑器，单击"文件"|"打开项目"命令，打开一个项目文件，如图19-108所示。执行菜单栏中的"设置"|"影片模版管理器"命令，如图19-109所示。

图19-108 打开项目文件

图19-109 单击相应命令

弹出"影片模版管理器"对话框，单击"添加"按钮，如图19-110所示。弹出"开新设定文件选项"对话框，在"模版名称"文本框中，输入名称"PAL DV格式"，如图19-111所示。

图19-110 单击"添加"按钮

图19-111 输入名称"PAL DV格式"

单击"常规"标签，切换至"常规"选项卡，保持默认参数，如图19-112所示。

单击"确定"按钮，返回"影片模版管理器"对话框，此时新建的影片模版将出现在该对话框的"个人设定档"列表框中，如图19-113所示。单击"关闭"按钮，退出"影片模版管理器"对话框，完成设置。

图19-112 "常规"选项卡

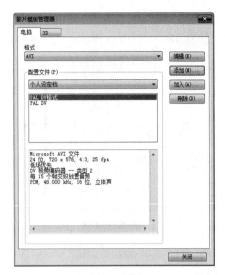

图19-113 显示新建的影片模版"PAL DV格式"

参数详解

在"影片模版管理器"对话框中，各按钮含义如下。

❖ 添加：单击该按钮，可以新建用户需要的影片模版。

❖ 编辑：单击该按钮，可以对已有的影片模版进行编辑操作。

❖ 删除：单击该按钮，可以对不需要的影片模版进行删除操作。

❖ 关闭：单击该按钮，可以关闭Make Movie Templates Manager对话框。

❖ 加入：单击该按钮，可以添加其他的影片模版类别。

19.3.2 PAL DVD模版格式

功能介绍

在会声会影X8中，用户可以输出PAL DVD模版格式。进入会声会影编辑器，执行菜单栏中的"设置"|"影片模版管理器"命令，弹出"影片模版管理器"对话框，单击"添加"按钮，如图19-114所示。弹出"开新设定文件选项"对话框，在"模版名称"文本框中输入名称"PAL DVD格式"，如图19-115所示。

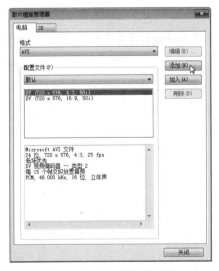

图19-114 单击"添加"按钮

图19-115 输入名称"PAL DVD格式"

切换至"常规"选项卡，设置相应选项，如图19-116所示。单击"确定"按钮，返回"影片模版管理器"对话框，即可在"个人设定档"列表框中，显示新建的影片模版，如图19-117所示。单击"关闭"按钮，退出"影片模版管理器"对话框，完成设置。

图19-116 设置相应选项

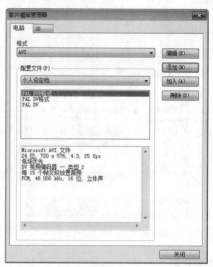

图19-117 显示新建的影片模版"PAL DVD格式"

19.3.3 WMV模版格式

功能介绍

WMV也是一种流视频格式，由微软公司开发。WMV在编码速度、压缩比率、画面质量、兼容性等方面都具有相当明显的优势，WMV具有很多输出配置文件可供选择，版本越高或者kbps越大，影像质量越高，文件也越大，它还允许加入标题、作者、版权等信息。

进入会声会影编辑器，执行菜单栏中的"设置"|"影片模版管理器"命令，弹出"影片模版管理器"对话框，单击"添加"按钮，如图19-118所示。弹出"开新设定文件选项"对话框，在"模版名称"文本框中输入名称"WMV格式"，如图19-119所示。

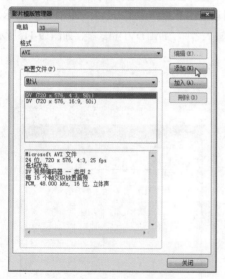

图19-118 单击"添加"按钮

图19-119 输入名称"WMV格式"

切换至"常规"选项卡，设置相应选项，如图19-120所示。单击"确定"按钮，返回"影片模版管理器"对话框，即可在"个人设定档"列表框中，显示新建的影片模版，如图19-121所示。单击"关闭"按钮，退出"影片模版管理器"对话框，完成设置。

图19-120　设置相应选项

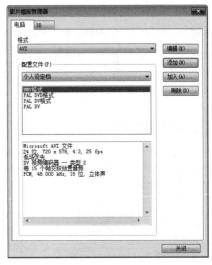

图19-121　显示新建的影片模版"WMV格式"

提示

在会声会影X8的"影片模版管理器"对话框中，当用户不需要创建的模版时，可以选择该模版，然后单击对话框中的"删除"按钮即可。

19.3.4　RM模版格式

功能介绍

RM格式是一种流媒体视频文件格式，文件很小，适合网络实时传输，在Realone Player媒体播放器上播放。主要设置选择在"目标听众设置"中进行，28k Modem网速最慢，得到的文件最小，影像质量最差。"局域网"速度最快，得到的文件最大，影像质量最好。另外，还可以选择帧大小、音频、视频质量高的参数，得到的文件也就越大。

进入会声会影编辑器，执行菜单栏中的"设置"|"影片模版管理器"命令，弹出"影片模版管理器"对话框，单击"添加"按钮，如图19-122所示。弹出"开新设定文件选项"对话框，在"模版名称"文本框中输入名称"RM格式"，如图19-123所示。

图19-122　单击"添加"按钮

图19-123　输入名称"RM格式"

切换至"常规"选项卡,设置相应选项,如图19-124所示。单击"确定"按钮,返回"影片模版管理器"对话框,即可在"个人设定档"列表框中,显示新建的影片模版,如图19-125所示。单击"关闭"按钮,退出"影片模版管理器"对话框,完成设置。

图19-124　设置相应选项

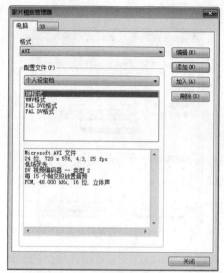

图19-125　显示新建的影片模版"RM格式"

19.3.5　MPEG-1模版格式

功能介绍

MPEG-1是MPEG组织制定的第一个视频和音频有损压缩标准,是为CD光碟介质定制的视频和音频压缩格式。

进入会声会影编辑器,执行菜单栏中的"设置"|"影片模版管理器"命令,弹出"影片模版管理器"对话框,单击"添加"按钮,如图19-126所示。弹出"开新设定文件选项"对话框,在"模版名称"文本框中输入名称"MPEG-1格式",如图19-127所示。

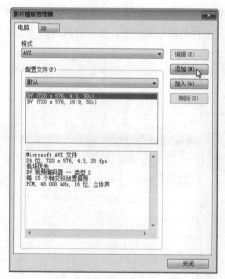

图19-126　单击"添加"按钮

图19-127　输入名称"MPEG-1格式"

切换至"常规"选项卡,设置相应选项,如图19-128所示。单击"确定"按钮,返回"影片模版管理器"对话框,即可在"个人设定档"列表框中,显示新建的影片模版,如图19-129所示。单击"关闭"按钮，退出"影片模版管理器"对话框，完成设置。

图19-128 设置相应选项

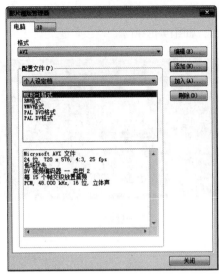

图19-129 显示新建的影片模版"MPEG-1格式"

19.4 视频与音频格式的转换

在视频制作领域中，用户可能会用到一些会声会影不支持的视频文件或者音频文件，当它们不能导入会声会影工作界面时，用户需要将其转成会声会影支持的视频或音频格式，使视频或音频文件可以导入会声会影工作界面中进行编辑与应用。本节主要向读者介绍转换视频与音频格式的操作方法。

19.4.1 安装格式转换软件

功能介绍

格式工厂（Format Factory）是一款多功能的多媒体格式转换软件，适用于Windows操作系统。该软件可以实现大多数视频、音频以及图像不同格式之间的相互转换。在使用格式工厂转换视频与音频格式之前，首先需要安装格式工厂软件。

从软件管理—电脑管家中搜索格式工厂软件，单击"安装"按钮，显示正在安装状态，如图19-130所示。开始运行格式工厂安装程序，弹出"格式工厂"对话框，如图19-131所示。

图19-130 显示正在安装状态

图19-131 弹出"格式工厂"对话框

单击"更改路径"超链接，将软件"安装至"D盘，如图19-132所示。单击"一键安装"按钮，进入相应界面，如图19-133所示。

图19-132 "安装至"D盘

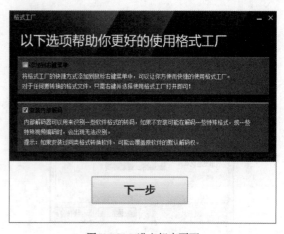

图19-133 进入相应页面

单击"下一步"按钮，进入相应页面，提示用户安装完成，如图19-134所示。单击"立即体验"按钮，即可打开格式工厂编辑器，如图19-135所示。

图19-134 提示用户安装完成

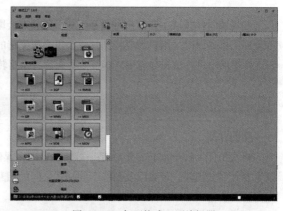

图19-135 打开格式工厂编辑器

19.4.2 RMVB视频的转换

功能介绍

RMVB是一种视频文件格式，RMVB中的VB指VBR Variable Bit Rate（可改变之比特率），较上一代RM格式画面要清晰很多，原因是降低了静态画面下的比特率，它可以用RealPlayer、暴风影音、QQ影音等播放软件来播放。会声会影X8不支持导入RMVB格式的视频文件，因此用户在导入之前，需要转换RMVB视频格式为会声会影支持的视频格式。

在系统桌面"格式工厂"图标上，单击鼠标右键，在弹出的快捷菜单中选择"打开"选项，即可打开"格式工厂"软件，进入工作界面，在"视频"列表框中，选择需要转换的视频目标格式，这里选择MPG选项，如图19-136所示。弹出MPG对话框，单击右侧的"添加文件"按钮，如图19-137所示。

弹出"打开"对话框，在其中选择需要转换为MPG格式的RMVB视频文件，如图19-138所示。单击"打开"按钮，即可将RMVB视频文件添加到MPG对话框中，单击"改变"按钮，如图19-139所示。

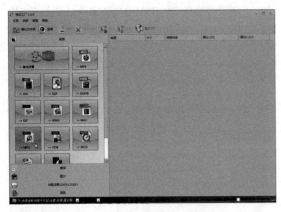

图19-136 选择MPG选项

图19-137 单击"添加文件"按钮

图19-138 选择视频文件

图19-139 单击"改变"按钮

提示

在格式工厂软件界面中,向用户提供了12种不同的视频格式供用户选择,用户可根据实际需要将会声会影不支持的视频格式转换为会声会影支持的视频格式。

弹出"浏览文件夹"对话框,在其中选择视频文件转换格式后存储的文件夹位置,如图19-140所示。设置完成后,单击"确定"按钮,返回MPG对话框,在"输出文件夹"右侧显示了刚设置的文件夹位置,单击对话框上方的"确定"按钮,如图19-141所示。

图19-140 选择文件夹位置

图19-141 单击"确定"按钮

返回"格式工厂"工作界面，在中间的列表框中，显示了需要转换格式的RMVB视频文件，单击"点击开始"按钮，如图19-142所示。开始转换RMVB视频文件，在"转换状态"一列中，显示了视频转换进度，如图19-143所示。

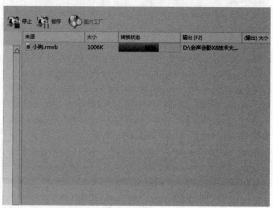

图19-142　单击"点击开始"按钮　　　　　　　　　图19-143　显示视频转换进度

待视频转换完成后，在"转换状态"一列中，将显示"完成"字样，表示视频文件格式已经转换完成，如图19-144所示。打开相应文件夹，在其中可以查看转换格式后的视频文件，如图19-145所示，此时用户可以将转换格式后的视频文件导入会声会影应用程序中进行编辑或应用。

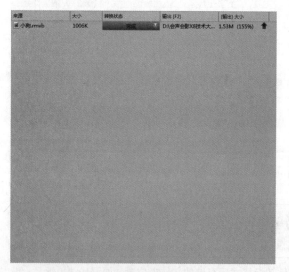

图19-144　表示视频文件格式已经转换完成　　　　　图19-145　查看转换格式后的视频文件

19.4.3　FLV视频的转换

功能介绍

FLV格式是FLASH VIDEO的简称，FLV流媒体格式是随着Flash MX的推出发展而来的视频格式。由于它形成的文件极小、加载速度极快，使得网络观看视频文件成为可能，它的出现有效地解决了视频文件导入Flash后，使导出的SWF文件体积庞大，不能在网络上很好地使用等缺点。FLV格式是被众多新一代视频输出网站所采用的，是目前增长最快、最为广泛的视频传播格式。

在会声会影X8中，并不支持FLV格式的视频文件，如果用户需要导入FLV格式的视频，则应通过转换视频格式的软件，将FLV视频格式转换成会声会影支持的视频格式。

进入"格式工厂"工作界面，在"视频"列表框中，选择需要转换的视频目标格式，这里选择MOV选项，如图19-146所示。弹出MOV对话框，单击"添加文件"按钮，如图19-147所示。

图19-146　选择MOV选项

图19-147　单击"添加文件"按钮

弹出"打开"对话框，在其中选择需要转换为MOV视频格式的FLV视频文件，如图19-148所示。单击"打开"按钮，将FLV视频文件添加到MOV对话框中，在下方设置视频文件存储位置，单击"确定"按钮，如图19-149所示。

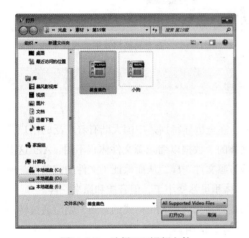

图19-148　选择FLV视频文件

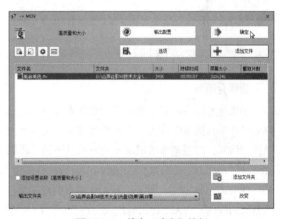

图19-149　单击"确定"按钮

返回"格式工厂"工作界面，在中间的列表框中，显示了需要转换格式的FLV视频文件，单击工具栏中的"开始"按钮，如图19-150所示。开始转换FLV视频文件，在"转换状态"一列中，显示了视频转换进度，如图19-151所示。

图19-150　单击"开始"按钮

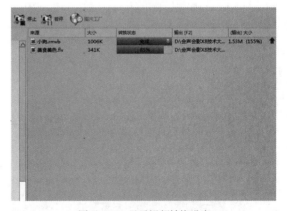

图19-151　显示视频转换进度

提示

FLV视频格式被广泛应用于互联网中，该格式能起到保护版权的作用，并且可以不通过本地的微软或者REAL播放器播放视频。

待视频转换完成后，在"转换状态"一列中，将显示"完成"字样，表示视频文件格式已经转换完成，如图19-152所示。打开相应文件夹，在其中可以查看转换格式后的视频文件，如图19-153所示，此时用户可以将转换格式后的视频文件导入会声会影应用程序中进行编辑或应用。

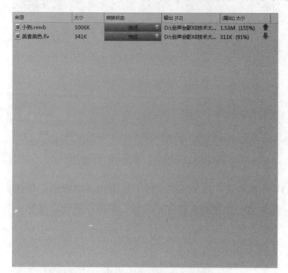

图19-152　表示视频文件格式已经转换完成

图19-153　查看转换格式后的视频文件

19.4.4　APE音频的转换

功能介绍

APE是流行的数字音乐无损压缩格式之一，因出现较早，在全世界特别是中国大陆有着广泛的用户群。与MP3这类有损压缩格式不可逆转地删除（人耳听力范围之外的）数据以缩减源文件体积不同，APE这类无损压缩格式，以更精炼的记录方式来缩减体积，还原后数据与源文件一样，从而保证了文件的完整性。通过Monkey's Audio软件可以将庞大的WAV音频文件压缩为APE，体积虽然变小了，但音质和原来一样。

在会声会影X8中，并不支持APE格式的音频文件，如果用户需要导入APE格式的音频，则应通过转换音频格式的软件，将APE格式转换成会声会影支持的音频格式，才能使用。

进入"格式工厂"工作界面，在"音频"列表框中，选择需要转换的音频目标格式，这里选择MP3选项，如图19-154所示。弹出MP3对话框，单击"添加文件"按钮，如图19-155所示。

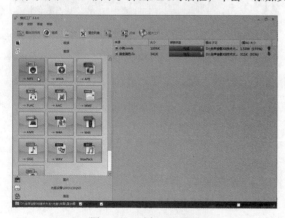

图19-154　选择MP3选项

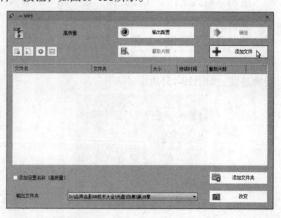

图19-155　单击"添加文件"按钮

弹出"打开"对话框，在其中选择需要转换为MP3音频格式的APE音频文件，如图19-156所示。单击"打开"按钮，将APE音频文件添加到MOV对话框中，在下方设置音频文件存储位置，单击"确定"按钮，如图19-157所示。

图19-156 选择APE音频文件

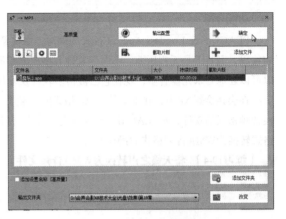

图19-157 单击"确定"按钮

返回"格式工厂"工作界面,在中间的列表框中,显示了需要转换格式的APE音频文件,单击工具栏中的"开始"按钮,如图19-158所示。开始转换APE音频文件,在"转换状态"一列中,显示了音频转换进度,如图19-159所示。

图19-158 单击"开始"按钮

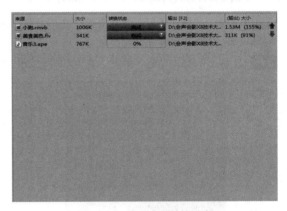

图19-159 显示音频转换进度

待音频转换完成后,在"转换状态"一列中,将显示"完成"字样,表示音频文件格式已经转换完成,如图19-160所示。打开相应文件夹,在其中可以查看转换格式后的音频文件,如图19-161所示,此时用户可以将转换格式后的音频文件导入会声会影应用程序中进行编辑或应用。

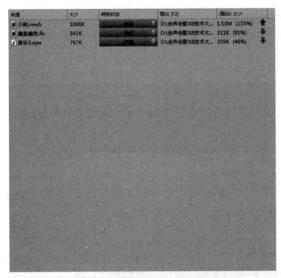

图19-160 表示音频文件格式已经转换完成

图19-161 查看转换格式后的音频文件

19.4.5 FLAC音频的转换

功能介绍

FLAC即Free Lossless Audio Codec的缩写，中文意为无损音频压缩编码。FLAC是一套著名的自由音频压缩编码，其特点是无损压缩。不同于其他有损压缩编码如MP3及AAC，它不会破坏任何原有的音频资讯，所以可以还原音乐光盘音质，现在它已被很多软件及硬件音频产品所支持。

在会声会影X8中，并不支持FLAC格式的音频文件，如果用户需要导入FLAC格式的音频，则应通过转换音频格式的软件，将FLAC格式转换成会声会影支持的音频格式，才能使用。下面向读者介绍将FLAC音频格式转换为WMA音频格式的操作方法。

【练习19-4】 将天籁之声转换为WMA音频文件

素材位置	素材\第19章\天籁之声.FLAC
效果位置	效果\第19章\天籁之声.WMA
视频位置	视频\第19章\【练习19-4】将天籁之声转换为WMA音频文件.mp4
技术掌握	掌握将天籁之声转换为WMA音频文件的操作

本例主要讲解将天籁之声转换为WMA音频文件的操作方法。

Step 01 进入"格式工厂"工作界面，在"音频"列表框中，选择需要转换的音频目标格式，这里选择WMA选项，如图19-162所示。

Step 02 弹出WMA对话框，单击"添加文件"按钮，如图19-163所示。

图19-162　选择WMA选项

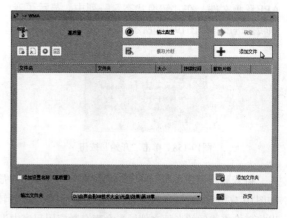
图19-163　单击"添加文件"按钮

Step 03 弹出"打开"对话框，在其中选择需要转换为WMA音频格式的FLAC音频文件，如图19-164所示。

Step 04 单击"打开"按钮，将FLAC音频文件添加到WMA对话框中，在下方设置音频文件存储位置，单击"确定"按钮，如图19-165所示。

图19-164　选择FLAC音频文件

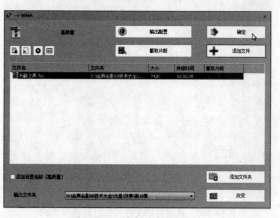
图19-165　单击"确定"按钮

Step 05 返回"格式工厂"工作界面，在中间的列表框中，显示了需要转换格式的FLAC音频文件，单击工具栏中的"开始"按钮，如图19-166所示。

Step 06 开始转换FLAC音频文件，在"转换状态"一列中，显示了音频转换进度，如图19-167所示。

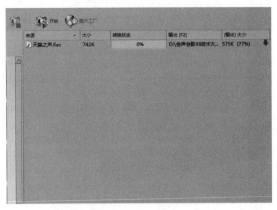

图19-166 单击"开始"按钮

图19-167 显示音频转换进度

Step 07 待音频转换完成后，在"转换状态"一列中，将显示"完成"字样，表示音频文件格式已经转换完成，如图19-168所示。

Step 08 打开相应文件夹，在其中可以查看转换格式后的音频文件，如图19-169所示，此时用户可以将转换格式后的音频文件导入会声会影应用程序中进行编辑或应用。

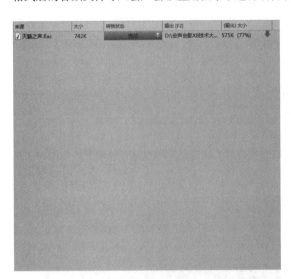

图19-168 表示音频文件格式已经转换完成

图19-169 查看转换格式后的音频文件

19.5 刻录DVD光盘

用户可以通过会声会影X8编辑器提供的刻录功能，直接将视频刻录为DVD光盘。这种刻录的光盘能够在计算机和影碟播放机中直接播放。本节主要向读者介绍运用会声会影X8编辑器直接将DV或视频刻录成DVD光盘的操作方法。

19.5.1 认识刻录机

功能介绍

随着科学技术的发展，光盘刻录机已经越来越普及。刻录机能够在CD-R、CD-RW或DVD光盘上记录数据，也可以在普通的DVD光驱上读取。因此，刻录机已经成为大容量数据备份的最佳选择。

刻录机的外观如图19-170所示。

图19-170 刻录机

当用户刻录DVD光盘时，刻录机会发出高功率的激光，聚集在DVD盘片的某个特定部位上，使这个部位的有机染料层产生化学反应。反光特性改变后，这个部位就不能反射光驱所发射的激光，这相当于传统DVD光盘上的凹面。没有被高功率激光照到的地方可以依靠黄金层反射激光。这样刻录的光盘与普通DVD光驱的读取原理基本相同，因而刻录盘也可以在普通光驱上读取。

目前，大部分刻录机除了支持整盘刻录（Disk at Once）方式外，还支持轨道刻录（Track at Once）方式。使用整盘刻录方式时，用户必须将所有数据一次性写入DVD光盘，如果准备的数据较少，刻录一张势必会造成很大的浪费，而使用轨道刻录方式就可以避免这种浪费，这种方式允许一张DVD盘在有多余空间的情况下进行多次刻录。

19.5.2　安装刻录机

功能介绍

要使用刻录机刻录光盘，就必须先安装刻录机。使用螺丝刀将机箱表面的挡板撬开并取下，如图19-171所示。

图19-171　将机箱挡板撬开并取下

提示

数字多功能光盘（英文：Digital Versatile Disc），简称DVD，是一种光盘存储器，通常用来播放标准电视机清晰度的电影，高质量的音乐或存储大容量数据。DVD与CD的外观极为相似，它们的直径都是120毫米左右。最常见的DVD，即单面单层DVD的资料容量约为VCD的7倍，这是因为DVD和VCD虽然是使用相同的技术来读取深藏于光盘片中的资料（光学读取技术），但是由于DVD的光学读取头所产生的光点较小（将原本0.85μm的读取光点缩小到0.55μm），因此在同样大小的盘片面积上（DVD和VCD的外观大小是一样的），因此DVD资料储存的密度更高。

　　将刻录机正面朝向机箱外，用手托住刻录机从机箱前面的缺口插入托架中，如图19-172所示。插好后，将刻录面板与机箱面板对齐，保持美观，如图19-173所示。

图19-172　插入托架中

图19-173　将刻录面板与机箱面板对齐

　　调整好刻录机的位置，对齐刻录机上的螺丝孔与机箱上的螺丝孔，如图19-174所示。使用磁性螺丝刀将螺丝拧入螺丝孔中，如图19-175所示。

图19-174　对齐螺丝孔

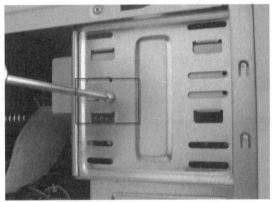

图19-175　将螺丝拧入螺丝孔中

　　将螺丝拧入，但不要拧得太紧，如图19-176所示。拧入另外的螺丝钉，如图19-177所示。至此，刻录机安装完毕。

图19-176　将螺丝拧入

图19-177　拧入另外的螺丝钉

问： 在会声会影X8中刻录DVD光盘之前，需要准备哪些事项？

答： 检查是否有足够的压缩暂存空间。无论刻录光盘是否还可以创建光盘影像，都需要进行视频文件的压缩，压缩文件要有足够的硬盘空间存储，若空间不够，操作将半途而废。准备好刻录机。如果暂时没有刻录机，可以创建光盘影像文件或DVD文件夹，然后复制到其他配有刻录机的计算机中，再刻录成光盘。

19.5.3 影片素材的添加

功能介绍

创建影片光盘主要有两种方法，一种是通过Nero等刻录软件把前面输出的各种视频文件直接刻录，这种方法刻录的光盘内容只能在电脑中播放；另一种是通过会声会影高级编辑器刻录，这种方法刻录的光盘能够同时在电脑和影碟播放机中播放。下面介绍运用会声会影X8高级编辑器，将DV影片或视频刻录成DVD光盘的方法。

【练习19-5】 添加影片素材

素材位置	素材\第19章\深秋（a）.jpg、深秋（b）.jpg
效果位置	无
视频位置	视频\第19章\【练习19-5】添加影片素材.mp4
技术掌握	掌握添加影片素材的操作

本例主要讲解添加影片素材的操作方法。

Step 01 进入会声会影编辑器，在时间轴面板中的空白位置上，单击鼠标右键，在弹出的快捷菜单中选择"插入照片"选项，如图19-178所示。

Step 02 弹出"浏览照片"对话框，在其中选择需要插入的照片素材，如图19-179所示。

图19-178 选择"插入照片"选项

图19-179 选择照片素材

Step 03 单击"打开"按钮，即可将照片素材添加至视频轨中，如图19-180所示。

Step 04 选择相应的照片素材，在预览窗口中可以预览照片效果，如图19-181所示。

图19-180 添加照片素材

图19-181 预览照片效果

19.5.4 光盘类型的选择

功能介绍

添加影片素材后，则需要对刻录光盘的类型进行设置。会声会影X8中提供了多种光盘类型，用户可以根据需要选择对应的光盘类型。

在会声会影X8的工作界面中，单击"输出"标签，切换至"输出"步骤面板，如图19-182所示。在"输出"选项面板中，单击左侧的"光盘"按钮，切换至"光盘"选项面板，在右侧选择DVD选项，如图19-183所示，即可设置光盘的类型为DVD。

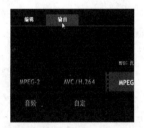

图19-182 切换至"输出"步骤面板

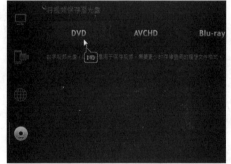

图19-183 选择DVD选项

提示

会声会影X8中的"输出"面板与会声会影X8之前的版本有很大的区别，以前在列表框中的设置，现在都变成了面板，所有的输出功能在面板中都可以找到。

19.5.5 为素材添加章节

功能介绍

用户还可以为素材添加章节，选择DVD选项，打开相应窗口，在窗口上方单击"添加/编辑章节"按钮，如图19-184所示。进入"添加/编辑章节"窗口，单击"自动添加章节"按钮，如图19-185所示。

图19-184 单击"添加/编辑章节"按钮

图19-185 单击"自动添加章节"按钮

执行上述操作后，弹出"自动添加章节"对话框，如图19-186所示。单击"确定"按钮，即可为素材添加章节，如图19-187所示。

在窗口的下方显示了章节的各个片段，如图19-188所示，单击"确定"按钮。

图19-186 "自动添加章节"对话框

图19-187 为素材添加章节

图19-188 显示章节片段

19.5.6 菜单类型的设置

功能介绍

用户在创建光盘时，可以为光盘中的影片创建主菜单和子菜单。这是一种互动的缩略图样式选项列表。添加章节后，返回相应窗口，单击"下一步"按钮，如图19-189所示。进入菜单和预览界面，单击"智能场景菜单"右侧的下三角按钮，在弹出的列表框中选择"全部"选项，如图19-190所示。

执行上述操作后，即可显示系统中的全部菜单模版，在其中选择第2排第2个模版样式，如图19-191所示。

图19-189 单击"下一步"按钮

图19-190 选择"全部"选项

图19-191 选择模版样式

在预览窗口中可以预览模版效果，如图19-192所示。

图19-192 预览模版效果

19.5.7 背景音乐的添加

功能介绍

用户还可以为制作的视频添加符合主题的背景音乐，音乐效果是影片的另一个非常重要的元素。

在Corel VideoStudio Pro对话框的左上方，切换至"编辑"选项卡，单击"设置背景音乐"按钮，在弹出的列表框中选择"为此菜单选取音乐"选项，弹出"打开音频文件"对话框，在其中选择需要添加的音乐文件，如图19-193所示。

单击"打开"按钮，即可添加背景音乐，在"设置背景音乐"按钮的右侧可以看到添加的背景音乐路径，如图19-194所示。

图19-193 选择需要添加的音乐文件

图19-194 查看添加的背景音乐路径

19.5.8　影片效果的预览

功能介绍

当用户完成了光盘刻录的所有设置后，便可预览影片的效果。

在Corel VideoStudio Pro对话框中，单击下方的"预览"按钮，如图19-195所示。执行上述操作后，进入预览界面，单击左侧的"播放"按钮，如图19-196所示。

图19-195　单击"预览"按钮

图19-196　预览影片的动画效果

在预览窗口中即可预览影片的动画效果，如图19-197所示。

图19-197　预览影片效果

19.5.9　刻录DVD影片

功能介绍

为了便于查看和保存影片，用户可以将编辑完成的影片刻录成DVD光盘。视频画面预览完成后，单击界面下方的"后退"按钮，如图19-198所示。返回"菜单和预览"界面，单击界面下方的"下一步"按钮，如图19-199所示。

图19-198 单击"后退"按钮

图19-199 单击"下一步"按钮

进入"输出"界面,用户可以根据需要设置DVD光盘的卷标、驱动器、份数以及刻录格式等选项,如图19-200所示。刻录选项设置完成后,单击"输出"界面下方的Burn(刻录)按钮,如图19-201所示,即可开始刻录DVD光盘。

图19-200 设置各选项

图19-201 单击"刻录"按钮

19.6 刻录AVCHD光盘

在会声会影X8中,用户不仅可以将制作的视频文件刻录为DVD光盘,还可以将视频文件直接刻录为AVCHD格式的光盘。本节主要向读者介绍运用会声会影X8编辑器直接将DV或视频刻录成AVCHD光盘的操作方法。

19.6.1 影片素材的添加

功能介绍

使用会声会影自带的创建光盘功能,可以轻松完成AVCHD光盘的刻录操作,在刻录光盘之前,用户首先需要添加刻录的影片或项目文件。下面介绍如何运用会声会影X8高级编辑器,将DV影片或视频刻录成AVCHD光盘的方法。

【练习19-6】 添加影片素材

素材位置	素材\第19章\自然风光.mpg
效果位置	无
视频位置	视频\第19章\【练习19-6】添加影片素材.mp4
技术掌握	掌握添加影片素材的操作

本例主要讲解添加影片素材的操作方法。

Step 01 进入会声会影编辑器,在时间轴面板中的空白位置上,单击鼠标右键,在弹出的快捷菜单中选择"插入视频"选项,如图19-202所示。

Step 02 弹出"打开视频文件"对话框,在其中选择需要插入的视频素材,如图19-203所示。

图19-203 选择视频素材

图19-202 选择"插入视频"选项

Step 03 单击"打开"按钮,即可将视频素材添加至视频轨中,如图19-204所示。

Step 04 选择相应的视频素材,在预览窗口中可以预览视频效果,如图19-205所示。

图19-204 添加视频素材

图19-205 预览视频效果

19.6.2　光盘类型的选择

功能介绍

　　添加影片素材后，则需要对刻录光盘的类型进行设置。会声会影X8中提供了多种光盘类型，用户可以根据需要选择对应的光盘类型。

　　在会声会影X8的工作界面中，单击"输出"标签，切换至"输出"步骤面板，如图19-206所示。在"输出"选项面板中，单击左侧的"光盘"按钮，切换至"光盘"选项面板，在右侧选择AVCHD选项，如图19-207所示，即可设置光盘的类型为AVCHD。

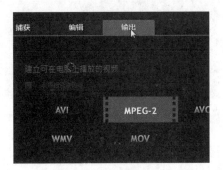

图19-206　切换至"输出"步骤面板

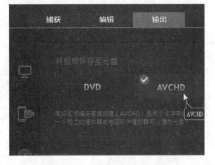

图19-207　选择AVCHD选项

19.6.3　素材章节的添加

功能介绍

　　用户还可以为素材添加章节，选择AVCHD选项，打开相应窗口，在窗口上方单击"添加/编辑章节"按钮，如图19-208所示。弹出Add/Edit Chapter（添加/编辑章节）对话框，单击"播放"按钮，播放视频画面，至00:00:03:00位置后，单击"暂停"按钮，如图19-209所示。

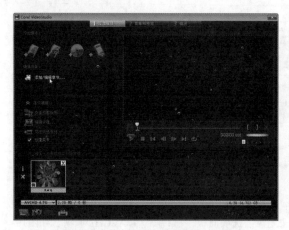

图19-208　单击"添加/编辑章节"按钮

图19-209　单击"暂停"按钮

在界面左侧，单击"添加章节"按钮，如图19-210所示。执行操作后，即可在时间线位置添加一个章节点，此时下方将出现添加的章节缩略图，如图19-211所示。用与上同样的方法，继续添加其他章节点，如图19-212所示。

图19-210　"添加章节"按钮

图19-211　出现添加的章节缩略图

图19-212　添加其他章节点

19.6.4　菜单类型的设置

功能介绍

用户为素材添加章节后，还需要设置菜单类型，添加章节后，单击"确定"按钮，返回相应窗口，单击"下一步"按钮，如图19-213所示。

进入菜单和预览界面，单击"智能场景菜单"右侧的下三角按钮，在弹出的列表框中选择"全部"选项，如图19-214所示。执行上述操作后，即可显示系统中的全部菜单模版，在其中选择第1排第2个模版样式，如图19-215所示。

图19-213　单击"下一步"按钮

图19-214　选择"全部"选项

图19-215　选择模版样式

在预览窗口中可以预览模版效果，如图19-216所示。

图19-216　预览模版效果

19.6.5　影片效果的预览

功能介绍

当用户完成了光盘刻录的所有设置，便可以预览影片的效果。

在Corel VideoStudio Pro对话框中，单击下方的"预览"按钮，如图19-217所示。执行上述操作后，进入预览界面，单击左侧的"播放"按钮，如图19-218所示。

图19-217　单击"预览"按钮

图19-218　预览影片的动画效果

在预览窗口中即可预览影片的动画效果，如图19-219所示。

图19-219　预览影片效果

19.6.6　刻录AVCHD影片

功能介绍

为了便于查看和保存影片，用户可以将编辑完成的影片刻录成AVCHD光盘。

视频画面预览完成后，单击界面下方的"后退"按钮，如图19-220所示。返回"菜单和预览"界面，单击界面下方的"下一步"按钮，如图19-221所示。

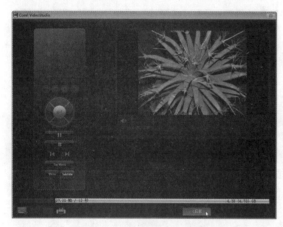

图19-220　单击"后退"按钮　　　　　　　　　　图19-221　单击"下一步"按钮

进入"输出"界面，用户可以根据需要设置AVCHD光盘的卷标、驱动器、份数以及刻录格式等选项，如图19-222所示。刻录选项设置完成后，单击"输出"界面下方的"刻录"按钮，如图19-223所示，即可开始刻录AVCHD光盘。

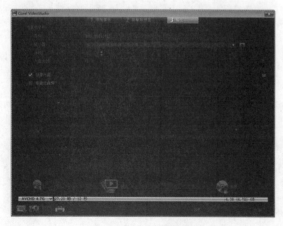

图19-222　设置各选项　　　　　　　　　　图19-223　单击"刻录"按钮

第20章

将视频分享至手机与网络

本章导读

　　影片编辑完成后，就可以将影片导出，在会声会影X8中，提供了多种影片导出方式，例如，将影片导出为不同格式的视频文件，导出为电子邮件以及导出为屏幕保护程序等。本章主要向读者介绍将视频分享至各大网站的设置。

20.1 将视频分享至网站

优酷网是中国领先的视频分享网站，是中国网络视频行业的第一品牌。优酷网在2006年6月21日创立，以"快者为王"为产品理念，注重用户体验，不断完善服务策略，其卓尔不群的"快速播放、快速发布、快速搜索"的产品特性，充分满足用户日益增长的多元化互动需求，使之成为中国视频网站中的领军势力。本节主要向读者介绍将视频分享至优酷网站的操作方法。

20.1.1 视频效果的添加

在导出为网页之前，首先要制作需要导出的项目文件。下面向读者介绍添加项目文件的方法。

【练习20-1】 添加狗狗视频效果

素材位置	素材\第20章\狗狗.vsp
效果位置	无
视频位置	视频\第20章\【练习20-1】 添加狗狗视频效果.mp4
技术掌握	掌握添加狗狗视频效果的操作

本例主要讲解添加狗狗视频效果的操作方法。

Step 01 进入会声会影编辑器，单击"文件"|"将媒体文件插入到素材库"|"插入视频"命令，如图20-1所示。

Step 02 即可弹出"浏览视频"对话框，在其中选择需要打开的项目文件，如图20-2所示。

图20-1 单击"插入视频"命令

图20-2 选择项目文件

Step 03 单击"打开"按钮，即可将项目文件添加到素材库中，如图20-3所示。

Step 04 在素材库中选择添加的项目文件，单击鼠标左键并拖曳至时间轴面板中的视频轨中，如图20-4所示。

图20-3 添加到素材库

图20-4 拖曳至视频轨中

20.1.2 输出视频

将视频上传至优酷网站之前，首先需要在会声会影X8软件中将视频导出适合优酷网站的视频尺寸与视频格式。在导览面板中查看素材画面，如图20-5所示。在工作界面的上方，单击"输出"标签，执行操作后，即可切换至"输出"步骤面板，如图20-6所示。

图20-5 查看素材画面

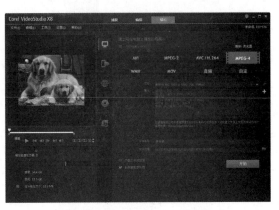

图20-6 切换至"输出"步骤面板

在上方面板中，选择MPEG-4选项，在"项目"右侧的下拉列表中，选择MPEG-4 AVC（1280×720）选项，如图20-7所示。在下方面板中，单击"文件位置"右侧的"浏览"按钮，如图20-8所示。

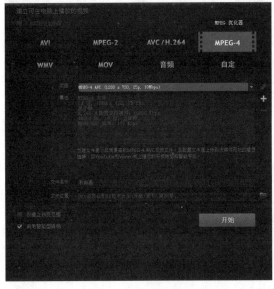

图20-7 选择相应选项

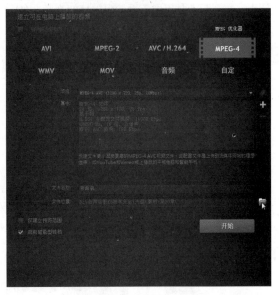

图20-8 单击"浏览"按钮

弹出"浏览"对话框，在其中设置视频文件的输出名称与输出位置，如图20-9所示。设置完成后，单击"保存"按钮，返回会声会影编辑器，单击下方的"开始"按钮，如图20-10所示，开始渲染视频文件，并显示渲染进度。

提示

1280×720的帧尺寸，是优酷网站视频的满屏尺寸，用户也可以设置视频的帧尺寸为960×720，这个尺寸也是满屏视频的尺寸，其他的视频尺寸在优酷网站播放时，达不到满屏的效果，影响视频的整体美观度。

图20-9　设置输出名称与输出位置

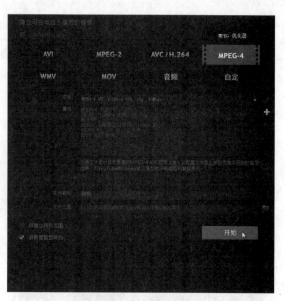

图20-10　单击"开始"按钮

稍等片刻待视频文件输出完成后，弹出信息提示框，提示用户视频文件建立成功，如图20-11所示。单击"确定"按钮，完成输出整个项目文件的操作，在视频素材库中查看输出的MP4视频文件，如图20-12所示。

图20-11　弹出信息提示框

图20-12　设置输出名称与输出位置

20.1.3　上传视频至优酷网站

当用户在会声会影X8软件中制作合适尺寸的视频文件时，打开相应浏览器，进入优酷视频首页，注册并登录优酷账号，如图20-13所示。在优酷首页的右上角位置，将鼠标移至"上传"文字上，在弹出的面板中单击"上传视频"文字链接，如图20-14所示。

图20-13　登录优酷账号

图20-14　单击"上传视频"文字链接

执行操作后，打开"上传视频-优酷"网页，在页面的中间位置单击"上传视频"按钮，如图20-15所示。弹出"打开"对话框，在其中选择上一例中输出的视频文件，如图20-16所示。

图20-15　单击"上传视频"按钮

图20-16　选择视频文件

单击"打开"按钮，返回"上传视频-优酷"网页，在页面上方显示了视频上传进度，如图20-17所示。稍等片刻，待视频文件上传完成后，页面中会显示100%，在"视频信息"一栏中，设置视频的标题、简介、分类以及标签等内容，如图20-18所示。

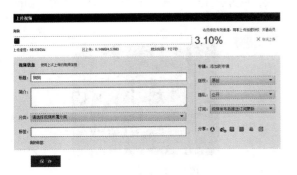

图20-17　显示视频上传进度

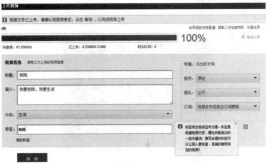

图20-18　设置各信息

设置完成后，滚动鼠标，单击页面最下方的"保存"按钮，即可成功上传视频文件，此时页面中提示用户视频上传成功，进入审核阶段，如图20-19所示。在页面中单击"视频管理"超链接，进入"我的视频管理"网页，在"已上传"标签中，显示了刚上传的视频文件，如图20-20所示，待视频审核通过后，即可在优酷网站中与网友一起分享视频画面。

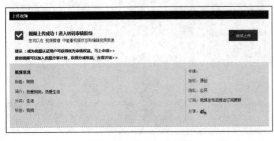

图20-19　进入审核阶段

图20-20　显示刚上传的视频文件

提示

在优酷网站上，支持上传的视频格式包括：.avi、.dat、.mpg、.mpeg、.vob、.mkv、.mov、.wmv、.asf、.rm、.rmvb、.ram、.flv、.mp4、.3gp、.dv、.qt、.divx、.m4v等。

20.2　将视频分享至微博

　　微博，即微博客（MicroBlog）的简称，是一个基于用户关系信息分享、传播以及获取平台，用户可以通过WEB、WAP等各种客户端组建个人社区，以140字左右的文字更新信息，并实现即时分享。微博在这个时代是非常流行的一种社交工具，用户可以将自己制作的视频文件与微博好友一起分享。本节主要向读者介绍将视频分享至新浪微博的操作方法。

20.2.1　输出视频

　　在新浪微博中，对上传的视频尺寸没有特别的要求，任何常见尺寸的视频都可以上传至新浪微博中。

【练习20-2】　输出田园视频文件

素材位置	素材\第20章\田园.vsp
效果位置	效果\第20章\田园.mp4
视频位置	视频\第20章\【练习20-2】输出田园视频文件.mp4
技术掌握	掌握输出田园视频文件的操作

　　本例主要讲解输出田园视频文件的操作方法。

Step 01　进入会声会影编辑器，单击"文件"|"打开项目"命令，如图20-21所示。

Step 02　弹出"打开"对话框，选择需要打开的项目文件，单击"打开"按钮，即可打开项目文件，如图20-22所示。

图20-21　单击"打开项目"命令

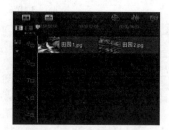

图20-22　打开项目文件

Step 03　在导览面板中单击"播放"按钮，预览制作的成品视频画面，如图20-23所示。

图20-23　预览成品视频画面

Step 04　在上方面板中，单击"输出"标签，执行操作后，即可切换至"输出"步骤面板，选择MPEG-4选项，在"项目"右侧的下拉列表中选择MPEG-4（4096×2160，50p）选项，如图20-24所示。

Step 05　在下方面板中，单击"文件位置"右侧的"浏览"按钮，如图20-25所示。

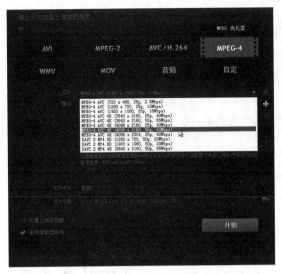

图20-24 切换至"输出"步骤面板

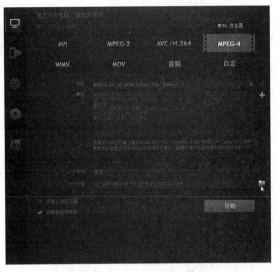

图20-25 单击"浏览"按钮

Step 06 弹出"浏览"对话框，在其中设置视频文件的输出名称与输出位置，如图20-26所示。

Step 07 设置完成后，单击"保存"按钮，返回会声会影编辑器，单击下方的"开始"按钮，如图20-27所示，开始渲染视频文件，并显示渲染进度。

图20-26 单击"浏览"按钮

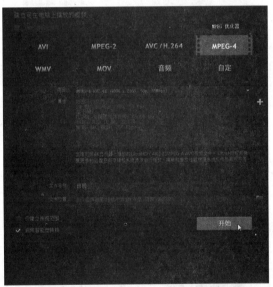

图20-27 设置输出名称与输出位置

Step 08 稍等片刻待视频文件输出完成后，弹出信息提示框，提示用户视频文件建立成功，如图20-28所示。

Step 09 单击"确定"按钮，完成输出整个项目文件的操作，在视频素材库中查看输出的MP4视频文件，如图20-29所示。

图20-28 弹出信息提示框

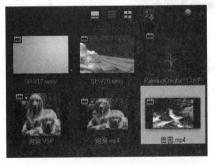

图20-29 设置输出名称与输出位置

提示

用户需要注意的是，新浪微博对用户上传的视频容量大小是有要求的，一段视频的容量不能超过500MB，如果用户输出的高清视频容量超过了500MB，此时可以考虑将视频输出为其他格式。另外，用户上传的视频容量越大，上传的速度越慢；视频容量越小，上传的速度越快。

20.2.2　上传视频至新浪微博

当用户将高清视频输出完成后，接下来可以将视频分享至新浪微博。

打开相应浏览器，进入新浪微博首页，如图20-30所示。注册并登录新浪微博账号，在页面上方单击"视频"超链接，如图20-31所示。

图20-30　进入新浪微博首页　　　　　　　图20-31　单击"视频"超链接

执行操作后，弹出相应面板，在"上传视频"选项卡中单击"本地视频"按钮，如图20-32所示。弹出相应页面，单击"未选择文件"按钮，如图20-33所示。

图20-32　单击"本地上传"按钮　　　　　　图20-33　单击"选择文件"按钮

弹出"打开"对话框，在其中选择用户上一例中输出的视频文件，如图20-34所示。单击"打开"按钮，返回相应页面，设置微博内容为"田园风光"，单击"开始上传"按钮，显示高清视频上传进度，如图20-35所示。

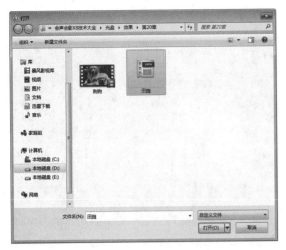

图20-34　选择视频文件

图20-35　显示高清视频上传进度

稍等片刻，页面中提示用户视频已经上传完成，如图20-36所示。

图20-36　提示用户视频已经上传完成

> **提示**
>
> 在图20-36所示的页面中，单击"关闭窗口"按钮，将返回新浪微博主页，稍后可以查看发布的视频。在新浪微博上，用户还可以分享自己拍摄或制作的照片，与网友一起分享作品。

20.3　将视频分享至空间

QQ空间（Qzone）是腾讯公司开发出来的一个个性空间，具有博客（blog）的功能，自问世以来受到众多用户的喜爱。在QQ空间上可以书写日记，上传自己的视频，听音乐，写心情，通过多种方式展现自己。除此之外，用户还可以根据自己的喜爱设定空间的背景、小挂件等，从而使每个空间都有自己的特色。本节主要向读者介绍在QQ空间中分享视频的操作方法。

20.3.1　输出视频

用户如果要在QQ空间中与好友一起分享制作的视频效果，首先需要输出视频文件。

进入会声会影编辑器，单击"文件"|"打开项目"命令，如图20-37所示。弹出"打开"对话框，选择需要打开的项目文件，单击"打开"按钮，即可打开项目文件，如图20-38所示。

图20-37　单击"打开项目"命令

图20-38　打开项目文件

在导览面板中单击"播放"按钮，预览制作的成品视频画面，如图20-39所示。

图20-39 预览成品视频画面

提示

QQ空间对于用户上传的视频文件尺寸没有特别的要求，一般的格式都适合上传至QQ空间中。

在会声会影编辑器上方面板中，单击"输出"标签，执行操作后，即可切换至"输出"步骤面板，选择 WMV选项，在"项目"右侧的下拉列表中选择WMV（1920×1080，25p）选项，如图20-40所示。在下方面 板中，单击"文件位置"右侧的"浏览"按钮，如图20-41所示。

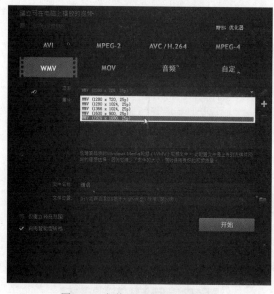

图20-40 切换至"输出"步骤面板

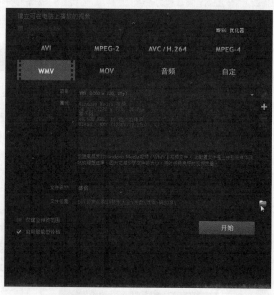

图20-41 单击"浏览"按钮

弹出"浏览"对话框，在其中设置视频文件的输出名称与输出位置，如图20-42所示。设置完成后，单 击"保存"按钮，返回会声会影编辑器，单击下方的"开始"按钮，如图20-43所示，开始渲染视频文件， 并显示渲染进度。

图20-42 单击"浏览"按钮

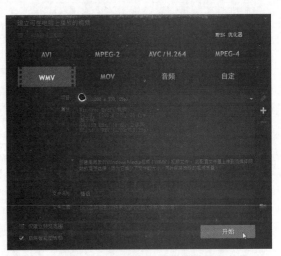

图20-43 设置输出名称与输出位置

稍等片刻待视频文件输出完成后，弹出信息提示框，提示用户视频文件建立成功，如图20-44所示。单击"确定"按钮，完成输出整个项目文件的操作，在视频素材库中查看输出的WMV视频文件，如图20-45所示。

图20-44 弹出信息提示框

图20-45 设置输出名称与输出位置

20.3.2 上传视频至QQ空间

当用户将视频输出完成后，接下来可以将视频分享至QQ空间中。

打开相应浏览器，进入QQ空间首页，如图20-46所示。注册并登录QQ空间账号，在页面上方单击"视频"超链接，如图20-47所示。

图20-46 进入QQ空间首页

图20-47 单击"视频"超链接

弹出添加视频的面板，在面板中单击"本地上传"超链接，如图20-48所示。弹出相应对话框，在其中选择用户上一例中输出的视频文件，如图20-49所示。

图20-48　单击"本地上传"超链接

图20-49　选择视频文件

　　单击"保存"按钮，开始上传选择的视频文件，并显示视频上传进度，如图20-50所示。稍等片刻，视频即可上传成功，在页面中显示了视频上传的预览图标，单击上方的"发表"按钮，如图20-51所示。

图20-50　显示视频上传进度

图20-51　单击上方的"发表"按钮

　　执行操作后，即可发表用户上传的视频文件，下方显示了发表时间，单击视频文件中的"播放"按钮，如图20-52所示。即可开始播放用户上传的视频文件，如图20-53所示，与QQ好友一同分享制作的视频效果。

图20-52　单击"播放"按钮

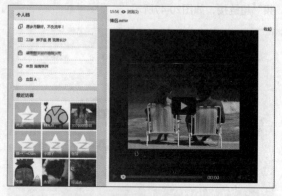

图20-53　播放上传的视频文件

提示

　　在腾讯QQ空间中，只有黄钻用户才能上传本地计算机中的视频文件。如果用户不是黄钻用户，则不能上传本地视频，只能分享其他网页中的视频至QQ空间中。

20.4　将视频分享至手机

在会声会影X8中，用户可以将制作好的成品视频分享到安卓手机，然后通过手机中安装的各种播放器，播放制作的视频效果。

将视频分享至安卓手机的方法很简单，一共有3种操作方法。首先用数据线将安卓手机与计算机连接，第一种方式是用户可以通过拷贝的方式，将制作完成并已经输出的视频文件直接拷贝至安卓手机的内存卡中。第二种方式是用户在输出视频文件时，直接将视频输出至安卓手机的内存卡中，这样可以节省视频拷贝的时间。第三种方式是通过第三方软件——91手机助手，将制作并输出后的视频文件通过上传的方式，分享至安卓手机中。

下面向读者介绍将已经制作完成的视频文件直接输出至安卓手机中，实现视频分享的操作方法。

首先用数据线将安卓手机与计算机连接，启动会声会影X8应用程序，进入会声会影编辑器，单击"文件"|"打开项目"命令，如图20-54所示。弹出"打开"对话框，选择需要打开的项目文件，单击"打开"按钮，即可打开项目文件，如图20-55所示。

图20-54　单击"打开项目"命令

图20-55　打开项目文件

单击"播放"按钮，预览制作的成品视频画面，如图20-56所示。

图20-56　预览制作的成品视频画面

在会声会影编辑器的上方，单击"输出"标签，切换至"输出"步骤面板，在"输出"选项面板中单击"装置"按钮，在右侧的列表框中选择"移动设备"选项，如图20-57所示。执行操作后，单击"文件位置"右侧的"浏览"按钮，弹出"浏览"对话框，在弹出的列表框中选择安卓手机内存卡所在的磁盘，如图20-58所示。依次进入安卓手机视频文件夹，然后设置视频保存名称，如图20-59所示。

图20-57　选择"移动设备"选项

图20-58　选择安卓手机内存卡所在的磁盘

图20-59　设置视频保存名称

单击"保存"按钮，开始输出视频文件，并显示输出进度，如图20-60所示。

稍等片刻，待视频文件输出完成后，在媒体素材库中将显示输出完成的视频文件，如图20-61所示。通过"计算机"窗口，打开安卓手机所在的磁盘文件夹，在其中可以查看已经输出与分享至安卓手机的视频文件，如图20-62所示。拔下数据线，在安卓手机中启动相应的视频播放软件，即可播放分享的视频画面。

图20-60　显示输出进度

图20-61　显示输出完成的视频文件

图20-62　在安卓手机中查看相应的视频

20.5　将视频分享至iPad平板电脑

　　iPad在欧美称为网络阅读器，在国内俗称"平板电脑"。iPad具备浏览网页、收发邮件、播放视频文件、播放音频文件、游玩一些简单游戏等基本的多媒体功能。用户可以将会声会影X8中制作完成的视频文件分享至iPad平板电脑中，以便闲暇时间，看着视频画面回忆美好的过去。本节主要向读者介绍将视频文件分享至iPad平板电脑的操作方法。

20.5.1　将iPad与计算机连接

　　将iPad与计算机连接的方式有两种，第一种方式是使用无线Wifi将iPad与计算机连接；第二种方式是使用数据线，将iPad与计算机连接，数据线如图20-63所示。

　　将数据线的两端接口分别插入iPad与计算机的USB接口中，即可连接成功。

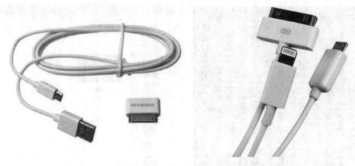

图20-63　iPad与计算机连接

20.5.2　将视频分享至iPad

　　下面向读者介绍通过iTunes应用软件将制作好的视频分享至iPad的操作方法。

　　用数据线将iPad与计算机连接，进入会声会影编辑器，单击"文件"|"打开项目"命令，如图20-64所示。弹出"打开"对话框，选择需要打开的项目文件，单击"打开"按钮，即可打开项目文件，如图20-65所示。

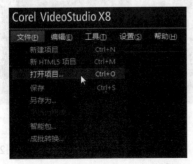

图20-64　单击"打开项目"命令

图20-65　打开项目文件

在导览面板中单击"播放"按钮,预览制作完成的视频画面,效果如图20-66所示。

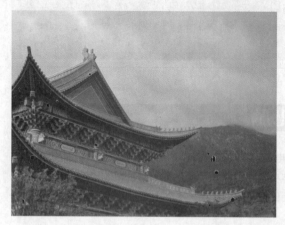

图20-66 预览制作完成的视频画面

在会声会影编辑器的上方,单击"输出"标签,切换至"输出"步骤面板,在上方面板中选择MPEG-2选项,在下方面板中单击"文件位置"右侧的"浏览"按钮,如图20-67所示。执行操作后,单击"文件位置"右侧的"浏览"按钮,弹出"浏览"对话框,在其中设置视频文件的输出位置,然后设置"文件名"为"云南美景"、"保存类型"为MPEG files,如图20-68所示。

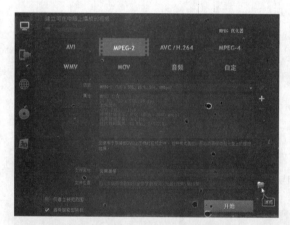

图20-67 选择右侧的"浏览"按钮 　　　　　　　　　图20-68 设置视频文件的输出位置

单击"保存"按钮,即可开始输出MPEG视频文件,并显示输出进度,如图20-69所示。
稍等片刻,在媒体素材库中即可显示输出的视频文件,如图20-70所示。

图20-69 显示输出进度 　　　　　　　　　图20-70 显示输出的视频文件

从"开始"菜单中,启动iTunes软件,进入iTunes工作界面,单击界面右上角的iPad按钮,如图20-71所示。进入iPad界面,单击界面上方的"应用程序"标签,如图20-72所示。

图20-71　单击iPad按钮

图20-72　单击"应用程序"标签

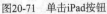

执行操作后，进入"应用程序"选项卡，在下方"文件共享"选项区中，选择"PPS影音"软件，单击右侧的"添加"按钮，如图20-73所示。弹出"添加"对话框，选择前面输出的视频文件"云南美景"，如图20-74所示。

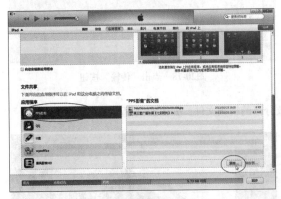

图20-73　单击右侧的"添加"按钮

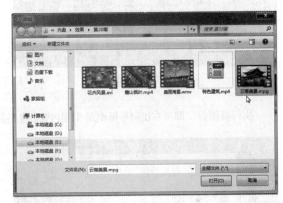

图20-74　选择前面输出的视频文件"云南美景"

提示

iTunes应用软件只能用于苹果系统上，可以用于iPhone手机或平板电脑，但不能用于安卓系统。

单击"打开"按钮，选择的视频文件将显示在"'PPS影音'的文档"列表中，表示视频文件上传成功，如图20-75所示。拔掉数据线，在iPad的桌面上，找到"PPS影音"应用程序，如图20-76所示。

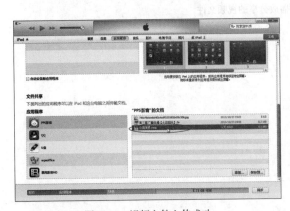

图20-75　视频文件上传成功

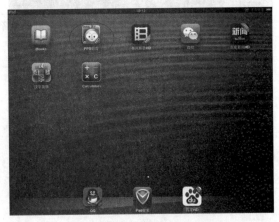

图20-76　找到"PPS影音"应用程序

点击该应用程序，运行PPS影音，显示欢迎界面，如图20-77所示。稍等片刻，进入PPS影音播放界面，在左侧点击"下载"，在上方点击"传输"，在"传输"选项卡中点击已上传的"云南美景"视频文件，如图20-78所示。

图20-77 显示欢迎界面

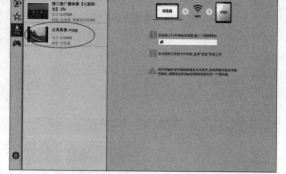

图20-78 点击"传输"按钮

执行操作后，即可在iPad平板电脑中用PPS影音播放分享的视频文件，如图20-79所示。

图20-79 用PPS影音播放分享的视频文件

案 例 制 作 篇

第21章

专题拍摄《菊花浪漫》

本章导读

　　菊属（学名：Chrysanthemum）俗称菊花，别名寿客、金英、黄华、秋菊、陶菊等，是菊目菊科多年生草本植物的一个属。在中国古典文学及文化中，梅、兰、竹、菊合称四君子。菊花是中国十大名花之一，传说中菊花被赋予了吉祥、长寿的含义。中国历代诗人、画家，以菊花为题材吟诗作画众多，给人们留下了许多名篇佳作。本章主要介绍在会声会影X8中，如何制作《菊花浪漫》专题拍摄视频。

21.1 实例效果欣赏

在制作视频短片之前，首先带领读者预览《菊花浪漫》视频的画面效果，并掌握项目技术提炼等内容，帮助读者理清该视频的设计思路。

21.1.1 效果欣赏

本实例主要介绍的是《菊花浪漫》，最终效果如图21-1所示。

图21-1　效果欣赏

21.1.2　技术提炼

制作《菊花浪漫》视频需要经过以下几个环节。

（1）进入会声会影X8工作界面，导入需要的媒体素材，并调整视频画面的大小，制作相应的画面缩放效果。

（2）为视频主体素材制作"交错淡化""纸飞机""折叠盒""扭曲""十字"和"分半"等转场效果。

（3）为视频主体素材制作边框动画、淡出动画、文字动画、标题字幕、翻转动画等动画效果。

（4）为《菊花浪漫》添加背景音乐，制作视频背景音效，增强视频的感染力。

（5）输出视频文件，即可完成《菊花浪漫》视频的制作。

21.2　视频制作过程

本节主要介绍"菊花浪漫"视频文件的制作过程，如导入媒体文件、制作摇动转场效果以及制作边框字幕动画效果等内容。

21.2.1　导入媒体文件

在会声会影X8中，导入视频素材的方法有很多种，下面以通过"文件"|"将媒体文件插入到素材库"|"插入照片"选项为例，介绍导入照片/视频素材的操作方法。

素材位置　素材\第21章\1~10.jpg、边框.png、片头.mpg、片尾.mpg
视频位置　视频\第21章\21.2.1　导入媒体文件.mp4

Step 01　进入会声会影编辑器，单击素材库上方的"显示照片"按钮，显示素材库中的图片素材，如图21-2所示。

Step 02　执行菜单栏中的"文件"|"将媒体文件插入到素材库"|"插入照片"命令，如图21-3所示。

图21-2　显示图片素材

图21-3　单击"插入照片"命令

Step 03　弹出"浏览照片"对话框，在该对话框中选择所需的照片素材，如图21-4所示。

Step 04　单击"打开"按钮，即可将所选择的照片素材导入媒体素材库中，如图21-5所示。

Step 05　在素材库中选择照片素材，在预览窗口中即可预览添加的素材效果，如图21-6所示。

会声会影 X8 技术大全

图21-4 选择照片素材　　　　　　　　图21-5 将照片素材导入媒体素材库

图21-6 预览照片素材效果

724

21.2.2 调整视频画面大小

在会声会影X8中，导入媒体文件以后，接下来可以调整视频画面大小。

视频位置 视频\第21章\21.2.2 调整视频画面大小.mp4

Step 01 单击素材库上方的"显示视频"按钮，显示素材库中的视频素材，执行菜单栏中的"文件"|"将媒体文件插入到素材库"|"插入视频"命令，如图21-7所示。

Step 02 弹出"浏览视频"对话框，选择视频素材"片头.mpg、片尾.mpg"，单击"打开"按钮，即可将视频添加至"视频"素材库中，如图21-8所示。

图21-7 单击"插入视频"命令

图21-8 添加视频素材

Step 03 切换至时间轴视图，在"视频"素材库中选择"片头.mpg"素材，单击鼠标左键并拖曳至视频轨的开始位置，如图21-9所示。

Step 04 单击"图形"按钮，切换至"图形"选项卡，单击素材库上方"画廊"按钮 ▼，在弹出的列表框中选择"色彩"选项，在其中选择黑色色块，如图21-10所示。

Step 05 单击鼠标左键并拖曳至视频轨中的相应位置，如图21-11所示。

图21-9 拖曳视频素材至视频轨的开始位置

图21-10 选择黑色色块

图21-11 拖曳至视频轨中的相应位置

Step 06 使用鼠标左键双击插入的媒体文件，在打开的"视频"选项面板中，设置"视频区间"的长度为0:00:04:00，如图21-12所示。

Step 07 在色彩图形上单击鼠标右键，在弹出的快捷菜单中选择"更改色彩区间"选项，弹出"区间"对话框，设置"区间"为0:0:2:0，如图21-13所示。

图21-12 设置视频区间长度　　　　　　　　　　　　　　　　图21-13 设置区间长度

Step 08 单击"确定"按钮，即可更改色彩素材的区间，如图21-14所示。

Step 09 切换至"媒体"素材库，在"照片"素材库中选择照片素材1.jpg，如图21-15所示。

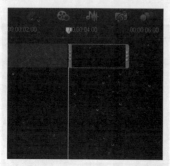

图21-14 设置区间长度　　　　　　　　　　　　　　　　图21-15 选中素材

Step 10 单击鼠标左键并将其拖曳至视频轨的相应位置，即可将照片素材1.jpg添加至视频轨中，在"照片"选项面板中设置"照片区间"为0:00:03:00，调整照片素材的区间长度，如图21-16所示。

Step 11 在"属性"选项面板，选中"变形素材"复选框，将鼠标移至预览窗口中的图像上，单击鼠标右键，在弹出的快捷菜单中，选择"调整到屏幕大小"选项，执行上述操作后，即可调整图像素材，如图21-17所示。

图21-16 调整照片素材的区间长度　　　　　　　　　　　　图21-17 调整屏幕大小

Step 12 使用相同的方法，在视频轨中添加其他视频素材和照片素材，添加完成后，此时在时间轴面板中即可查看效果，如图21-18所示。

Step 13 在时间轴面板中，将时间线移至00:00:36:00的位置，如图21-19所示。

图21-18 时间轴面板　　　　　　　　　　　　　　　　图21-19 移动时间线

Step (14) 单击"图形"按钮，切换至"图形"选项卡，在"色彩"素材库中选择黑色色块，单击鼠标左键并拖曳至视频轨的时间线位置，如图21-20所示。

Step (15) 单击"选项"按钮，即可打开"色彩"选项面板，在其中设置色彩的区间为00:00:02:00，如图21-21所示。

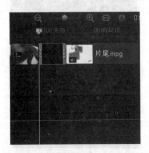

图21-20 拖曳黑色色块至视频轨

图21-21 设置色彩区间值

21.2.3 制作画面缩放效果

在会声会影编辑器中，为图像素材添加摇动和缩放效果，可以使静态的图像运动起来，增强画面的视觉感染力。

视频位置 视频\第21章\21.2.3 制作画面缩放效果.mp4

Step (01) 在视频轨中选择1.jpg素材图像，在打开的"照片"选项面板中选中"摇动和缩放"单选按钮，如图21-22所示。

Step (02) 单击下方的下拉按钮，在弹出的列表框中选择第1排第1个预设动画样式，如图21-23所示。

图21-22 选中"摇动和缩放"单选按钮

图21-23 选择相应预设动画样式

Step (03) 执行上述操作后，即可调整图像的运动效果，如图21-24所示。

图21-24 调整图像的运动效果

Step 04 在视频轨中选择照片素材2.jpg，如图21-25所示。

Step 05 打开"照片"选项面板，在其中选中"摇动和缩放"单选按钮，单击"自定义"左侧的下三角按钮，在弹出的列表框中选择第1排第1个摇动和缩放样式，如图21-26所示。

图21-25 选择照片素材2.jpg

图21-26 选择第1排第1个摇动和缩放样式

Step 06 在视频轨中选择照片素材3.jpg，如图21-27所示。

Step 07 打开"照片"选项面板，在其中选中"摇动和缩放"单选按钮，单击"自定义"左侧的下三角按钮，在弹出的列表框中选择第1排第3个摇动和缩放样式，如图21-28所示。

图21-27 选择照片素材3.jpg

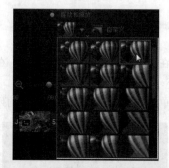

图21-28 选择第1排第3个摇动和缩放样式

提示

　　用户可以单击"摇动和缩放"单选按钮下方的下三角按钮，在弹出的列表框中直接选择动画样式；也可以单击右侧的"自定义"按钮，自行制作动画样式。

Step 08 在视频轨中选择照片素材5.jpg，如图21-29所示。

Step 09 打开"照片"选项面板，在其中选中"摇动和缩放"单选按钮，单击"自定义"左侧的下三角按钮，在弹出的列表框中选择第1排第3个摇动和缩放样式，如图21-30所示。

图21-29 选择照片素材5.jpg

图21-30 选择第1排第3个摇动和缩放样式

Step ⑩ 选择照片素材6.jpg，打开"照片"选项面板，在其中选中"摇动和缩放"单选按钮，单击"自定义"左侧的下三角按钮，在弹出的列表框中选择第2排第1个摇动和缩放样式，如图21-31所示。

Step ⑪ 选择照片素材8.jpg，打开"照片"选项面板，在其中选中"摇动和缩放"单选按钮，单击"自定义"左侧的下三角按钮，在弹出的列表框中选择第2排第3个摇动和缩放样式，如图21-32所示。

图21-31 选择第2排第1个摇动和缩放样式　　　　图21-32 选择第2排第3个摇动和缩放样式

Step ⑫ 选择照片素材9.jpg，打开"照片"选项面板，在其中选中"摇动和缩放"单选按钮，单击"自定义"左侧的下三角按钮，在弹出的列表框中选择第1排第3个摇动和缩放样式，如图21-33所示。

Step ⑬ 选择照片素材10.jpg，打开"照片"选项面板，在其中选中"摇动和缩放"单选按钮，单击"自定义"左侧的下三角按钮，在弹出的列表框中选择第1排第1个摇动和缩放样式，如图21-34所示。

图21-33 选择第1排第3个摇动和缩放样式　　　　图21-34 选择第1排第1个摇动和缩放样式

21.2.4 制作视频转场特效

在会声会影X8中，可以在各素材之间添加转场效果，制作自然过渡效果。下面介绍制作《菊花浪漫》视频转场效果的操作方法。

视频位置　视频\第21章\21.2.4　制作视频转场特效.mp4

Step ① 单击"转场"按钮 AB，即可切换至"转场"选项卡，如图21-35所示。

Step ② 在"转场"素材库中，单击窗口上方的"画廊"按钮，在弹出的列表框中选择"筛选"选项，在"筛选"转场素材库中，选择"交错淡化"转场效果，如图21-36所示。

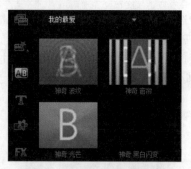

图21-35 切换至"转场"选项卡

图21-36 选择"交错淡化"转场效果

Step 03 单击鼠标左键并拖曳至"片头.wmv"与黑色色块之间，添加"交错淡化"转场效果，如图21-37所示。

Step 04 再次选择"筛选"素材库中的"交错淡化"转场，将其拖曳至素材1.jpg图像之前，如图21-38所示。

图21-37 添加"交错淡化"转场效果

图21-38 添加转场效果

Step 05 在导览面板中单击"播放"按钮，预览添加的"交错淡化"转场效果，如图21-39所示。

图21-39 预览转场效果

Step 06 在"转场"素材库中，单击窗口上方的"画廊"按钮，在弹出的列表框中选择3D选项，在3D转场素材库中，选择"纸飞机"转场效果，如图21-40所示。

Step 07 单击鼠标左键并拖曳至1.jpg与2.jpg素材图像之间，如图21-41所示。

图21-40 选择"纸飞机"转场效果

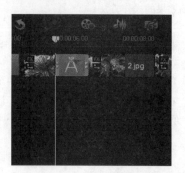

图21-41 添加转场效果

Step 08 在导览面板中单击"播放"按钮，预览添加的"纸飞机"转场效果，如图21-42所示。

图21-42 预览转场效果

Step 09 在"转场"素材库中，单击窗口上方的"画廊"按钮，在弹出的列表框中选择3D选项，在3D转场素材库中，选择"折叠盒"转场效果，如图21-43所示。

Step 10 单击鼠标左键并拖曳至视频轨中照片素材2.jpg与照片素材3.jpg之间，添加"折叠盒"转场效果，如图21-44所示。

图21-43 选择"折叠盒"转场效果 　　　　　图21-44 添加"折叠盒"转场效果

Step 11 在导览面板中单击"播放"按钮，预览添加的"折叠盒"转场效果，如图21-45所示。

图21-45 预览转场效果

Step 12 在"转场"素材库中，单击窗口上方的"画廊"按钮，在弹出的列表框中选择"小时钟"选项，打开"小时钟"转场素材库，在其中选择"扭曲"转场效果，如图21-46所示。

Step 13 单击鼠标左键并拖曳至视频轨中照片素材3.jpg与照片素材4.jpg之间，添加"扭曲"转场效果，如图21-47所示。

图21-46 选择"扭曲"转场效果

图21-47 添加"扭曲"转场效果

Step 14 在导览面板中单击"播放"按钮，预览添加的"扭曲"转场效果，如图21-48所示。

图21-48 预览转场效果

Step 15 在"转场"素材库中，单击窗口上方的"画廊"按钮，在弹出的列表框中选择"剥落"选项，打开"剥落"转场素材库，在其中选择"十字"转场效果，如图21-49所示。

Step 16 单击鼠标左键并拖曳至视频轨中照片素材4.jpg与照片素材5.jpg之间，添加"十字"转场效果，如图21-50所示。

图21-49 选择"十字"转场效果

图21-50 添加"十字"转场效果

Step ⑰ 在导览面板中单击"播放"按钮，预览添加的"十字"转场效果，如图21-51所示。

Step ⑱ 在"转场"素材库中，单击窗口上方的"画廊"按钮，在弹出的列表框中选择"底片"选项，打开"底片"转场素材库，在其中选择"分半"转场效果，如图21-52所示。

图21-51 预览转场效果

Step ⑲ 单击鼠标左键并拖曳至视频轨中照片素材5.jpg与照片素材6.jpg之间，添加"分半"转场效果，如图21-53所示。

图21-52 选择"分半"转场效果

图21-53 添加"分半"转场效果

Step ⑳ 在导览面板中单击"播放"按钮，预览添加的"分半"转场效果，如图21-54所示。

图21-54 预览转场效果

Step **21** 在"转场"素材库中，单击窗口上方的"画廊"按钮，在弹出的列表框中选择"置换"选项，打开"置换"转场素材库，在其中选择"棋盘"转场效果，如图21-55所示。

Step **22** 单击鼠标左键并拖曳至视频轨中照片素材6.jpg与照片素材7.jpg之间，添加"棋盘"转场效果，如图21-56所示。

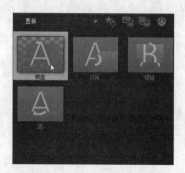

图21-55 选择"棋盘"转场效果

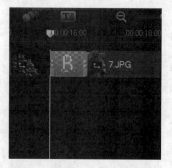

图21-56 添加"棋盘"转场效果

Step **23** 在导览面板中单击"播放"按钮，预览添加的"棋盘"转场效果，如图21-57所示。

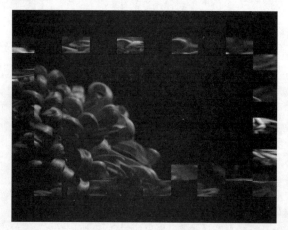

图21-57 预览转场效果

Step **24** 在"转场"素材库中，单击窗口上方的"画廊"按钮，在弹出的列表框中选择"遮罩"选项，打开"遮罩"转场素材库，在其中选择"遮罩F"转场效果，如图21-58所示。

Step **25** 单击鼠标左键并拖曳至7.jpg与8.jpg素材图像之间，如图21-59所示。

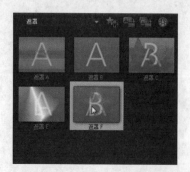

图21-58 选择"遮罩F"转场效果

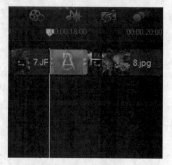

图21-59 添加转场效果

Step **26** 在导览面板中单击"播放"按钮，预览添加的"遮罩F"转场效果，如图21-60所示。

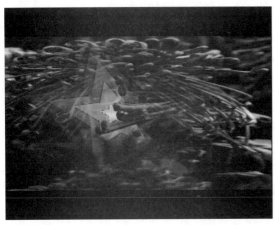

图21-60　预览转场效果

Step 27 在"转场"素材库中，单击窗口上方的"画廊"按钮，在弹出的列表框中选择"推动"选项，打开"推动"转场素材库，在其中选择"条形"转场效果，如图21-61所示。

Step 28 单击鼠标左键并拖曳至8.jpg与9.jpg素材图像之间，如图21-62所示。

图21-61　选择"条形"转场效果　　　　　　图21-62　添加转场效果

Step 29 在导览面板中单击"播放"按钮，预览添加的"条形"转场效果，如图21-63所示。

图21-63　预览转场效果

Step 30 在"转场"素材库中，单击窗口上方的"画廊"按钮，在弹出的列表框中选择"底片"选项，打开"底片"转场素材库，在其中选择"对开门"转场效果，如图21-64所示。

Step 31 单击鼠标左键并拖曳至9.jpg与10.jpg素材图像之间，如图21-65所示。

图21-64 选择"对开门"转场效果

图21-65 添加转场效果

Step 32 在导览面板中单击"播放"按钮，预览添加的"对开门"转场效果，如图21-66所示。

图21-66 预览转场效果

Step 33 在"转场"素材库中，单击窗口上方的"画廊"按钮，在弹出的列表框中选择"筛选"选项，在"筛选"转场素材库中，选择"交错淡化"转场效果，如图21-67所示。

Step 34 单击鼠标左键并拖曳至片尾素材图像的前后，如图21-68所示。

图21-67 选择"交错淡化"转场效果

图21-68 添加转场效果

Step 35 在导览面板中单击"播放"按钮，预览添加的"交错淡化"转场效果，如图21-69所示。

图21-69 预览转场效果

21.2.5 制作视频边框及片头片尾效果

在会声会影X8中，制作完摇动和转场效果以后，接下来可以为视频添加边框动画效果和淡出动画效果。

视频位置 视频\第21章\21.2.5 制作视频边框及片头片尾效果.mp4

Step 01 将时间线移至00:00:04:00的位置处，在"照片"选项卡中选择"边框.png"素材图像，如图21-70所示。

Step 02 单击鼠标左键并拖曳至覆叠轨#1中的时间线位置，在"编辑"选项卡中，设置照片区间为00:00:01:13，如图21-71所示。

图21-70 选择"边框.png"素材图像　　　　　　图21-71 设置照片区间

Step 03 切换至"属性"选项卡，单击"淡入动画"按钮，设置边框淡入动画效果，并调整边框至屏幕大小，如图21-72所示。

Step 04 将时间线移至00:00:05:13的位置处，添加与上相同的边框素材，并调整边框至屏幕大小，如图21-73所示，设置"照片区间"为0:00:18:20。

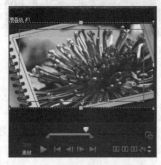 

图21-72 设置边框淡入动画效果　　　　　　图21-73 添加边框素材

Step 05 用与上相同的方法，在00:00:24:07的位置处再次添加边框素材，如图21-74所示。

Step 06 在"编辑"选项卡中设置"照片区间"为0:00:02:16，如图21-75所示。

图21-74 设置边框淡入动画效果

图21-75 设置"照片区间"

Step 07 切换至"属性"选项卡，单击"淡出动画效果"按钮，并调整边框至屏幕大小，如图21-76所示。

Step 08 执行上述操作后，即可为图像添加淡出动画效果，在导览面板中可以预览视频画面，如图21-77所示。

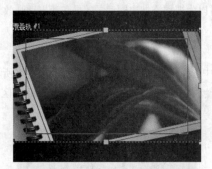

图21-76 单击"淡出动画效果"按钮

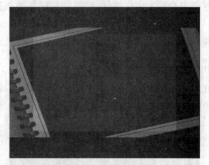

图21-77 单击"淡出动画效果"按钮

Step 09 将时间线移至开始的位置处，在"照片"选项卡中选择"6.jpg"素材图像，如图21-78所示。

Step 10 单击鼠标左键并拖曳至覆叠轨#1中的时间线位置，在"编辑"选项卡中，设置照片区间为00:00:04:00，如图21-79所示。

图21-78 选中照片6.jpg素材图像

图21-79 设置区间值

Step 11 单击"选项"按钮，打开"编辑"选项面板，选中"应用摇动和缩放"复选框，单击下方的下三角按钮，在弹出的列表框中选择相应的预设动画样式，如图21-80所示。

Step 12 切换至"属性"选项面板，在预览窗口中，拖曳滑块，调整素材的暂停区间，然后调整照片素材的大小和位置，如图21-81所示。

图21-80 选择预设动画样式

图21-81 调整照片素材大小和位置

Step 13 在时间轴面板中将时间线移至00:00:26:24的位置，如图21-82所示。

Step 14 在"照片"素材库中，选择照片素材1.jpg，单击鼠标左键并将其拖曳至覆叠轨1的时间线位置，如图21-83所示。

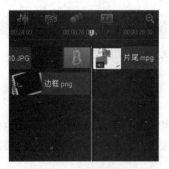

图21-82 移动时间线

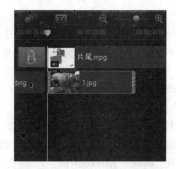

图21-83 拖曳照片1.jpg至覆叠轨1

Step 15 单击"选项"按钮，打开"编辑"选项面板，选中"应用摇动和缩放"复选框，单击下方的下三角按钮，在弹出的列表框中选择第1排第3个预设动画样式，设置区间为00:00:06:00，如图21-84所示。

Step 16 切换至"属性"选项面板，单击"淡入动画效果"按钮和"淡出动画效果"按钮，设置淡入淡出动画效果，如图21-85所示。

图21-84 设置区间值

图21-85 单击相应按钮

Step 17 在预览窗口中调整素材的大小和位置，执行上述操作后，即可完成片尾覆叠效果的制作。单击导览面板中的"播放"按钮，预览片尾覆叠动画效果，如图21-86所示。

图21-86　预览片尾覆叠效果

21.2.6　输入并设置动画文字

在会声会影X8中，制作完淡出动画效果以后，接下来可以为视频输入动画文字。

视频位置　视频\第21章\21.2.6　输入并设置动画文字.mp4

Step 01　将时间线移至00:00:01:14的位置处，单击"标题"按钮，切换至"标题"选项卡，如图21-87所示。

Step 02　在预览窗口中的适当位置，输入相应文本内容为"菊花浪漫"，如图21-88所示，在"编辑"选项面板中设置"区间"为0:00:01:10。

图21-87　切换至"标题"选项卡

图21-88　输入相应文本内容

Step 03　设置"字体"为"华文琥珀""字体大小"为80、"色彩"为绿色，单击"边框/阴影/透明度"按钮，如图21-89所示。

Step 04　弹出"边框/阴影/透明度"对话框，在"边框"选项卡中，设置"边框宽度"为2.4、"线条颜色"为黄色，单击"确定"按钮，如图21-90所示。

图21-89　单击"边框/阴影/透明度"按钮

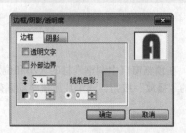

图21-90　单击"确定"按钮

Step **05**　执行上述操作后，即可为字体设置相应属性，调整文本的位置，效果如图21-91所示，切换至"属性"选项面板。

Step **06**　选中"动画"单选按钮和"应用"复选框，设置"选取动画类型"为"淡化"，在下方的下拉列表框中选择第1排第2个淡化效果，如图21-92所示。

图21-91　设置字体属性

图21-92　设置选取动画类型

21.2.7　制作文字淡入效果

在会声会影X8中，设置视频动画文字属性后，接下来可以为文字添加淡入效果。

视频位置　视频\第21章\21.2.7　制作文字淡入效果.mp4

Step **01**　单击"自定动画属性"按钮，在弹出的"淡化动画"对话框中，设置"单位"为"字符""暂停"为"长"，选中"淡入"单选按钮，如图21-93所示。

Step **02**　单击"确定"按钮，单击导览面板中的"播放"按钮，即可预览字幕动画效果，如图21-94所示。

图21-94　预览字幕动画效果

图21-93　选中"淡入"单选按钮

Step **03**　选择"菊花浪漫"文字效果，单击鼠标右键，在弹出的快捷菜单中选择"复制"选项，如图21-95所示。

Step **04**　将鼠标移至视频轨中的合适位置，鼠标指针变为手的形状，单击鼠标左键，即可复制文字，效果如图21-96所示。

图21-95　选择"复制"选项

图21-96　复制文字

21.2.8　制作文字淡出效果

在会声会影X8中，复制文字动画效果后，接下来可以制作文字淡化效果。

视频位置　视频\第21章\21.2.8　制作文字淡出效果.mp4

Step 01 在"编辑"选项面板中，设置文字区间为0:00:02:00，在弹出的"淡化动画"对话框中，设置"单位"为"文字""暂停"为"自定义"，选中"淡出"单选按钮，如图21-97所示。

Step 02 单击"确定"按钮，即可设置文字动画效果，单击导览面板中的"播放"按钮，即可预览设置的文字效果，如图21-98所示。

图21-97　设置各选项

图21-98　预览设置的文字效果

21.2.9　制作标题字幕效果

在会声会影X8中，在覆叠轨中制作完动画效果，接下来在标题轨中制作标题字幕动画效果。下面介绍制作标题字幕动画的操作方法。

视频位置　视频\第21章\21.2.9　制作标题字幕效果.mp4

Step 01 将时间线移至00:00:05:00的位置处，单击"标题"按钮，在预览窗口中输入标题"花中精灵"，并调整标题的位置，如图21-99所示。

Step 02 使用鼠标左键双击输入的标题字幕，在弹出的"编辑"选项面板中，设置其区间为0:00:04:00、字体为"华文琥珀""字体大小"为80、"色彩"为绿色，如图21-100所示。

图21-99　输入标题

图21-100　设置各属性

Step 03 单击"边框/阴影/透明度"按钮，弹出"边框/阴影/透明度"对话框，如图21-101所示。

Step 04 切换至"阴影"选项卡，单击"突起阴影"按钮，设置"X"为4.0、"Y"为4.0，如图21-102所示，单击"确定"按钮。

图21-101　弹出对话框

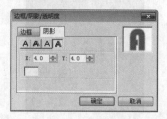

图21-102　设置各选项

21.2.10 添加翻转动画效果

在会声会影X8中，制作标题字幕效果后，接下来可以添加翻转动画效果。

视频位置 视频\第21章\21.2.10 添加翻转动画效果.mp4

Step 01 在"属性"选项面板中，选中"动画"单选按钮，然后自动选中"应用"复选框，单击"选取动画类型"下拉按钮，在弹出的下拉列表框中选择"翻转"选项，在下方的下拉列表框中选择第1排第2个选项，如图21-103所示。

Step 02 单击"自定动画属性"按钮，弹出"翻转动画"对话框，在其中设置"输入"为"向左""离开"为"向右""暂停"为"中"，如图21-104所示，单击"确定"按钮，即可设置标题字幕效果，单击导览面板中的"播放"按钮，可预览字幕效果。

图21-103 选择"第1排第2个"选项

图21-104 设置各选项

Step 03 用与上相同的方法，在00:00:09:00时间线位置处，输入标题文本"姿态各异"，在"编辑"选项面板中，设置相应选项，如图21-105所示。

Step 04 切换至"属性"选项面板，设置"选取动画类型"为"飞行"，在弹出的"飞行动画"对话框中，设置"起始单位"为"字符""终止单位"为"文字""暂停"为"长"，如图21-106所示，单击"确定"按钮。

图21-105 设置相应选项

图21-106 设置相应选项

Step 05 单击导览面板中的"播放"按钮，即可预览字幕动画效果，如图21-107所示。

图21-107 预览字幕动画效果

Step 06 用与上同样的方法，在标题轨中的适当位置，输入其他文本内容，并设置字体属性与动画效果，如图21-108所示。

Step 07 单击导览面板中的"播放"按钮，即可预览添加的字幕动画效果，如图21-109所示。

图21-108 设置字体属性与动画效果

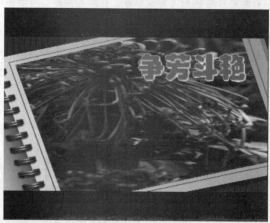

图21-109 预览添加的字幕动画效果

21.3 视频后期处理

通过后期处理，不仅可以对菊花浪漫的原始素材进行合理的编辑，而且可以为影片添加各种音乐及特效，使影片更具珍藏价值。

21.3.1 制作视频背景音乐

淡入淡出音频特效是一种在视频编辑中常用的音频编辑效果，使用这种编辑效果，避免了音乐的突然出现和突然消失，使音乐能够有一种自然的过渡效果。

视频位置 视频\第21章\21.3.1 制作视频背景音乐.mp4

Step 01 在时间轴面板中，将鼠标移至空白位置处，单击鼠标右键，在弹出的快捷菜单中选择"插入音频"|"到语音轨"选项，如图21-110所示。

Step 02 弹出相应对话框，选择相应音频文件，单击"打开"按钮，即可从硬盘文件夹中将音频文件添加至语音轨中，如图21-111所示。

图21-110 选择"音乐.mp3"音频素材

图21-111 拖曳音频素材

Step 03 将时间线移至00:00:35:00的位置处，选择语言轨中的音频素材，单击鼠标右键，在弹出的快捷菜单中选择"分割素材"选项，如图21-112所示。

Step 04 执行上述操作后，即可将素材分割为两段，选择后段音频素材，按【Delete】键将其删除，如图21-113所示。

图21-112 选择"分割素材"选项

图21-113 删除后段音频素材

--- 提示 ---

在调整音频效果时，用户还可以进入混音器视图，手动调整音频关键帧的位置。

Step 05 选择剪辑好的音频素材，在打开的"音乐和语音"选项面板中，单击"淡入"按钮和"淡出"按钮，如图21-114所示，执行操作后，即可设置音频淡入淡出效果。

图21-114 单击"淡入"按钮和"淡出"按钮

21.3.2 输出视频动画文件

在会声会影X8中，渲染影片可以将项目文件创建成mpg、AVI以及QuickTime或其他视频文件格式。

| 效果位置 | 效果\第21章\菊花浪漫.MPG |
| 视频位置 | 视频\第21章\21.3.2 输出视频动画文件.mp4 |

Step 01 单击界面上方的"输出"标签，执行操作后，即可切换至"输出"步骤面板，如图21-115所示。

Step 02 在上方面板中，选择MPEG-2选项，在"项目"右侧的下拉列表中，选择第2个选项，如图21-116所示。

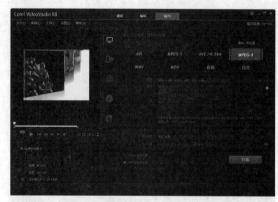

图21-115 切换至"输出"步骤面板

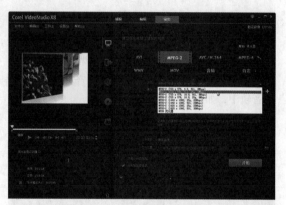

图21-116 选择第2个选项

Step 03 在下方面板中，单击"文件位置"右侧的"浏览"按钮，如图21-117所示。

Step 04 弹出"浏览"对话框，在其中设置视频文件的输出名称与输出位置，如图21-118所示。

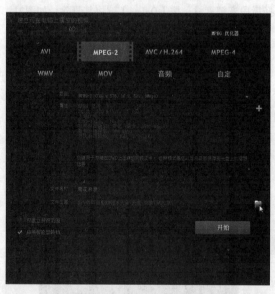

图21-117 单击"浏览"按钮

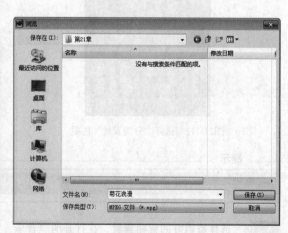

图21-118 设置输出名称与输出位置

Step 05 设置完成后，单击"保存"按钮，返回会声会影编辑器，单击下方的"开始"按钮，开始渲染视频文件，并显示渲染进度，如图21-119所示。

Step 06 稍等片刻，已经输出的视频文件将显示在素材库面板的"文件夹"选项卡中，如图21-120所示。

图21-119　显示渲染进度

图21-120　显示在"文件夹"选项卡中

Step 07 在预览窗口中单击"播放"按钮，用户可以查看输出的菊花视频画面效果，如图21-121所示。

图21-121　查看菊花视频画面效果

图21-121　查看菊花视频画面效果（续）

第22章

视觉享受《璀璨之夜》

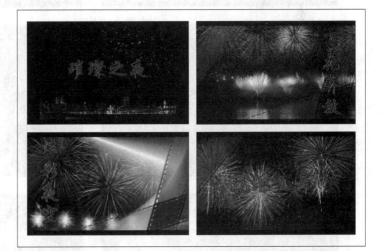

本章导读

　　不同的地方有不同的夜景，用户可以通过DV摄像机、照相机或者手机等，记录下这些不同夜空景色的场面，然后使用会声会影X8软件，将拍摄的素材进行编辑，并制作成更具观赏价值的视频短片。本章主要向读者介绍制作璀璨夜空视频效果的方法。

22.1   实例效果欣赏

在制作视频短片之前，首先带领读者预览《璀璨之夜》视频的画面效果，并掌握项目技术提炼等内容，这样可以帮助读者理清该视频的设计思路。

22.1.1   效果欣赏

本实例主要介绍的是《璀璨之夜》，最终效果如图22-1所示。

图22-1   效果欣赏

22.1.2　技术提炼

制作《璀璨之夜》视频需要经过以下几个环节。

（1）进入会声会影X8工作界面，导入需要的媒体素材，并调整视频画面的大小，制作相应的画面缩放效果。

（2）为视频主体素材制作"交错淡化""对开门""飞行木板""漩涡""爆裂"和"打碎"等转场效果。

（3）为视频主体素材制作边框动画、淡出动画、文字动画、标题字幕、翻转动画等动画效果。

（4）为《璀璨之夜》添加背景音乐，制作视频背景音效，增强视频的感染力。

（5）输出视频文件，即可完成《璀璨之夜》视频的制作。

22.2　视频制作过程

本节主要介绍《璀璨之夜》视频文件的制作过程，如导入媒体文件、制作摇动转场效果以及制作边框字幕动画效果等内容。

22.2.1　导入媒体文件

在会声会影X8中，导入视频素材的方法有很多种，下面以通过"插入媒体文件"选项为例，介绍导入照片/视频素材的操作方法。

素材位置	素材\第22章\1～10.jpg、边框.png、片头.wmv、片尾.wmv
视频位置	视频\第22章\22.2.1　导入媒体文件.mp4

Step 01　进入会声会影编辑器，在"媒体"素材库中单击"添加"按钮，添加一个"文件夹"，如图22-2所示。

Step 02　在"文件夹"选项卡中，单击鼠标右键，在弹出的快捷菜单中选择"插入媒体文件"选项，如图22-3所示。

图22-2　添加一个"文件夹"

图22-3　选择"插入媒体文件"选项

Step 03　弹出"浏览媒体文件"对话框，在其中选择需要插入的媒体文件，单击"打开"按钮，如图22-4所示。

Step 04　执行上述操作后，即可将素材导入"文件夹"选项卡中，如图22-5所示，在其中用户可查看导入的素材文件。

图22-4　单击"打开"按钮

图22-5　导入媒体文件

22.2.2　调整视频画面大小

在会声会影X8中，导入媒体文件以后，接下来可以调整视频画面大小。

视频位置　视频\第22章\22.2.2 调整视频画面大小.mp4

Step 01　在"媒体"素材库的"文件夹"选项卡中，选择"片头.wmv"视频素材文件，如图22-6所示。

Step 02　单击鼠标左键并将其拖曳至视频轨中的开始位置，添加视频素材，如图22-7所示。

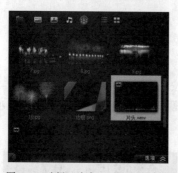

图22-6　选择"片头.wmv"视频素材

图22-7　添加视频素材

Step 03　使用鼠标左键双击插入的媒体文件，在打开的"视频"选项面板中，设置"视频区间"的长度为0:00:06:13，如图22-8所示。

Step 04　单击"图形"按钮，切换至"图形"选项卡，单击素材库上方"画廊"按钮，在弹出的列表框中选择"色彩"选项，在其中选择黑色色块，如图22-9所示。

图22-8　设置"视频区间"的长度

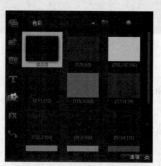

图22-9　选择黑色色块

Step 05　单击鼠标左键并将其拖曳至视频轨的相应位置，在"色彩"选项面板中设置"区间"为0:00:02:00，视频轨如图22-10所示。

Step 06　切换至"媒体"素材库，在"文件夹"选项卡中，选择1.jpg素材图像文件，如图22-11所示。

图22-10　设置区间长度

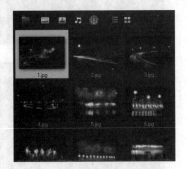
图22-11　选择1.jpg素材图像

Step 07　单击鼠标左键并将其拖曳至视频轨的相应位置，在"照片"选项面板中设置"区间"为0:00:03:00，视频轨如图22-12所示。

Step 08　在"属性"选项面板，选中"变形素材"复选框，如图22-13所示，将鼠标移至预览窗口中的图像上，单击鼠标右键。

图22-12　设置区间长度

图22-13　选中"变形素材"复选框

Step 09　在弹出的快捷菜单中，选择"调整到屏幕大小"选项，如图22-14所示。

Step 10　执行上述操作后，即可调整图像素材，如图22-15所示。

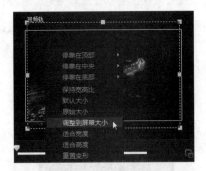
图22-14　选择"调整到屏幕大小"选项

图22-15　调整图像素材

Step 11　用与上相同的方法，添加其他的素材图像并设置其区间大小和调整素材图像，效果如图22-16所示。

图22-16　添加其他的素材图像

22.2.3　制作画面缩放效果

在会声会影编辑器中，为图像素材添加摇动和缩放效果，可以使静态的图像运动起来，增强画面的视觉感染力。

视频位置　　视频\第22章\22.2.3　制作画面缩放效果.mp4

Step 01 在视频轨中选择1.jpg素材图像，在打开的"照片"选项面板中选中"摇动和缩放"单选按钮，如图22-17所示。

Step 02 单击下方的下拉按钮，在弹出的列表框中选择第1排第1个预设动画样式，如图22-18所示。

图22-17　选中"摇动和缩放"单选按钮

图22-18　选择相应预设动画样式

Step 03 执行上述操作后，即可调整图像的运动效果，如图22-19所示。

图22-19 调整图像的运动效果

Step 04 在视频轨中选择照片素材2.jpg，如图22-20所示。

Step 05 打开"照片"选项面板，在其中选中"摇动和缩放"单选按钮，单击"自定义"左侧的下三角按钮，在弹出的列表框中选择第1排第1个摇动和缩放样式，如图22-21所示。

图22-20 选择照片素材2.jpg 图22-21 选择第1排第1个摇动和缩放样式

Step 06 在视频轨中选择照片素材3.jpg，如图22-22所示。

Step 07 打开"照片"选项面板，在其中选中"摇动和缩放"单选按钮，单击"自定义"左侧的下三角按钮，在弹出的列表框中选择第1排第3个摇动和缩放样式，如图22-23所示。

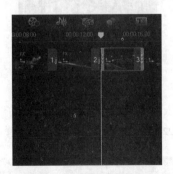 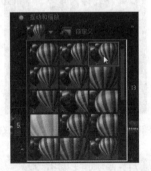

图22-22 选择照片素材3.jpg 图22-23 选择第1排第3个摇动和缩放样式

Step 08 在视频轨中选择照片素材5.jpg，如图22-24所示。

Step 09 打开"照片"选项面板，在其中选中"摇动和缩放"单选按钮，单击"自定义"左侧的下三角按钮，在弹出的列表框中选择第1排第3个摇动和缩放样式，如图22-25所示。

图22-24 选择照片素材5.jpg

图22-25 选择第1排第3个摇动和缩放样式

Step 10 选择照片素材6.jpg，打开"照片"选项面板，在其中选中"摇动和缩放"单选按钮，单击"自定义"左侧的下三角按钮，在弹出的列表框中选择第2排第1个摇动和缩放样式，如图22-26所示。

Step 11 选择照片素材8.jpg，打开"照片"选项面板，在其中选中"摇动和缩放"单选按钮，单击"自定义"左侧的下三角按钮，在弹出的列表框中选择第2排第3个摇动和缩放样式，如图22-27所示。

图22-26 选择第2排第1个摇动和缩放样式

图22-27 选择第2排第3个摇动和缩放样式

Step 12 选择照片素材9.jpg，打开"照片"选项面板，在其中选中"摇动和缩放"单选按钮，单击"自定义"左侧的下三角按钮，在弹出的列表框中选择第1排第3个摇动和缩放样式，如图22-28所示。

Step 13 选择照片素材10.jpg，打开"照片"选项面板，在其中选中"摇动和缩放"单选按钮，单击"自定义"左侧的下三角按钮，在弹出的列表框中选择第1排第1个摇动和缩放样式，如图22-29所示。

图22-28 选择第1排第3个摇动和缩放样式

图22-29 选择第1排第1个摇动和缩放样式

22.2.4 制作视频转场特效

在会声会影X8中，可以在各素材之间添加转场效果，制作自然过渡效果。下面介绍制作《璀璨之夜》视频转场效果的操作方法。

视频位置　视频\第22章\22.2.4 制作视频转场特效.mp4

Step 01 单击"转场"按钮 AB ，即可切换至"转场"选项卡，如图22-30所示。

Step 02 在"转场"素材库中，单击窗口上方的"画廊"按钮，在弹出的列表框中选择"筛选"选项，在"筛选"转场素材库中，选择"交错淡化"转场效果，如图22-31所示。

图22-30 切换至"转场"选项卡

图22-31 选择"交错淡化"转场效果

Step 03 单击鼠标左键并拖曳至"片头.wmv"与黑色色块之间，添加"交错淡化"转场效果，如图22-32所示。

Step 04 再次选择"筛选"素材库中的"交错淡化"转场，将其拖曳至素材1.jpg图像之前，如图22-33所示。

图22-32 添加"交错淡化"转场效果

图22-33 添加转场效果

Step 05 在导览面板中单击"播放"按钮，预览添加的"交错淡化"转场效果，如图22-34所示。

图22-34 预览转场效果

Step 06 在"转场"素材库中，单击窗口上方的"画廊"按钮，在弹出的列表框中选择3D选项，在3D转场素材库中，选择"对开门"转场效果，如图22-35所示。

Step 07 单击鼠标左键并拖曳至1.jpg与2.jpg素材图像之间，如图22-36所示。

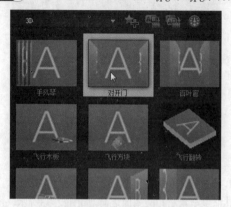

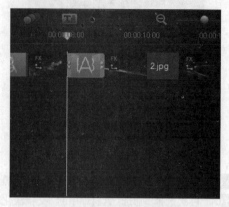

图22-35 选择"对开门"转场效果 　　　　　图22-36 添加转场效果

Step 08 在导览面板中单击"播放"按钮，预览添加的"对开门"转场效果，如图22-37所示。

图22-37 预览转场效果

Step 09 在3D转场素材库中，选择"飞行木板"转场效果，如图22-38所示。

Step 10 单击鼠标左键并拖曳至视频轨中照片素材2.jpg与照片素材3.jpg之间，添加"飞行木板"转场效果，如图22-39所示。

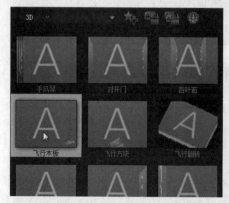

图22-38 选择"飞行木板"转场效果 　　　　图22-39 添加"飞行木板"转场效果

Step 11 在导览面板中单击"播放"按钮，预览添加的"飞行木板"转场效果，如图22-40所示。

图22-40 预览转场效果

Step 12 在"转场"素材库中，单击窗口上方的"画廊"按钮，在弹出的列表框中选择3D选项，打开3D转场素材库，在其中选择"漩涡"转场效果，如图22-41所示。

Step 13 单击鼠标左键并拖曳至视频轨中照片素材3.jpg与照片素材4.jpg之间，添加"漩涡"转场效果，如图22-42所示。

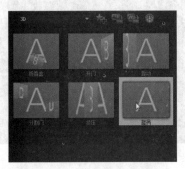 

图22-41 选择"漩涡"转场效果　　　　　图22-42 添加"漩涡"转场效果

Step 14 在导览面板中单击"播放"按钮，预览添加的"漩涡"转场效果，如图22-43所示。

图22-43 预览转场效果

Step 15 在"转场"素材库中，单击窗口上方的"画廊"按钮，在弹出的列表框中选择"筛选"选项，打开"筛选"转场素材库，在其中选择"爆裂"转场效果，如图22-44所示。

Step 16 单击鼠标左键并拖曳至视频轨中照片素材4.jpg与照片素材5.jpg之间，添加"爆裂"转场效果，如图22-45所示。

图22-44　选择"爆裂"转场效果

图22-45　添加"爆裂"转场效果

Step 17 在导览面板中单击"播放"按钮，预览添加的"爆裂"转场效果，如图22-46所示。

图22-46　预览转场效果

Step 18 在"转场"素材库中，单击窗口上方的"画廊"按钮，在弹出的列表框中选择"筛选"选项，打开"筛选"转场素材库，在其中选择"打碎"转场效果，如图22-47所示。

Step 19 单击鼠标左键并拖曳至视频轨中照片素材5.jpg与照片素材6.jpg之间，添加"打碎"转场效果，如图22-48所示。

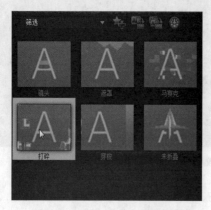

图22-47　选择"打碎"转场效果

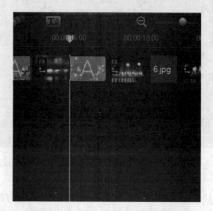

图22-48　添加"打碎"转场效果

Step 20 在导览面板中单击"播放"按钮，预览添加的"打碎"转场效果，如图22-49所示。

图22-49 预览转场效果

Step 21 在"转场"素材库中，单击窗口上方的"画廊"按钮，在弹出的列表框中选择"底片"选项，打开"底片"转场素材库，在其中选择"对开门"转场效果，如图22-50所示。

Step 22 单击鼠标左键并拖曳至视频轨中照片素材6.jpg与照片素材7.jpg之间，添加"对开门"转场效果，如图22-51所示。

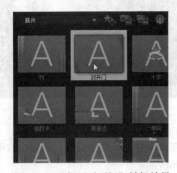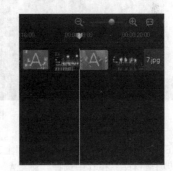

图22-50 选择"对开门"转场效果 　　　图22-51 添加"对开门"转场效果

Step 23 在导览面板中单击"播放"按钮，预览添加的"对开门"转场效果，如图22-52所示。

图22-52 预览转场效果

Step 24 在"转场"素材库中，单击窗口上方的"画廊"按钮，在弹出的列表框中选择"遮罩"选项，打开"遮罩"转场素材库，在其中选择"遮罩E"转场效果，如图22-53所示。

Step 25 单击鼠标左键并拖曳至7.jpg与8.jpg素材图像之间，如图22-54所示。

图22-53 选择"遮罩E"转场效果

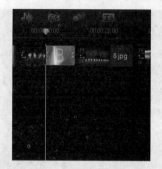

图22-54 添加转场效果

Step 26 在导览面板中单击"播放"按钮，预览添加的"遮罩E"转场效果，如图22-55所示。

图22-55 预览转场效果

Step 27 在"转场"素材库中，单击窗口上方的"画廊"按钮，在弹出的列表框中选择"遮罩"选项，打开"遮罩"转场素材库，在其中选择"遮罩A"转场效果，如图22-56所示。

Step 28 单击鼠标左键并拖曳至8.jpg与9.jpg素材图像之间，如图22-57所示。

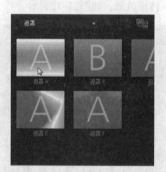

图22-56 选择"遮罩A"转场效果

图22-57 添加转场效果

Step 29 在导览面板中单击"播放"按钮，预览添加的"遮罩A"转场效果，如图22-58所示。

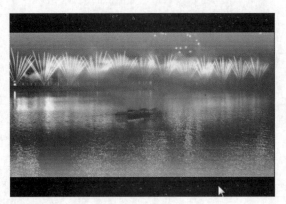

图22-58　预览转场效果

Step 30　在"转场"素材库中，单击窗口上方的"画廊"按钮，在弹出的列表框中选择"底片"选项，打开"底片"转场素材库，在其中选择"翻页"转场效果，如图22-59所示。

Step 31　单击鼠标左键并拖曳至9.jpg与10.jpg素材图像之间，如图22-60所示。

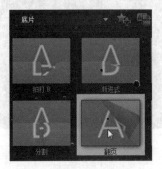

图22-59　选择"翻页"转场效果　　　　　　　　　　图22-60　添加转场效果

Step 32　在导览面板中单击"播放"按钮，预览添加的"翻页"转场效果，如图22-61所示。

图22-61　预览转场效果

Step 33　在"媒体"素材库中，选中"片尾"视频素材，添加至视频轨中，并在前后添加黑色色块。在"转场"素材库中，单击窗口上方的"画廊"按钮，在弹出的列表框中选择"筛选"选项，在"筛选"转场素材库中，选择"交错淡化"转场效果，选择"交错淡化"转场效果，如图22-62所示。

Step 34　单击鼠标左键并拖曳至片尾素材图像的前后，如图22-63所示。

图22-62 选择"交错淡化"转场效果

图22-63 添加转场效果

Step 35 在导览面板中单击"播放"按钮，预览添加的"交错淡化"转场效果，如图22-64所示。

图22-64 预览转场效果

22.2.5 制作视频动画效果

在会声会影X8中，制作完摇动和转场效果以后，接下来可以为视频添加边框动画效果和淡出动画效果。

视频位置 视频\第22章\22.2.5 制作视频动画效果.mp4

Step 01 将时间线移至00:00:06:13的位置处，在"文件夹"选项卡中选择"边框.png"素材图像，如图22-65所示。

Step 02 单击鼠标左键并拖曳至覆叠轨#1中的时间线位置，在"编辑"选项卡中，设置照片区间为00:00:02:00，如图22-66所示。

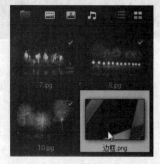

图22-65 选择"边框.png"素材图像

图22-66 设置照片区间

Step 03 切换至"属性"选项卡,单击"淡入动画"按钮,设置边框淡入动画效果,并调整边框至屏幕大小,如图22-67所示。

Step 04 将时间线移至00:00:08:13的位置处,添加与上相同的边框素材,并调整边框至屏幕大小,如图22-68所示,设置"照片区间"为0:00:17:10。

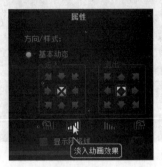

图22-67 设置边框淡入动画效果

图22-68 添加边框素材

Step 05 用与上相同的方法,在00:00:25:22的位置处再次添加边框素材,如图22-69所示。

Step 06 在"编辑"选项卡中设置"照片区间"为0:00:01:09,如图22-70所示。

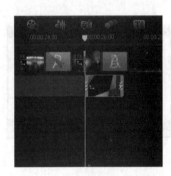

图22-69 设置边框淡入动画效果

图22-70 设置"照片区间"

Step 07 切换至"属性"选项卡,单击"淡出动画效果"按钮,并调整边框至屏幕大小,如图22-71所示。

Step 08 执行上述操作后,即可为图像添加淡出动画效果,在导览面板中可以预览视频画面,如图22-72所示。

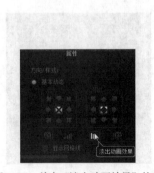

图22-71 单击"淡出动画效果"按钮

图22-72 单击"淡出动画效果"按钮

22.2.6 输入并设置动画文字

在会声会影X8中,制作完淡出动画效果以后,接下来可以为视频输入动画文字。

Step 01 将时间线移至00:00:01:13的位置处，单击"标题"按钮，切换至"标题"选项卡，如图22-73所示。

Step 02 在预览窗口中的适当位置，输入相应文本内容为"璀璨之夜"，如图22-74所示，在"编辑"选项面板中设置"区间"为0:00:03:03。

图22-73　切换至"标题"选项卡

图22-74　输入相应文本内容

Step 03 设置"字体"为"华文行楷""字体大小"为100、"色彩"为红色，单击"边框/阴影/透明度"按钮，如图22-75所示。

Step 04 弹出"边框/阴影/透明度"对话框，在"边框"选项卡中，设置"边框宽度"为2.4、"线条颜色"为黄色，单击"确定"按钮，如图22-76所示。

图22-75　单击"边框/阴影/透明度"按钮

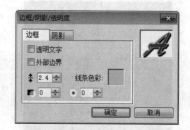

图22-76　单击"确定"按钮

Step 05 执行上述操作后，即可为字体设置相应属性，调整文本的位置，效果如图22-77所示，切换至"属性"选项面板。

Step 06 选中"动画"单选按钮和"应用"复选框，设置"选取动画类型"为"淡化"，在下方的下拉列表框中选择第1排第2个淡化效果，如图22-78所示。

图22-77　设置字体属性

图22-78　设置选取动画类型

22.2.7　制作文字淡入效果

在会声会影X8中，设置视频动画文字属性后，接下来可以为文字添加淡入效果。

Step 01 单击"自定动画属性"按钮，在弹出的"淡化动画"对话框中，设置"单位"为"字符""暂停"为"长"，选中"淡入"单选按钮，如图22-79所示。

Step 02 单击"确定"按钮，单击导览面板中的"播放"按钮，即可预览字幕动画效果，如图22-80所示。

图22-79 选中"淡入"单选按钮

图22-80 预览字幕动画效果

Step 03 选择"璀璨之夜"文字效果，单击鼠标右键，在弹出的快捷菜单中选择"复制"选项，如图22-81所示。

Step 04 将鼠标移至视频轨中的合适位置，鼠标指针变为手的形状，单击鼠标左键，即可复制文字，如图22-82所示。

图22-81 选择"复制"选项

图22-82 复制文字

22.2.8 制作文字淡出效果

接下来可以在会声会影X8中制作文字淡出效果。

视频位置 视频\第22章\22.2.8 制作文字淡出效果.mp4

Step 01 在"编辑"选项面板中，设置文字区间为0:00:01:22，在弹出的"淡化动画"对话框中，设置"单位"为"文字""暂停"为"自定义"，选中"淡出"单选按钮，如图22-83所示。

Step 02 单击"确定"按钮，即可设置文字动画效果，单击导览面板中的"播放"按钮，即可预览设置的文字效果，如图22-84所示。

图22-83 设置各选项

图22-84 预览设置的文字效果

22.2.9　制作标题字幕效果

在会声会影X8中，在覆叠轨中制作完动画效果，接下来在标题轨中制作标题字幕动画效果。下面介绍制作标题字幕动画的操作方法。

视频位置　　视频\第22章\22.2.9　制作标题字幕效果.mp4

Step 01　将时间线移至00:00:07:13的位置处，单击"标题"按钮，在预览窗口中输入标题"美丽夜景"，并调整标题的位置，如图22-85所示。

Step 02　使用鼠标左键双击输入标题字幕，在弹出的"编辑"选项面板中，设置其区间为0:00:04:00、字体为"华文行楷""字体大小"为100、"色彩"为红色，如图22-86所示。

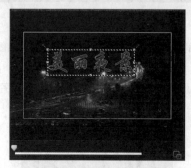

图22-85　输入标题

图22-86　设置各属性

Step 03　单击"边框/阴影/透明度"按钮，弹出"边框/阴影/透明度"对话框，如图22-87所示。

Step 04　切换至"阴影"选项卡，单击"光晕阴影"按钮，设置"强度"为5.0、"光晕阴影透明度"为10、"光晕阴影柔化边缘"为50，如图22-88所示，单击"确定"按钮。

图22-87　弹出对话框

图22-88　设置各选项

22.2.10　添加翻转动画效果

在会声会影X8中，制作标题字幕效果后，接下来可以添加翻转动画效果。

视频位置　　视频\第22章\22.2.10　添加翻转动画效果.mp4

Step 01　在"属性"选项面板中，选中"动画"单选按钮，然后自动选中"应用"复选框，单击"选取动画类型"下拉按钮，在弹出的下拉列表框中选择"翻转"选项，在下方的下拉列表框中选择第1排第2个选项，如图22-89所示。

Step 02　单击"自定义动画属性"按钮，弹出"翻转动画"对话框，在其中设置"输入"为"向左""离开"为"向右""暂停"为"中"，如图22-90所示，单击"确定"按钮，即可设置标题字幕效果，单击导览面板中的"播放"按钮，可预览字幕效果。

图22-89　选择第1排第2个选项

图22-90　设置各选项

Step 03 用与上相同的方法，在00:00:13:12时间线位置处，输入标题文本"点点星空"，在"编辑"选项面板中，设置相应选项，如图22-91所示。

Step 04 切换至"属性"选项面板，设置"选取动画类型"为"飞行"，在弹出的"飞行动画"对话框中，设置"起始单位"为"字符"，"终止单位"为"文字"，"暂停"为"长"，如图22-92所示，单击"确定"按钮。

图22-91　设置相应选项

图22-92　设置相应选项

Step 05 单击导览面板中的"播放"按钮，即可预览字幕动画效果，如图22-93所示。

图22-93　预览字幕动画效果

Step 06 用与上同样的方法，在标题轨中的适当位置，输入其他文本内容，并设置字体属性与动画效果，如图22-94所示。

图22-94　设置字体属性与动画效果

Step **07** 单击导览面板中的"播放"按钮，即可预览添加的字幕动画效果，如图22-95所示。

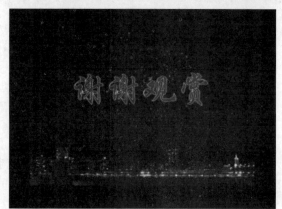

图22-95　预览添加的字幕动画效果

22.3　视频后期处理

通过后期处理，不仅可以对璀璨之夜的原始素材进行合理的编辑，而且可以为影片添加各种音乐及特效，使影片更具珍藏价值。

22.3.1　制作视频背景音乐

淡入淡出音频特效是一种在视频编辑中常用的音频编辑效果，使用这种编辑效果，避免了音乐的突然出现和突然消失，使音乐能够有一种自然的过渡效果。

视频位置　视频\第22章\22.3.1　制作视频背景音乐.mp4

Step **01** 在时间轴面板中，将鼠标移至空白位置处，单击鼠标右键，在弹出的快捷菜单中选择"插入音频"|"到语音轨"选项，如图22-96所示。

Step **02** 弹出相应对话框，选择相应音频文件，单击"打开"按钮，即可从硬盘文件夹中将音频文件添加至语音轨中，如图22-97所示。

图22-96　选择"音乐.mp3"音频素材

图22-97　拖曳音频素材

Step 03 将时间线移至00:00:38:13的位置处，选择语音轨中的音频素材，单击鼠标右键，在弹出的快捷菜单中选择"分割素材"选项，如图22-98所示。

Step 04 执行上述操作后，即可将素材分割为两段，选择后段音频素材，按【Delete】键将其删除，如图22-99所示。

图22-98　选择"分割素材"选项

图22-99　删除后段音频素材

─── 提示 ───

在调整音频效果时，用户还可以进入混音器视图，手动调整音频关键帧的位置。

Step 05 选择剪辑好的音频素材，在打开的"音乐和语音"选项面板中，单击"淡入"按钮和"淡出"按钮，如图22-100所示，执行操作后，即可设置音频淡入淡出效果。

图22-100　单击"淡入"按钮和"淡出"按钮

22.3.2　输出视频动画文件

在会声会影X8中，渲染影片可以将项目文件创建成mpg、AVI以及QuickTime或其他视频文件格式。

效果位置　效果\第22章\璀璨之夜.MPG
视频位置　视频\第22章\22.3.2　输出视频动画文件.mp4

Step 01 单击界面上方的"输出"标签，执行操作后，即可切换至"输出"步骤面板，如图22-101所示。

Step 02 在上方面板中，选择MPEG-2选项，在"项目"右侧的下拉列表中，选择第2个选项，如图22-102所示。

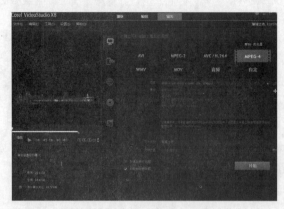

图22-101 切换至"输出"步骤面板

图22-102 选择第2个选项

Step 03 在下方面板中，单击"文件位置"右侧的"浏览"按钮，如图22-103所示。

Step 04 弹出"浏览"对话框，在其中设置视频文件的输出名称与输出位置，如图22-104所示。

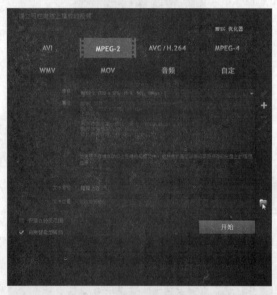

图22-103 单击"浏览"按钮

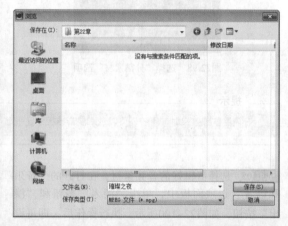

图22-104 设置输出名称与输出位置

Step 05 设置完成后，单击"保存"按钮，返回会声会影编辑器，单击下方的"开始"按钮，开始渲染视频文件，并显示渲染进度，如图22-105所示。

Step 06 稍等片刻，已经输出的视频文件将显示在素材库面板的"文件夹"选项卡中，如图22-106所示。

图22-105 显示渲染进度

图22-106 显示在"文件夹"选项卡中

Step 07 在预览窗口中单击"播放"按钮，用户可以查看输出的璀璨之夜画面效果，如图22-107所示。

图22-107 查看璀璨之夜画面效果

图22-107　查看璀璨之夜画面效果（续）

第23章

生活记录《美食回味》

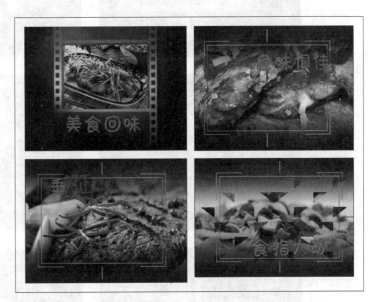

本章导读

　　本章主要介绍生活记录《美食回味》视频的制作方法，带领读者关注生活中的每一个细节、每一个画面。用户可以使用智能手机或数码相机，将生活中的每一个精彩画面捕捉下来，然后运用会声会影X8为画面添加各种特效与标题字幕，制作成精美的电子相册视频，将其永久地珍藏。多年以后再翻看这些视频画面时，将是一件非常幸福的事。

23.1　实例效果欣赏

在制作视频短片之前，首先带领读者预览《美食回味》视频的画面效果，并掌握项目技术提炼等内容，主要可以帮助读者理清该视频的设计思路。

23.1.1　效果欣赏

本实例主要介绍的是《美食回味》，最终效果如图23-1所示。

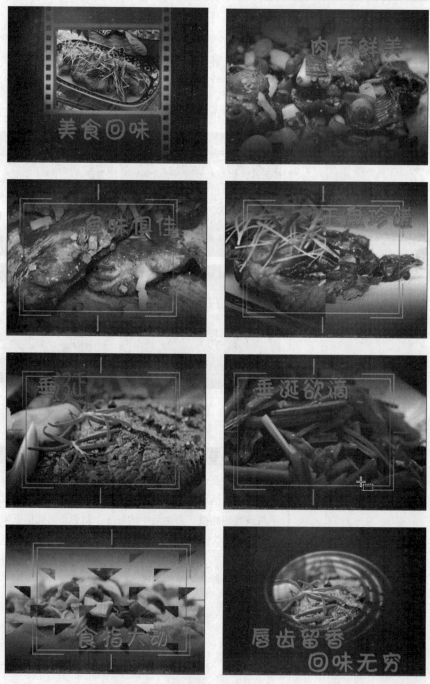

图23-1　效果欣赏

23.1.2 技术提炼

制作《美食回味》视频需要经过以下几个环节。

（1）进入会声会影X8工作界面，导入需要的媒体素材，并调整视频画面的大小，制作相应的画面缩放效果。

（2）为视频主体素材制作"交错淡化""分割门""手风琴""中央""拍打A"和"分割"等转场效果。

（3）为视频主体素材制作边框动画、淡出动画、文字动画、标题字幕、翻转动画等动画效果。

（4）为《美食回味》添加背景音乐，制作视频背景音效，增强视频的感染力。

（5）输出视频文件，即可完成《美食回味》视频的制作。

23.2 视频制作过程

本节主要介绍《美食回味》视频文件的制作过程，如导入媒体文件、制作摇动转场效果以及制作边框字幕动画效果等内容。

23.2.1 导入媒体文件

在会声会影X8中，导入视频素材的方法有很多种，下面以通过"插入媒体文件"选项为例，介绍导入照片/视频素材的操作方法。

素材位置 素材\第23章\1～10.jpg、边框.swf、片头.wmv、片尾.wmv
视频位置 视频\第23章\23.2.1 导入媒体文件.mp4

Step 01 在界面右上角单击"媒体"按钮📷，切换至"媒体"素材库，展开库导航面板，单击上方的"添加"按钮，如图23-2所示。

Step 02 执行上述操作后，即可新增一个"文件夹（2）"选项，如图23-3所示。

图23-2 单击"添加"按钮

图23-3 新增"文件夹"选项

Step 03 选择新建的"文件夹（2）"选项，在右侧的空白位置处单击鼠标右键，在弹出的快捷菜单中选择"插入媒体文件"选项，如图23-4所示。

Step 04 执行操作后，弹出"浏览媒体文件"对话框，在其中选择需要插入的美食生活媒体素材文件，如图23-5所示。

图23-4 选择"插入媒体文件"选项

图23-5 选择素材文件

Step 05 单击"打开"按钮，即可将素材导入"文件夹（2）"选项卡中，如图23-6所示，在其中用户可以查看导入的素材文件。

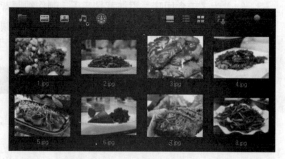

图23-6 导入"文件夹（2）"选项卡

Step 06 选择相应的美食生活素材，在导览面板中单击"播放"按钮，即可预览导入的素材画面效果，如图23-7所示。

图23-7 预览素材画面效果

图23-7 预览素材画面效果（续）

23.2.2 制作片头视频画面

在会声会影编辑器中，将素材文件导入编辑器后，需要制作片头视频画面，使视频内容更具吸引力。

视频位置 视频\第23章\23.2.2 制作片头视频画面.mp4

Step 01 在"媒体"素材库的"文件夹（2）"选项卡中，选择视频素材"片头.wmv"文件，如图23-8所示。

Step 02 在选择的视频素材上，单击鼠标左键并将其拖曳至视频轨的开始位置，如图23-9所示。

图23-8 选择视频素材"片头.wmv" 图23-9 拖曳至视频轨的开始位置

Step 03 在导览面板中单击"播放"按钮，预览片头视频画面效果，如图23-10所示。

图23-10 预览片头视频画面效果

23.2.3 制作美食视频画面

在会声会影编辑器中，将素材文件导入编辑器后，需要将其制作成视频画面，使视频内容更具吸引力。

视频位置　视频\第23章\23.2.3　制作美食视频画面.mp4

Step 01 在会声会影编辑器的右上方位置，单击"图形"按钮，切换至"图形"选项卡，在"画廊"的下拉列表中选择"色彩"选项，在其中选择黑色色块，如图23-11所示。

Step 02 在选择的黑色色块上，单击鼠标左键并拖曳至视频轨中的结束位置，添加黑色色块素材，如图23-12所示。

图23-11　选择黑色色块

图23-12　添加黑色色块素材

Step 03 选择添加的黑色色块素材，打开"色彩"选项面板，在其中设置"色彩区间"为0:00:02:00，如图23-13所示。

Step 04 按【Enter】键确认，即可更改黑色色块的区间长度为2秒，如图23-14所示。

图23-13　设置"色彩区间"

图23-14　区间长度为2秒

Step 05 在"媒体"素材库中，选择照片素材1.jpg，如图23-15所示。

Step 06 在选择的照片素材上，单击鼠标左键并将其拖曳至视频轨中黑色色块的后面，添加照片素材，如图23-16所示。

图23-15　选择照片素材

图23-16　添加照片素材

Step 07 打开"照片"选项面板，在其中设置"照片区间"为0:00:05:00，如图23-17所示。

Step 08 执行操作后，即可更改视频轨中照片素材1.jpg的区间长度为5秒，如图23-18所示。

图23-17　设置"照片区间"

图23-18　区间长度为5秒

Step 09 用与上同样的方法，将"媒体"素材库中的照片素材2.jpg拖曳至视频轨中照片素材1.jpg的后面，如图23-19所示。

Step 10 打开"照片"选项面板，在其中设置"照片区间"为0:00:04:00，即可更改视频轨中照片素材2.jpg的区间长度，如图23-20所示。

图23-19　拖曳至照片素材"1.jpg"的后面

图23-20　更改区间长度

Step 11 在"媒体"素材库的"文件夹（2）"选项卡中，选择照片素材3.jpg～10.jpg之间的所有照片素材，如图23-21所示。

Step 12 在选择的多张照片素材上，单击鼠标右键，在弹出的快捷菜单中选择"插入到"Ⅰ"视频轨"选项，如图23-22所示。

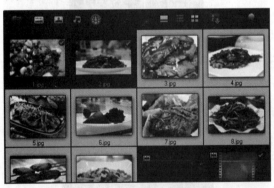

图23-21　选择照片素材

图23-22　选择"视频轨"选项

Step 13 执行操作后，即可将选择的多张照片素材文件插入到时间轴面板的视频轨中，如图23-23所示。

Step 14 在视频轨中刚插入的多张素材缩略图上，单击鼠标右键，在弹出的快捷菜单中选择"更改照片区间"选项，如图23-24所示。

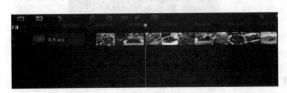

图23-23　插入到视频轨中

图23-24　选择"更改照片区间"选项

Step ⑮ 执行操作后，弹出"区间"对话框，在其中设置"区间"为0:0:4:0，如图23-25所示。

Step ⑯ 设置完成后，单击"确定"按钮，即可将3.jpg~10.jpg照片素材的区间长度更改为4秒，在故事板中素材缩略图的下方，显示了照片的区间参数，如图23-26所示。

图23-25 设置"区间"

Step ⑰ 切换至时间轴视图，在"图形"选项卡中选择黑色色块，在选择的黑色色块上单击鼠标左键并拖曳至视频轨中照片素材10.jpg的后面，如图23-27所示。

图23-26 显示区间参数

图23-27 拖曳至照片素材10.jpg的后面

Step ⑱ 打开"色彩"选项面板，在其中设置"区间"为0:00:02:00，即可更改黑色色块的区间长度，如图23-28所示。

Step ⑲ 在"媒体"素材库中，选择视频素材"片尾.wmv"，在选择的视频素材上单击鼠标左键并将其拖曳至视频轨的结束位置，如图23-29所示。

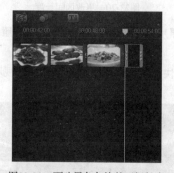

图23-28 更改黑色色块的区间长度

图23-29 拖曳至视频轨的结束位置

Step ⑳ 选择视频素材"片尾.wmv"前面的黑色色块，在色块上单击鼠标右键，在弹出的快捷菜单中选择"复制"选项，如图23-30所示。

Step ㉑ 将复制的黑色色块粘贴至视频轨右侧的结束位置，并设置区间为1秒，如图23-31所示。

图23-30 选择"复制"选项

图23-31 设置区间为1秒

Step ㉒ 至此，视频画面制作完成，在导览面板中单击"播放"按钮，预览制作的视频画面效果，如图23-32所示。

图23-32 预览视频画面效果

23.2.4 制作画面缩放效果

在会声会影编辑器中，为图像素材添加摇动和缩放效果，可以使静态的图像运动起来，增强画面的视觉感染力。

视频位置 视频\第23章\23.2.4 制作画面缩放效果.mp4

Step 01 在视频轨中选择1.jpg素材图像，在打开的"照片"选项面板中选中"摇动和缩放"单选按钮，如图23-33所示。

Step 02 单击下方的下拉按钮，在弹出的列表框中选择第1排第1个预设动画样式，如图23-34所示。

图23-33 选中"摇动和缩放"单选按钮

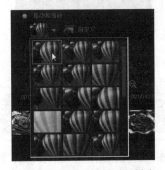
图23-34 选择相应预设动画样式

Step 03 执行上述操作后，即可调整图像的运动效果，如图23-35所示。

图23-35 调整图像的运动效果

Step 04 在视频轨中选择照片素材2.jpg，如图23-36所示。

Step 05 打开"照片"选项面板，在其中选中"摇动和缩放"单选按钮，单击"自定义"左侧的下三角按钮，在弹出的列表框中选择第1排第1个摇动和缩放样式，如图23-37所示。

图23-36　选择照片素材2.jpg

图23-37　选择第1排第1个摇动和缩放样式

Step 06 在视频轨中选择照片素材3.jpg，如图23-38所示。

Step 07 打开"照片"选项面板，在其中选中"摇动和缩放"单选按钮，单击"自定义"左侧的下三角按钮，在弹出的列表框中选择第1排第3个摇动和缩放样式，如图23-39所示。

图23-38　选择照片素材3.jpg

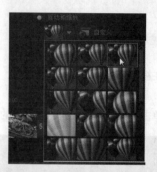

图23-39　选择第1排第3个摇动和缩放样式

--- 提示 ---

　　用户可以单击"摇动和缩放"单选按钮下方的下三角按钮，在弹出的列表框中直接选择动画样式；也可以单击右侧的"自定义"按钮，自行制作动画样式。

Step 08 在视频轨中选择照片素材5.jpg，如图23-40所示。

Step 09 打开"照片"选项面板，在其中选中"摇动和缩放"单选按钮，单击"自定义"左侧的下三角按钮，在弹出的列表框中选择第1排第3个摇动和缩放样式，如图23-41所示。

图23-40　选择照片素材5.jpg

图23-41　选择第1排第3个摇动和缩放样式

Step 10 选择照片素材6.jpg，打开"照片"选项面板，在其中选中"摇动和缩放"单选按钮，单击"自定义"左侧的下三角按钮，在弹出的列表框中选择第2排第1个摇动和缩放样式，如图23-42所示。

Step 11 选择照片素材8.jpg，打开"照片"选项面板，在其中选中"摇动和缩放"单选按钮，单击"自定义"左侧的下三角按钮，在弹出的列表框中选择第2排第3个摇动和缩放样式，如图23-43所示。

图23-42　选择第2排第1个摇动和缩放样式

图23-43　选择第2排第3个摇动和缩放样式

Step 12 选择照片素材9.jpg，打开"照片"选项面板，在其中选中"摇动和缩放"单选按钮，单击"自定义"左侧的下三角按钮，在弹出的列表框中选择第1排第3个摇动和缩放样式，如图23-44所示。

Step 13 选择照片素材10.jpg，打开"照片"选项面板，在其中选中"摇动和缩放"单选按钮，单击"自定义"左侧的下三角按钮，在弹出的列表框中选择第1排第1个摇动和缩放样式，如图23-45所示。

图23-44　选择第1排第3个摇动和缩放样式

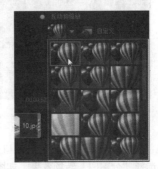

图23-45　选择第1排第1个摇动和缩放样式

23.2.5　制作视频转场特效

在会声会影X8中，可以在各素材之间添加转场效果，制作自然过渡效果。下面介绍制作《美食回味》视频转场效果的操作方法。

视频位置　视频\第23章\23.2.5　制作视频转场特效.mp4

Step 01 单击"转场"按钮 AB ，即可切换至"转场"选项卡，如图23-46所示。

Step 02 在"转场"素材库中，单击窗口上方的"画廊"按钮，在弹出的列表框中选择"筛选"选项，在"筛选"转场素材库中，选择"交错淡化"转场效果，如图23-47所示。

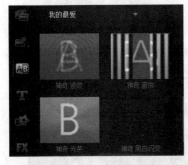

图23-46　切换至"转场"选项卡

图23-47　选择"交错淡化"转场效果

Step 03 单击鼠标左键并拖曳至"片头.wmv"与黑色色块之间，添加"交错淡化"转场效果，如图23-48所示。

Step 04 再次选择"筛选"素材库中的"交错淡化"转场，将其拖曳至素材1.jpg图像之前，如图23-49所示。

图23-48　添加"交错淡化"转场效果　　　　　　　图23-49　添加转场效果

Step 05 在导览面板中单击"播放"按钮，预览添加的"交错淡化"转场效果，如图23-50所示。

图23-50　预览转场效果

Step 06 在"转场"素材库中，单击窗口上方的"画廊"按钮，在弹出的列表框中选择3D选项，在3D转场素材库中，选择"分割门"转场效果，如图23-51所示。

Step 07 单击鼠标左键并拖曳至1.jpg与2.jpg素材图像之间，如图23-52所示。

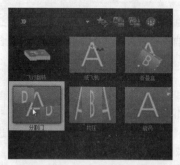

图23-51　选择"分割门"转场效果　　　　　　　图23-52　添加转场效果

Step 08 在导览面板中单击"播放"按钮，预览添加的"分割门"转场效果，如图23-53所示。

图23-53　预览转场效果

Step 09 在"转场"素材库中，单击窗口上方的"画廊"按钮，在弹出的列表框中选择3D选项，在3D转场素材库中，选择"手风琴"转场效果，如图23-54所示。

Step 10 单击鼠标左键并拖曳至视频轨中照片素材2.jpg与照片素材3.jpg之间，添加"手风琴"转场效果，如图23-55所示。

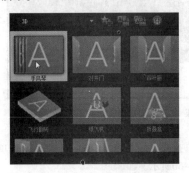

图23-54 选择"手风琴"转场效果　　　　图23-55 添加"手风琴"转场效果

Step 11 在导览面板中单击"播放"按钮，预览添加的"手风琴"转场效果，如图23-56所示。

图23-56 预览转场效果

Step 12 在"转场"素材库中，单击窗口上方的"画廊"按钮，在弹出的列表框中选择"小时钟"选项，打开"小时钟"转场素材库，在其中选择"中央"转场效果，如图23-57所示。

Step 13 单击鼠标左键并拖曳至视频轨中照片素材3.jpg与照片素材4.jpg之间，添加"中央"转场效果，如图23-58所示。

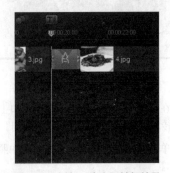

图23-57 选择"中央"转场效果　　　　图23-58 添加"中央"转场效果

Step 14 在导览面板中单击"播放"按钮，预览添加的"中央"转场效果，如图23-59所示。

图23-59 预览转场效果

Step 15 在"转场"素材库中，单击窗口上方的"画廊"按钮，在弹出的列表框中选择"剥落"选项，打开"剥落"转场素材库，在其中选择"拍打A"转场效果，如图23-60所示。

Step 16 单击鼠标左键并拖曳至视频轨中照片素材4.jpg与照片素材5.jpg之间，添加"拍打A"转场效果，如图23-61所示。

图23-60 选择"拍打A"转场效果　　　　图23-61 添加"拍打A"转场效果

Step 17 在导览面板中单击"播放"按钮，预览添加的"拍打A"转场效果，如图23-62所示。

图23-62 预览转场效果

Step 18 在"转场"素材库中，单击窗口上方的"画廊"按钮，在弹出的列表框中选择"底片"选项，打开"底片"转场素材库，在其中选择"分割"转场效果，如图23-63所示。

Step 19 单击鼠标左键并拖曳至视频轨中照片素材5.jpg与照片素材6.jpg之间，添加"分割"转场效果，如图23-64所示。

Step 20 在导览面板中单击"播放"按钮，预览添加的"分割"转场效果，如图23-65所示。

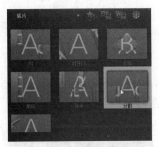

图23-63 选择"分割"转场效果

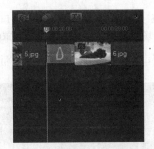

图23-64 添加"分割"转场效果

图23-65 预览转场效果

Step 21 在"转场"素材库中,单击窗口上方的"画廊"按钮,在弹出的列表框中选择"置换"选项,打开
"置换"转场素材库,在其中选择"螺旋"转场效果,如图23-66所示。

Step 22 单击鼠标左键并拖曳至视频轨中照片素材6.jpg与照片素材7.jpg之间,添加"螺旋"转场效果,如图
23-67所示。

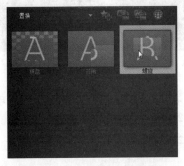

图23-66 选择"螺旋"转场效果

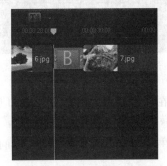

图23-67 添加"螺旋"转场效果

Step 23 在导览面板中单击"播放"按钮,预览添加的"螺旋"转场效果,如图23-68所示。

图23-68 预览转场效果

Step 24 在"转场"素材库中，单击窗口上方的"画廊"按钮，在弹出的列表框中选择"遮罩"选项，打开"遮罩"转场素材库，在其中选择"遮罩C"转场效果，如图23-69所示。

Step 25 单击鼠标左键并拖曳至7.jpg与8.jpg素材图像之间，如图23-70所示。

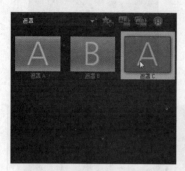

图23-69　选择"遮罩C"转场效果

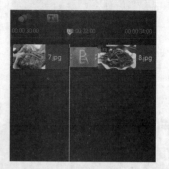

图23-70　添加转场效果

Step 26 在导览面板中单击"播放"按钮，预览添加的"遮罩C"转场效果，如图23-71所示。

图23-71　预览转场效果

Step 27 在"转场"素材库中，单击窗口上方的"画廊"按钮，在弹出的列表框中选择"推动"选项，打开"推动"转场素材库，在其中选择"网孔"转场效果，如图23-72所示。

Step 28 单击鼠标左键并拖曳至8.jpg与9.jpg素材图像之间，如图23-73所示。

图23-72　选择"网孔"转场效果

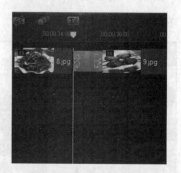

图23-73　添加转场效果

Step 29 在导览面板中单击"播放"按钮，预览添加的"网孔"转场效果，如图23-74所示。

图23-74 预览转场效果

Step 30 在"转场"素材库中,单击窗口上方的"画廊"按钮,在弹出的列表框中选择"擦拭"选项,打开"擦拭"转场素材库,在其中选择"箭号"转场效果,如图23-75所示。

Step 31 单击鼠标左键并拖曳至9.jpg与10.jpg素材图像之间,如图23-76所示。

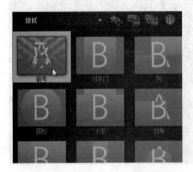

图23-75 选择"箭号"转场效果

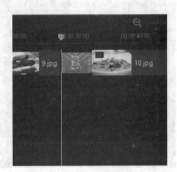

图23-76 添加转场效果

Step 32 在导览面板中单击"播放"按钮,预览添加的"箭号"转场效果,如图23-77所示。

图23-77 预览转场效果

Step 33 在"转场"素材库中,单击窗口上方的"画廊"按钮,在弹出的列表框中选择"筛选"选项,如图23-78所示。

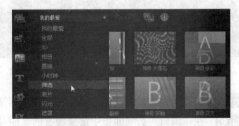

图23-78 选择"筛选"选项

791

Step ③④ 在"筛选"转场素材库中，选择"交错淡化"转场效果，如图23-79所示。

Step ③⑤ 单击鼠标左键并拖曳至片尾素材图像的前后，如图23-80所示。

图23-79 选择"交错淡化"转场效果

图23-80 添加转场效果

Step ③⑥ 在导览面板中单击"播放"按钮，预览添加的"交错淡化"转场效果，如图23-81所示。

图23-81 预览转场效果

23.2.6 制作片头片尾特效

在编辑视频的过程中，片头与片尾动画是相对应的，当视频以什么样的动画开始播放时，也应当配以什么样的动画结尾。

视频位置 视频\第23章\23.2.6 制作片头片尾特效

Step ①① 在时间轴面板中，将时间线移至00:00:01:08的位置处，如图23-82所示。

Step ①② 在"媒体"素材库中，选择照片素材5.jpg，如图23-83所示。

图23-82 移动时间线

图23-83 选择照片素材5.jpg

Step ①③ 在选择的素材上，单击鼠标左键并将其拖曳至覆叠轨中的时间线位置，如图23-84所示。

Step ①④ 在"编辑"选项面板中设置覆叠的"照片区间"为0:00:08:00，如图23-85所示。

图23-84　拖曳至覆叠轨中的时间线位置

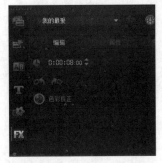

图23-85　设置覆叠的"照片区间"

Step 05　执行上述操作后，即可更改覆叠素材的区间长度，如图23-86所示。

Step 06　打开"属性"选项面板，在其中单击"从下方进入"按钮和"淡入动画效果"按钮，如图23-87所示，设置覆叠素材的淡入动画效果。

图23-86　更改覆叠素材的区间长度

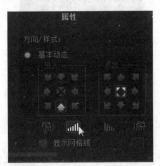

图23-87　单击"淡入动画效果"按钮

Step 07　单击"遮罩和色度键"按钮，弹出相应选项面板，在其中选中"应用覆叠选项"复选框，设置"类型"为"遮罩帧"，在右侧的下拉列表框中选择倒数第2个遮罩样式，如图23-88所示。

Step 08　设置覆叠素材遮罩特效后，在预览窗口中可以预览覆叠素材的形状，如图23-89所示。

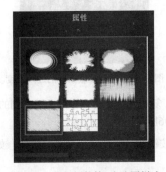

图23-88　选择倒数第2个遮罩样式

图23-89　预览覆叠素材的形状

Step 09　拖曳素材四周的黄色控制柄，调整覆叠素材的大小和位置，在预览窗口下方拖曳"暂停区间"标记至00:00:03:02的位置处，调整素材淡入与淡出运动区间长度，如图23-90所示。

Step 10　单击导览面板中的"播放"按钮，预览制作的美食视频片头动画效果，如图23-91所示。

图23-90 拖曳"暂停区间"标记

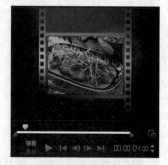

图23-91 预览美食视频片头动画效果

Step 11 在时间轴面板中,将时间线移至00:00:44:01的位置处,如图23-92所示。

Step 12 将素材库中的照片素材7.jpg添加至覆叠轨中的时间线位置,如图23-93所示。

图23-92 移动时间线

图23-93 添加至覆叠轨中的时间线位置

Step 13 在"编辑"选项面板中,设置覆叠的"照片区间"为0:00:06:01,如图23-94所示。

Step 14 执行上述操作后,即可更改覆叠素材的区间长度,如图23-95所示。

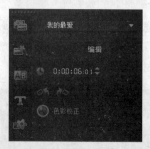

图23-94 设置覆叠的"照片区间"

图23-95 更改覆叠素材的区间长度

Step 15 打开"编辑"选项面板,在其中选中"应用摇动和缩放"复选框,单击"自定义"左侧的下三角按钮,在弹出的列表框中选择第1排第1个摇动和缩放样式,如图23-96所示。

Step 16 打开"属性"选项面板,在其中单击"淡入动画效果"按钮和"淡出动画效果"按钮,如图23-97所示,设置覆叠素材的淡入和淡出动画效果。

图23-96 选择相应摇动和缩放样式

图23-97 单击"淡出动画效果"按钮

Step 17 单击"遮罩和色度键"按钮，弹出相应选项面板，在其中选中"应用覆叠选项"复选框，设置"类型"为"遮罩帧"，在右侧的下拉列表框中选择倒数第3排第1个遮罩样式，如图23–98所示。

Step 18 设置覆叠素材遮罩特效后，在预览窗口中可以预览覆叠素材的形状，如图23–99所示。

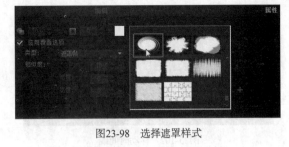

图23-98 选择遮罩样式

Step 19 拖曳素材四周的黄色控制柄，调整覆叠素材的大小和位置，如图23–100所示。

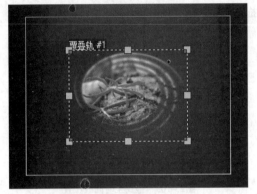

图23-99 预览覆叠素材的形状

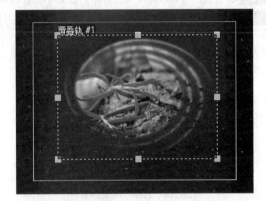

图23-100 调整覆叠素材的大小和位置

Step 20 单击导览面板中的"播放"按钮，预览美食视频片尾动画效果，如图23–101所示。

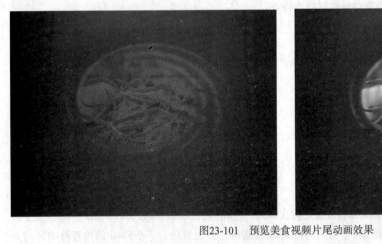

图23-101 预览美食视频片尾动画效果

23.2.7 制作美食边框特效

在编辑视频的过程中，为素材添加相应的边框效果，可以使制作的视频内容更加丰富，起到美化视频的作用。

视频位置 视频\第23章\23.2.7 制作美食边框特效.mp4

Step 01 在时间轴面板中，将时间线移至00:00:10:01的位置处，如图23–102所示。

Step 02 在会声会影编辑器的右上方位置，单击"图形"按钮，切换至"图形"选项卡，单击窗口上方的"画廊"按钮，在弹出的列表框中选择"Flash动画"选项，如图23–103所示。

图23-102　移动时间线

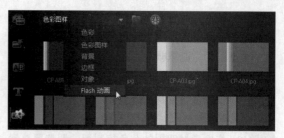

图23-103　选择"Flash动画"选项

Step 03　打开"Flash动画"素材库，在其中选择FL-F04的Flash动画素材，如图23-104所示。

Step 04　在选择的Flash动画素材上，单击鼠标左键并将其拖曳至覆叠轨1中的时间线位置，如图23-105所示。

图23-104　选择Flash动画素材

图23-105　拖曳至时间线位置

Step 05　在"编辑"选项面板中，设置动画素材的"视频区间"为0:00:02:00，如图23-106所示。

Step 06　执行操作后，即可更改动画素材的区间长度为2秒，如图23-107所示，打开"属性"选项面板，在其中单击"淡入动画效果"按钮，设置动画素材淡入特效。

图23-106　设置动画素材的"视频区间"

图23-107　区间长度为2秒

Step 07　用与上同样的方法，在0:00:12:02的位置处再次添加一个相同的Flash动画素材，如图23-108所示。

Step 08　用与上同样的方法，再次添加2个相同的Flash动画素材，并设置最后一个Flash动画素材的区间为0:00:04:08，覆叠轨素材如图23-109所示，打开"属性"选项面板，在其中单击"淡出动画效果"按钮，设置动画素材淡出特效。

图23-108　添加Flash动画素材

图23-109　设置区间为0:00:04:08

Step 09 在导览面板中单击"播放"按钮，预览动画素材装饰效果，如图23-110所示。至此，视频边框动画制作完成。

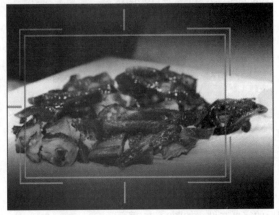

图23-110　预览动画素材装饰效果

23.2.8　制作标题字幕动画

在会声会影X8中，设置视频动画文字属性后，接下来可以为文字添加淡入效果。

视频位置　视频\第23章\23.2.8　制作标题字幕动画.mp4

Step 01 在时间轴面板中，将时间线移至00:00:04:11的位置处，如图23-111所示。

Step 02 在编辑器的右上方位置，单击"标题"按钮，进入"标题"素材库，如图23-112所示。

图23-111　移动时间线

图23-112　进入"标题"素材库

Step 03 在预览窗口中，显示"双击这里可以添加标题"字样，如图23-113所示。

Step 04 在预览窗口中的字样上，双击鼠标左键，输入文本"美食回味"，如图23-114所示。

图23-113　显示字样

图23-114　输入文本"美食回味"

Step 05 字幕创建完成后，在标题轨中显示了刚创建的字幕文件，如图23-115所示。

Step 06 在"编辑"选项面板中，更改字幕的"区间"为0:00:04:22，如图23-116所示。

图23-115　显示刚创建的字幕文件

图23-116　更改字幕的"区间"

Step 07 在时间轴面板的标题轨中，可以查看更改区间后的字幕文件，如图23-117所示。

Step 08 选择输入的文本内容，打开"编辑"选项面板，单击"字体"右侧的下三角按钮，在弹出的列表框中选择"方正卡通简体"选项，如图23-118所示，设置标题字幕字体效果。

图23-117　查看更改区间后的字幕文件

图23-118　选择"方正卡通简体"选项

Step 09 执行操作后，即可更改标题字幕的字体样式，效果如图23-119所示。

Step 10 在"编辑"选项面板中单击"字体大小"右侧的下三角按钮，在弹出的列表框中选择70选项，设置字体大小；单击"色彩"色块，在弹出的颜色面板中选择绿色，设置字体颜色，如图23-120所示。

图23-119 更改标题字幕的字体样式

图23-120 设置字体颜色

Step 11 在预览窗口中，调整标题位置，预览更改字体颜色后的字幕效果，如图23-121所示。

Step 12 在"编辑"选项面板中，单击"边框/阴影/透明度"按钮，如图23-122所示。

图23-121 预览字幕效果

图23-122 单击"边框/阴影/透明度"按钮

Step 13 弹出"边框/阴影/透明度"对话框，切换至"阴影"选项卡，单击"下垂阴影"按钮，设置"下垂阴影透明度"为20，如图23-123所示。

Step 14 设置完成后，单击"确定"按钮，在预览窗口中，可以预览设置字幕边框/阴影/透明度后的效果，如图23-124所示。

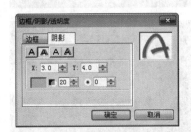

图23-123 设置"下垂阴影透明度"为20

图23-124 预览设置字幕边框/阴影/透明度后的效果

Step 15 切换至"属性"选项面板，选中"动画"单选按钮和"应用"复选框，设置"选取动画类型"为"淡化"，在下方选择第1排第2个动画样式，如图23-125所示。

Step 16 在导览面板中，单击"播放"按钮，预览制作的片头字幕动画效果，如图23-126所示。

图23-125 选择第1排第2个动画样式

图23-126 预览片头字幕动画效果

Step 17 用与上同样的方法，在标题轨中的适当位置，输入其他文本内容，并设置字体属性与动画效果，如图23-127所示。

Step 18 单击导览面板中的"播放"按钮，即可预览添加的字幕动画效果，如图23-128所示。

图23-127　设置字体属性与动画效果

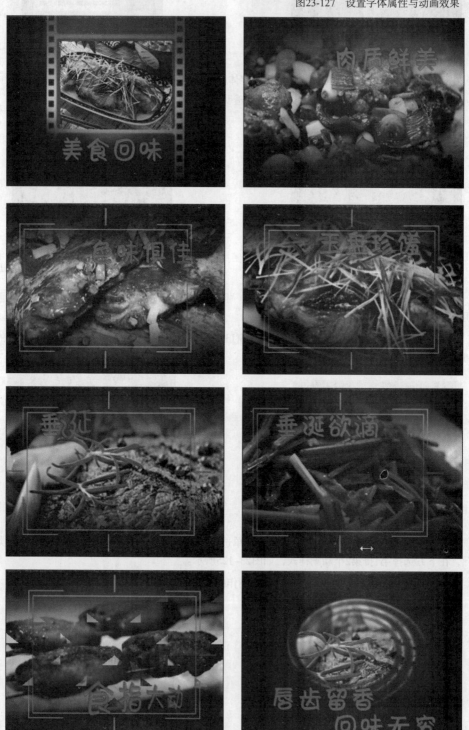

图23-128　预览添加的字幕动画效果

23.3　视频后期处理

通过后期处理，不仅可以对美食回味的原始素材进行合理的编辑，而且可以为影片添加各种音乐及特效，使影片更具珍藏价值。

23.3.1　制作视频背景音乐

淡入淡出音频特效是一种在视频编辑中常用的音频编辑效果，使用这种编辑效果，避免了音乐的突然出现和突然消失，使音乐能够有一种自然的过渡效果。

视频位置　视频\第23章\23.3.1　制作视频背景音乐.mp4

Step 01　在时间轴面板中，将鼠标移至空白位置处，单击鼠标右键，在弹出的快捷菜单中选择"插入音频"|"到语音轨"选项，如图23-129所示。

Step 02　弹出相应对话框，选择相应音频文件，单击"打开"按钮，即可从硬盘文件夹中将音频文件添加至语音轨中，如图23-130所示。

图23-129　选择"音乐.mp3"音频素材

图23-130　拖曳音频素材

Step 03　将时间线移至00:00:51:02的位置处，选择语音轨中的音频素材，单击鼠标右键，在弹出的快捷菜单中选择"分割素材"选项，如图23-131所示。

Step 04　执行上述操作后，即可将素材分割为两段，选择后段音频素材，按【Delete】键将其删除，如图23-132所示。

图23-131　选择"分割素材"选项

图23-132　删除后段音频素材

Step 05　选择剪辑好的音频素材，在打开的"音乐和语音"选项面板中，单击"淡入"按钮和"淡出"按钮，如图23-133所示，执行操作后，即可设置音频淡入淡出效果。

图23-133　单击"淡入"按钮和"淡出"按钮

23.3.2 输出视频动画文件

在会声会影X8中，渲染影片可以将项目文件创建成mpg、AVI以及QuickTime或其他视频文件格式。

效果位置	效果\第23章\美食回味.MPG
视频位置	视频\第23章\23.3.2 输出视频动画文件.mp4

Step 01 单击界面上方的"输出"标签，执行操作后，即可切换至"输出"步骤面板，如图23-134所示。

Step 02 在上方面板中，选择MPEG-2选项，在"项目"右侧的下拉列表中，选择第2个选项，如图23-135所示。

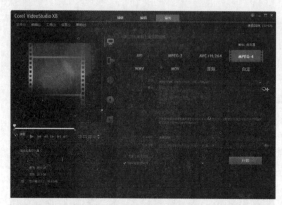

图23-134 切换至"输出"步骤面板

图23-135 选择第2个选项

Step 03 在下方面板中，单击"文件位置"右侧的"浏览"按钮，如图23-136所示。

Step 04 弹出"浏览"对话框，在其中设置视频文件的输出名称与输出位置，如图23-137所示。

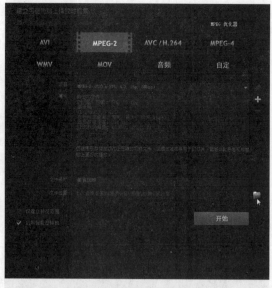

图23-136 单击"浏览"按钮

图23-137 设置输出名称与输出位置

Step 05 设置完成后，单击"保存"按钮，返回会声会影编辑器，单击下方的"开始"按钮，开始渲染视频文件，并显示渲染进度，如图23-138所示。

Step 06 稍等片刻，已经输出的视频文件将显示在素材库面板的"文件夹"选项卡中，如图23-139所示。

图23-138 显示渲染进度

图23-139 显示在"文件夹"选项卡中

Step 07 在预览窗口中单击"播放"按钮，用户可以查看输出的美食视频画面效果，如图23-140所示。

图23-140 查看美食视频画面效果

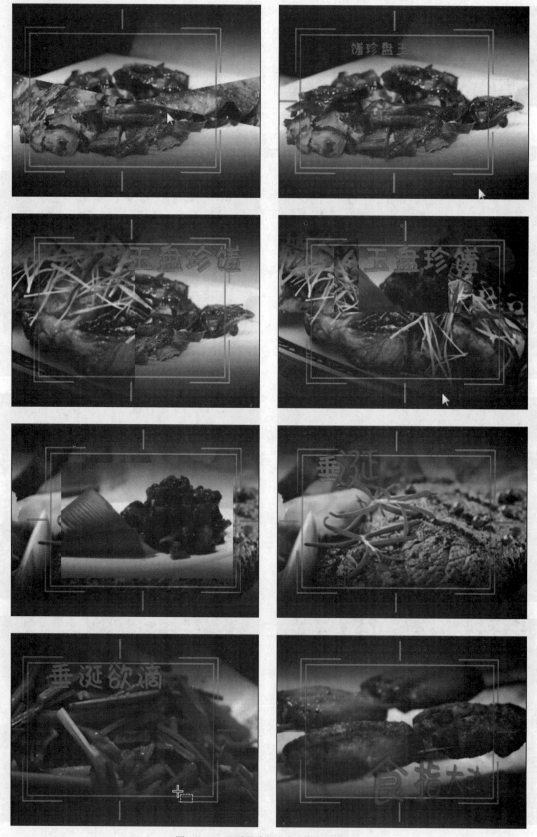

图23-140　查看美食视频画面效果（续）

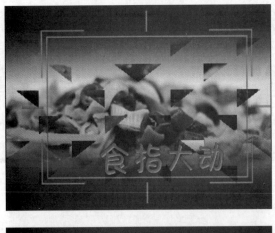

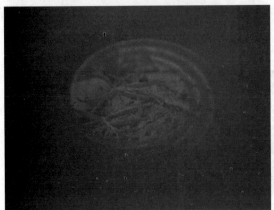

图23-140 查看美食视频画面效果（续）

第**24**章

旅游记录《最美云南》

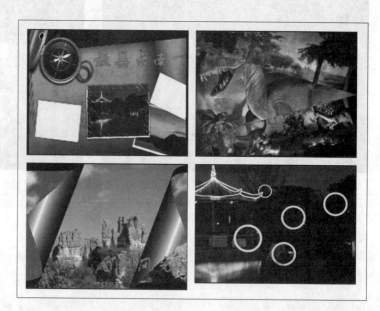

本章导读

　　云南省位于中国西南边陲，简称"滇"或"云"。省会是昆明，它是人类文明的重要发祥地之一。云南省是著名的旅游大省，大理、丽江、香格里拉、西双版纳等各种美丽景色都可以在云南——目睹。本章主要介绍制作旅游记录《最美云南》视频的制作方法。

24.1 实例效果欣赏

在制作视频短片之前，首先带领读者预览《最美云南》视频的画面效果，并掌握项目技术提炼等内容，这样可以帮助读者理清该视频的设计思路。

24.1.1 效果欣赏

本实例主要介绍的是《最美云南》，最终效果如图24-1所示。

图24-1 效果欣赏

24.1.2　技术提炼

制作《最美云南》视频需要经过以下几个环节。

（1）进入会声会影X8工作界面，导入需要的媒体素材，并调整视频画面的大小，制作相应的画面缩放效果。

（2）为视频主体素材制作"交错淡化""百叶窗""对半""单轴""对开门"和"拉链"等转场效果。

（3）为视频主体素材制作边框动画、淡出动画、文字动画、标题字幕、翻转动画等动画效果。

（4）为《最美云南》添加背景音乐，制作视频背景音效，增强视频的感染力。

（5）输出视频文件，即可完成《最美云南》视频的制作。

24.2　视频制作过程

本节主要介绍《最美云南》视频文件的制作过程，如导入媒体文件、制作摇动转场效果以及制作边框字幕动画效果等内容。

24.2.1　导入媒体文件

在会声会影X8中，导入视频素材的方法有很多种，下面以通过"插入媒体文件"选项为例，介绍导入照片/视频素材的操作方法。

素材位置	素材\第24章\1～10.jpg、片头.wmv、片尾.wmv
视频位置	视频\第24章\24.2.1　导入媒体文件.mp4

Step 01 在界面右上角单击"媒体"按钮，切换至"媒体"素材库，展开库导航面板，单击上方的"添加"按钮，如图24-2所示。

Step 02 执行上述操作后，即可新增一个"文件夹（3）"选项，如图24-3所示。

图24-2　单击"添加"按钮　　　　图24-3　新增"文件夹"选项

Step 03 选择新建的"文件夹（3）"选项，在右侧的空白位置处单击鼠标右键，在弹出的快捷菜单中选择"插入媒体文件"选项，如图24-4所示。

Step 04 执行操作后，弹出"浏览媒体文件"对话框，在其中选择需要插入的媒体素材文件，如图24-5所示。

图24-4　选择"插入媒体文件"选项

图24-5　选择素材文件

Step 05 单击"打开"按钮，即可将素材导入"文件夹（3）"选项卡中，如图24-6所示，在其中用户可以查看导入的素材文件。

Step 06 选择相应的素材，在导览面板中单击"播放"按钮，即可预览导入的素材画面效果，如图24-7所示。

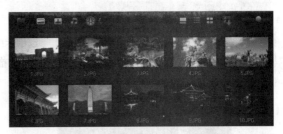

图24-6　导入"文件夹（3）"选项卡

图24-7　预览素材画面效果

图24-7　预览素材画面效果（续）

24.2.2　制作片头视频画面

在会声会影编辑器中，将素材文件导入编辑器后，需要制作片头视频画面，使视频内容更具吸引力。

视频位置　视频\第24章\24.2.2　制作片头视频画面.mp4

Step 01 在"媒体"素材库的"文件夹（3）"选项卡中，选择视频素材"片头.wmv"文件，如图24-8所示。

Step 02 在选择的视频素材上，单击鼠标左键并将其拖曳至视频轨的开始位置，如图24-9所示。

图24-8　选择视频素材"片头.wmv"　　　　图24-9　拖曳至视频轨的开始位置

Step 03 在导览面板中单击"播放"按钮，预览片头视频画面效果，如图24-10所示。

图24-10　预览片头视频画面效果

24.2.3　制作旅游视频画面

在会声会影编辑器中，将素材文件导入编辑器后，需要将其制作成视频画面，使视频内容更具吸引力。

视频位置　视频\第24章\24.2.3　制作旅游视频画面.mp4

Step 01　在会声会影编辑器的右上方位置，单击"图形"按钮，切换至"图形"选项卡，在"画廊"的下拉列表中选择"色彩"选项，在其中选择黑色色块，如图24–11所示。

Step 02　在选择的黑色色块上，单击鼠标左键并拖曳至视频轨中的结束位置，添加黑色色块素材，如图24–12所示。

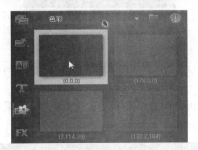
图24-11　选择黑色色块

图24-12　添加黑色色块素材

Step 03　选择添加的黑色色块素材，打开"色彩"选项面板，在其中设置"色彩区间"为0:00:02:00，如图24–13所示。

Step 04　按【Enter】键确认，即可更改黑色色块的区间长度为2秒，如图24–14所示。

图24-13　设置"色彩区间"

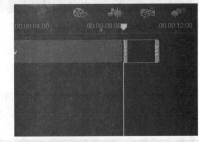
图24-14　区间长度为2秒

Step 05　在"媒体"素材库中，选择照片素材1.jpg，如图24–15所示。

Step 06　在选择的照片素材上，单击鼠标左键并将其拖曳至视频轨中黑色色块的后面，添加照片素材，如图24–16所示。

图24-15　选择照片素材

图24-16　添加照片素材

Step 07 打开"照片"选项面板，在其中设置"照片区间"为0:00:05:00，如图24-17所示。

Step 08 执行操作后，即可更改视频轨中照片素材1.jpg的区间长度为5秒，如图24-18所示。

图24-17 设置"照片区间"

图24-18 区间长度为5秒

Step 09 用与上同样的方法，将"媒体"素材库中的照片素材2.jpg拖曳至视频轨中照片素材1.jpg的后面，如图24-19所示。

Step 10 打开"照片"选项面板，在其中设置"照片区间"为0:00:04:00，即可更改视频轨中照片素材2.jpg的区间长度，如图24-20所示。

图24-19 拖曳至照片素材"1.jpg"的后面

图24-20 更改区间长度

Step 11 在"媒体"素材库的"文件夹（3）"选项卡中，选择照片素材3.jpg～10.jpg之间的所有照片素材，如图24-21所示。

Step 12 在选择的多张照片素材上，单击鼠标右键，在弹出的快捷菜单中选择"插入到"|"视频轨"选项，如图24-22所示。

图24-21 选择照片素材

图24-22 选择"视频轨"选项

Step 13 执行操作后，即可将选择的多张照片素材文件插入到时间轴面板的视频轨中，如图24-23所示。

图24-23 插入到视频轨中

Step 14 在视频轨中刚插入的多张素材缩略图上，单击鼠标右键，在弹出的快捷菜单中选择"更改照片区间"选项，如图24-24所示。

Step 15 执行操作后，弹出"区间"对话框，在其中设置"区间"为0:0:4:0，如图24-25所示。

图24-24　选择"更改照片区间"选项

图24-25　设置"区间"

Step 16 设置完成后，单击"确定"按钮，即可将3.jpg～10.jpg照片素材的区间长度更改为4秒，在故事板中素材缩略图的下方，显示了照片的区间参数，如图24-26所示。

Step 17 切换至时间轴视图，在"图形"选项卡中选择黑色色块，在选择的黑色色块上单击鼠标左键并拖曳至视频轨中素材10.jpg的后面，如图24-27所示。

图24-26　显示区间参数

图24-27　拖曳至照片素材10.jpg的后面

Step 18 打开"色彩"选项面板，在其中设置"区间"为0:00:02:00，即可更改黑色色块的区间长度，如图24-28所示。

Step 19 在"媒体"素材库中，选择视频素材"片尾.wmv"，在选择的视频素材上单击鼠标左键并将其拖曳至视频轨的结束位置，如图24-29所示。

图24-28　更改黑色色块的区间长度

图24-29　拖曳至视频轨的结束位置

Step 20 选择视频素材"片尾.wmv"前面的黑色色块，在色块上单击鼠标右键，在弹出的快捷菜单中选择"复制"选项，如图24-30所示。

Step 21 将复制的黑色色块粘贴至视频轨右侧的结束位置，并设置区间为1秒，如图24-31所示。

图24-30 选择"复制"选项

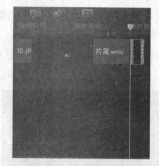

图24-31 设置区间为1秒

Step 22 至此，视频画面制作完成，在导览面板中单击"播放"按钮，预览制作的视频画面效果，如图24-32所示。

图24-32 预览视频画面效果

24.2.4 制作画面缩放效果

在会声会影编辑器中，为图像素材添加摇动和缩放效果，可以使静态的图像运动起来，增强画面的视觉感染力。

视频位置 视频\第24章\24.2.4 制作画面缩放效果.mp4

Step 01 在视频轨中选择1.jpg素材图像，在打开的"照片"选项面板中选中"摇动和缩放"单选按钮，如图24-33所示。

Step 02 单击下方的下拉按钮，在弹出的列表框中选择第1排第1个预设动画样式，如图24-34所示。

图24-33 选中"摇动和缩放"单选按钮

图24-34 选择相应预设动画样式

用户可以单击"摇动和缩放"单选按钮下方的下三角按钮，在弹出的列表框中直接选择动画样式；也可以单击右侧的"自定义"按钮，自行制作动画样式。

Step 03 执行上述操作后，即可调整图像的运动效果，如图24-35所示。

图24-35 调整图像的运动效果

Step 04 在视频轨中选择照片素材2.jpg，如图24-36所示。

Step 05 打开"照片"选项面板，在其中选中"摇动和缩放"单选按钮，单击"自定义"左侧的下三角按钮，在弹出的列表框中选择第1排第1个摇动和缩放样式，如图24-37所示。

图24-36 选择照片素材2.jpg　　　　　　图24-37 选择第1排第1个摇动和缩放样式

Step 06 在视频轨中选择照片素材3.jpg，如图24-38所示。

Step 07 打开"照片"选项面板，在其中选中"摇动和缩放"单选按钮，单击"自定义"左侧的下三角按钮，在弹出的列表框中选择第1排第3个摇动和缩放样式，如图24-39所示。

图24-38 选择照片素材3.jpg　　　　　　图24-39 选择第1排第3个摇动和缩放样式

Step 08 在视频轨中选择照片素材5.jpg，如图24-40所示。

Step 09 打开"照片"选项面板，在其中选中"摇动和缩放"单选按钮，单击"自定义"左侧的下三角按钮，在弹出的列表框中选择第1排第3个摇动和缩放样式，如图24-41所示。

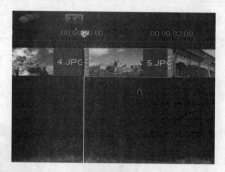

图24-40　选择照片素材5.jpg

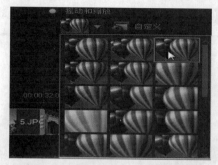

图24-41　选择第1排第3个摇动和缩放样式

Step 10 选择照片素材6.jpg，打开"照片"选项面板，在其中选中"摇动和缩放"单选按钮，单击"自定义"左侧的下三角按钮，在弹出的列表框中选择第2排第1个摇动和缩放样式，如图24-42所示。

Step 11 选择照片素材8.jpg，打开"照片"选项面板，在其中选中"摇动和缩放"单选按钮，单击"自定义"左侧的下三角按钮，在弹出的列表框中选择第2排第3个摇动和缩放样式，如图24-43所示。

图24-42　选择第2排第1个摇动和缩放样式

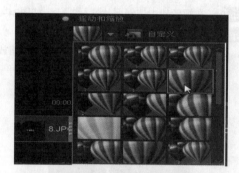

图24-43　选择第2排第3个摇动和缩放样式

Step 12 选择照片素材9.jpg，打开"照片"选项面板，在其中选中"摇动和缩放"单选按钮，单击"自定义"左侧的下三角按钮，在弹出的列表框中选择第1排第3个摇动和缩放样式，如图24-44所示。

Step 13 选择照片素材10.jpg，打开"照片"选项面板，在其中选中"摇动和缩放"单选按钮，单击"自定义"左侧的下三角按钮，在弹出的列表框中选择第1排第1个摇动和缩放样式，如图24-45所示。

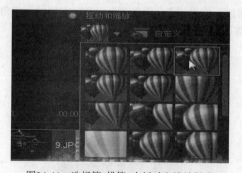

图24-44　选择第1排第3个摇动和缩放样式

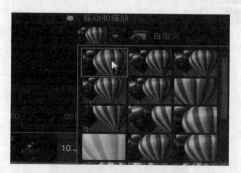

图24-45　选择第1排第1个摇动和缩放样式

24.2.5 制作视频转场特效

在会声会影X8中，可以在各素材之间添加转场效果，制作自然过渡效果。下面介绍制作《最美云南》视频转场效果的操作方法。

视频位置 视频\第24章\24.2.5 制作视频转场特效.mp4

Step 01 单击"转场"按钮 **AB**，即可切换至"转场"选项卡，如图24-46所示。

Step 02 在"转场"素材库中，单击窗口上方的"画廊"按钮，在弹出的列表框中选择"筛选"选项，在"筛选"转场素材库中，选择"交错淡化"转场效果，如图24-47所示。

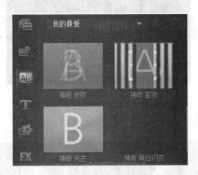

图24-46 切换至"转场"选项卡

图24-47 选择"交错淡化"转场效果

Step 03 单击鼠标左键并拖曳至"片头.wmv"与黑色色块之间，添加"交错淡化"转场效果，如图24-48所示。

Step 04 再次选择"筛选"素材库中的"交错淡化"转场，将其拖曳至素材1.jpg图像之前，如图24-49所示。

图24-48 添加"交错淡化"转场效果

图24-49 添加转场效果

Step 05 在导览面板中单击"播放"按钮，预览添加的"交错淡化"转场效果，如图24-50所示。

图24-50 预览转场效果

Step 06 在"转场"素材库中，单击窗口上方的"画廊"按钮，在弹出的列表框中选择3D选项，在3D转场素材库中，选择"百叶窗"转场效果，如图24-51所示。

Step 07 单击鼠标左键并拖曳至视频轨中照片素材1.jpg与照片素材2.jpg之间，添加"百叶窗"转场效果，如图24-52所示。

图24-51 选择"百叶窗"转场效果

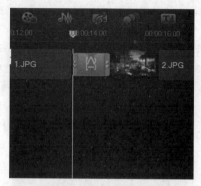

图24-52 添加转场效果

Step 08 在导览面板中单击"播放"按钮，预览添加的"百叶窗"转场效果，如图24-53所示。

图24-53 预览转场效果

Step 09 "转场"素材库中，单击窗口上方的"画廊"按钮，在弹出的列表框中选择"旋转"选项，在"旋转"转场素材库中，选择"对半"转场效果，如图24-54所示。

Step 10 单击鼠标左键并拖曳至视频轨中照片素材2.jpg与照片素材3.jpg之间，添加"对半"转场效果，如图24-55所示。

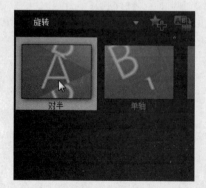

图24-54 选择"对半"转场效果

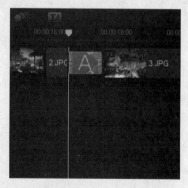

图24-55 添加"对半"转场效果

Step ⑪ 在导览面板中单击"播放"按钮,预览添加的"对半"转场效果,如图24-56所示。

图24-56　预览转场效果

Step ⑫ 在"转场"素材库中,单击窗口上方的"画廊"按钮,在弹出的列表框中选择"小时钟"选项,打开"小时钟"转场素材库,在其中选择"单轴"转场效果,如图24-57所示。

Step ⑬ 单击鼠标左键并拖曳至视频轨中照片素材3.jpg与照片素材4.jpg之间,添加"单轴"转场效果,如图24-58所示。

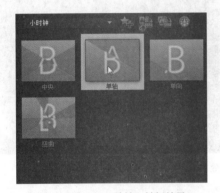

图24-57　选择"单轴"转场效果　　　　　图24-58　添加"单轴"转场效果

Step ⑭ 在导览面板中单击"播放"按钮,预览添加的"单轴"转场效果,如图24-59所示。

图24-59　预览转场效果

Step 15 在"转场"素材库中，单击窗口上方的"画廊"按钮，在弹出的列表框中选择"剥落"选项，打开 "剥落"转场效果，在其中选择"对开门"转场效果，如图24-60所示。

Step 16 单击鼠标左键并拖曳至视频轨中照片素材4.jpg与照片素材5.jpg之间，添加"对开门"转场效果，如 图24-61所示。

图24-60 选择"对开门"转场效果

图24-61 添加"对开门"转场效果

Step 17 在导览面板中单击"播放"按钮，预览添加的"对开门"转场效果，如图24-62所示。

图24-62 预览转场效果

Step 18 在"转场"素材库中，单击窗口上方的"画廊"按钮，在弹出的列表框中选择"底片"选项，打开 "底片"转场素材库，在其中选择"拉链"转场效果，如图24-63所示。

Step 19 单击鼠标左键并拖曳至视频轨中照片素材5.jpg与照片素材6.jpg之间，添加"拉链"转场效果，如图 24-64所示。

图24-63 选择"拉链"转场效果

图24-64 添加"拉链"转场效果

Step 20 在导览面板中单击"播放"按钮，预览添加的"拉链"转场效果，如图24-65所示。

图24-65 预览转场效果

Step 21 在"转场"素材库中，单击窗口上方的"画廊"按钮，在弹出的列表框中选择"置换"选项，打开"置换"转场素材库，在其中选择"棋盘"转场效果，如图24-66所示。

Step 22 单击鼠标左键并拖曳至视频轨中照片素材6.jpg与照片素材7.jpg之间，添加"棋盘"转场效果，如图24-67所示。

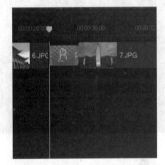

图24-66 选择"棋盘"转场效果　　　　图24-67 添加"棋盘"转场效果

Step 23 在导览面板中单击"播放"按钮，预览添加的"棋盘"转场效果，如图24-68所示。

图24-68 预览转场效果

Step 24 在"转场"素材库中，单击窗口上方的"画廊"按钮，在弹出的列表框中选择"遮罩"选项，打开"遮罩"转场素材库，在其中选择"遮罩D"转场效果，如图24-69所示。

Step 25 单击鼠标左键并拖曳至7.jpg与8.jpg素材图像之间，如图24-70所示。

图24-69 选择"遮罩D"转场效果

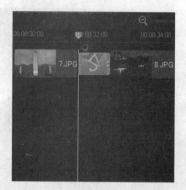

图24-70 添加转场效果

Step 26 在导览面板中单击"播放"按钮，预览添加的"遮罩D"转场效果，如图24-71所示。

图24-71 预览转场效果

Step 27 在"转场"素材库中，单击窗口上方的"画廊"按钮，在弹出的列表框中选择"推动"选项，打开"推动"转场素材库，在其中选择"列"转场效果，如图24-72所示。

Step 28 单击鼠标左键并拖曳至8.jpg与9.jpg素材图像之间，如图24-73所示。

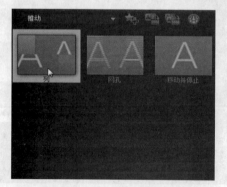

图24-72 选择"列"转场效果

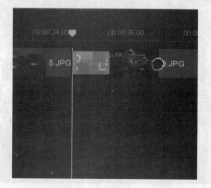

图24-73 添加转场效果

Step 29 在导览面板中单击"播放"按钮，预览添加的"列"转场效果，如图24-74所示。

图24-74 预览转场效果

Step 30 在"转场"素材库中，单击窗口上方的"画廊"按钮，在弹出的列表框中选择"擦拭"选项，打开"擦拭"转场素材库，在其中选择"十字"转场效果，如图24-75所示。

Step 31 单击鼠标左键并拖曳至9.jpg与10.jpg素材图像之间，如图24-76所示。

图24-75 选择"十字"转场效果

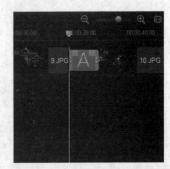

图24-76 添加转场效果

Step 32 在导览面板中单击"播放"按钮，预览添加的"十字"转场效果，如图24-77所示。

图24-77 预览转场效果

Step 33 在"转场"素材库中，单击窗口上方的"画廊"按钮，在弹出的列表框中选择"筛选"选项，如图24-78所示。

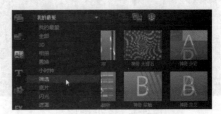

图24-78 选择"筛选"选项

Step 34 在"筛选"转场素材库中,选择"交错淡化"转场效果,如图24-79所示。

Step 35 单击鼠标左键并拖曳至片尾素材图像的前后,如图24-80所示。

图24-79 选择"交错淡化"转场效果

图24-80 添加转场效果

Step 36 在导览面板中单击"播放"按钮,预览添加的"交错淡化"转场效果,如图24-81所示。

图24-81 预览转场效果

24.2.6 制作片头片尾特效

在编辑视频的过程中,片头与片尾动画是相对应的,当视频以什么样的动画开始播放时,也应当配以什么样的动画结尾。

视频位置 视频\第24章\24.2.6 制作片头片尾特效

Step 01 在时间轴面板中,将时间线移至00:00:01:20的位置处,如图24-82所示。

Step 02 在"媒体"素材库中,选择照片素材8.jpg,如图24-83所示。

图24-82 移动时间线

图24-83 选择照片素材8.jpg

Step 03 在选择的素材上，单击鼠标左键并将其拖曳至覆叠轨中的时间线位置，如图24-84所示。

Step 04 在"编辑"选项面板中设置覆叠的"照片区间"为0:00:07:10，如图24-85所示。

图24-84 拖曳至覆叠轨中的时间线位置

图24-85 设置覆叠的"照片区间"

Step 05 执行上述操作后，即可更改覆叠素材的区间长度，如图24-86所示。

Step 06 打开"属性"选项面板，在其中单击"从下方进入"按钮 ▲ 和"淡入动画效果"按钮 ▥，如图24-87所示，设置覆叠素材的淡入动画效果。

图24-86 更改覆叠素材的区间长度

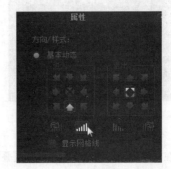

图24-87 单击"淡入动画效果"按钮

Step 07 单击"遮罩和色度键"按钮，弹出相应选项面板，在其中选中"应用覆叠选项"复选框，设置"类型"为"遮罩帧"，在右侧的下拉列表框中选择倒数第2个遮罩样式，如图24-88所示。

Step 08 设置覆叠素材遮罩特效后，在预览窗口中可以预览覆叠素材的形状，如图24-89所示。

图24-88 选择倒数第2个遮罩样式

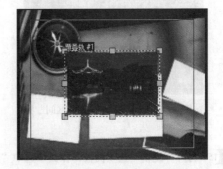

图24-89 预览覆叠素材的形状

Step 09 拖曳素材四周的黄色控制柄，调整覆叠素材的大小和位置，在预览窗口下方拖曳"暂停区间"标记至00:00:03:18的位置处，调整素材淡入与淡出运动区间长度，如图24-90所示。

Step 10 单击导览面板中的"播放"按钮，预览制作的旅游视频片头动画效果，如图24-91所示。

图24-90　拖曳"暂停区间"标记

图24-91　预览旅游视频片头动画效果

Step 11 在时间轴面板中，将时间线移至00:00:44:01的位置处，如图24-92所示。

Step 12 将素材库中的照片素材7.jpg添加至覆叠轨中的时间线位置，如图24-93所示。

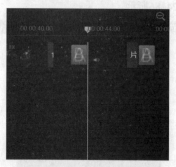

图24-92　移动时间线

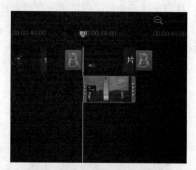

图24-93　添加至覆叠轨中的时间线位置

Step 13 在"编辑"选项面板中，设置覆叠的"照片区间"为0:00:03:01，如图24-94所示。

Step 14 执行上述操作后，即可更改覆叠素材的区间长度，如图24-95所示。

图24-94　设置覆叠的"照片区间"

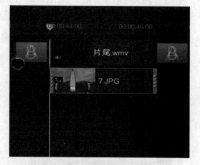

图24-95　更改覆叠素材的区间长度

Step 15 打开"编辑"选项面板，在其中选中"应用摇动和缩放"复选框，单击"自定义"左侧的下三角按钮，在弹出的列表框中选择第1排第1个摇动和缩放样式，如图24-96所示。

Step 16 打开"属性"选项面板，在其中单击"淡入动画效果"按钮和"淡出动画效果"按钮，如图24-97所示，设置覆叠素材的淡入和淡出动画效果。

图24-96　选择相应摇动和缩放样式

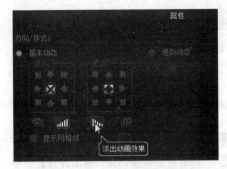

图24-97　单击"淡出动画效果"按钮

Step 17 单击"遮罩和色度键"按钮，弹出相应选项面板，在其中选中"应用覆叠选项"复选框，设置"类型"为"遮罩帧"，在右侧的下拉列表框中选择相应的样式，如图24-98所示。

Step 18 设置覆叠素材遮罩特效后，在预览窗口中可以预览覆叠素材的形状，如图24-99所示。

Step 19 拖曳素材四周的黄色控制柄，调整覆叠素材的大小和位置，如图24-100所示。

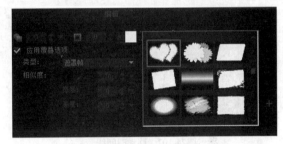

图24-98　选择遮罩样式

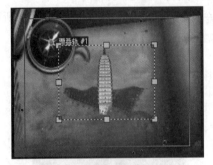

图24-99　预览覆叠素材的形状

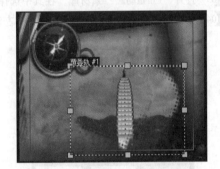

图24-100　调整覆叠素材的大小和位置

Step 20 单击导览面板中的"播放"按钮，预览旅游视频片尾动画效果，如图24-101所示。

图24-101　预览旅游视频片尾动画效果

24.2.7　制作旅游边框特效

在编辑视频的过程中，为素材添加相应的边框效果，可以使制作的视频内容更加丰富，起到美化视频的作用。

视频位置　视频\第24章\24.2.7　制作旅游边框特效.mp4

Step 01 在时间轴面板中，将时间线移至00:00:10:01的位置处，如图24-102所示。

Step 02 在会声会影编辑器的右上方位置，单击"图形"按钮，切换至"图形"选项卡，单击窗口上方的"画廊"按钮，在弹出的列表框中选择"Flash动画"选项，如图24-103所示。

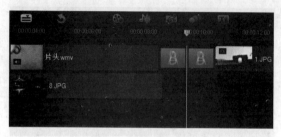

图24-102　移动时间线

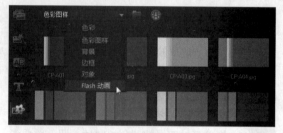

图24-103　选择"Flash动画"选项

Step 03 打开"Flash动画"素材库，在其中选择相应的Flash动画素材，如图24-104所示。

Step 04 在选择的Flash动画素材上，单击鼠标左键并将其拖曳至覆叠轨1中的时间线位置，如图24-105所示。

图24-104　选择Flash动画素材

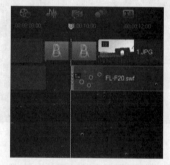

图24-105　拖曳至时间线位置

Step 05 在"编辑"选项面板中，设置动画素材的"视频区间"为0:00:02:00，如图24-106所示。

Step 06 执行操作后，即可更改动画素材的区间长度为2秒，如图24-107所示，打开"属性"选项面板，在其中单击"淡入动画效果"按钮，设置动画素材淡入特效。

图24-106　设置动画素材的"视频区间"

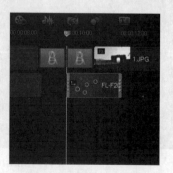

图24-107　区间长度为2秒

Step 07 用与上同样的方法，在0:00:12:02的位置处再次添加一个相同的Flash动画素材，如图24-108所示。

Step 08 用与上同样的方法，再次添加3个相同的Flash动画素材，并设置最后一个Flash动画素材的区间为0:00:03:05，覆叠轨素材如图24-109所示，打开"属性"选项面板，在其中单击"淡出动画效果"按钮，设置动画素材淡出特效。

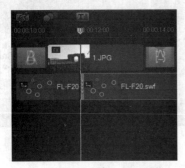

图24-108 添加Flash动画素材

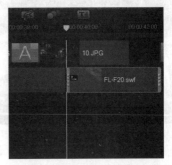

图24-109 设置区间为0:00:01:23

Step 09 在导览面板中单击"播放"按钮，预览动画素材装饰效果，如图24-110所示。此时，视频边框动画制作完成。

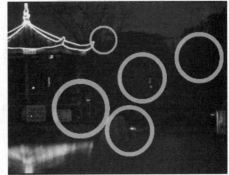

图24-110 预览动画素材装饰效果

24.2.8 制作标题字幕动画

在会声会影X8中，设置视频动画文字属性后，接下来可以为文字添加淡入效果。

视频位置　视频\第24章\24.2.8 制作标题字幕动画.mp4

Step 01 在时间轴面板中，将时间线移至00:00:04:10的位置处，如图24-111所示。

Step 02 在编辑器的右上方位置，单击"标题"按钮，进入"标题"素材库，如图24-112所示。

图24-111 移动时间线

图24-112 进入"标题"素材库

Step 03 在预览窗口中，显示"双击这里可以添加标题"字样，如图24-113所示。

Step 04 在预览窗口中的字样上，双击鼠标左键，输入文本"最美云南"，如图24-114所示。

图24-113　显示字样

图24-114　输入文本"最美云南"

Step 05 字幕创建完成后，在标题轨中显示了刚创建的字幕文件，如图24-115所示。

Step 06 在"编辑"选项面板中，更改字幕的"区间"为0:00:04:22，如图24-116所示。

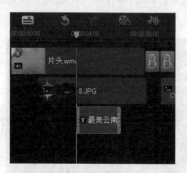

图24-115　显示刚创建的字幕文件

图24-116　更改字幕的"区间"

Step 07 在时间轴面板的标题轨中，可以查看更改区间后的字幕文件，如图24-117所示。

Step 08 选择输入的文本内容，打开"编辑"选项面板，单击"字体"右侧的下三角按钮，在弹出的列表框中选择"方正舒体"选项，如图24-118所示，设置标题字幕字体效果。

图24-117　查看更改区间后的字幕文件

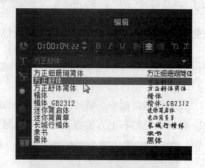

图24-118　选择"方正舒体"选项

Step 09 执行操作后，即可更改标题字幕的字体样式，效果如图24-119所示。

Step 10 在"编辑"选项面板中单击"字体大小"右侧的下三角按钮，在弹出的列表框中选择70选项，设置字体大小；单击"色彩"色块，在弹出的颜色面板中选择水绿色，设置字体颜色，如图24-120所示。

图24-119 更改标题字幕的字体样式

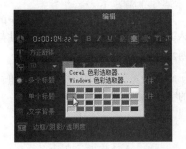

图24-120 设置字体颜色

Step (11) 在预览窗口中，调整标题位置，预览更改字体颜色后的字幕效果，如图24-121所示。

Step (12) 在"编辑"选项面板中，单击"边框/阴影/透明度"按钮，如图24-122所示。

图24-121 预览字幕效果

图24-122 单击"边框/阴影/透明度"按钮

Step (13) 弹出"边框/阴影/透明度"对话框，切换至"阴影"选项卡，单击"下垂阴影"按钮，设置"下垂阴影透明度"为20，如图24-123所示。

Step (14) 设置完成后，单击"确定"按钮，在预览窗口中，可以预览设置字幕边框/阴影/透明度后的效果，如图24-124所示。

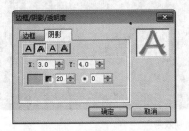

图24-123 设置"下垂阴影透明度"为20

图24-124 预览设置字幕边框/阴影/透明度后的效果

Step (15) 切换至"属性"选项面板，选中"动画"单选按钮和"应用"复选框，设置"选取动画类型"为"淡化"，在下方选择第1排第2个动画样式，如图24-125所示。

Step (16) 在导览面板中，单击"播放"按钮，预览制作的片头字幕动画效果，如图24-126所示。

图24-125 选择第1排第2个动画样式

图24-126 预览片头字幕动画效果

Step 17 用与上同样的方法，在标题轨中的适当位置，输入其他文本内容，并设置字体属性与动画效果，如图24-127所示。

Step 18 单击导览面板中的"播放"按钮，即可预览添加的字幕动画效果，如图24-128所示。

图24-127　设置字体属性与动画效果

图24-128　预览添加的字幕动画效果

24.3　视频后期处理

通过后期处理，不仅可以对最美云南的原始素材进行合理的编辑，而且可以为影片添加各种音乐及特效，使影片更具珍藏价值。

24.3.1　制作视频背景音乐

淡入淡出音频特效是一种在视频编辑中常用的音频编辑效果，使用这种编辑效果，避免了音乐的突然出现和突然消失，使音乐能够有一种自然的过渡效果。

视频位置　视频\第24章\24.3.1　制作视频背景音乐.mp4

Step 01 在时间轴面板中，将鼠标移至空白位置处，单击鼠标右键，在弹出的快捷菜单中选择"插入音频"|"到语音轨"选项，如图24-129所示。

Step 02 弹出相应对话框，选择相应音频文件，单击"打开"按钮，即可从硬盘文件夹中将音频文件添加至语音轨中，如图24-130所示。

图24-129　选择"音乐.mp3"音频素材

图24-130　拖曳音频素材

Step 03 将时间线移至00:00:48:00的位置处，选择音乐轨中的音频素材，单击鼠标右键，在弹出的快捷菜单中选择"分割素材"选项，如图24-131所示。

Step 04 执行上述操作后，即可将素材分割为两段，选择后段音频素材，按【Delete】键将其删除，如图24-132所示。

图24-131　选择"分割素材"选项

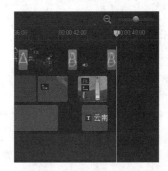

图24-132　删除后段音频素材

Step 05 选择剪辑好的音频素材，在打开的"音乐和语音"选项面板中，单击"淡入"按钮和"淡出"按钮，如图24-133所示，执行操作后，即可设置音频淡入淡出效果。

图24-133　单击"淡入"按钮和"淡出"按钮

24.3.2　输出视频动画文件

在会声会影X8中，渲染影片可以将项目文件创建成mpg、AVI以及QuickTime或其他视频文件格式。

效果位置　　效果\第24章\最美云南.MPG
视频位置　　视频\第24章\24.3.2　输出视频动画文件.mp4

Step 01 单击界面上方的"输出"标签，执行操作后，即可切换至"输出"步骤面板，如图24-134所示。

Step 02 在上方面板中，选择MPEG-2选项，在"项目"右侧的下拉列表中，选择第2个选项，如图24-135所示。

图24-134 切换至"输出"步骤面板

图24-135 选择第2个选项

Step 03 在下方面板中，单击"文件位置"右侧的"浏览"按钮，如图24-136所示。

Step 04 弹出"浏览"对话框，在其中设置视频文件的输出名称与输出位置，如图24-137所示。

图24-136 单击"浏览"按钮

图24-137 设置输出名称与输出位置

Step 05 设置完成后，单击"保存"按钮，返回会声会影编辑器，单击下方的"开始"按钮，开始渲染视频文件，并显示渲染进度，如图24-138所示。

Step 06 稍等片刻，已经输出的视频文件将显示在素材库面板的"文件夹"选项卡中，如图24-139所示。

图24-138 显示渲染进度

图24-139 显示在"文件夹"选项卡中

Step 07 在预览窗口中单击"播放"按钮，用户可以查看输出的旅游视频画面效果，如图24-140所示。

图24-140　查看旅游视频画面效果

第25章

婚纱摄影《永恒的爱》

本章导读

　　婚姻是人生最美好的事情之一，而结婚是最具纪念意义的一天。在这一天，新人会到婚纱摄影公司拍摄各种风格的婚纱照，并用数码摄像机将婚礼中一切美好的过程记录下来，接下来可以使用会声会影软件将拍摄的照片或影片制作成精美的电子相册作为纪念。本章主要介绍婚纱摄影《永恒的爱》的制作方法。

25.1　实例效果欣赏

在制作视频短片之前，首先带领读者预览《永恒的爱》视频的画面效果，并掌握项目技术提炼等内容，这样可以帮助读者理清该视频的设计思路。

25.1.1　效果欣赏

本实例主要介绍的是《永恒的爱》，最终效果如图25-1所示。

图25-1　效果欣赏

25.1.2 技术提炼

制作《永恒的爱》视频需要经过以下几个环节。

（1）进入会声会影X8工作界面，导入需要的媒体素材，并调整视频画面的大小，制作相应的画面缩放效果。

（2）为视频主体素材制作"交错淡化""纸飞机""扭曲""折线""遮罩E"和"对开门"等转场效果。

（3）为视频主体素材制作边框动画、淡出动画、文字动画、标题字幕、翻转动画等动画效果。

（4）为《永恒的爱》添加背景音乐，制作视频背景音效，增强视频的感染力。

（5）输出视频文件，即可完成《永恒的爱》视频的制作。

25.2 视频制作过程

本节主要介绍"永恒的爱"视频文件的制作过程，如导入媒体文件、制作摇动转场效果以及制作边框字幕动画效果等内容。

25.2.1 导入媒体文件

在会声会影X8中，导入视频素材的方法有很多种，下面以通过"插入媒体文件"选项为例，介绍导入照片/视频素材的操作方法。

素材位置　素材\第25章\1~7.jpg、边框1~3.png、片头.wmv、片尾.wmv
视频位置　视频\第25章\25.2.1　导入媒体文件.mp4

Step 01 进入会声会影编辑器，在"媒体"素材库中展开库导航面板，单击上方的"添加"按钮，执行上述操作后，即可新增一个"文件夹（4）"选项，在上方单击"导入媒体文件"按钮，如图25-2所示。

Step 02 执行操作后，即可弹出"浏览媒体文件"对话框，在其中选择需要的婚纱媒体素材，如图25-3所示。

图25-2　单击"添加"按钮

图25-3　新增"文件夹"选项

Step 03 单击"打开"按钮，即可将媒体素材导入"媒体"素材库中，如图25-4所示。

Step 04 在"媒体"素材库中选择需要的图像素材，在预览窗口中可以预览导入的素材效果，如图25-5所示。

图25-4 选择"插入媒体文件"选项

图25-5 选择素材文件

25.2.2 制作婚纱视频画面

在会声会影编辑器中，将素材文件导入编辑器后，需要将其制作成视频画面，使视频内容更具吸引力。

视频位置 视频\第25章\25.2.2 制作婚纱视频画面.mp4

Step 01 在"媒体"素材库中，选择视频素材"片头.wmv"，单击鼠标左键并将其拖曳至视频轨的开始位置，如图25-6所示，在预览窗口中对视频进行变形操作，全屏显示画面。

Step 02 单击"图形"按钮，切换至"图形"选项卡，在其中选择黑色色块，单击鼠标左键并拖曳至视频轨的适当位置，在"色彩"选项面板中设置"区间"为0:00:02:00，视频轨如图25-7所示。

图25-6 拖曳至视频轨

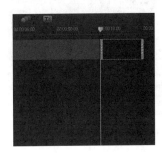

图25-7 添加黑色色块

Step 03 在菜单栏上单击"设置"|"参数选择"命令，弹出"参数选择"对话框，切换至"编辑"选项卡，设置"默认照片/色彩区间"值为4，如图25-8所示。

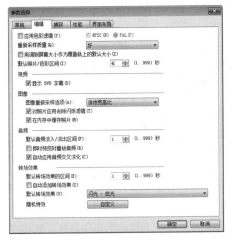

图25-8 设置相应数值

Step 04 单击"确定"按钮，在"媒体"素材库中选择1.jpg～7.jpg图像素材，单击鼠标左键，并将其拖曳至视频轨中的相应位置，如图25-9所示。

图25-9 拖曳至视频轨

Step **05** 用与上同样的方法，在视频轨中添加片尾视频，并在片尾视频前后添加黑色色块，并设置片尾前色块的"区间"为0:00:02:00，片尾后色块的"区间"为0:00:01:00，对片尾视频进行变形操作，添加完成后，切换至故事板视图，可以查看制作的婚纱视频画面效果，如图25-10所示。

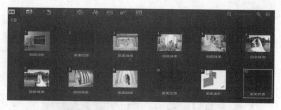

图25-10　制作的婚纱视频画面效果

25.2.3　制作画面缩放效果

在会声会影编辑器中，为图像素材添加摇动和缩放效果，可以使静态的图像运动起来，增强画面的视觉感染力。

视频位置　视频\第25章\25.2.3　制作画面缩放效果.mp4

Step **01** 切换至时间轴视图，选择1.jpg图像素材，在"照片"选项面板中选中"摇动和缩放"单选按钮，在下方的下拉列表框中选择第1个摇动缩放样式，如图25-11所示。

Step **02** 选择2.jpg图像素材，在"照片"选项面板中选中"摇动和缩放"单选按钮，在下方的下拉列表框中选择第1排第2个摇动缩放样式，如图25-12所示。

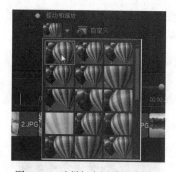

图25-11　选择相应摇动缩放样式

图25-12　选择相应摇动缩放样式

Step **03** 单击导览面板中的"播放"按钮，预览摇动和缩放效果，如图25-13所示。

图25-13　调整图像的运动效果

Step **04** 选择照片素材3.jpg，打开"照片"选项面板，在其中选中"摇动和缩放"单选按钮，单击"自定义"左侧的下三角按钮，在弹出的列表框中选择第1排第3个摇动和缩放样式，如图25-14所示。

Step **05** 选择照片素材5.jpg，打开"照片"选项面板，在其中选中"摇动和缩放"单选按钮，单击"自定义"左侧的下三角按钮，在弹出的列表框中选择第2排第1个摇动和缩放样式，如图25-15所示。

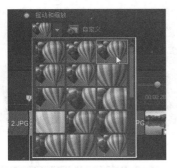

图25-14　选择相应摇动缩放样式

图25-15　选择相应摇动缩放样式

Step 06　选择照片素材6.jpg，打开"照片"选项面板，在其中选中"摇动和缩放"单选按钮，单击"自定义"左侧的下三角按钮，在弹出的列表框中选择第2排第1个摇动和缩放样式，如图25-16所示。

Step 07　选择照片素材7.jpg，打开"照片"选项面板，在其中选中"摇动和缩放"单选按钮，单击"自定义"左侧的下三角按钮，在弹出的列表框中选择第2排第3个摇动和缩放样式，如图25-17所示。

图25-16　选择相应摇动缩放样式

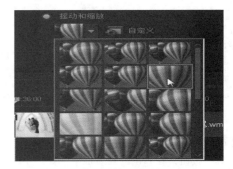

图25-17　选择相应摇动缩放样式

25.2.4　制作视频转场特效

在会声会影X8中，可以在各素材之间添加转场效果，制作自然过渡效果。下面介绍制作《永恒的爱》视频转场效果的操作方法。

视频位置　视频\第25章\25.2.4　制作视频转场特效.mp4

Step 01　单击"转场"按钮，切换至"转场"选项卡，单击窗口上方的"画廊"按钮，在弹出的列表框中选择"筛选"选项，在其中选择"交错淡化"转场效果，如图25-18所示。

Step 02　单击鼠标左键并将其拖曳至"片头.wmv"与黑色色块之间，添加"交错淡化"转场效果，用与上同样的方法，在黑色色块与1.jpg之间添加"交错淡化"转场效果，如图25-19所示。

图25-18　选择"交错淡化"转场效果

图25-19　添加"交错淡化"转场效果

Step 03 在"转场"素材库中，单击窗口上方的"画廊"按钮，在弹出的列表框中选择3D选项，在3D转场素材库中，选择"纸飞机"转场效果，单击鼠标左键并拖曳至1.jpg与2.jpg素材图像之间，如图25-20所示。

Step 04 在导览面板中单击"播放"按钮，预览添加的"纸飞机"转场效果，如图25-21所示。

图25-20　添加转场效果

图25-21　预览转场效果

Step 05 在"转场"素材库中，单击窗口上方的"画廊"按钮，在弹出的列表框中选择"小时钟"选项，在"小时钟"转场素材库中，选择"扭曲"转场效果，单击鼠标左键并拖曳至2.jpg与3.jpg素材图像之间，如图25-22所示。

Step 06 在导览面板中单击"播放"按钮，预览添加的"扭曲"转场效果，如图25-23所示。

图25-22　添加转场效果

图25-23　预览转场效果

Step 07 在"转场"素材库中，单击窗口上方的"画廊"按钮，在弹出的列表框中选择"擦拭"选项，在"擦拭"转场素材库中，选择"折线"转场效果，单击鼠标左键并拖曳至3.jpg与4.jpg素材图像之间，如图25-24所示。

图25-24　添加转场效果

Step 08 在导览面板中单击"播放"按钮，预览添加的"折线"转场效果，如图25-25所示。

图25-25　预览转场效果

Step 09 在"转场"素材库中，单击窗口上方的"画廊"按钮，在弹出的列表框中选择"遮罩"选项，在"遮罩"转场素材库中，选择"遮罩E"转场效果，单击鼠标左键并拖曳至4.jpg与5.jpg素材图像之间，在导览面板中单击"播放"按钮，预览添加的"遮罩E"转场效果，如图25-26所示。

图25-26　预览转场效果

Step 10 在"转场"素材库中，单击窗口上方的"画廊"按钮，在弹出的列表框中选择"底片"选项，在"底片"转场素材库中，选择"对开门"转场效果，单击鼠标左键并拖曳至5.jpg与6.jpg素材图像之间，在导览面板中单击"播放"按钮，预览添加的"对开门"转场效果，如图25-27所示。

Step 11 在"转场"素材库中，单击窗口上方的"画廊"按钮，在弹出的列表框中选择"相册"选项，在"相册"转场素材库中，选择"翻转"转场效果，单击鼠标左键并拖曳至6.jpg与7.jpg素材图像之间，在导览面板中单击"播放"按钮，预览添加的"翻转"转场效果，如图25-28所示。

会声会影 X8 技术大全

图25-27　预览转场效果

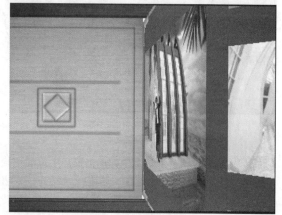

图25-28　预览转场效果

Step 12 在"转场"素材库中，单击窗口上方的"画廊"按钮，在弹出的列表框中选择"筛选"选项，在"筛选"转场素材库中，选择"交错淡化"转场效果，单击鼠标左键并拖曳至片尾素材图像的前后，如图25-29所示。

Step 13 在导览面板中单击"播放"按钮，预览添加的"交错淡化"转场效果，如图25-30所示。

图25-29　添加转场效果

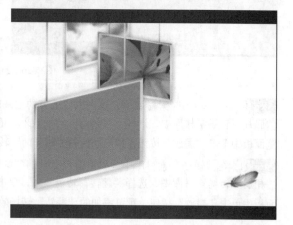

图25-30　预览转场效果

844

25.2.5　制作片头片尾特效

　　在编辑视频的过程中，片头与片尾动画是相对应的，当视频以什么样的动画开始播放时，也应当配以什么样的动画结尾。

视频位置　　视频\第25章\25.2.5　制作片头片尾特效

Step 01 将时间线移至00:00:04:16的位置处，在"媒体"素材库中选择图像素材6.jpg，单击鼠标左键并拖曳至时间线位置，设置素材的区间为0:00:05:10，选中"应用摇动和缩放"复选框，切换至"属性"选项面板，在"进入"选项组中单击"从左边进入"按钮，在"退出"选项组中单击"从下方退出"按钮，然后单击"淡入动画效果"按钮和"淡出动画效果"按钮，设置淡入淡出动画效果，如图25-31所示。

图25-31　设置淡入淡出动画效果

Step 02 单击"遮罩和色度键"按钮，弹出相应选项面板，在其中选中"应用覆叠选项"复选框，设置"类型"为"遮罩帧"，在右侧的下拉列表框中选择相应的遮罩样式，设置覆叠素材遮罩特效后，在预览窗口中可以预览覆叠素材的形状，如图25-32所示。

Step 03 拖曳素材四周的黄色控制柄，调整覆叠素材的大小和位置，单击导览面板中的"播放"按钮，预览制作的婚纱视频片头动画效果，如图25-33所示。

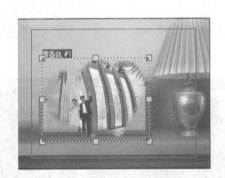

图25-32　预览覆叠素材的形状

图25-33　预览覆叠素材的形状

Step 04 在时间轴面板中，将时间线移至00:00:34:01的位置处，将素材库中的照片素材1.jpg添加至覆叠轨中的时间线位置，在"编辑"选项面板中，设置覆叠的"照片区间"为0:00:07:00，选中"应用摇动和缩放"复选框，切换至"属性"选项面板，单击"淡入动画效果"按钮和"淡出动画效果"按钮，设置淡入淡出动画效果，如图25-34所示。

图25-34　设置淡入淡出动画效果

Step 05 拖曳素材四周的黄色控制柄，调整覆叠素材的大小和位置，单击导览面板中的"播放"按钮，预览婚纱视频片尾动画效果，如图25-35所示。

图25-35 预览婚纱视频片尾动画效果

25.2.6 制作婚纱边框特效

在编辑视频的过程中，为素材添加相应的边框效果，可以使制作的视频内容更加丰富，起到美化视频的作用。

视频位置 视频\第25章\25.2.6 制作婚纱边框特效.mp4

Step 01 将时间线移至00:00:10:00的位置处，在"媒体"素材库中选择"边框3.png"素材，单击鼠标左键并将其拖曳至覆叠轨1中的时间线位置，调整边框素材的"区间"为0:00:03:00，并设置淡入动画效果，如图25-36所示。

Step 02 在预览窗口中选择边框素材，单击鼠标右键，在弹出的快捷菜单中选择"调整到屏幕大小"选项，调整边框素材的大小，如图25-37所示。

图25-36 设置淡入动画效果　　　　　　　图25-37 调整边框素材的大小

Step 03 将时间线移至00:00:14:00的位置处，添加"边框1.png"素材至覆叠轨1中的时间线位置，调整边框素材的"区间"为0:00:08:00，并调整边框大小，如图25-38所示。

Step 04 将时间线移至00:00:23:00的位置处，添加"边框2.png"素材至覆叠轨1中的时间线位置，调整边框素材的"区间"为0:00:09:00，设置淡出动画效果，并调整边框大小，如图25-39所示。

Step 05 单击导览面板中的"播放"按钮，预览婚纱边框动画效果，如图25-40所示。

图25-38　选择Flash动画素材

图25-39　拖曳至时间线位置

图25-40　预览动画素材装饰效果

25.2.7　制作标题字幕动画

在会声会影X8中，设置视频动画文字属性后，接下来可以为文字添加淡入效果。

视频位置　视频\第25章\25.2.7　制作标题字幕动画.mp4

Step 01　在时间轴面板中，将时间线移至00:00:04:15的位置处，在编辑器的右上方位置，单击"标题"按钮，进入"标题"素材库，如图25-41所示。

Step 02　在预览窗口中，显示"双击这里可以添加标题"字样，在预览窗口中的字样上，双击鼠标左键，输入文本"永恒的爱"，如图25-42所示。

图25-41　移动时间线

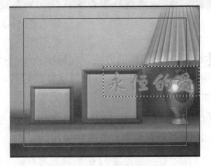

图25-42　进入"标题"素材库

Step 03 字幕创建完成后，在标题轨中显示了刚创建的字幕文件，在"编辑"选项面板中，更改字幕的"区间"为0:00:05:10，选择输入的文本内容，打开"编辑"选项面板，单击"字体"右侧的下三角按钮，在弹出的列表框中选择"方正粗倩简体"选项，执行操作后，即可更改标题字幕的字体样式，效果如图25-43所示。

Step 04 在"编辑"选项面板中单击"字体大小"右侧的下三角按钮，在弹出的列表框中选择70选项，设置字体大小；单击"色彩"色块，在弹出的颜色面板中选择红色，设置字体颜色，在预览窗口中，调整标题位置，预览更改字体颜色后的字幕效果，如图25-44所示。

图25-43　显示字样　　　　　　　　　　　　图25-44　输入文本"永恒的爱"

Step 05 切换至"属性"选项面板，选中"动画"单选按钮和"应用"复选框，设置"选取动画类型"为"淡化"，在下方选择第1排第2个动画样式，在导览面板中，单击"播放"按钮，预览制作的片头字幕动画效果，如图25-45所示。

图25-45　预览片头字幕动画效果

Step 06 用与上同样的方法，在标题轨中的适当位置，输入其他文本内容，并设置字体属性与动画效果，如图25-46所示。

Step 07 单击导览面板中的"播放"按钮，即可预览添加的字幕动画效果，如图25-47所示。

图25-46　设置字体属性与动画效果

图25-47 预览添加的字幕动画效果

25.3 视频后期处理

通过后期处理，不仅可以对永恒的爱的原始素材进行合理的编辑，而且可以为影片添加各种音乐及特效，使影片更具珍藏价值。

25.3.1 制作视频背景音乐

淡入淡出音频特效是一种在视频编辑中常用的音频编辑效果，使用这种编辑效果，避免了音乐的突然出现和突然消失，使音乐能够有一种自然的过渡效果。

视频位置   视频\第25章\25.3.1   制作视频背景音乐.mp4

Step 01 在时间轴面板中，将鼠标移至空白位置处，单击鼠标右键，在弹出的快捷菜单中选择"插入音频"|"到语音轨"选项，如图25-48所示。

Step 02 弹出相应对话框，选择相应音频文件，单击"打开"按钮，即可从硬盘文件夹中将音频文件添加至语音轨中，如图25-49所示。

图25-48　选择"音乐.mp3"音频素材

图25-49　拖曳音频素材

Step 03 将时间线移至00:00:41:00的位置处，选择语音轨中的音频素材，单击鼠标右键，在弹出的快捷菜单中选择"分割素材"选项，执行上述操作后，即可将素材分割为两段，选择后段音频素材，按【Delete】键将其删除，如图25-50所示。

Step 04 选择剪辑好的音频素材，在打开的"音乐和语音"选项面板中，单击"淡入"按钮和"淡出"按钮，如图25-51所示，执行操作后，即可设置音频淡入淡出效果。

图25-50　删除后段音频素材

图25-51　单击"淡入"按钮和"淡出"按钮

25.3.2　输出视频动画文件

在会声会影X8中，渲染影片可以将项目文件创建成mpg、AVI以及QuickTime或其他视频文件格式。

效果位置　效果\第25章\永恒的爱.MPG
视频位置　视频\第25章\25.3.2　输出视频动画文件.mp4

Step 01 单击界面上方的"输出"标签，执行操作后，即可切换至"输出"步骤面板，如图25-52所示。
Step 02 在上方面板中，选择MPEG-2选项，在"项目"右侧的下拉列表中，选择第2个选项，如图25-53所示。

图25-52　切换至"输出"步骤面板

图25-53　选择第2个选项

Step 03 在下方面板中，单击"文件位置"右侧的"浏览"按钮，如图25-54所示。

Step 04 弹出"浏览"对话框，在其中设置视频文件的输出名称与输出位置，如图25-55所示。

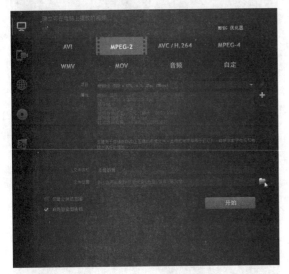

图25-54　单击"浏览"按钮

图25-55　设置输出名称与输出位置

Step 05 设置完成后，单击"保存"按钮，返回会声会影编辑器，单击下方的"开始"按钮，开始渲染视频文件，并显示渲染进度，如图25-56所示。

Step 06 稍等片刻，已经输出的视频文件将显示在素材库面板的"文件夹(4)"选项卡中，如图25-57所示。

图25-56　显示渲染进度

图25-57　显示在"文件夹(4)"选项卡中

Step 07 在预览窗口中单击"播放"按钮，用户可以查看输出的婚纱视频画面效果，如图25-58所示。

图25-58　查看婚纱视频画面效果

图25-58　查看婚纱视频画面效果（续）

项目名称	快捷键	项目名称	快捷键
新建工程	【Ctrl+N】	创建静帧	【Ctrl+T】
新建序列	【Shift+Ctrl+N】	添加转场	【Ctrl+P】
打开工程	【Ctrl+O】	持续时间	【Alt+U】
保存工程	【Ctrl+S】	视频布局	【F7】
另存为	【Shift+Ctrl+S】	时间效果速度	【Alt+E】
撤销	【Ctrl+Z】	时间重映射	【Shift+Alt+E】
恢复	【Ctrl+Y】	连接/组	【Y】
播放/暂停	【Space】、【Enter】	解除连接	【Alt+Y】
波纹剪切	【Alt+X】	设置组	【G】
复制	【Ctrl+Insert】	解组	【Alt+G】
粘贴指针位置	【Ctrl+V】	匹配帧	【F】
波纹删除	【Alt+Delete】	显示源素材	【Alt+F】
波纹删除入/出点间内容	【Ctrl+D】	搜索录制窗口	【Shift+F】
移动到上一编辑点	【A】	搜索播放窗口	【Shift+Ctrl+F】
移动到下一编辑点	【S】	在播放窗口显示	【Shift+Y】
去除剪切点	【Ctrl+Delete】	打开素材	【Shift+Ctrl+P】
替换全部	【Ctrl+R】	编辑素材	【Shift+Ctrl+E】
替换滤镜	【Alt+R】	查看素材属性	【Alt+Enter】
替换混合器	【Shift+Ctrl+R】	设置入点	【I】
替换素材	【Shift+R】	设置出点	【O】
替换素材和滤镜	【Shift+Alt+R】	设置音频入点	【U】
删除所有转场	【Alt+T】	设置音频出点	【P】
删除素材转场	【Shift+Alt+T】	为选定的素材设置入/出点	【Z】
删除音频淡入淡出	【Ctrl+Shift+T】	清除入点	【Alt+I】
删除键	【Ctrl+Alt+G】	清除出点	【Alt+O】
删除透明度	【Shift+Ctrl+Alt+G】	清除入/出点	【X】
删除所有滤镜	【Shift+Ctrl+Alt+F】	跳转至入点	【Q】
删除视频滤镜	【Shift+Alt+F】	跳转至出点	【W】

（续表）

项目名称	快捷键	项目名称	快捷键
删除音频滤镜	【Ctrl＋Alt＋F】	添加标记	【V】
删除音频音量	【Shift＋Alt＋H】	清除所有标记	【Shift＋Alt＋V】
删除音频声相	【Ctrl＋Alt＋H】	跳转至上一个序列标记	【Shift＋Page up】
删除选定素材间隙	【Backspace】	跳转至下一个序列标记	【Shift＋Page down】
在选定轨道添加剪切点	【C】	常规模式	【F5】
在所有轨道添加剪切点	【Shift＋C】	剪辑模式	【F6】
在入/出点间范围添加剪切点	【Alt＋C】	多机位模式	【F8】
去除剪切点	【Ctrl＋Delete】	采集	【F9】
选择选定轨道	【Ctrl＋A】	批量采集	【F10】
选择所有轨道	【Shift＋A】	渲染序列红色区域	【Shift＋Ctrl＋Q】
显示/隐藏素材库	【B】	渲染序列橙色区域	【Shift＋Ctrl＋Alt＋Q】
显示/隐藏所有面板	【H】	渲染入/出点间红色区域	【Ctrl＋Q】
显示常规窗口布局	【Shift＋Alt＋L】	渲染入/出点间橙色区域	【Ctrl＋Alt＋Q】
显示/隐藏安全区域	【Ctrl＋H】	渲染入/出点间所有内容	【Shift＋Alt＋Q】
显示/隐藏中央十字线	【Shift＋H】	删除临时渲染文件	【Alt＋Q】
显示/隐藏屏幕状态	【Ctrl＋G】	添加文件	【Ctrl＋O】
添加到素材库	【Shift＋B】	添加字幕	【Ctrl＋T】

55个会声会影常见问题解答

一、软件使用疑难解答

01. 打开会声会影项目文件时，提示找不到链接，但是素材文件还在，这是为什么呢？

答： 因为项目文件的路径方式是绝对路径（只能记忆初始的文件路径），一旦移动素材或者重命名文件，项目文件就找不到路径了。只要用户不去移动素材或者重命名，是不会出现这个现象的。如果不小心移动了素材或者重命名了，那么找到那个素材重新链接就可以了。

02. 在会声会影X8中，如何在"媒体"素材库中以列表的形式显示图标？

答： 在会声会影X8的"媒体"素材库中，软件默认状态下以图标的形式显示各导入的素材文件，如果用户需要以列表的形式显示素材，此时只需单击界面上方的"列表视图"按钮即可。

03. 在会声会影的时间轴面板中，如何添加多个覆叠轨道？

答： 只需在覆叠轨图标上，单击鼠标右键，弹出快捷菜单，选择"轨道管理器"选项，在其中选择需要显示的轨道复选框，然后单击"确定"按钮即可。

04. 如何添加软件自带的多种图像、视频以及音频媒体素材？

答： 在以前的会声会影版本中，软件自带的媒体文件都显示在软件中，而在当用户安装好会声会影X8后，默认状态下，"媒体"素材库中是没有自带的图像或视频文件的。此时用户需要启动安装文件中的Autorun.exe应用程序，打开相应面板，在其中单击"赠送内容"超链接，在弹出的列表框中选择"图像素材""音频素材"或"视频素材"后，即可进入相应文件夹，选择素材将其拖曳至媒体素材库中，即可添加软件自带的多种媒体素材。

05. 在使用会声会影的过程中，如何快速地进入编辑器，取消欢迎界面的出现？

答： 进入系统后，双击桌面绘声绘影的启动图标，弹出启动画面后，勾选窗口左下角的"不再显示此消息"复选框，然后选择"绘声绘影编辑器"，则在下次双击桌面绘声绘影程序的启动图标时，即可直接进入绘声绘影编辑器界面。

06. 在会声会影X8中，系统默认的图像区间为3秒，这种默认设置能修改吗？

答： 可以，只需单击"文件"|"参数选择"命令，弹出"参数选择"对话框，在默认区间右侧的数值框中输入需要的数值，单击"确定"按钮即可。

07. 当用户在时间轴面板中，添加多个轨道和视频文件时，上方的轨道会隐藏下方添加的轨道，只有滚动控制条才能显示预览下方的轨道，此时如何在时间轴面板中显示全部轨道信息呢？

答： 显示全部轨道信息的方法很简单，用户只需单击时间轴面板上方的"显示全部可视化轨道"按钮，即可显示全部轨道。

08. 在会声会影X8中，如何获取软件的更多信息或资源？

答： 单击"转场"按钮，切换至"转场"素材库，单击面板上方的"获取更多信息"按钮，在弹出的面板中，用户可根据需要对相应素材进行下载操作。

09. 在会声会影X8中，如何在预览窗口中显示标题安全区域？

答：只有设置显示标题安全区域，才知道标题字幕是否出界，单击"设置"|"参数选择"命令，弹出
"参数选择"对话框，在"预览窗口"选项区中选中"在预览窗口中显示标题安全区域"复选框，
即可显示标题安全区域。

二、采集捕获疑难解答

10. 在会声会影X8中，为什么在AV连接摄像机时采用会声会影的DV转DVD向导模式时，无法扫描摄
像机？

答：如果需要使用DV转DVD向导的功能。必须使用数据线将DV与摄像机进行正确连接，在计算机能识
别DV的情况下，才能使用该功能，否则将无法扫描摄像机中的素材。

11. 如何使用会声会影只采集视频中的音频文件？

答：首先把视频采集到计算机硬盘，最好采集成48Hz的MPEG2格式或者DV格式，然后在编辑面板中，
点击"分割音频"即可把音频分离出来。接下来删除掉视频部分，或者单独编辑、渲染音频，最后
按照自己的需要将它保存为新的音频文件。

12. 在会声会影中，剪辑后的视频文件如何形成新的视频文件？

答：可以在素材菜单中选择保存修整后的视频，新生成的视频就会显示在素材库中。在制作片头、片尾
时（电视剧里的那种），需要的片段就可以用这种方法逐段分别生成后再使用。把选定的视频文件
放到视频轨上，通过渲染，加工输出为新的独立的视频文件。

13. 采集时总出现"正在进行DV代码转换，按ESC停止"的提示，这是为何？

答：这是由于电脑配置较低，如硬盘转速低、CPU主频低和内存太小等原因造成的。此外，还应将杀毒
软件和防火墙关闭以及停止所有后台运行的程序。

三、视频制作疑难解答

14. 会声会影X8中的色度键如何使用？

答：色度键俗称抠像，主要是针对单色（绿色、蓝色等）背景进行抠像操作的。请先将需要抠像的视频
放到覆叠轨上，单击"遮罩和色度键"按扭，勾选"覆叠选项"，用吸管工具在预览窗口中的单
色背景上点一下 ，就可以将背景抠掉了。天气预报节目就是这样做的。有了它，还可以自己制作
MTV。演唱者只要站在蓝色背景前演唱，将声画录制下来后在会X8中与各种风光DVD合成即可。

15. 会声会影X8中的自动音乐为什么不能用？

答：因为Quicktracks音乐必须要有 QuickTime才会运行，安装会声会影时可能出现不能加载自动音乐
的现象，所以，在安装会系软件时，最好是先把QuickTime卸载后再安装。重新安装系统，在安
装其他播放器之前先装会声会影X8，自动音乐功能就可以用了！这看来可能是某些播放器中带有
QuickTime的缘故！

16. 在会声会影X8中，创建标题字幕时，为什么选择的红色有偏色出现？

答：按F6，在弹出的"参数选择"窗口中选择"编辑"，将"应用彩色滤镜"选项取消。

17. 使用会声会影编辑图片时，怎样才能设置提高清晰度？

答：在将图片插入会声会影以前，用图像处理软件将图片的大小更改一下，如果制作DVD则将图片修改成720576，如果制作成VCD则将图片修改成352288，并且在会X8的"参数选择"中设置"图像重新采样选项"为"调整到项目大小"。

18. 会声会影如何将2个视频合成1个视频？
答：将2个视频分别导入会声会影X8中的视频轨上，然后切换至分享步骤面板，渲染输出即可。

19. 摄像机和会声会影X8之间为什么有时会失去连接？
答：为了省电，摄像机可能会自动关闭。因此，常会发生摄像机和Corel会声会影之间失去连接的情况。出现这种情况后，用户需要打开摄像机电源以重新建立连接，而无需关闭后重新打开会声会影，因为该程序可以自动检测捕获设备。

20. 在会声会影X8中视频滤镜突然消失了，这是怎么回事？
答：若您使用的是VISTA的计算机系统，可以到以下路径更改文件名。请到C用户名username folderAppDataRoamingulead systemsUlead VideoStudio11.0VFilter.rsf→在这个文件前加入一横线(-VFilter.rsf)后再重新开启会声会影X8即可。

21. 如何设置覆叠轨上素材的淡入淡出的时间？
答：先选中覆叠轨上的素材，点击属性动画淡入淡出，然后调整暂停区间两个滑块，当它们挤到一块时，渐变最慢。

22. 为什么会声会影无法精确定位时间码？
答：在某个时间码处捕获视频或定位磁带时，会声会影有时可能会无法精确定位时间码，甚至可能导致程序自行关闭。发生这种情况时，您可能需要关闭程序。另一种选择是关闭摄像机，等待数秒钟（至少6秒钟），然后再打开摄像机。这将重置会声会影，并使程序再次正确检测捕获设备。

23. 在会声会影X8中，如何将字幕拉长或压扁？
答：先制作一个单色背景的字幕文件（包含您需要的字幕），保存为VSP.然后新建文件，视频轨正常，然后导VSP文件到覆叠轨，使用抠像，将素材变形调整拉长或压扁。

24. 在会声会影X8中，可以为图像添加转场效果，那么可以调整图像色彩吗？
答：可以，在会声会影的"图像"选项面板中，可以自由更改图像的色彩。

25. 在会声会影X8中，色度键中的吸管如何使用？
答：它和PS中的用法差不多，选中吸管工具，点选需要去掉的背景颜色就可以了。

26. 如何利用会声会声X8制作一边是图像一边是文字的放映效果？
答：首先放张图片做背景，放在视频轨；播放的视频放在覆叠轨，调整大小和位置；在文字轨上输入文字介绍，调大小和位置，然后为文字添加弹出动画效果，即可完成制作。

四、影片文件疑难解答

27. 在会声会影X8中，为什么无法导入AVI文件？

答：AVI文件包含了许多编码。由于会声会影并不完全支持所有的编码，因此无法导入AVI文件，此时要进行格式转换。

28. 在会声会影X8中，为什么无法导入RM文件？
答：会声会影不支持RM RMVB格式文件。

29. 在会声会影X8中，为什么有时打不开MP3格式的音乐文件呢？
答：可能是该文件的位速率较高，此时可以用转换软件把位速率重新设置到128或更低，这样就能顺利将MP3文件加入到会声会影中。对于视频制作来说，音频最好是48Hz的wav格式，如果您具备一定的基础，则应尽可能地将音频文件转换成此标准。

30. MLV文件如何导入会声会影？
答：可以将MLV的扩展名改为MPEG就可以用会声会影编辑了。另外，对于某些MPEG1编码的AVI，也是不能导入会声会影的，但是扩展名改成mp4就可以导入了。

31. 用会声会影刻录好的DVD光盘，为什么在家用DVD机上不能播放？
答：a.在刻录光盘时，设置成了mini DVD格式，这种格式某些DVD机不支持。
b.用可擦写光盘刻录的DVD光盘对某些DVD机来说也是不能很好兼容的。
c.刻录速度太快也会造成光盘兼容不好。
d.有的播放机对DVD-R不支持，可以换成DVD+R试试看。
e.在刻录时如果没有关闭杀毒软件，也有可能使光盘兼容性变差。

32. 会声会影在导出视频时自动退出，或提示"不能渲染生成视频文件"，这怎么办呢？
答：出现此种情况，多数是和第3方解码或编码插件发生冲突造成的（如暴风影音）。卸载第3方解码或编码插件后再渲染生成视频文件即可。

33. 可以使用会声会影导入.c3d项目文件吗？
答：用cool3的输出avi比较慢，推荐还是用会声会影编辑的好。可以在添加视频时选择.c3d项目文件导入，导入后的项目文件背景就是透明的。放到覆叠轨上做字幕动画。

34. 为什么GIF不能导入会声会影X8？
答：用户需要在计算机中下载安装Adobe Flash Player 9 ActiveX插件，才能将GIF导入会声会影 X8中。

35. 在会声会影X8中如何制作画面中雨滴大小变化的动态？
答：首先在视频轨中导入视频素材，然后为其添加"雨滴"滤镜效果，在"属性"面板中单击"自定义滤镜"按钮，在弹出的对话框中，通过添加关键帧设置雨滴密度和长度的方式，制作雨滴大小变化的动态。

五、刻录输出疑难解答

36. 能否使用会声会影X8刻录 Blu-ray 光盘？
答：当然可以。会声会影可生成端对端的 Blu-ray 光盘，捕获您的 HD 视频并编辑它。然后，选择"HD模版"，根据需要修改它，然后刻录将播放精彩 HD 镜头的 Blu-ray 光盘。

37. 在会声会影里面做视频，如何让视频、歌词、音乐同步？

答： 用户可以先下载歌曲，下载好后用千千静听播放，在网上关联lrc歌词，关联到本地后用歌词转换软件转换成会声会影支持的字幕文件，然后直接插入字幕就可以了。

38. 在会声会影X8中，刻录光盘时提示工作文件夹占用C盘，可是文件夹在开始时是已经设置好其他路径的？

答： 是的，在"参数选择"中已经更改了工作文件夹路径后，在刻录光盘时仍需要再重新将工作文件夹的路径设定为C盘以外的分区。

39. 在刻录项目中，软件提示"不转换兼容的MPEG文件"是什么意思？

答： 如果你的视频符合视频光盘的标准，（比如VCD的参数为352×288分辨率，1.15MB码流，44.1Hz音频）那么请务必选择此项，这样在编辑和刻录视频的时，就不需要二次转换，节省大量的时间。比如，在编辑时从DVD光盘上选取的片段就可以插入到自己的视频中，后期就不需要再渲染它了。

40. VCD光盘能实现卡拉OK时原唱和无原唱切换吗？

答： 会声会影X8有这个插件，将声音文件一个放在音乐轨，一个放在语音轨，将一个声音全部调成左边100%，右边0%，另一个声音反之，渲染就可以了，渲染视频的时候最好生成MPEG文件，最后来刻盘，这样可以掌握码率，做出来的结果文件清晰度有所保证，不要用自带的VCD格式。

41. 在刻录长节目时，会声会影形成的是一个无缝的视频，为什么有的播放软件在播放时于章节处有停顿？

答： 有的视频播放软件不能很好地支持章节形式，可以换用WinDVD或者Power DVD这两款软件试试，这两款软件能比较好地支持章节播放。

42. 会声会影X8用压缩方式刻录，会不会影响视频质量？

答： 用降低码流的方式可以增加时长，但这样做会降低节目质量。如果对质量要求较高可以将视频分段，刻录成两张光盘。

43. 导出的某些视频文件无法上传至优酷网中与网友一起分享，是何原因？

答： 优酷网对用户上传的视频文件在容量和格式方面都有要求，用户需要仔细了解视频上传的要求，再以合适的视频容量与视频格式进行输出操作，就可以上传至优酷等视频网站中了。

44. VCD格式的光盘可以制作5.1声道效果吗？

答： VCD是不带5.1效果的，只有一个左右声道的切换音频滤镜。

45. 如何从一个视频文件中，只单独导出视频的背景音乐而不导出视频的画面内容？

答： 用户可以进入"分享"步骤面板，在"导出"选项面板中，直接选择"音频"选项，然后设置输出的音频格式和输出位置，单击"开始"按钮，即可单独导出视频中的背景音乐。

六、产品与系统兼容类疑难解答

46. 安装好会声会影后，打开软件时系统提示"无法初始化应用程序，屏幕的分辨率太低，无法播放视频"或双击程序无反应，这是为什么？

答： 会声会影X8只能在大于1024768的分辨率下运行。

47. 为什么有时在Windows Vista系统下，使用会声会影X8就会立即死机？

答： 在开启程序前先到桌面的会声会影 X8图标按鼠标右键"属性|兼容性"在"特殊权限等级下方勾选以系统管理员执行此程序按下"确定"按钮，即可正常启用程序。

48. 会声会影 X8 产品与 Windows Vista 的兼容性如何？

答： 兼容很好。两个会声会影 X8 系列都具有Certified for Windows Vista徽标。

49. 在使用会声会影X8过程中，提示内存不可读，这是为什么？

答： 内存不可读的原因很多：首先检查内存是否足够。其次检查软件问题。

　　a.可以尝试重装一下。

　　b.运行cmd，在那里复制以下命令后粘贴进去回车：for %1 in (%windir%system32.dll) do regsvr32.exe s %1。

　　c.虚拟内存设置太小，虚拟内存初始值应大于内存的1.5倍，最大值是初始值的2倍。

50. 制作视频文件时渲染到最后出错，提示为："无法读取文件"，这是怎么回事？

答： 创建视频文件的对话窗口出现时，往往在文件名一栏中就自动出现了一个名字，一般是项目文件的名字，且带有"VSP"扩展名，呈蓝色，这是必须要更改的，必须把"VSP"去掉，否则，渲染到99%时，它就好像进行不下去了，且"VSP"文件根本不是视频文件，自然无法读取了。

51. 在使用会声会影的过程中，如果会声会影无法正常工作，怎么办？

答： 如果会声会影无法正常工作，请修复它。若要修复会声会影，请在控制面板中双击添加或删除程序。选择 Corel 会声会影，单击更改删除，然后单击修复。

52. 有些情况下，为什么素材之间的转场效果没有显示动画效果？

答： 这是因为用户的计算机没有启动硬件加速功能。只需在桌面上单击鼠标右键，弹出快捷菜单，选择"属性"选项，弹出"显示属性"对话框，单击"设置"选项卡，然后单击"高级"按钮，弹出相应对话框，单击"疑难解答"选项卡，然后将"硬件加速"右侧的滑块拖曳至最右边即可。

53. 为什么有时候Flash文件无法导入视频轨？

答： 首先到"控制面板"查看是否安装了Flash播放器，如果有就将其卸载，一般就可以导入了。如果还是不行，则建议用户重新处理一下Flash文件。一般会声会影对Flash6.0以下版本制作的Flash文件支持较好。另外，就是在制作Flash时最好不要使用语法。

54. 会声会影可以直接放入没编码的AVI视频文件进行视频编辑吗？

答： 不可以，一定要有编码才可以放进去，建议先安装AVI格式的播放软件或编码器然后再使用。

55. 1394有什么用？

答： IEEE1394是IEEE标准化组织制定的一项具有视频数据传输速度的串行接口标准。同USB一样，1394也支持外设热插拔，同时可为外设提供电源，省去了外设自带的电源，支持同步数据传输。在可预见的未来，USB和1394将同时存在，提供不同的服务，不需要高速数据传输的外设可能将仍采用USB。最终，PC将都采用USB和1394串口来处理所有外部输入输出，显著地简化PC外设的连接。